수학 좀 한다면

디딤돌 초등수학 응용 5-1

펴낸날 [개정판 1쇄] 2024년 8월 10일 | **펴낸이** 이기열 | **펴낸곳** (주)디딤돌 교육 | **주소** (03972) 서울특별시 마포구 월드컵북로 122 청원선와이즈타워 | **대표전화** 02-3142-9000 | **구입문의** 02-322-8451 | **내용문의** 02-323-9166 | **팩시밀리** 02-338-3231 | **홈페이지** www.didimdol.co.kr | **등록번호** 제10-718호 | 구입한 후에는 철회되지 않으며 잘못 인쇄된 책은 바꾸어 드립니다.

내 실력에 딱!
최상위로 가는 '맞춤 학습 플랜'

STEP 1 On-line

나에게 맞는 공부법은?
맞춤 학습 가이드를 만나요.

교재 선택부터 공부법까지! 디딤돌에서 제공하는 시기별 맞춤 학습 가이드를 통해 아이에게 맞는 학습 계획을 세워 주세요. (학습 가이드는 디딤돌 학부모카페 '맘이가'를 통해 상시 공지합니다. cafe.naver.com/didimdolmom)

STEP 2 Book

맞춤 학습 스케줄표
계획에 따라 공부해요.

교재에 첨부된 '맞춤 학습 스케줄표'에 맞춰 공부 목표를 달성합니다.

STEP 3 On-line

이럴 땐 이렇게!
'맞춤 Q&A'로 해결해요.

궁금하거나 모르는 문제가 있다면,
'맘이가' 카페를 통해 질문을 남겨 주세요.
디딤돌 수학쌤 및 선배맘님들이 친절히 답변해 드립니다.

STEP 4 Book

다음에는 뭐 풀지?
다음 교재를 추천받아요.

학습 결과에 따라 후속 학습에 사용할 교재를 제시해 드립니다.
(교재 마지막 페이지 수록)

★ 디딤돌 플래너 만나러 가기

디딤돌 초등수학 응용 5-1

짧은 기간에 집중력 있게 한 학기 과정을 완성할 수 있도록 설계하였습니다.
방학 때 미리 공부하고 싶다면 주 5일 8주 완성 과정을 이용해요.

공부한 날짜를 쓰고 하루 분량 학습을 마친 후, 부모님께 확인 check ☑를 받으세요.

1 자연수의 혼합 계산						
1주 □ 월 일	□ 월 일	□ 월 일	□ 월 일	□ 월 일	2주 □ 월 일	□ 월 일
8~10쪽	11~12쪽	13~15쪽	16~17쪽	18~21쪽	22~24쪽	25~27쪽

2 약수와 배수				3 규칙과 대응		
3주 □ 월 일	□ 월 일	□ 월 일	□ 월 일	□ 월 일	4주 □ 월 일	□ 월 일
39~41쪽	42~45쪽	46~48쪽	49~51쪽	54~56쪽	57~59쪽	60~63쪽

4 약분과 통분						
5주 □ 월 일	□ 월 일	□ 월 일	□ 월 일	□ 월 일	6주 □ 월 일	□ 월 일
75~77쪽	78~80쪽	81~83쪽	84~87쪽	88~90쪽	91~93쪽	96~98쪽

5 분수의 덧셈과 뺄셈			6 다각형의 둘레와			
7주 □ 월 일	□ 월 일	□ 월 일	□ 월 일	□ 월 일	8주 □ 월 일	□ 월 일
110~113쪽	114~116쪽	117~119쪽	122~126쪽	127~132쪽	133~136쪽	137~141쪽

MEMO

자르는 선 ✂

2 약수와 배수		
☐ 월 일 30~32쪽	☐ 월 일 33~35쪽	☐ 월 일 36~38쪽

		4 약분과 통분
☐ 월 일 64~66쪽	☐ 월 일 67~69쪽	☐ 월 일 72~74쪽

5 분수의 덧셈과 뺄셈		
☐ 월 일 99~101쪽	☐ 월 일 102~105쪽	☐ 월 일 106~109쪽

이		
☐ 월 일 142~145쪽	☐ 월 일 146~148쪽	☐ 월 일 149~151쪽

효과적인 수학 공부 비법

X 시켜서 억지로 / O 내가 스스로

억지로 하는 일과 즐겁게 하는 일은 결과가 달라요.
목표를 가지고 스스로 즐기면 능률이 배가 돼요.

X 가끔 한꺼번에 / O 매일매일 꾸준히

급하게 쌓은 실력은 무너지기 쉬워요.
조금씩이라도 매일매일 단단하게 실력을 쌓아가요.

X 정답을 몰래 / O 개념을 꼼꼼히

정답 / 개념

모든 문제는 개념을 바탕으로 출제돼요.
쉽게 풀리지 않을 땐, 개념을 펼쳐 봐요.

X 채점하면 끝 / O 틀린 문제는 다시

왜 틀렸는지 알아야 다시 틀리지 않겠죠?
틀린 문제와 어림짐작으로 맞힌 문제는 꼭 다시 풀어 봐요.

수학 좀 한다면

디딤돌

초등수학 응용

상위권 도약, 실력 완성

개념 적용으로 실력을 높이는 공부 비법!

1 교과서 개념

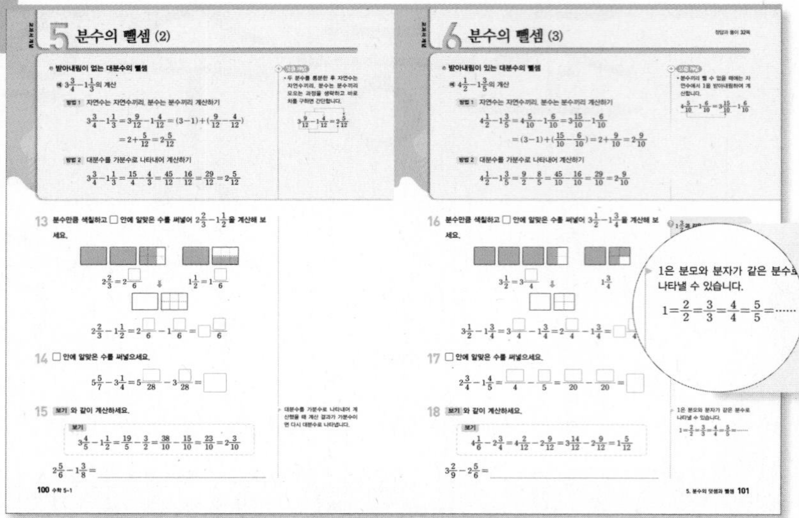

교과서 핵심 내용과 익힘책 기본 문제로 개념을 이해할 수 있도록 구성하였습니다.

교과서 개념 이외의 보충 개념, 연결 개념을 함께 정리하여 심화 학습의 기본기를 갖출 수 있습니다.

2 기본에서 응용으로

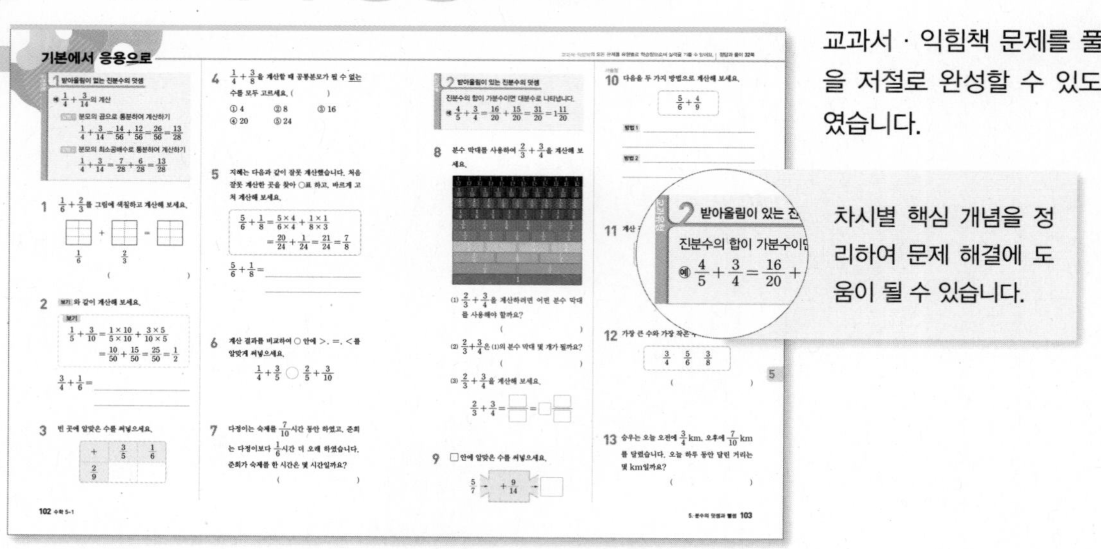

교과서 · 익힘책 문제를 풀면서 개념을 저절로 완성할 수 있도록 구성하였습니다.

차시별 핵심 개념을 정리하여 문제 해결에 도움이 될 수 있습니다.

3 응용에서 최상위로

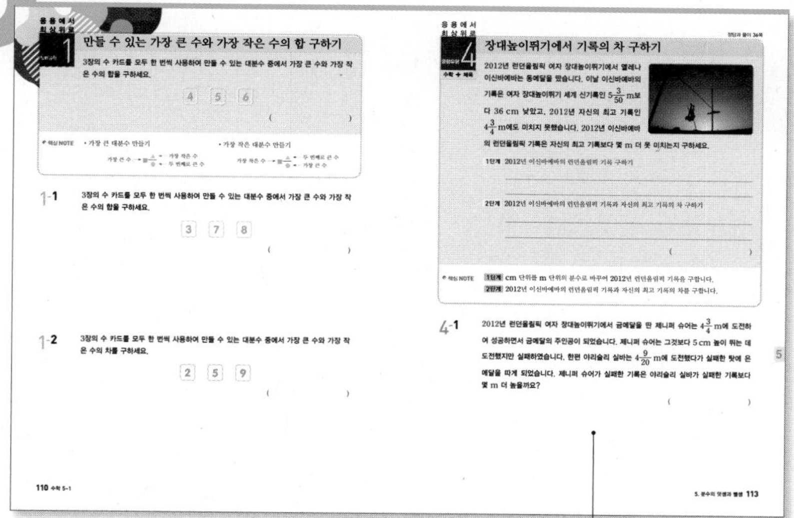

엄선된 심화 유형을 집중 학습함으로써 실력을 높이고 사고력을 향상시킬 수 있도록 구성하였습니다.

장대높이뛰기에서 기록의 차 구하기

2012년 런던올림픽 여자 장대높이뛰기에서 옐레나 이신바예바는 동메달을 땄습니다. 이날 이신바예바의 기록은 여자 장대높이뛰기 세계 신기록인 $5\frac{3}{50}$ m보

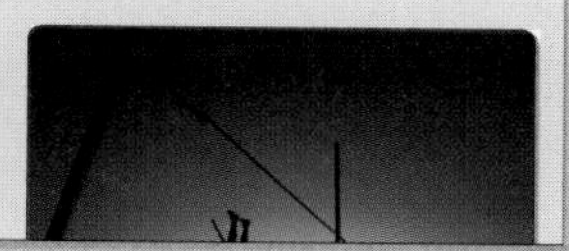

창의·융합 문제를 통해 문제 해결력과 더불어 정보처리 능력까지 완성할 수 있습니다.

4 기출 단원 평가

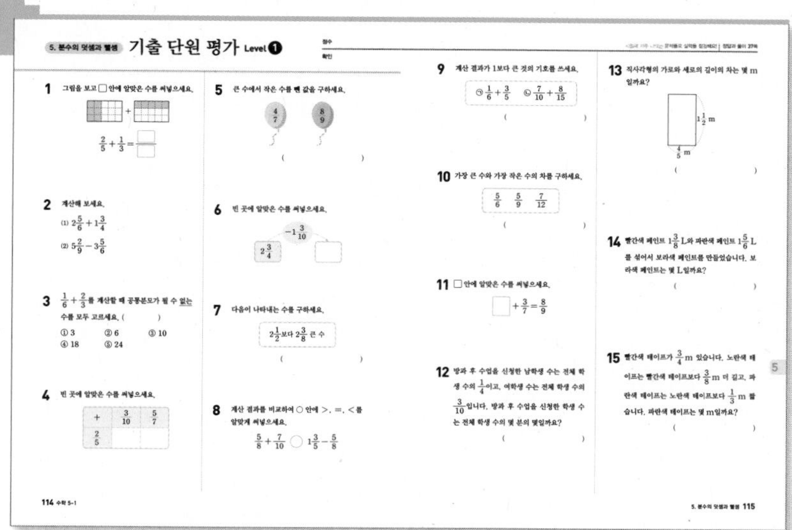

단원 학습을 마무리 할 수 있도록 기본 수준부터 응용 수준까지의 문제들로 구성하였습니다.
시험에 잘 나오는 기출 유형 중심으로 문제들을 선별하였으므로 수시평가 및 학교 시험 대비용으로 활용해 봅니다.

이 책의 **차례**

자연수의 혼합 계산

1

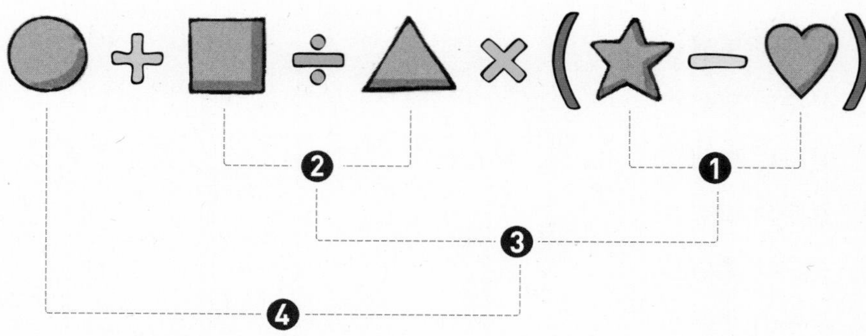

(　) 안을 가장 먼저, +, − 보다 ×, ÷을 먼저 계산해!

● +, −, ×, ÷이 섞여 있는 계산

$$5+3\times4-2=15$$

12

17

15

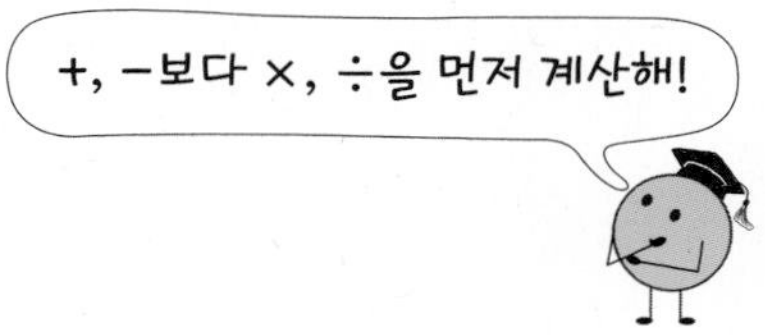

+, −보다 ×, ÷을 먼저 계산해!

● (　)가 있는 계산

$$35+20\div5\times(8-6)=43$$

4

2

8

43

(　) 안을 가장 먼저 계산해!

1 덧셈과 뺄셈이 섞여 있는 식

● $15-7+3$의 계산

덧셈과 뺄셈이 섞여 있는 식은 앞에서부터 차례로 계산합니다.

$15-7+3=11$ (○): $15-7=8$, $8+3=11$

$15-7+3=5$ (×): $7+3=10$, $15-10=5$

● $15-(7+3)$의 계산

덧셈과 뺄셈이 섞여 있고 ( )가 있는 식에서는 ( ) 안을 먼저 계산합니다.

$15-(7+3)=5$ (○): $7+3=10$, $15-10=5$

$15-(7+3)=11$ (×): $15-7=8$, $8+3=11$

1 □ 안에 알맞은 수를 써넣으세요.

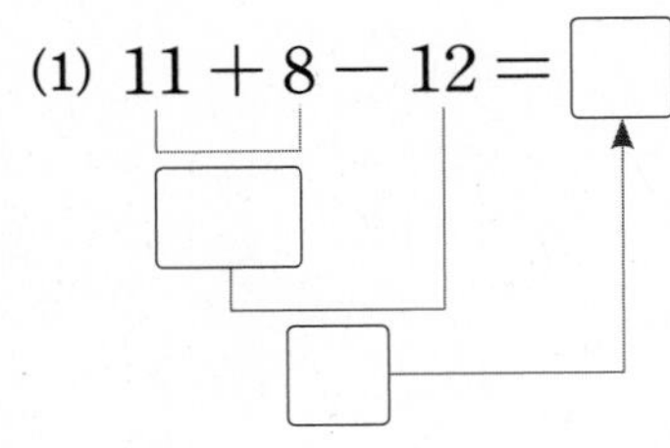

(1) $11+8-12=$□

(2) $32-(14-6)=$□

2 보기 와 같이 계산 순서를 나타내고 계산해 보세요.

보기

$65+8-9=73-9=64$ (① $65+8$, ② $73-9$)

(1) $51-7+5$

(2) $27-(18-5)$

3 계산해 보세요.

(1) $19-4+15$

(2) $30-(12+4)$

? 덧셈과 뺄셈이 섞여 있는 식을 뒤에서부터 계산하면 틀리나요?

앞에서부터 계산하든 뒤에서부터 계산하든 결과가 같은 경우도 있지만 달라지는 경우도 있어요. 그래서 항상 앞에서부터 계산하는 것이 좋아요.
● − ▲ + ■, ● − ▲ − ■의 식은 반드시 앞에서부터 계산해야 해요.

2 곱셈과 나눗셈이 섞여 있는 식

정답과 풀이 1쪽

● $32 \div 4 \times 2$의 계산

곱셈과 나눗셈이 섞여 있는 식은 앞에서부터 차례로 계산합니다.

$32 \div 4 \times 2 = 16$ (○): $32 \div 4 = 8$, $8 \times 2 = 16$

$32 \div 4 \times 2 = 4$ (×): $4 \times 2 = 8$, $32 \div 8 = 4$

● $32 \div (4 \times 2)$의 계산

곱셈과 나눗셈이 섞여 있고 (   )가 있는 식에서는 (   ) 안을 먼저 계산합니다.

$32 \div (4 \times 2) = 4$ (○): $4 \times 2 = 8$, $32 \div 8 = 4$

$32 \div (4 \times 2) = 16$ (×): $32 \div 4 = 8$, $8 \times 2 = 16$

! (   )가 있는 식은 ×, ÷, (   ) 중 [   ]를 가장 먼저 계산합니다.

4 □ 안에 알맞은 수를 써넣으세요.

(1) $6 \times 5 \div 3 = \square$

(2) $24 \div (6 \div 2) = \square$

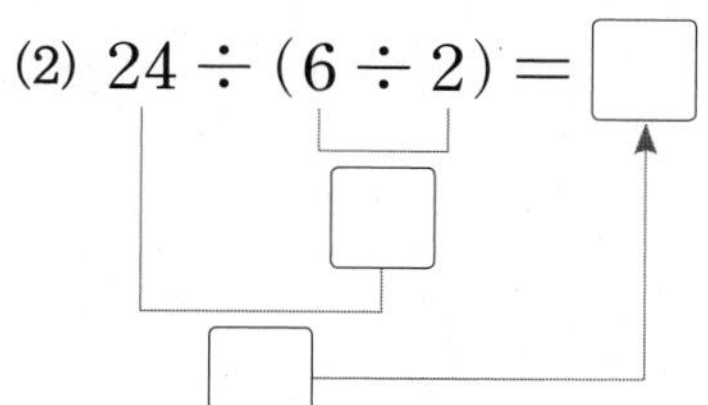

▶ 덧셈이나 곱셈으로만 이루어진 식은 계산 순서를 바꾸어도 결과가 같지만 뺄셈이나 나눗셈이 있는 식은 계산 순서를 바꾸면 결과가 달라질 수 있습니다.

5 보기 와 같이 계산 순서를 나타내고 계산해 보세요.

보기

$20 \div 4 \times 5 = 5 \times 5 = 25$ (① $20 \div 4$, ② $\times 5$)

(1) $12 \times 6 \div 4$

(2) $64 \div (8 \times 2)$

▶ (   )가 있으면 계산 순서가 달라집니다.

$20 \div (4 \times 5)$ (① 4×5, ② $20 \div$)

6 계산해 보세요.

(1) $54 \div 9 \times 5$

(2) $40 \div (16 \div 2)$

3 덧셈, 뺄셈, 곱셈이 섞여 있는 식

● **14+3×6−5, 14+3×(6−5)의 계산**

덧셈, 뺄셈, 곱셈이 섞여 있는 식은 곱셈을 먼저 계산하고, (　)가 있으면 (　) 안을 가장 먼저 계산합니다.

$14 + 3 \times 6 - 5 = 27$ (18, 32, 27)

$14 + 3 \times (6 - 5) = 17$ (1, 3, 17)

보충 개념

• 곱셈을 먼저 계산하고 앞에서부터 차례로 계산합니다.

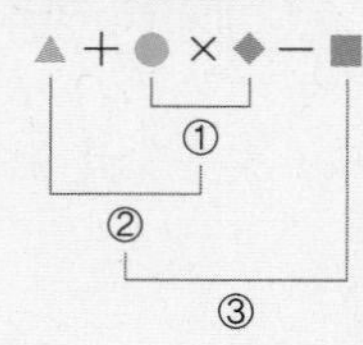

7 가장 먼저 계산해야 할 곳에 ○표 하세요.

(1) $15 + 4 - 2 \times 3$　　(2) $2 \times (5 + 3) - 10$

8 바르게 계산한 것에 ○표 하세요.

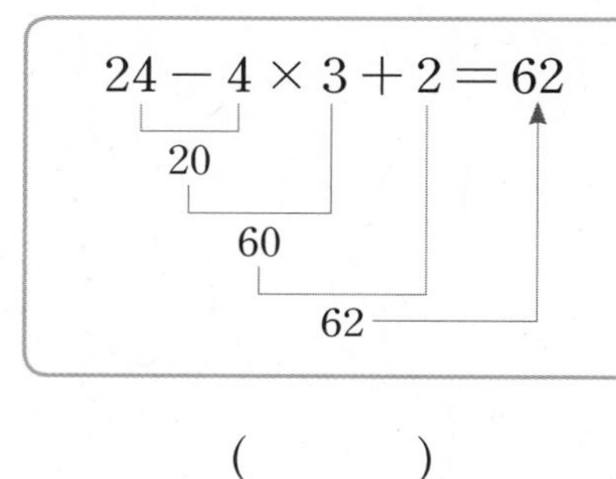

(　　　)

$24 - 4 \times 3 + 2 = 14$ (12, 12, 14)

(　　　)

9 보기 와 같이 계산 순서를 나타내고 계산해 보세요.

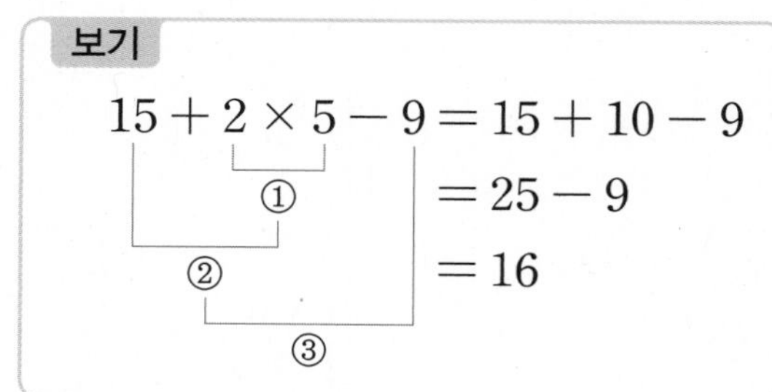

(1) $32 - 4 \times 6 + 8$　　(2) $10 + (8 - 5) \times 4$

왜 곱셈을 덧셈이나 뺄셈보다 먼저 계산해야 하나요?

• 곱셈을 먼저 계산한 경우
$3 + 2 \times 5 = 3 + 10 = 13$

• 앞에서부터 차례로 계산한 경우
$3 + 2 \times 5 = 5 \times 5 = 25$

위와 같이 계산 순서를 정하지 않으면 서로 다른 결과가 나오는데 이것은 수학의 특성에 맞지 않아요. 그래서 한 가지 결과만 나오도록 계산 순서를 약속했는데 그 약속 중 한 가지가 곱셈은 덧셈, 뺄셈보다 먼저 계산한다는 거예요.

4 덧셈, 뺄셈, 나눗셈이 섞여 있는 식

정답과 풀이 1쪽

● **17+15÷3−2, 17+15÷(3−2)의 계산**

덧셈, 뺄셈, 나눗셈이 섞여 있는 식은 나눗셈을 먼저 계산하고, (　　)가 있으면 (　　) 안을 가장 먼저 계산합니다.

$17+15\div3-2=20$ (15÷3 → 5, 17+5 → 22, 22−2 → 20)

$17+15\div(3-2)=32$ (3−2 → 1, 15÷1 → 15, 17+15 → 32)

보충 개념

• 나눗셈을 먼저 계산하고 앞에서부터 차례로 계산합니다.

▲ − ■ + ● ÷ ◆ (▲−■ ②, ●÷◆ ①, ③)

10 가장 먼저 계산해야 할 곳에 ○표 하세요.

(1) $23+36\div6-12$　　(2) $(30-5)\div5+22$

▶ 덧셈, 뺄셈, 곱셈이나 나눗셈이 섞여 있는 식은 곱셈이나 나눗셈을 먼저 계산한 다음 덧셈, 뺄셈을 앞에서부터 차례로 계산합니다.

11 바르게 계산한 것에 ○표 하세요.

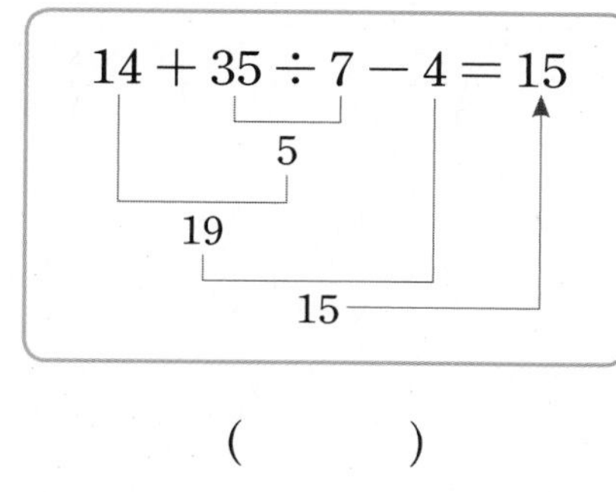

$14+35\div7-4=3$ (14+35 → 49, 49÷7 → 7, 7−4 → 3)

(　　　)　　(　　　)

12 보기 와 같이 계산 순서를 나타내고 계산해 보세요.

보기

$7+9-36\div9=7+9-4$
$=16-4$
$=12$

(7+9 ②, 36÷9 ①, ③)

(1) $10-20\div5+9$　　(2) $50-36\div(3+9)$

▶ (　　)가 있으면 계산 순서가 달라집니다.

$(7+9)-36\div9$ ((7+9) ①, 36÷9 ②, ③)

5 덧셈, 뺄셈, 곱셈, 나눗셈이 섞여 있는 식

정답과 풀이 2쪽

● **$90 \div 6 - 4 \times 2 + 15$, $90 \div (6-4) \times 2 + 15$의 계산**

덧셈, 뺄셈, 곱셈, 나눗셈이 섞여 있는 식은 곱셈과 나눗셈을 먼저 계산하고, (   )가 있으면 (   ) 안을 가장 먼저 계산합니다.

$90 \div 6 - 4 \times 2 + 15 = 22$

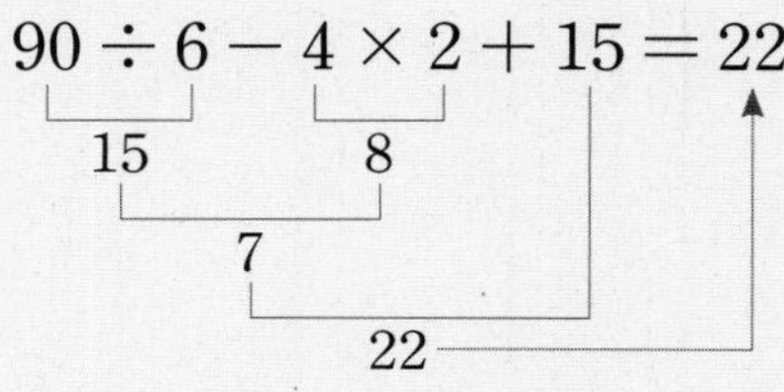

$90 \div (6 - 4) \times 2 + 15 = 105$

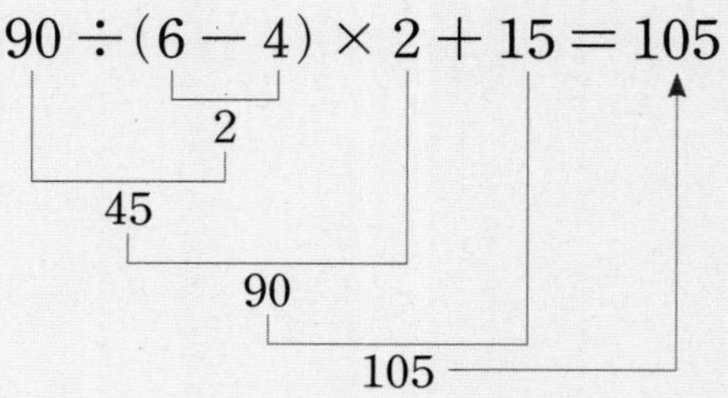

13 □ 안에 알맞은 수를 써넣으세요.

$24 - 6 \times 2 + 15 \div 3 =$ □

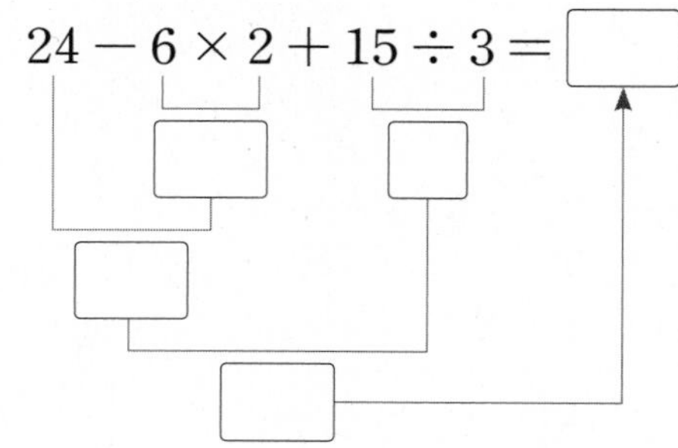

▶ 덧셈, 뺄셈, 곱셈, 나눗셈이 섞여 있고 (   )가 있는 식을 계산할 때의 순서

(   ) 안의 계산
↓
곱셈과 나눗셈
↓
덧셈과 뺄셈

14 보기 와 같이 계산 순서를 나타내고 계산해 보세요.

보기

$4 \times 6 - 48 \div 8 + 7 = 24 - 6 + 7$
$= 18 + 7$
$= 25$

①: 4×6, ②: $48 \div 8$, ③: ①−②, ④: ③+7

(1) $5 + 25 \div 5 \times 8 - 42$

(2) $15 - 3 \times (2 + 6) \div 4$

기본에서 응용으로

교과유형

1 덧셈과 뺄셈이 섞여 있는 식

덧셈과 뺄셈이 섞여 있는 식은 앞에서부터 차례로 계산하고, (　)가 있으면 (　) 안을 먼저 계산합니다.

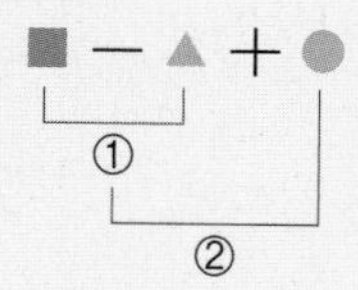

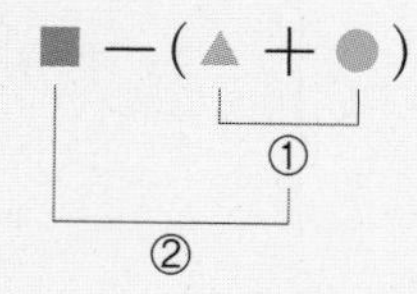

1 계산해 보세요.

(1) $19 + 4 - 15$

(2) $64 - (27 + 23)$

서술형

2 두 식을 계산 순서에 맞게 계산하고, 그 결과를 비교해 보세요.

$45 - 8 + 12 = \square$

$45 - (8 + 12) = \square$

3 바르게 계산한 사람은 누구일까요?

상현: $32 - (10 + 5) = 27$
명현: $32 - (10 + 5) = 17$

(　　　　　　　　)

4 버스에 26명의 사람이 타고 있었습니다. 다음 정거장에서 17명이 내리고 9명이 탔습니다. 지금 버스에 타고 있는 사람은 몇 명인지 하나의 식으로 나타내어 구해 보세요.

식

답

서술형

5 진형이가 84쪽인 문제집을 풀고 있습니다. 어제까지 27쪽을 풀었고, 오늘은 14쪽을 풀었습니다. 오늘까지 풀고 남은 쪽수는 몇 쪽인지 하나의 식으로 나타내어 구하려고 합니다. 풀이 과정을 쓰고 답을 구하세요.

풀이

답

6 마트에 있는 물건의 가격을 나타낸 것입니다. 소현이는 초콜릿을 사고, 인수는 과자와 음료수를 샀습니다. 소현이는 인수보다 얼마를 더 내야 할까요?

아이스크림	과자	음료수	초콜릿
1300원	500원	700원	1500원

(　　　　　　　　)

1

교과유형

2 곱셈과 나눗셈이 섞여 있는 식

곱셈과 나눗셈이 섞여 있는 식은 앞에서부터 차례로 계산하고, ( )가 있으면 ( ) 안을 먼저 계산합니다.

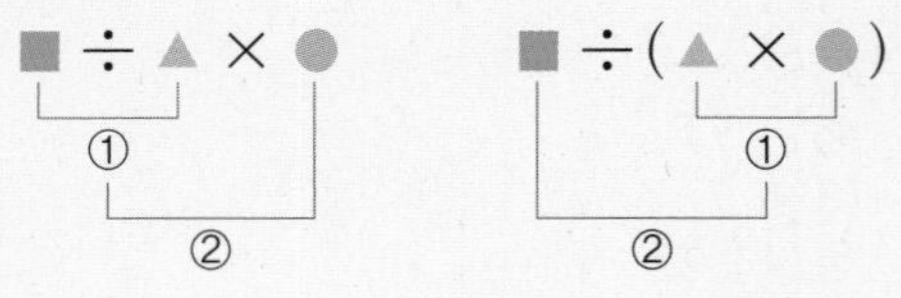

7 계산해 보세요.

(1) $9 \times 8 \div 6$

(2) $48 \div (2 \times 4)$

8 계산 결과를 비교하여 ○ 안에 >, =, <를 알맞게 써넣으세요.

$60 \div 4 \times 3$ ○ $60 \div (4 \times 3)$

9 다음 문장을 식으로 바르게 나타낸 것을 찾아 기호를 쓰세요.

㉠ $48 \div (8 \times 3)$ ㉡ $8 \times 3 \div 6$

(1) 한 봉지에 8개씩 들어 있는 사탕 3봉지를 6명에게 똑같이 나누어 주려고 합니다. 한 사람에게 사탕을 몇 개씩 줄 수 있을까요?

( )

(2) 주하네 반은 8명씩 3모둠입니다. 사탕 48개를 주하네 반 학생들에게 똑같이 나누어 주면 한 사람에게 몇 개씩 줄 수 있을까요?

( )

10 ( )가 없으면 계산 결과가 달라지는 것의 기호를 쓰세요.

㉠ $3 \times (20 \div 5)$ ㉡ $42 \div (2 \times 3)$

( )

11 연필 한 타는 12자루입니다. 연필 3타를 4명에게 똑같이 나누어 주면 한 사람에게 연필을 몇 자루씩 줄 수 있는지 하나의 식으로 나타내어 구해 보세요.

식

답

12 한 사람이 한 시간에 선물 상자를 5개씩 포장할 수 있다고 합니다. 4명이 선물 상자 80개를 포장하려면 몇 시간이 걸리는지 하나의 식으로 나타내어 구해 보세요.

식

답

서술형

13 다음 식에 알맞은 문제를 만들고 풀어 보세요.

$30 \div 5 \times 8$

문제

답

교과서 3 덧셈, 뺄셈, 곱셈이 섞여 있는 식

덧셈, 뺄셈, 곱셈이 섞여 있는 식은 곱셈을 먼저 계산하고, ( )가 있으면 ( ) 안을 가장 먼저 계산합니다.

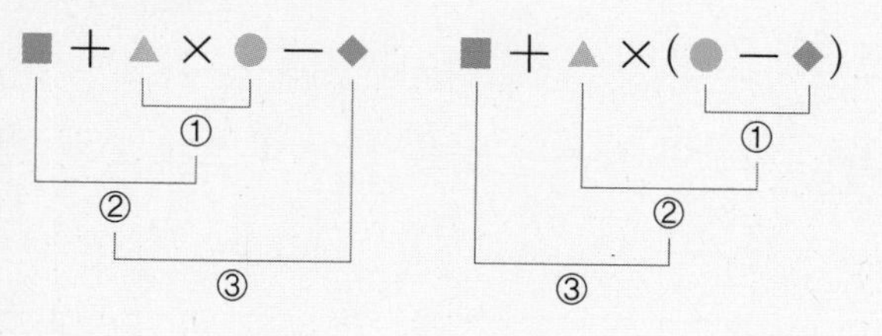

14 계산해 보세요.

(1) $32+12-7\times3$

(2) $25+5\times(11-6)$

서술형

15 계산이 잘못된 곳을 찾아 이유를 쓰고 바르게 고쳐 계산해 보세요.

$$15-4\times3+8=11\times3+8$$
$$=33+8$$
$$=41$$

이유 ....

계산 ....

16 ( )를 사용하여 두 식을 하나의 식으로 만들어 보세요.

$9\times5=45$ $\quad$ $12-3=9$

( )

17 사탕이 40개 있습니다. 남학생 3명과 여학생 4명이 각각 3개씩 먹었습니다. 남은 사탕은 몇 개인지 하나의 식으로 나타내어 구해 보세요.

식 ....

답 ....

교과서 4 덧셈, 뺄셈, 나눗셈이 섞여 있는 식

덧셈, 뺄셈, 나눗셈이 섞여 있는 식은 나눗셈을 먼저 계산하고, ( )가 있으면 ( ) 안을 가장 먼저 계산합니다.

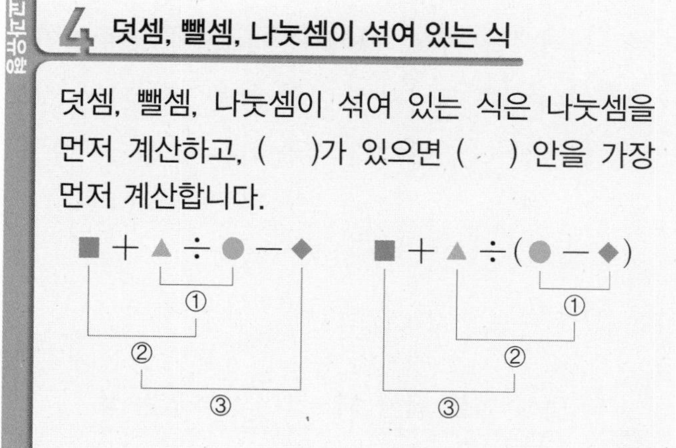

18 계산해 보세요.

(1) $15-56\div7+12$

(2) $23+(38-14)\div6$

19 계산 결과가 더 큰 것의 기호를 쓰세요.

㉠ $6+20-12\div4$

㉡ $6+(20-12)\div4$

( )

20 감 한 개는 1000원, 자두 3개는 900원, 사과 한 개는 1200원입니다. 감 한 개와 자두 한 개를 같이 산 값은 사과 한 개의 값보다 얼마나 더 비싼지 하나의 식으로 나타내어 구해 보세요.

식 ....

답 ....

21 어머니는 43살, 아버지는 48살이고, 주영이는 어머니와 아버지 나이의 합을 7로 나눈 것보다 1살 더 적습니다. 주영이는 몇 살일까요?

(　　　　　)

교과유형 **5 덧셈, 뺄셈, 곱셈, 나눗셈이 섞여 있는 식**

덧셈, 뺄셈, 곱셈, 나눗셈이 섞여 있는 식은 곱셈과 나눗셈을 먼저 계산하고, (　)가 있으면 (　) 안을 가장 먼저 계산합니다.

■＋▲×●－◆÷★ : ① ▲×●, ② ◆÷★, ③ ■＋①, ④ ③－②

■＋▲×(●－◆)÷★ : ① ●－◆, ② ▲×①, ③ ②÷★, ④ ■＋③

22 계산 순서에 맞게 기호를 차례로 써 보세요.

$10 + 88 \div 4 \times 15 - 9$

(㉠: ＋, ㉡: ÷, ㉢: ×, ㉣: －)

(　　　　　)

23 계산해 보세요.

$14 + 2 \times 6 - 16 \div 4$

(　　　　　)

24 계산이 잘못된 곳을 찾아 바르게 고쳐 계산해 보세요.

$50-(6+9)\times2\div6=50-6+18\div6$
$=50-6+3$
$=44+3$
$=47$

↓

25 (　)를 생략해도 계산 결과가 같은 식은 어느 것일까요? (　　　)

① $(4 + 12) \div 2$
② $14 \times (5 + 8) - 6$
③ $3 \times (4 - 3) + 11$
④ $20 + (15 \div 5) \times 17$
⑤ $(35 - 14) \div 7 + 2 \times 3$

26 놀이동산에서 풍선 800개를 4일 동안 입장객에게 매일 똑같은 수만큼 나누어 주려고 합니다. 첫날 오전에 남자 23명과 여자 27명에게 풍선을 2개씩 나누어 주었습니다. 첫날 오후에 나누어 줄 수 있는 풍선은 몇 개일까요?

(　　　　　)

실전유형

□ 안에 알맞은 수 구하기

덧셈과 뺄셈의 관계, 곱셈과 나눗셈의 관계, 혼합 계산식의 계산 순서를 이용합니다.

예 $8+\square\times2-4=10$

$8+\square\times2=10+4=14$

$\square\times2=14-8=6$

$\square=6\div2=3$

27 □ 안에 알맞은 수를 써넣으세요.

$135\div(9\times\square)=5$

28 □ 안에 알맞은 수를 써넣으세요.

$12\times5+\square\div8=65$

실전유형

(　)로 알맞게 묶기

• (　)는 계산 순서를 바꾸는 역할을 합니다.
• (　)의 위치를 찾을 때 (　)를 넣어도 순서가 바뀌지 않는 경우는 계산해 보지 않아도 됩니다.

29 다음 식이 성립하도록 (　)로 묶어 보세요.

$11+4\times6-4=19$

30 다음 식이 성립하도록 (　)로 묶어 보세요.

$3\times21\div7-4+2=23$

실전유형

어떤 수 구하기

① 어떤 수를 □라고 하여 식을 세웁니다.
② 식을 거꾸로 계산하여 □를 구합니다.

31 어떤 수에 8을 곱하고 6으로 나눈 다음 19를 더했더니 23이 되었습니다. 어떤 수를 구하세요.

(　　　　　　)

32 어떤 수에 5를 더한 다음 3을 곱하고 4로 나누었더니 9가 되었습니다. 어떤 수를 구하세요.

(　　　　　　)

1

서술형

33 어떤 수에서 9를 뺀 다음 7을 곱해야 할 것을 잘못하여 어떤 수에 9를 더한 다음 7로 나누었더니 3이 되었습니다. 바르게 계산한 값은 얼마인지 풀이 과정을 쓰고 답을 구하세요.

풀이

답

문제 풀이

1 약속한 규칙에 맞게 계산하기

심화유형

기호 ★의 계산 방법을 보기 와 같이 약속할 때, 8★7의 계산식을 쓰고 답을 구하세요.

보기
㉠★㉡=㉠×㉡−(㉠+㉡)

식

답

● 핵심 NOTE • 규칙에 따라 ㉠ 대신 8을, ㉡ 대신 7을 넣어 식을 만든 후 계산 순서에 따라 계산합니다.

1-1 기호 ♥의 계산 방법을 보기 와 같이 약속할 때, 24♥8의 계산식을 쓰고 답을 구하세요.

보기
㉠♥㉡=㉠÷㉡+3×(㉠−㉡)

식

답

1-2 기호 ●의 계산 방법을 보기 와 같이 약속할 때, 7●(5●2)를 계산해 보세요.

보기
㉠●㉡=㉠×㉠−3×(㉠+㉡)

( )

심화유형 2 □ 안에 들어갈 수 있는 수 구하기

□ 안에 들어갈 수 있는 자연수는 모두 몇 개일까요?

$$\square + 4 \times 6 < 21 + 96 \div 8$$

( )

● 핵심 NOTE

• 계산할 수 있는 부분을 먼저 계산하여 간단한 모양으로 만든 다음 □ 안에 들어갈 수 있는 수를 알아봅니다.

2-1 □ 안에 들어갈 수 있는 자연수는 모두 몇 개일까요?

$$37 + 91 \div 7 > 5 + \square \times 6$$

( )

1

2-2 □÷3의 값이 자연수일 때, □ 안에 들어갈 수 있는 자연수를 모두 구하세요.

$$41 - 36 \div 6 \times 2 - 15 < \square \div 3 < 12 \times 6 \div 3 - 7$$

( )

심화유형 3 등식이 성립하도록 ○ 안에 기호 넣기

다음 식이 성립하도록 ○ 안에 $+$, $-$, $\times$, $\div$를 알맞게 써넣으세요.

$$60 \div 5 \bigcirc 2 \times 7 - 20 = 6$$

● 핵심 NOTE

• 들어갈 수 있는 곳이 제한적인 뺄셈, 나눗셈을 넣을 수 있는지 먼저 확인해 본 후 덧셈, 곱셈을 넣어서 계산해 봅니다.

3-1

다음 식이 성립하도록 ○ 안에 $+$, $-$, $\times$, $\div$를 알맞게 써넣으세요.

$$9 \bigcirc 16 \bigcirc 2 - 7 = 10$$

3-2

다음 식이 성립하도록 ○ 안에 $+$, $-$, $\times$, $\div$를 알맞게 써넣으세요.

$$(4 \bigcirc 4) \bigcirc (4 \bigcirc 4) = 1$$

$$4 \bigcirc 4 \bigcirc 4 \bigcirc 4 = 2$$

$$(4 \bigcirc 4 \bigcirc 4) \bigcirc 4 = 3$$

$$4 \bigcirc (4 \bigcirc 4) \bigcirc 4 = 6$$

$$4 \bigcirc 4 \bigcirc 4 \bigcirc 4 = 7$$

$$4 \bigcirc 4 \bigcirc 4 \bigcirc 4 = 9$$

정답과 풀이 4쪽

융합유형 4
수학 + 사회

남은 거리를 갈 때의 시간 계산하기

독도

독도는 경상북도 울릉군에 속하는 대한민국의 영토입니다. 울릉도에서 동남쪽으로 87 km 떨어져 있고, 동도와 서도로 나누어져 있으며 89개의 바위섬으로 이루어진 화산섬입니다. 세연이는 울릉도에서 독도까지 배를 타고 가려고 합니다. 배는 한 시간에 30 km를 가는 속력으로 2시간을 간 후, 속력을 낮춰 한 시간에 15 km를 가는 속력으로 1시간을 더 갔습니다. 남은 거리는 한 시간에 12 km를 가는 속력으로 가려고 합니다. 독도까지 가려면 몇 시간을 더 가야 하는지 하나의 식으로 나타내어 구해 보세요.

1단계 남은 거리를 구하는 식 세우기

2단계 더 가야 하는 시간을 구하는 식 세우기

식

답

● 핵심 NOTE

1단계 (남은 거리)=(전체 거리)−(간 거리)

2단계 (더 가야 하는 시간)=(남은 거리)÷(속력)

1

4-1

서울에서 부산까지의 거리는 416 km입니다. 준수는 버스를 타고 서울에서 출발하여 한 시간에 90 km를 가는 속력으로 2시간을 간 후, 한 시간에 80 km를 가는 속력으로 1시간을 더 갔습니다. 남은 거리는 한 시간에 78 km를 가는 속력으로 가려고 합니다. 부산까지 가려면 몇 시간을 더 가야 하는지 하나의 식으로 나타내어 구해 보세요.

부산

식

답

기출 단원 평가 Level 1

점수

확인

1 다음 식에서 가장 먼저 계산해야 하는 부분은 어느 것일까요? (　　　)

$12 + 24 \div 3 \times 4 - 2 + 4$

① $12 + 24$　② $24 \div 3$
③ 3×4　④ $4 - 2$
⑤ $2 + 4$

2 계산 결과를 찾아 선으로 이어 보세요.

(1) $19 + 4 - 15$ •　　• ㉠ 7

(2) $27 \times 2 \div 6$ •　　• ㉡ 8

(3) $30 - 27 + 4$ •　　• ㉢ 9

3 계산해 보세요.

$(9 + 2) \times 3 - 12 \div 4$

(　　　　　　)

4 계산 결과가 같은 두 식을 찾아 기호를 쓰세요.

㉠ $24 + 12 - 9$　㉡ $24 - 12 + 9$
㉢ $24 + (12 - 9)$　㉣ $24 - (12 + 9)$

(　　　　　　)

5 앞에서부터 차례로 계산해야 하는 식은 어느 것일까요? (　　　)

① $15 - 6 \times 2 + 8$
② $5 + 32 \div 4 - 6$
③ $7 + 14 - 5 \times 3$
④ $6 \times 8 \div 12 + 9$
⑤ $40 \div 8 + 6 \times 3$

6 계산 결과가 더 큰 것의 기호를 쓰세요.

㉠ $25 - 5 \times 3 + 10 \div 2$
㉡ $(25 - 5) \times 3 + 10 \div 2$

(　　　　　　)

7 다음 문장을 식으로 바르게 나타낸 것을 찾아 기호를 쓰세요.

500원짜리 초콜릿과 300원짜리 사탕을 2개씩 샀습니다. 모두 얼마를 내야 합니까?

㉠ $500 \times 2 + 300$
㉡ $500 + 300 \times 2$
㉢ $(500 + 300) \times 2$
㉣ $500 \times 2 - 300 \times 2$

(　　　　　　)

8 식을 세우고 계산해 보세요.

7과 4의 차를 5배 한 수에 8을 더한 수

(　　　　　　　　　　)

9 일현이네 반은 남학생이 15명, 여학생이 17명입니다. 그중 제주도에 다녀온 학생이 14명이라면 제주도에 다녀오지 않은 학생은 몇 명일까요?

(　　　　　　　　　　)

10 형준이와 세미는 방학 동안 같은 수학 문제집을 풀었습니다. 형준이는 하루에 5쪽씩 24일 만에 모두 풀었습니다. 세미는 하루에 4쪽씩 풀었다면 며칠 만에 모두 풀었을까요?

(　　　　　　　　　　)

11 쿠키를 한 판에 15개씩 2판을 오븐에 넣어 구우려고 합니다. 쿠키를 180개 구우려면 오븐에서 몇 번 구워야 할까요?

(　　　　　　　　　　)

12 □ 안에 알맞은 수를 구하세요.

$42 \div 6 \times \square = 56$

(　　　　　　　　　　)

13 기호 ◆의 계산 방법을 다음과 같이 약속할 때 9◆3을 계산해 보세요.

가◆나 = 가 × (가 − 나) + 나

(　　　　　　　　　　)

14 대화를 보고 동희와 영모가 일주일 동안 줄넘기를 모두 몇 번 했는지 구하세요.

(　　　　　　　　　　)

1

15 21에서 어떤 수를 뺀 다음 3으로 나누고 5를 곱했더니 30이 되었습니다. 어떤 수를 구하세요.

( )

16 자동차를 60대까지 주차할 수 있는 주차장에 자동차가 8대씩 4줄로 주차되어 있습니다. 이 중 16대가 빠져나갔다면 주차장에 더 주차할 수 있는 자동차는 몇 대일까요?

( )

17 다음 식이 성립하도록 ○ 안에 $+$, $-$, $\times$, $\div$를 알맞게 써넣으세요.

27 ○ 9 ○ 11 = 33

18 수 카드 3, 6, 9를 한 번씩 사용하여 다음과 같이 식을 만들려고 합니다. 계산 결과가 가장 큰 수가 되도록 식을 만들고 계산해 보세요.

$\square \times \square \div \square =$ ( )

술술 서술형

19 계산이 잘못된 곳을 찾아 이유를 쓰고 바르게 고쳐 계산해 보세요.

$$\begin{aligned}28 \div (7-3) + 13 &= 4 - 3 + 13 \\ &= 1 + 13 \\ &= 14\end{aligned}$$

이유

계산

20 3개에 960원인 자두 한 개와 900원짜리 사과 한 개를 사고 2000원을 냈습니다. 거스름돈은 얼마인지 풀이 과정을 쓰고 답을 구하세요.

풀이

답

기출 단원 평가 Level ❷

점수

확인

1 계산 순서에 맞게 □ 안에 번호를 써넣으세요.

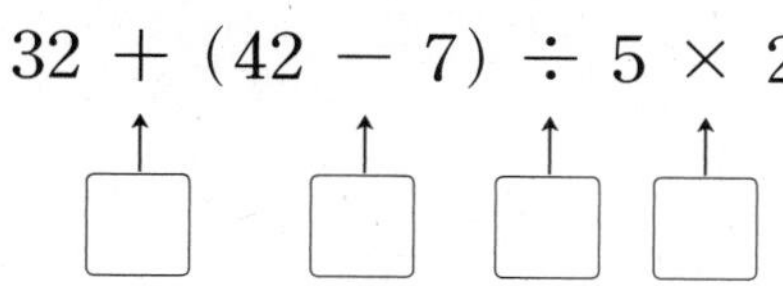

2 계산해 보세요.

(1) $23+(38-14)\div 6$

(2) $2+15\times 4-34\div 2$

3 빈 곳에 알맞은 수를 써넣으세요.

8 → ×6 → ÷4 → +5 → □

4 계산 결과가 가장 큰 것을 찾아 기호를 쓰세요.

㉠ $27-9-5+4$
㉡ $27-(9-5)+4$
㉢ $27-9-(5+4)$

( )

5 ( )를 생략해도 계산 결과가 같은 식은 어느 것일까요? ( )

① $72\div(3\times 4)$ ② $(21-5)\times 3$
③ $(12+16)\div 2$ ④ $(52+13)-40$
⑤ $24-(6+9)$

6 ㉠과 ㉡의 계산 결과의 차는 얼마일까요?

㉠ $25+5\times 11-9$
㉡ $25+5\times(11-9)$

( )

7 사탕 20개를 학생 5명에게 3개씩 나누어 주었습니다. 남은 사탕은 몇 개인지 알아보는 식은 어느 것일까요? ( )

① $20+5\times 3$ ② $(20+5)\times 3$
③ $20-5\times 3$ ④ $(20-5)\times 3$
⑤ $20\times 3-5\times 3$

1

8 (　)를 사용하여 두 식을 하나의 식으로 만들어 보세요.

$20 - 12 = 8 \qquad 48 \div 8 = 6$

(　　　　　　　　　　)

9 온유네 반 학생은 한 모둠에 6명씩 5모둠입니다. 온유네 반 학생들을 똑같이 2팀으로 나누면 한 팀은 몇 명일까요?

(　　　　　　　　　　)

10 소연이의 예금 통장 내용입니다. 2019년 3월 19일에 남은 금액은 얼마일까요?

디딤돌 은행

거래일	찾으신 금액	맡기신 금액	남은 금액
2019.03.05			3,000
2019.03.18	1,600		
2019.03.19		700	?

(　　　　　　　　　　)

11 조기 한 두름은 20마리이고 고등어 한 손은 2마리입니다. 조기 6두름과 고등어 5손은 모두 몇 마리일까요?

(　　　　　　　　　　)

12 기호 ♥의 계산 방법을 다음과 같이 약속할 때, 7♥㉠ = 33에서 ㉠에 알맞은 수를 구하세요.

가♥나 = 가 × 가 − 나 × 나

(　　　　　　　　　　)

13 다음 식이 성립하도록 (　)로 묶어 보세요.

$5 + 20 \div 5 - 3 = 15$

14 □ 안에 들어갈 수 있는 자연수는 모두 몇 개일까요?

$\square + 24 \div 2 < 48 - 7 \times 4$

(　　　　　　　　　　)

15 어떤 수를 3으로 나눈 다음 45를 더해야 할 것을 잘못하여 3을 곱한 다음 45를 뺐더니 36이 되었습니다. 바르게 계산하면 얼마일까요?

(　　　　　　　　　　)

16 75 cm인 종이테이프를 5등분 한 것 중의 한 도막과 96 cm인 종이테이프를 3등분 한 것 중의 한 도막을 4 cm가 겹쳐지도록 이어 붙였습니다. 이어 붙인 종이테이프의 전체 길이는 몇 cm일까요?

( )

17 준모는 친구들과 함께 분식집에 가서 떡볶이 2인분과 라볶이 3인분을 사 먹었습니다. 음식값을 5명이 똑같이 나누어 낸다면 한 사람이 얼마를 내야 할까요?

떡볶이 1인분 : 2500원
라볶이 1인분 : 3500원

( )

18 수 카드 1, 3, 5 를 한 번씩 사용하여 다음과 같이 식을 만들려고 합니다. 계산 결과가 가장 클 때와 가장 작을 때는 각각 얼마일까요?

$30 \div (\square \times \square) + \square$

가장 클 때 ( )
가장 작을 때 ( )

술술 서술형

19 다음 식에 알맞은 문제를 만들고 풀어 보세요.

$3000 - 500 \times 5$

문제

답

20 색종이가 한 묶음에 12장씩 6묶음 있습니다. 이 색종이를 한 모둠에 4명씩 2모둠의 학생들에게 똑같이 나누어 주려고 합니다. 한 사람에게 색종이를 몇 장씩 줄 수 있는지 풀이 과정을 쓰고 답을 구하세요.

풀이

답

약수와 배수

2

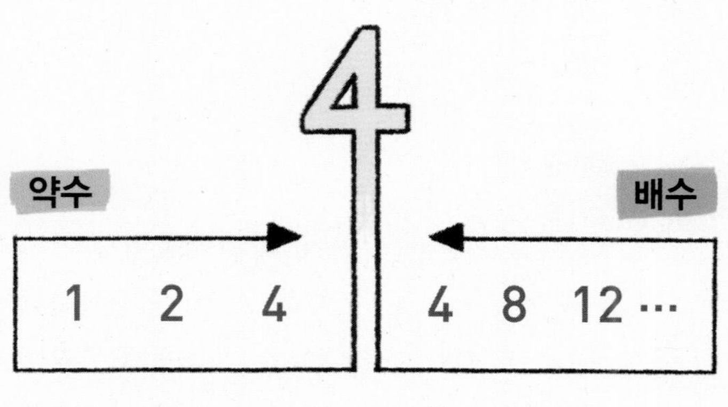

4와 약수와 배수의 관계인 수

약수는 나눗셈으로, 배수는 곱셈으로!

약수	배수
어떤 수를 나누어떨어지게 하는 수	어떤 수를 1배, 2배, 3배⋯ 한 수
$4 \div 1 = 4$	$4 \times 1 = 4$
$4 \div 2 = 2$	$4 \times 2 = 8$
$4 \div 3 = 1 \cdots 1$	$4 \times 3 = 12$
$4 \div 4 = 1$	$4 \times 4 = 16$
	$4 \times 5 = 20$
	⋮

약수의 개수는 정해져 있지만
배수는 셀 수 없이 많아!

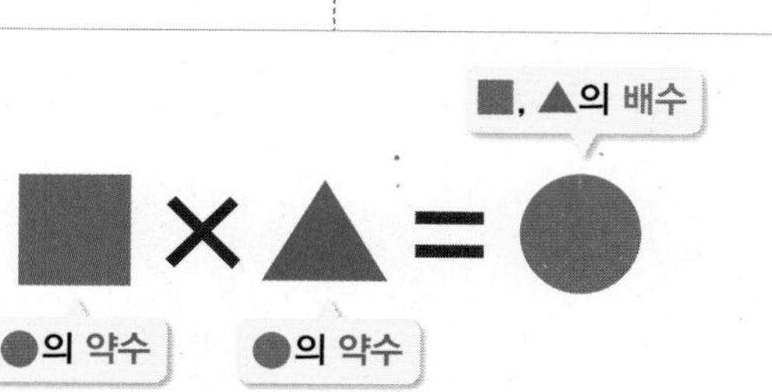

1 약수와 배수

● **약수**

어떤 수를 나누어떨어지게 하는 수를 그 수의 약수라고 합니다.

예 6의 약수 구하기

$6 \div 1 = 6$　　$6 \div 2 = 3$

$6 \div 3 = 2$　　$6 \div 6 = 1$

➡ 6의 약수 : 1, 2, 3, 6

● **배수**

어떤 수를 1배, 2배, 3배 …… 한 수를 그 수의 배수라고 합니다.

예 5의 배수 구하기

5를 1배 한 수 → $5 \times 1 = 5$

5를 2배 한 수 → $5 \times 2 = 10$

5를 3배 한 수 → $5 \times 3 = 15$

➡ 5의 배수 : 5, 10, 15 ……

1 □ 안에 알맞은 수를 써넣고 8의 약수를 구하세요.

$8 \div \square = 8$　　$8 \div \square = 4$

$8 \div \square = 2$　　$8 \div \square = 1$

8의 약수 ➡ (　　　　　　　　)

▶ 1은 모든 수의 약수이고, 어떤 수는 항상 어떤 수 자신의 약수입니다.
약수 중에서
┌ 가장 작은 수 : 1
└ 가장 큰 수 : 자기 자신

2 4의 배수를 구하려고 합니다. □ 안에 알맞은 수를 써넣으세요.

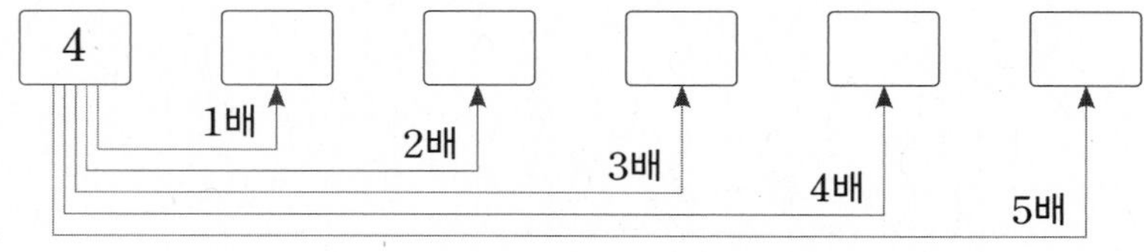

▶ 약수의 개수는 정해져 있지만 배수는 셀 수 없이 많습니다.
배수 중에서
┌ 가장 작은 수 : 자기 자신
└ 가장 큰 수 : 알 수 없음

3 약수를 모두 구하세요.

(1) 10의 약수 ➡ (　　　　　　　　)

(2) 12의 약수 ➡ (　　　　　　　　)

? **수가 클수록 약수도 더 많아지나요?**

수가 크다고 해서 약수가 더 많은 것은 아니에요. 예를 들어 6의 약수는 1, 2, 3, 6으로 4개인데 11의 약수는 1, 11로 2개뿐이에요.

4 배수를 가장 작은 수부터 5개 써 보세요.

(1) 7의 배수 ➡ (　　　　　　　　)

(2) 10의 배수 ➡ (　　　　　　　　)

2 약수와 배수의 관계

정답과 풀이 8쪽

● 곱을 이용하여 약수와 배수의 관계 알아보기

● = ■ × ▲ ➡ ●는 ■와 ▲의 배수입니다. / ■와 ▲는 ●의 약수입니다.

예 6은 1과 6의 배수 / 6 = 1 × 6 / 1과 6은 6의 약수

6은 2와 3의 배수 / 6 = 2 × 3 / 2와 3은 6의 약수

➡ 6은 1, 2, 3, 6의 배수입니다.
1, 2, 3, 6은 6의 약수입니다.

보충 개념

- 여러 수의 곱으로 나타내어 약수와 배수의 관계 알아보기
$8 = 2 \times 2 \times 2$
➡ 8은 1, 2, $2 \times 2 = 4$, $2 \times 2 \times 2 = 8$의 배수입니다.
➡ 1, 2, $2 \times 2 = 4$, $2 \times 2 \times 2 = 8$은 8의 약수입니다.

5 식을 보고 □ 안에 '약수'와 '배수'를 알맞게 써넣으세요.

$2 \times 7 = 14$

(1) 14는 2와 7의 □입니다.

(2) 2와 7은 14의 □입니다.

▶ 나눗셈을 이용하여 약수와 배수의 관계를 알아볼 수도 있습니다.
■ ÷ ● = ▲
➡ ■는 ●와 ▲의 배수입니다.
●와 ▲는 ■의 약수입니다.

6 12를 두 수의 곱으로 나타내고 약수와 배수의 관계를 써 보세요.

□ × □ = 12 □ × □ = 12 □ × □ = 12

12는 .... 의 배수이고,

.... 은/는 12의 약수입니다.

7 18을 여러 수의 곱으로 나타내고 약수와 배수의 관계를 써 보세요.

$18 = 1 \times 18$ 18 = □ × 9

18 = 3 × □ 18 = □ × 3 × 3

18은 .... 의 배수이고,

.... 은/는 18의 약수입니다.

3 공약수와 최대공약수

● **공약수와 최대공약수**

– **공약수** : 공통된 약수
– **최대공약수** : 공약수 중에서 가장 큰 수

㉮ 12와 16의 공약수와 최대공약수 구하기
12의 약수 : 1, 2, 3, 4, 6, 12
16의 약수 : 1, 2, 4, 8, 16
➡ 12와 16의 공약수 : 1, 2, 4
12와 16의 최대공약수 : 4

최대공약수를 알면
공약수를 쉽게 구할 수 있어.

보충 개념

• **공약수와 최대공약수의 관계**
최대공약수의 약수는 공약수와 같습니다.
㉮ 12와 16의 공약수 : 1, 2, 4
12와 16의 최대공약수 : 4
12와 16의 최대공약수인 4의 약수 : 1, 2, 4

8 **32와 40의 공약수와 최대공약수를 구하세요.**

32의 약수: 1, 2, 4, 8, 16, 32
40의 약수: 1, 2, 4, 5, 8, 10, 20, 40

공약수 (　　　　　　　　　　)
최대공약수 (　　　　　　　　　　)

? 왜 최대공약수만 구하고 최소공약수는 구하지 않나요?

1은 모든 수의 약수이므로 공약수에는 반드시 1이 들어가요. 따라서 최소공약수는 항상 1이므로 따로 구할 필요가 없어요.

9 **18과 24의 공약수와 최대공약수를 구하려고 합니다. 물음에 답하세요.**

(1) 18과 24의 약수를 모두 구하세요.

18의 약수	
24의 약수	

(2) 18과 24의 공약수와 최대공약수를 구하세요.

공약수 (　　　　　　　　　　)
최대공약수 (　　　　　　　　　　)

(3) 18과 24의 최대공약수의 약수를 구하세요.

(　　　　　　　　　　)

(4) **알맞은 말에 ○표 하세요.**

최대공약수의 약수는 (공약수 , 공배수)와 같습니다.

4 최대공약수 구하는 방법

정답과 풀이 8쪽

● **12와 16의 최대공약수 구하기**

방법 1 곱셈식 이용하기

$12 = 2 \times 2 \times 3$　　$16 = 2 \times 2 \times 2 \times 2$

$2 \times 2 = 4$ → 12와 16의 최대공약수

방법 2 공약수 이용하기

12와 16의 공약수 → 2) 12　16

6과 8의 공약수 → 2) 6　8

　　　　3　4

$2 \times 2 = 4$

→ 12와 16의 최대공약수

10 27과 45를 여러 수의 곱으로 나타낸 곱셈식을 보고 물음에 답하세요.

$27 = 1 \times 27$　　$27 = 3 \times 9$　　$27 = 3 \times 3 \times 3$

$45 = 1 \times 45$　　$45 = 3 \times 15$　　$45 = 5 \times 9$　　$45 = 3 \times 3 \times 5$

(1) 27과 45의 최대공약수를 구하기 위한 두 수의 곱셈식을 써 보세요.

$27 = 3 \times \square$

$45 = \square \times \square$

(2) 27과 45의 최대공약수를 구하기 위한 여러 수의 곱셈식을 써 보세요.

$27 = 3 \times \square \times \square$

$45 = \square \times \square \times \square$

(3) 27과 45의 최대공약수를 구하세요.

(　　　　　　　　)

▶ 여러 수의 곱으로 나타낸 후 공통으로 들어 있는 것을 찾습니다.
●×▲×■ = ♥
▲×●×★ = ◆
→ 최대공약수: ●×▲

11 보기 와 같이 24와 30의 최대공약수를 구하세요.

보기

2) 12　42
3) 6　21
　　2　7

→ 최대공약수 : $2 \times 3 = 6$

) 24　30

→ 최대공약수 : ……………

? **공약수로 나눌 때 어떤 수부터 먼저 나누어야 하나요?**

두 수의 공약수 중 가장 작은 수부터 차례로 찾아서 나누는 것이 쉬워요.

5 공배수와 최소공배수

● **공배수와 최소공배수**

– 공배수 : 공통된 배수

– 최소공배수 : 공배수 중에서 가장 작은 수

㉠ 3과 4의 공배수와 최소공배수 구하기

3의 배수 : 3, 6, 9, 12, 15, 18, 21, 24, 27, 30, 33, 36……

4의 배수 : 4, 8, 12, 16, 20, 24, 28, 32, 36, 40……

➡ 3과 4의 공배수 : 12, 24, 36……

3과 4의 최소공배수 : 12

최소공배수만 알면 공배수를 쉽게 구할 수 있어.

⊕ **보충 개념**

• **공배수와 최소공배수의 관계**

최소공배수의 배수는 공배수와 같습니다.

㉠ 3과 4의 공배수: 12, 24, 36……

3과 4의 최소공배수: 12

3과 4의 최소공배수인 12의 배수: 12, 24, 36……

12 **4와 5의 공배수와 최소공배수를 구하세요.**

4의 배수 : 4, 8, 12, 16, 20, 24, 28, 32, 36, 40, 44……

5의 배수 : 5, 10, 15, 20, 25, 30, 35, 40, 45, 50……

공배수 (　　　　　　　　)

최소공배수 (　　　　　　　　)

? 왜 최소공배수만 구하고 최대공배수는 구하지 않나요?

배수는 셀 수 없이 많으므로 공배수도 셀 수 없이 많아요. 따라서 최대공배수는 구할 수가 없어요.

13 **6과 9의 공배수와 최소공배수를 구하려고 합니다. 물음에 답하세요.**

(1) 6과 9의 배수를 가장 작은 수부터 차례로 구하세요.

6의 배수	6									……
9의 배수	9									……

(2) 6과 9의 공배수를 가장 작은 수부터 3개 쓰고 최소공배수를 구하세요.

공배수 (　　　　　　　　)

최소공배수 (　　　　　　　　)

(3) 6과 9의 최소공배수의 배수를 가장 작은 수부터 3개 구하세요.

(　　　　　　　　)

(4) **알맞은 말에 ○표 하세요.**

최소공배수의 배수는 (공약수 , 공배수)와 같습니다.

6 최소공배수 구하는 방법

정답과 풀이 9쪽

● **12와 20의 최소공배수 구하기**

방법 1 곱셈식 이용하기

$12=3\times2\times2$ $20=2\times2\times5$

$3\times2\times2\times5=60$

➡ 12와 20의 최소공배수

방법 2 공약수 이용하기

2) 12 20
2) 6 10
3 5

$2\times2\times3\times5=60$ ➡ 12와 20의 최소공배수

14 12와 18을 여러 수의 곱으로 나타낸 곱셈식을 보고 물음에 답하세요.

$12=1\times12$	$12=2\times6$	$12=3\times4$	$12=2\times2\times3$

$18=1\times18$	$18=2\times9$	$18=3\times6$	$18=2\times3\times3$

(1) 12와 18의 최소공배수를 구하기 위한 두 수의 곱셈식을 써 보세요.

$12=2\times\square$
$18=\square\times\square$

(2) 12와 18의 최소공배수를 구하기 위한 여러 수의 곱셈식을 써 보세요.

$12=2\times\square\times\square$
$18=\square\times\square\times\square$

(3) 12와 18의 최소공배수를 구하세요.

( )

▶ 주어진 두 수의 크기가 커서 두 수의 곱으로 나타내기 힘든 경우에는 여러 수의 곱으로 나타내어 최대공약수와 최소공배수를 구합니다.

▶ 여러 수의 곱으로 나타낸 후 공통으로 들어 있는 수와 남은 수를 곱합니다.
●×▲×■=♥
▲×●×★=◆
➡ 최소공배수:
●×▲×■×★

15 보기 와 같이 30과 36의 최소공배수를 구하세요.

보기
2) 16 20
2) 8 10
4 5
➡ 최소공배수 :
$2\times2\times4\times5=80$

) 30 36

➡ 최소공배수 : ....

기본에서 응용으로

교과유형

1 약수와 배수

- 약수 : 어떤 수를 나누어떨어지게 하는 수
  - 예 8의 약수 구하기
  - $8 \div 1 = 8$, $8 \div 2 = 4$, $8 \div 4 = 2$, $8 \div 8 = 1$
  - ➡ 8의 약수 : 1, 2, 4, 8
- 배수 : 어떤 수를 1배, 2배, 3배……한 수
  - 예 4의 배수 구하기
  - $4 \times 1 = 4$, $4 \times 2 = 8$, $4 \times 3 = 12$……
  - ➡ 4의 배수 : 4, 8, 12……

1 왼쪽 수가 오른쪽 수의 약수인 것에 ○표, 아닌 것에 ×표 하세요.

9	19

( )

7	77

( )

8	56

( )

5	38

( )

서술형

2 8은 256의 약수입니까? 그렇게 생각한 이유를 써 보세요.

답 ....

이유 ....

3 20의 약수는 모두 몇 개일까요?

( )

4 수 배열표를 보고 5의 배수에는 ○표, 6의 배수에는 △표 하세요.

1	2	3	4	5	6	7	8	9	10
11	12	13	14	15	16	17	18	19	20
21	22	23	24	25	26	27	28	29	30
31	32	33	34	35	36	37	38	39	40
41	42	43	44	45	46	47	48	49	50

5 어떤 수의 약수를 작은 수부터 차례로 모두 쓴 것입니다. 물음에 답하세요.

1, 2, 3, □, 6, 8, 12, □, 24, 48

(1) 어떤 수는 얼마일까요?

( )

(2) □ 안에 알맞은 수를 써넣으세요.

6 어떤 수의 배수를 가장 작은 수부터 차례로 쓴 것입니다. □ 안에 알맞은 수를 써넣으세요.

7, 14, 21, □, 35, □, 49……

7 약수가 가장 많은 수는 어느 것일까요?

4　10　15　24　32

( )

8 어떤 수의 배수를 가장 작은 수부터 차례로 쓴 것입니다. 15번째 수를 구하세요.

8, 16, 24, 32, 40……

(　　　　　　　　)

서술형

9 12의 배수는 모두 4의 배수일까요? 그렇게 생각한 이유를 써 보세요.

답 ....

이유 ....

....

....

10 9의 배수 중에서 100에 가장 가까운 수를 구하세요.

(　　　　　　　　)

11 3의 배수는 각 자리 숫자의 합이 3의 배수입니다. 다음 중 3의 배수를 모두 찾아 쓰세요.

213　　934　　519　　782

(　　　　　　　　)

12 민지는 사탕 18개를 친구들에게 남김없이 똑같이 나누어 주려고 합니다. 다음 중 나누어 줄 수 있는 친구 수가 아닌 것은 어느 것일까요? (　　　)

① 2명　　② 3명　　③ 5명
④ 6명　　⑤ 9명

13 새롬이는 귤 56개를 여러 개의 접시에 남김없이 똑같이 나누어 담으려고 합니다. 귤을 접시에 나누어 담는 방법은 모두 몇 가지일까요? (단, 1개보다 많은 접시를 사용합니다.)

(　　　　　　　　)

14 준석이는 3일에 한 번씩 바이올린을 배웁니다. 3월 5일에 처음으로 바이올린을 배웠다면 다섯 번째로 바이올린을 배우는 날은 몇 월 며칠일까요?

(　　　　　　　　)

15 터미널에서 고속버스가 오전 6시부터 7분 간격으로 출발합니다. 오전 7시까지 고속버스는 몇 번 출발할까요?

(　　　　　　　　)

2 약수와 배수의 관계

● = ▲ × ■ ➡ ●는 ▲와 ■의 배수 / ▲와 ■는 ●의 약수

예 $10 = 1 \times 10$, $10 = 2 \times 5$

➡ 10은 1, 2, 5, 10의 배수입니다.
1, 2, 5, 10은 10의 약수입니다.

16 두 수가 약수와 배수의 관계인 것에 ○표, 아닌 것에 ×표 하세요.

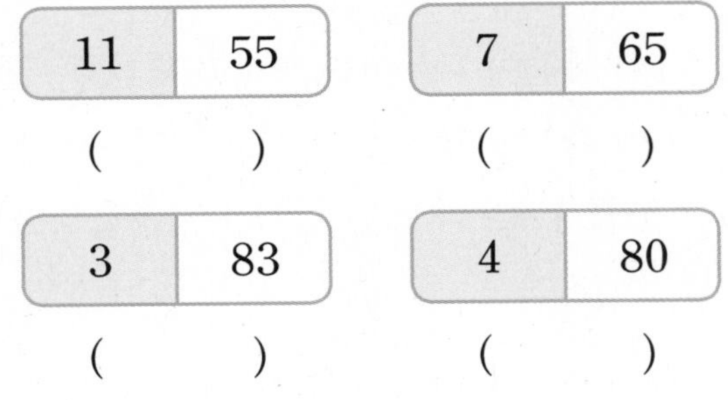

( ) ( )

( ) ( )

17 6은 54의 약수이고 54는 6의 배수입니다. 이 관계를 나타내는 식을 써 보세요.

식 ....

18 30을 여러 수의 곱으로 나타낸 식을 보고 바르게 설명한 것을 모두 고르세요. ( )

$30 = 2 \times 3 \times 5$

① 30은 2의 약수입니다.
② 5는 30의 배수입니다.
③ 3×5는 30의 약수입니다.
④ 30은 2×5의 배수입니다.
⑤ 30의 약수는 2, 3, 5뿐입니다.

19 다음에서 약수와 배수의 관계인 수를 모두 찾아 써 보세요.

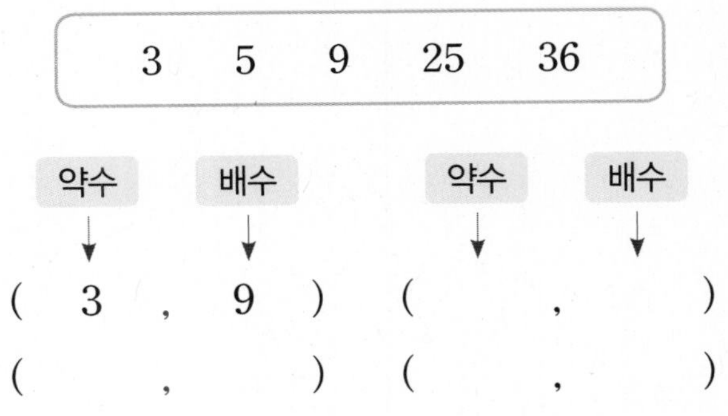

(3 , 9) (,)

(,) (,)

20 12와 약수와 배수의 관계인 수를 모두 찾아 쓰세요.

36	5	19	6	54

( )

21 왼쪽 수는 오른쪽 수의 배수입니다. □ 안에 들어갈 수 있는 수를 모두 구하세요.

(27, □)

( )

22 9의 배수인 어떤 수가 있습니다. 이 수의 약수를 모두 더하였더니 40이 되었습니다. 어떤 수는 얼마일까요?

( )

교과유형 **3 공약수와 최대공약수**

- 공약수 : 공통된 약수
- 최대공약수 : 공약수 중에서 가장 큰 수

예 12와 30의 공약수와 최대공약수 구하기
12의 약수 : 1, 2, 3, 4, 6, 12
30의 약수 : 1, 2, 3, 5, 6, 10, 15, 30
➡ 12와 30의 공약수 : 1, 2, 3, 6
➡ 12와 30의 최대공약수 : 6

23 24와 40의 공약수는 모두 몇 개일까요?

(　　　　　　　　　)

24 18과 30을 어떤 수로 나누면 두 수 모두 나누어떨어집니다. 어떤 수 중에서 가장 큰 수는 얼마일까요?

(　　　　　　　　　)

서술형
25 어떤 두 수의 최대공약수가 14일 때 두 수의 공약수를 모두 구하려고 합니다. 풀이 과정을 쓰고 답을 구하세요.

풀이 ....

답 ....

교과유형 **4 최대공약수 구하는 방법**

예 12와 18의 최대공약수 구하기

$$\begin{array}{r|rr} 2 & 12 & 18 \\ \hline 3 & 6 & 9 \\ \hline & 2 & 3 \end{array}$$

➡ 최대공약수 : $2 \times 3 = 6$

서술형
26 두 수의 최대공약수를 두 가지 방법으로 구해 보세요.

18　　42

방법 1 ....

방법 2 ....

27 두 수의 최대공약수가 더 큰 것의 기호를 쓰세요.

㉠ (21, 35)　　㉡ (30, 48)

(　　　　　　　　　)

28 ㉠, ㉡의 최대공약수가 15일 때, ㉠, ㉡에 알맞은 수를 각각 구하세요.

$$\begin{array}{r|rr} \square & ㉠ & ㉡ \\ \hline 5 & 10 & 15 \\ \hline & 2 & 3 \end{array}$$

㉠ (　　　　　　　　　)

㉡ (　　　　　　　　　)

교과유형 **5 공배수와 최소공배수**

• 공배수 : 공통된 배수
• 최소공배수 : 공배수 중에서 가장 작은 수
㉐ 2와 3의 공배수와 최소공배수 구하기
2의 배수 : 2, 4, 6, 8, 10, 12, 14, 16, 18……
3의 배수 : 3, 6, 9, 12, 15, 18, 21, 24, 27……
➡ 2와 3의 공배수 : 6, 12, 18……
2와 3의 최소공배수 : 6

29 6의 배수이면서 8의 배수인 수는 어느 것일까요? (   )

① 32 ② 42 ③ 48
④ 54 ⑤ 64

30 50부터 100까지의 수 중에서 5와 6의 공배수를 모두 쓰세요.

(   )

서술형
31 어떤 두 수의 최소공배수가 12일 때 두 수의 공배수를 가장 작은 수부터 3개 구하려고 합니다. 풀이 과정을 쓰고 답을 구하세요.

풀이

답

교과유형 **6 최소공배수 구하는 방법**

㉐ 20과 30의 최소공배수 구하기

2) 20 30
5) 10 15
2 3

➡ 최소공배수 : $2 \times 5 \times 2 \times 3 = 60$

서술형
32 두 수의 최소공배수를 두 가지 방법으로 구해 보세요.

30 45

방법 1

방법 2

33 두 수의 최소공배수가 더 작은 것의 기호를 쓰세요.

㉠ (12, 60) ㉡ (27, 36)

(   )

34 ㉠, ㉡의 최소공배수가 60일 때 ㉠, ㉡에 알맞은 수를 각각 구하세요.

□) ㉠ ㉡
3) 6 15
2 5

㉠ (   )
㉡ (   )

실전유형

최대공약수의 활용

문제 속에 다음과 같은 표현이 있으면 최대공약수를 이용합니다.

➡ 최대한 많은, 최대한 크게, 가장 큰

35 연필 36자루, 지우개 48개를 최대한 많은 학생에게 남김없이 똑같이 나누어 주려고 합니다. 최대 몇 명에게 나누어 줄 수 있을까요?

( )

36 가로가 30 cm, 세로가 42 cm인 직사각형 모양의 종이가 있습니다. 이 종이를 남김없이 잘라 크기가 같은 정사각형 모양의 종이를 여러 장 만들려고 합니다. 만들 수 있는 가장 큰 정사각형 모양 종이의 한 변은 몇 cm일까요?

( )

37 빨간 사과 45개와 초록 사과 60개를 최대한 많은 주머니에 남김없이 똑같이 나누어 담으려고 합니다. 주머니 한 개에 빨간 사과와 초록 사과를 각각 몇 개씩 담아야 할까요?

빨간 사과 ( )

초록 사과 ( )

실전유형

최소공배수의 활용

문제 속에 다음과 같은 표현이 있으면 최소공배수를 이용합니다.

➡ 가능한 작게, 가장 작은, ~마다 동시에

38 어느 고속버스 터미널에서 대전행 버스는 12분마다, 광주행 버스는 16분마다 출발한다고 합니다. 오전 10시에 대전행과 광주행 버스가 동시에 출발하였다면 다음번에 두 버스가 동시에 출발하는 시각은 몇 시 몇 분일까요?

( )

39 디딤 마라톤 대회 코스에서 깃발과 물이 동시에 놓여 있는 곳은 모두 몇 군데일까요?

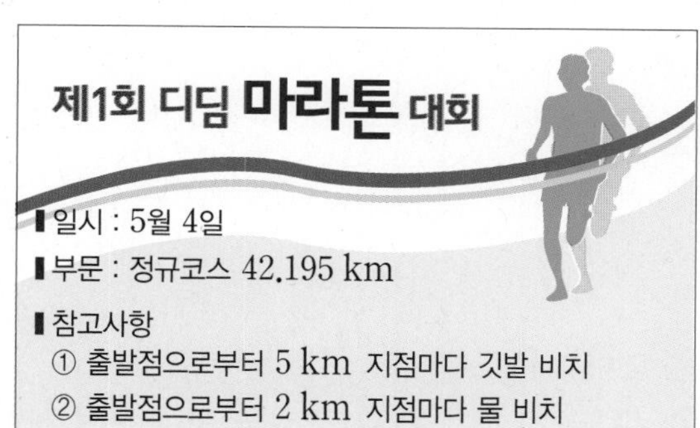

( )

40 가로가 18 cm, 세로가 30 cm인 직사각형 모양의 종이를 겹치는 부분 없이 늘어놓아 정사각형을 만들려고 합니다. 가능한 작은 정사각형을 만들 때 종이는 모두 몇 장 필요할까요?

( )

2

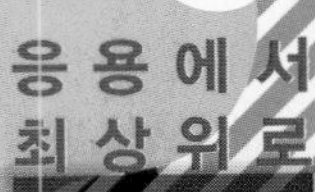

심화유형 1

조건을 모두 만족하는 수 구하기

세 가지 조건을 모두 만족하는 수를 구하세요.

- 48의 약수입니다.
- 60의 약수가 아닙니다.
- 약수를 모두 더하면 31입니다.

( )

● 핵심 NOTE • 먼저 48과 60의 약수를 구하여 조건을 모두 만족하는 수를 찾습니다.

1-1 세 가지 조건을 모두 만족하는 수를 구하세요.

- 36의 약수입니다.
- 18의 약수가 아닙니다.
- 약수를 모두 더하면 7입니다.

( )

1-2 네 가지 조건을 모두 만족하는 수를 구하세요.

- 6의 배수입니다.
- 4의 배수가 아닙니다.
- 두 자리 수입니다.
- 80보다 큰 수입니다.

( )

심화유형 2 공약수와 공배수를 활용하여 어떤 수 구하기

어떤 수로 33을 나누면 나머지가 3이고, 47을 나누면 나머지가 2입니다. 어떤 수 중에서 가장 큰 수를 구하세요.

( )

● 핵심 NOTE

• 나눗셈식 33÷(어떤 수)=□ ··· 3, 47÷(어떤 수)=△ ··· 2에서 어떤 수는 나누어지는 수에서 나머지를 뺀 수의 약수가 됩니다.

2-1 어떤 수로 46을 나누면 나머지가 1이고, 53을 나누면 나머지가 3입니다. 어떤 수 중에서 가장 큰 수를 구하세요.

( )

2-2 어떤 수를 5로 나누어도 나머지가 3이고, 7로 나누어도 나머지가 3입니다. 어떤 수 중에서 가장 작은 수를 구하세요.

( )

2-3 어떤 수를 8로 나누어도 나머지가 5이고, 12로 나누어도 나머지가 5입니다. 어떤 수 중에서 가장 작은 수를 구하세요.

( )

심화유형 3

최대공약수와 최소공배수를 알 때 두 수 구하기

어떤 두 수의 최대공약수는 9이고 최소공배수는 108입니다. 한 수가 36일 때 다른 한 수를 구하세요.

( )

● 핵심 NOTE

• 두 수 ●와 ■의 최대공약수가 ★일 때
●=★×▲, ■=★×♥이고 최소공배수는 ★×▲×♥입니다.

★) ● ■
▲ ♥

3-1 어떤 두 수의 최대공약수는 8이고 최소공배수는 448입니다. 한 수가 64일 때 다른 한 수를 구하세요.

( )

3-2 어떤 두 수의 최대공약수는 8이고 최소공배수는 120입니다. 두 수가 모두 두 자리 수일 때 두 수를 구하세요.

( )

3-3 어떤 두 수의 최대공약수는 12이고 최소공배수는 420입니다. 두 수의 차가 24일 때 두 수를 구하세요.

( )

정답과 풀이 12쪽

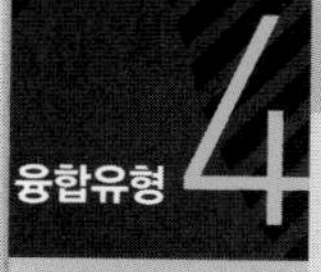

수학 + 과학

행성의 공전주기 알아보기

공전은 한 행성이 다른 행성의 둘레를 주기적으로 도는 일을 말합니다. 또 공전주기는 한 행성이 다른 행성의 둘레를 한 바퀴 도는 데 걸리는 시간을 말합니다. 태양계에서는 태양 가까이에서부터 수성, 금성, 지구, 화성, 목성, 토성, 천왕성, 해왕성이 태양의 둘레를 같은 방향으로 공전하고 있는데 태양에서 멀리 떨어져 있는 행성일수록 공전주기가 더 깁니다. 각 행성들의 공전주기를 살펴보면 다음과 같습니다.

행성	수성	금성	지구	화성	목성	토성	천왕성	해왕성
공전주기	88일	225일	365일	687일	11.9년	29.5년	84년	164.8년

어느 해 4월 1일에 태양, 금성, 지구가 일직선을 이루었다면 다음번에 다시 태양, 금성, 지구가 일직선을 이루는 날은 몇 월 며칠인지 구하세요. (단, 1년은 365일로 계산합니다.)

1단계 태양, 금성, 지구는 며칠마다 일직선을 이루는지 구하기

2단계 다음번에 다시 일직선을 이루는 날짜 구하기

(　　　　　　　　)

● **핵심 NOTE**

1단계 금성과 지구의 공전주기의 최소공배수를 구하여 태양, 금성, 지구가 일직선을 이루는 날수의 간격을 구합니다.

2단계 **1단계**에서 구한 날수를 1년을 기준으로 계산하여 다음번에 다시 일직선을 이루는 날짜를 구합니다.

2

기출 단원 평가 Level ❶

점수

확인

1 약수를 모두 구하세요.

(1) 14의 약수

➡ (　　　　　　　　　　　　　　　)

(2) 45의 약수

➡ (　　　　　　　　　　　　　　　)

2 두 수가 약수와 배수의 관계인 것을 찾아 기호를 쓰세요.

㉠ (6, 16)	㉡ (5, 30)
㉢ (4, 26)	㉣ (3, 58)

(　　　　　　　　　　　　　　　)

3 9의 약수 중 가장 큰 수와 25의 약수 중 가장 작은 수의 합을 구하세요.

(　　　　　　　　　　　　　　　)

4 2의 배수 중 가장 큰 두 자리 수를 구하세요.

(　　　　　　　　　　　　　　　)

5 오른쪽 수는 왼쪽 수의 배수입니다. □ 안에 들어갈 수 있는 수를 모두 구하세요.

(□, 30)

(　　　　　　　　　　　　　　　)

6 약수의 수가 많은 수부터 차례로 써 보세요.

10　　19　　36

(　　　　　　　　　　　　　　　)

7 18과 42의 공약수는 모두 몇 개일까요?

(　　　　　　　　　　　　　　　)

8 ㉠과 ㉡의 공약수 중에서 가장 큰 수를 구하세요.

㉠ $2 \times 5 \times 7$　　㉡ $2 \times 3 \times 3 \times 7$

(　　　　　　　　　　　　　　　)

9 두 수의 최대공약수와 최소공배수를 구하세요.

수	최대공약수	최소공배수
(18, 30)		

10 어떤 수의 배수를 가장 작은 수부터 차례로 쓴 것입니다. 32번째 수를 구하세요.

9, 18, 27, 36, 45……

(　　　　　　　　　　)

11 1부터 9까지의 수 중 □ 안에 들어갈 수 있는 수를 모두 구하세요.

12의 배수는 모두 □의 배수입니다.

(　　　　　　　　　　)

12 7의 배수인 어떤 수가 있습니다. 이 수의 약수를 모두 더하였더니 32가 되었습니다. 어떤 수는 얼마일까요?

(　　　　　　　　　　)

13 어떤 두 수의 최대공약수가 42일 때 두 수의 공약수를 모두 구하세요.

(　　　　　　　　　　)

14 어떤 두 수의 최소공배수가 21일 때 두 수의 공배수 중에서 70보다 큰 두 자리 수는 얼마일까요?

(　　　　　　　　　　)

15 세 가지 조건을 만족하는 수를 모두 구하세요.

- 48의 약수입니다.
- 3의 배수입니다.
- 두 자리 수입니다.

(　　　　　　　　　　)

16 연주네 집에는 4일마다 과일이 배달되고 6일마다 채소가 배달됩니다. 3월 1일에 과일과 채소가 함께 배달되었다면 3월 한 달 동안 과일과 채소가 함께 배달되는 날은 모두 며칠일까요?

( )

17 어떤 수로 26을 나누면 나머지가 2이고, 44를 나누어도 나머지가 2입니다. 어떤 수 중에서 가장 큰 수를 구하세요.

( )

18 가로 30 m, 세로 48 m인 직사각형 모양의 목장이 있습니다. 목장의 가장자리를 따라 일정한 간격으로 말뚝을 설치하여 울타리를 만들려고 합니다. 네 모퉁이에는 반드시 말뚝을 설치하고 말뚝은 되도록 적게 사용한다면 필요한 말뚝은 모두 몇 개일까요?

( )

술술 서술형

19 50보다 크고 80보다 작은 6의 배수는 모두 몇 개인지 구하려고 합니다. 풀이 과정을 쓰고 답을 구하세요.

풀이

답

20 연필 20자루를 학생들에게 남김없이 똑같이 나누어 주려고 합니다. 연필을 나누어 줄 수 있는 방법은 몇 가지인지 풀이 과정을 쓰고 답을 구하세요. (단, 1명보다 많은 학생에게 나누어 줍니다.)

풀이

답

기출 단원 평가 Level ❷

점수

확인

1 36의 약수는 모두 몇 개일까요?

(　　　　　　　　　　)

2 곱셈식을 보고 잘못 설명한 것은 어느 것일까요? (　　　)

$4 \times 7 = 28$

① 7은 28의 약수입니다.
② 28은 7의 배수입니다.
③ 4는 28의 약수입니다.
④ 28은 4와 7의 공배수입니다.
⑤ 28의 약수는 4와 7뿐입니다.

3 어떤 수의 약수를 작은 수부터 차례로 모두 쓴 것입니다. 어떤 수를 구하세요.

1, 2, 3, 5, 6, 10, 15, 30

(　　　　　　　　　　)

4 어떤 수의 배수를 가장 작은 수부터 차례로 쓴 것입니다. □ 안에 알맞은 수를 써넣으세요.

6, 12, 18, □, 30, 36, □……

5 9의 배수는 각 자리 숫자의 합이 9의 배수입니다. 다음 중 9의 배수를 모두 고르세요.

(　　　　　　)

① 249　② 325　③ 477
④ 581　⑤ 639

6 색칠한 부분에 들어갈 수를 모두 구하세요.

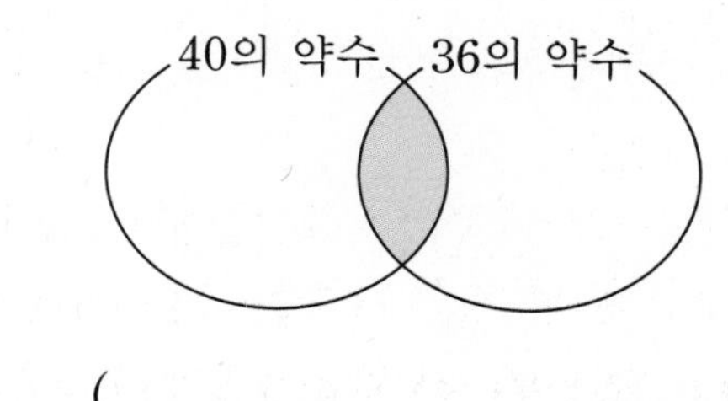

(　　　　　　　　　　)

7 8과 12의 공배수가 아닌 것은 어느 것일까요?

(　　　)

① 48　② 72　③ 96
④ 102　⑤ 120

8 10과 약수와 배수의 관계인 수를 모두 찾아 쓰세요.

3　15　5　90　9

(　　　　　　　　　　)

2

9 ㉠과 ㉡의 최소공배수를 구하세요.

㉠ $2 \times 3 \times 5 \times 7$ ㉡ $2 \times 2 \times 3 \times 5$

( )

10 두 수의 최대공약수를 구하세요.

$$\underline{)\ 36 \quad 60}$$

( )

11 12와 18에 대해 <u>잘못</u> 말한 사람은 누구일까요?

일현 : 12와 18의 공약수 중 가장 작은 수는 1이야.
영애 : 12와 18의 공약수 중 가장 큰 수는 6이야.
승훈 : 12와 18의 공배수 중 가장 작은 수는 36이야.
미래 : 12와 18의 공배수 중 가장 큰 수는 360이야.

( )

12 어떤 두 수의 최소공배수가 25일 때 두 수의 공배수 중에서 100보다 작은 수를 모두 구하세요.

( )

13 30과 24의 공배수 중에서 세 자리 수는 모두 몇 개일까요?

( )

14 과자 32개, 초콜릿 56개를 최대한 많은 학생에게 남김없이 똑같이 나누어 주려고 합니다. 최대 몇 명에게 나누어 줄 수 있을까요?

( )

15 소희와 준호가 다음과 같이 규칙에 따라 각각 바둑돌 30개를 놓았습니다. 같은 자리에 검은 바둑돌이 놓이는 경우는 모두 몇 번일까요?

소희 ○●○●○●○●○●○● ......

준호 ○○●○○●○○●○○● ......

( )

16 어떤 수를 8로 나누어도 나머지가 5이고, 20으로 나누어도 나머지가 5입니다. 어떤 수 중에서 가장 작은 수를 구하세요.

(　　　　　　　　　)

17 가로가 30 cm, 세로가 50 cm인 직사각형 모양의 종이를 남김없이 잘라 가장 큰 정사각형 모양의 종이를 여러 장 만들려고 합니다. 정사각형 모양의 종이를 몇 장 만들 수 있을까요?

(　　　　　　　　　)

18 어떤 두 수의 최대공약수는 13이고 최소공배수는 273입니다. 한 수가 39일 때 다른 한 수를 구하세요.

(　　　　　　　　　)

술술 서술형

19 어떤 두 수의 최대공약수가 28일 때 두 수의 공약수는 모두 몇 개인지 구하려고 합니다. 풀이 과정을 쓰고 답을 구하세요.

풀이

답

20 터미널에서 박물관으로 가는 버스가 9분 간격으로 출발합니다. 첫차가 오전 9시에 출발한다면 오전 10시까지 버스는 몇 번 출발하는지 풀이 과정을 쓰고 답을 구하세요.

풀이

답

규칙과 대응

3

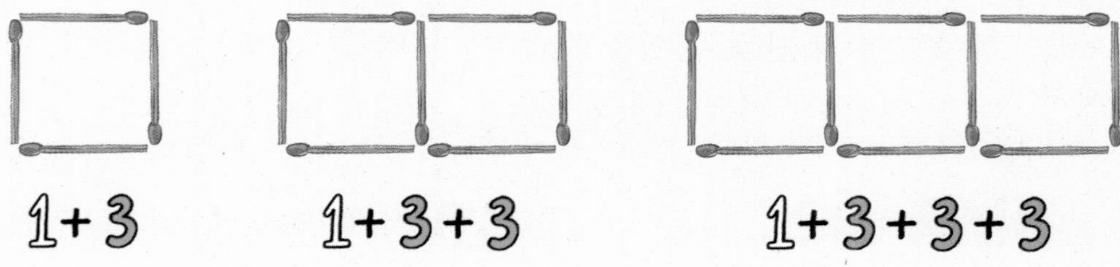

(성냥개비의 수) = 1 + 3 × (정사각형의 수)

대응 관계를 식으로 나타낼 수 있어!

	□의 수(개)	○의 수(개)
	1	2
	2	3
	3	4
	4	5
⋮	⋮	⋮

○의 수는 □의 수보다 한 개 더 많구나!

(□의 수) + 1 = (○의 수)

1 두 양 사이의 관계

● **삼각형의 수와 사각형의 수 사이의 대응 관계 알아보기**

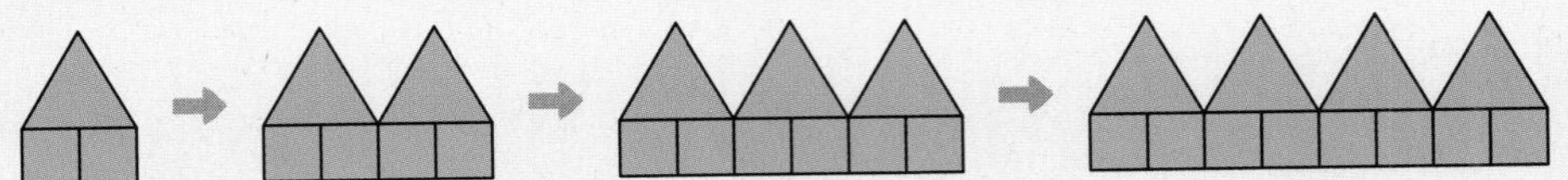

– 삼각형의 수와 사각형의 수 사이의 대응 관계를 표로 나타내기

삼각형의 수(개)	1	2	3	4	5	……
사각형의 수(개)	2	4	6	8	10	……

– 삼각형의 수와 사각형의 수 사이의 대응 관계 알아보기
삼각형의 수는 사각형의 수의 반입니다.
사각형의 수는 삼각형의 수의 2배입니다.

보충 개념

• **대응 관계 :** 한 양이 변할 때 다른 양이 그에 따라 일정하게 변하는 관계

[1~3] 도형의 배열을 보고 물음에 답하세요.

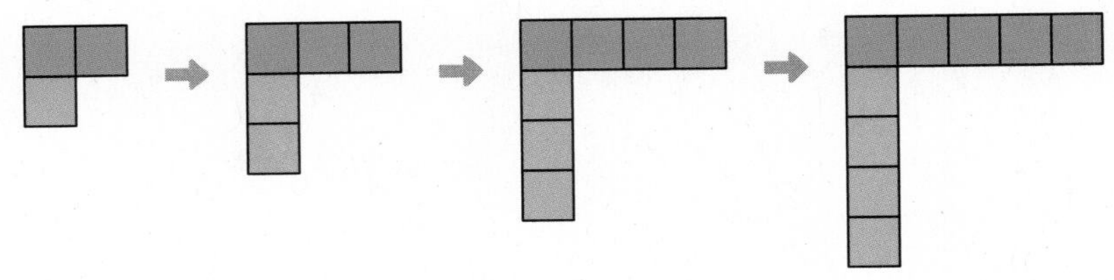

▶ 규칙적인 배열에서 두 양 사이의 대응 관계를 알아봅니다.

1 **노란색 사각형의 수와 초록색 사각형의 수가 어떻게 변하는지 표를 이용하여 알아보세요.**

노란색 사각형의 수(개)	1	2	3	4	……
초록색 사각형의 수(개)					……

2 **노란색 사각형이 10개일 때 초록색 사각형은 몇 개 필요할까요?**

( )

3 **노란색 사각형의 수와 초록색 사각형의 수 사이의 대응 관계를 써 보세요.**

....

▶ 어느 양을 기준으로 보는지에 따라 두 양 사이의 대응 관계를 다르게 말할 수 있습니다.
㉠ △는 □의 반입니다.
□는 △의 2배입니다.

2 대응 관계를 식으로 나타내기

정답과 풀이 16쪽

● **세발자전거 수와 바퀴 수 사이의 대응 관계를 식으로 나타내기**

– 두 양 사이의 대응 관계를 표로 나타내기

세발자전거 수(대)	1	2	3	4	5	……
바퀴 수(개)	3	6	9	12	15	……
	1×3	2×3	3×3	4×3	5×3	

– 두 양 사이의 대응 관계를 식으로 나타내기

(세발자전거 수)×3=(바퀴 수) (바퀴 수)÷3=(세발자전거 수)

△ ×3= ○ ○ ÷3= △

보충 개념

• 두 양 사이의 대응 관계를 식으로 간단하게 나타낼 때는 각 양을 ○, □, △, ☆ 등과 같은 기호로 표현할 수 있습니다.

[4~6] **긴 의자에 학생들이 6명씩 앉아 있습니다. 물음에 답하세요.**

4 **의자의 수와 학생의 수 사이의 대응 관계를 표를 이용하여 알아보세요.**

의자의 수(개)	1	2	3	4	5	6	……
학생의 수(명)							……

5 **알맞은 카드를 골라 표를 통해 알 수 있는 두 양 사이의 대응 관계를 식으로 나타내어 보세요.**

▶ 글자 카드, 연산 카드, 수 카드를 모두 이용하여 식을 나타냅니다.

의자의 수 학생의 수

+ − × ÷ =

1 2 3 4 5 6

6 **의자의 수를 □, 학생의 수를 ☆이라고 할 때, 두 양 사이의 대응 관계를 식으로 나타내어 보세요.**

3 생활 속에서 대응 관계 찾기

정답과 풀이 17쪽

● **두 양 사이의 대응 관계를 찾아 식으로 나타내기**

   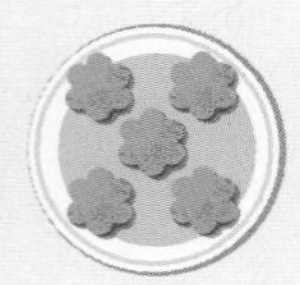

– 서로 관계가 있는 두 양 찾기
  접시의 수와 과자의 수

– 두 양 사이의 대응 관계 알아보기
  접시의 수에 5를 곱하면 과자의 수와 같습니다.
  과자의 수를 5로 나누면 접시의 수와 같습니다.

– 두 양 사이의 대응 관계를 식으로 나타내기
  접시의 수를 ○, 과자의 수를 □라고 하면 두 양 사이의 대응 관계는
  ○×5=□ 또는 □÷5=○입니다.

보충 개념

• 주변에서 쉽게 볼 수 있는 것이 수학과 관련이 있을 수 있습니다. 생활 속에서 다양한 대응 관계를 찾아보는 활동을 통하여 수학의 유용성을 느끼고, 주변 상황을 수학적으로 바라보는 태도를 길러 봅니다.

[7~8] 그림에서 대응 관계를 찾아 식으로 나타내어 보세요.

▶ 한 가지 상황에서도 다양한 대응 관계를 찾을 수 있습니다.

7 **서로 관계가 있는 두 양을 찾아 대응 관계를 써 보세요.**

	서로 관계가 있는 두 양		대응 관계
①	수박의 수	상자의 수	(상자의 수) × 2 = (수박의 수)
②			

8 **위에서 찾은 대응 관계를 식으로 나타내어 보세요.**

①	수박의 수를 △, ☐ 을/를 ○라고 하면 대응 관계는 ☐ 입니다.
②	☐ 을/를 □, 바구니의 수를 ☆이라고 하면 대응 관계는 ☐ 입니다.

기본에서 응용으로

교과유형

1 두 양 사이의 관계

• 강아지의 수와 다리의 수 사이의 대응 관계 알아보기

강아지의 수(마리)	1	2	3	4
다리의 수(개)	4	8	12	16

➡ 다리의 수는 강아지 수의 4배입니다.

[1~3] 도형의 배열을 보고 물음에 답하세요.

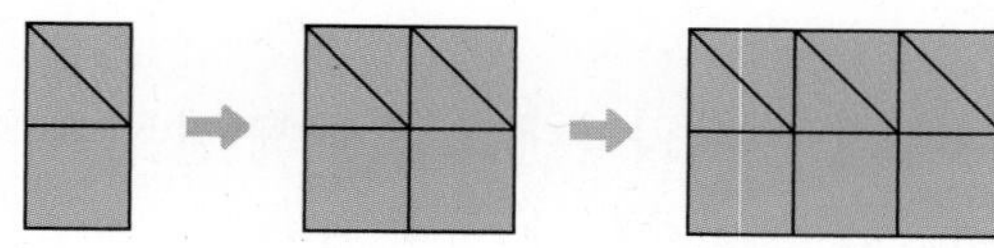

1 다음에 이어질 알맞은 모양을 그려 보세요.

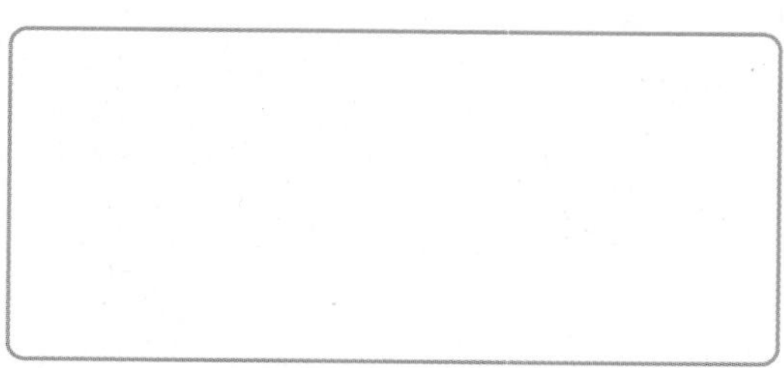

2 삼각형이 50개일 때 사각형은 몇 개 필요할까요?

( )

3 삼각형의 수와 사각형의 수 사이의 대응 관계를 두 가지 방법으로 써 보세요.

[4~5] 셔츠 한 벌에 단추가 5개씩 달려 있습니다. 물음에 답하세요.

4 표를 완성하고, 셔츠의 수와 단추의 수 사이의 대응 관계를 써 보세요.

셔츠의 수(벌)	1	2	3	4
단추의 수(개)				

5 셔츠가 11벌이면 단추는 몇 개일까요?

( )

[6~7] 배열 순서에 따른 모양의 변화를 보고 물음에 답하세요.

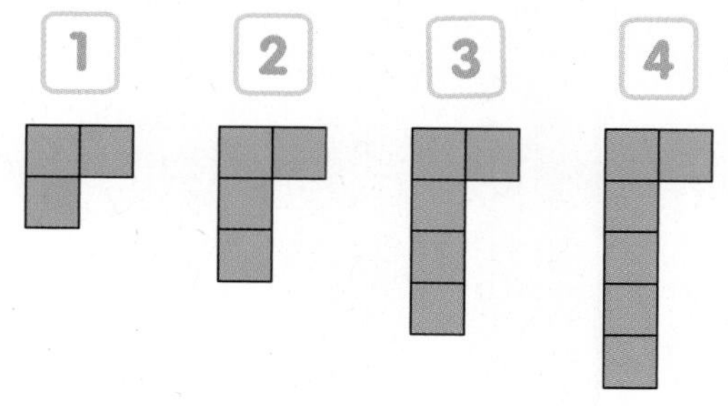

6 표를 완성하고, 배열 순서와 사각형 조각의 수 사이의 대응 관계를 써 보세요.

배열 순서	1	2	3	4
사각형 조각의 수(개)				

7 열째에는 사각형 조각이 몇 개 필요할까요?

( )

3

교과유형

2 대응 관계를 식으로 나타내기

• 삼각형의 수와 꼭짓점의 수 사이의 대응 관계를 기호를 사용하여 식으로 나타내기

삼각형의 수(개)	1	2	3	4
꼭짓점의 수(개)	3	6	9	12

➡ 삼각형의 수를 △, 꼭짓점의 수를 ○라 할 때, 두 양 사이의 대응 관계를 식으로 나타내면 △×3=○ 또는 ○÷3=△입니다.

[8~10] 2019년에 준희의 나이는 12살이었습니다. 물음에 답하세요.

8 준희의 나이와 연도 사이의 관계를 표를 이용하여 알아보세요.

준희의 나이(살)	연도(년)
11	
12	2019
	2020
	2021
15	
⋮	⋮

9 준희의 나이와 연도 사이의 대응 관계를 써 보세요.

10 준희의 나이를 ☆, 연도를 ○라고 할 때, 두 양 사이의 대응 관계를 식으로 나타내어 보세요.

[11~12] 개미 한 마리의 다리는 6개입니다. 물음에 답하세요.

11 개미의 수와 다리의 수 사이의 대응 관계를 기호를 사용하여 식으로 나타내어 보세요.

개미의 수를 □, 다리의 수를 □(이)라고 할 때, 두 양 사이의 대응 관계를 식으로 나타내면 □입니다.

서술형

12 대응 관계를 나타낸 식에 대해 잘못 이야기한 친구를 찾아 바르게 고쳐 보세요.

민호: 개미의 수에 따라 다리의 수는 항상 일정하게 변해.

은혜: 개미의 수를 ◇, 다리의 수를 ○라고 하면 두 양 사이의 관계는 ◇=○×6이야.

답

13 모양 조각과 수 카드를 이용하여 대응 관계를 만들었습니다. 두 양 사이의 대응 관계를 기호를 사용하여 식으로 나타내어 보세요.

1 2 3 4

유형 3 생활 속에서 대응 관계 찾기

• 두 양 사이의 대응 관계를 찾아 식으로 나타내기

➡ 접시의 수에 2를 곱하면 빵의 수와 같습니다.
➡ 빵의 수를 □, 접시의 수를 ○라고 하면 두 양 사이의 대응 관계는 ○×2＝□ 또는 □÷2＝○입니다.

14 그림에서 대응 관계를 찾아 관계가 있는 것을 각각 기호로 나타내고, 식으로 써 보세요.

대응 관계			
	기호		기호

15 수지가 수를 말하면 연우가 대응 관계에 따라 답을 하고 있습니다. 물음에 답하세요.

(1) 표를 완성하세요.

수지가 말한 수	10	8	5	
연우가 답한 수	7	5		9

(2) 연우가 만든 대응 관계를 기호를 사용하여 식으로 나타내어 보세요.

16 서울에서 대전으로 가는 고속버스 시간표입니다. 물음에 답하세요.

출발 시각	오전 9시	오전 10시	오전 11시	낮 12시
도착 시각	오전 11시	낮 12시	오후 1시	오후 2시

(1) 출발 시각과 도착 시각 사이의 대응 관계를 기호를 사용하여 식으로 나타내어 보세요.

(2) 대전에 오후 5시에 도착하려면 서울에서 몇 시에 출발하는 고속버스를 타야 할까요?

( )

서술형

17 올해 윤주의 나이는 12살이고 언니의 나이는 15살입니다. 윤주가 20살이 되면 언니는 몇 살이 되는지 풀이 과정을 쓰고 답을 구하세요.

풀이

답

18 대응 관계를 나타낸 식을 보고, 식에 알맞은 상황을 써 보세요.

○×2＝□

심화유형 1

두 수 사이의 대응 관계를 식으로 나타내기

희연이가 ○의 수를 말하면 승호가 □의 수를 답하고 있습니다. 표를 보고 ○와 □ 사이의 대응 관계를 식으로 나타내어 보세요.

○	1	2	3	4	5
□	4	7	10	13	16

식 ....

● 핵심 NOTE
• 두 수 사이의 대응 관계를 덧셈, 뺄셈, 곱셈, 나눗셈 중 어느 한 가지로 나타낼 수 없을 때는 두 가지 이상의 연산을 이용하여 식으로 나타냅니다.

1-1 △의 수를 넣으면 ♡의 수가 나오는 상자가 있습니다. 표를 보고 △와 ♡ 사이의 대응 관계를 식으로 나타내어 보세요.

△	1	2	3	4	5
♡	3	7	11	15	19

식 ....

1-2 다음과 같은 방법으로 털실을 잘라 여러 도막으로 나누려고 합니다. 자른 횟수를 ☆, 도막의 수를 ◇라 할 때 표를 완성하고, ☆과 ◇ 사이의 대응 관계를 식으로 나타내어 보세요.

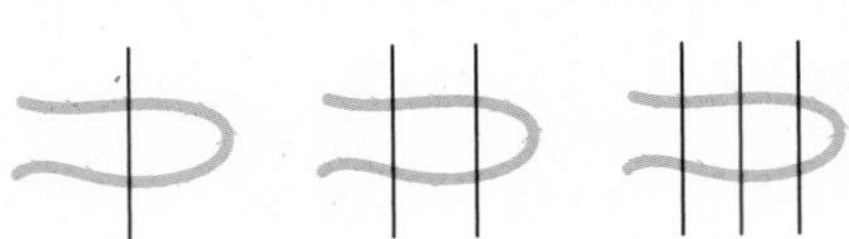

자른 횟수(번)	1	2	3	4	5	6
도막의 수(개)	3	5	7			

식 ....

 정답과 풀이 18쪽

심화유형 2 바둑돌의 수 구하기

바둑돌을 규칙적으로 늘어놓았습니다. 배열 순서와 바둑돌의 수 사이의 대응 관계를 식으로 나타내고, 열째에 놓을 바둑돌은 몇 개인지 구하세요.

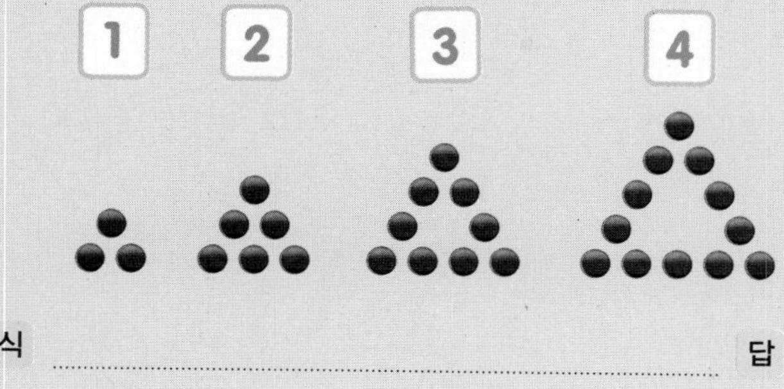

식 .... 답 ....

● 핵심 NOTE

• 배열 순서와 바둑돌의 수 사이의 대응 관계를 표로 만들어서 알아본 후 대응 관계를 식으로 나타냅니다.

2-1 바둑돌을 규칙적으로 늘어놓았습니다. 배열 순서와 바둑돌의 수 사이의 대응 관계를 식으로 나타내고, 바둑돌 36개로 만든 모양은 몇째 모양인지 구하세요.

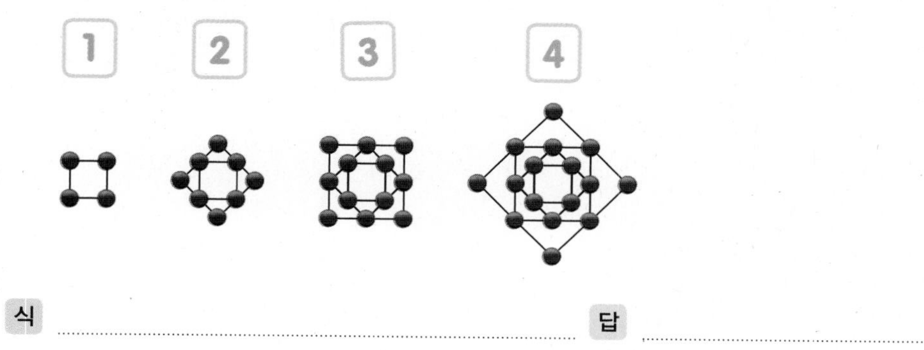

식 .... 답 ....

2-2 성준이와 인애는 바둑돌의 수 맞히기 놀이를 하고 있습니다. 인애가 답을 맞히려면 몇 개라고 말해야 할까요?

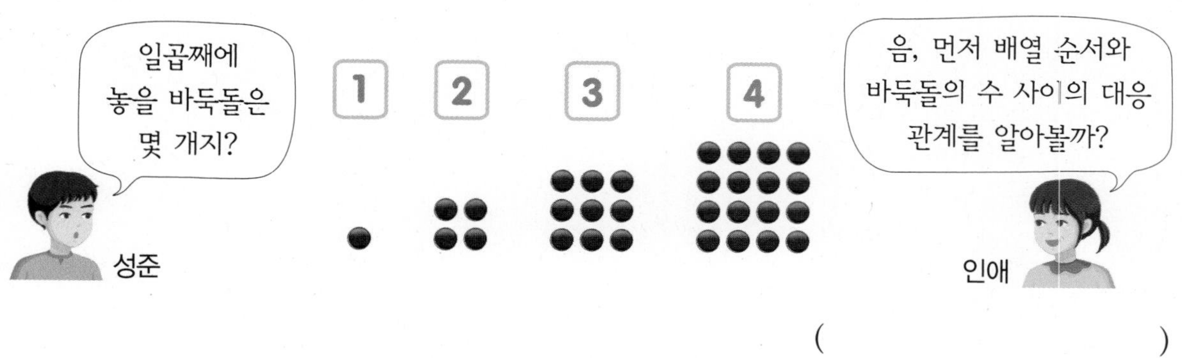

( )

심화유형 3 성냥개비의 수 구하기

성냥개비로 다음과 같이 삼각형을 만들고 있습니다. 삼각형의 수를 ☆, 성냥개비의 수를 △라 할 때 ☆과 △ 사이의 대응 관계를 식으로 나타내고, 삼각형을 11개 만들 때 필요한 성냥개비는 몇 개인지 구하세요.

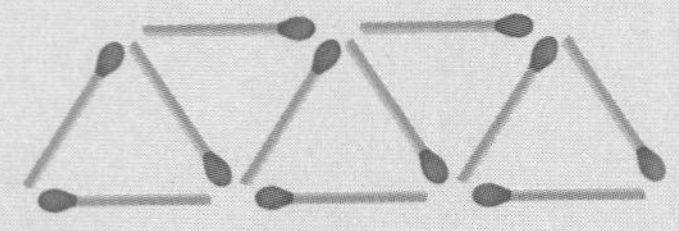

식 .... 답 ....

핵심 NOTE
- 삼각형의 수와 성냥개비의 수 사이의 대응 관계를 표로 만들어서 알아본 후 대응 관계를 식으로 나타냅니다.

3-1 성냥개비로 다음과 같이 사각형을 만들고 있습니다. 사각형의 수를 □, 성냥개비의 수를 ○라 할 때 □와 ○ 사이의 대응 관계를 식으로 나타내고, 사각형을 9개 만들 때 필요한 성냥개비는 몇 개인지 구하세요.

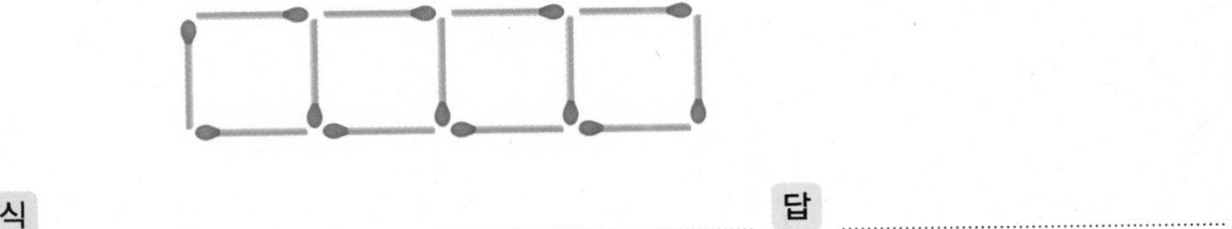

식 .... 답 ....

3-2 성냥개비로 다음과 같이 육각형을 만들고 있습니다. 육각형의 수를 △, 성냥개비의 수를 ○라 할 때 △와 ○ 사이의 대응 관계를 식으로 나타내고, 성냥개비 51개로 만들 수 있는 육각형은 몇 개인지 구하세요.

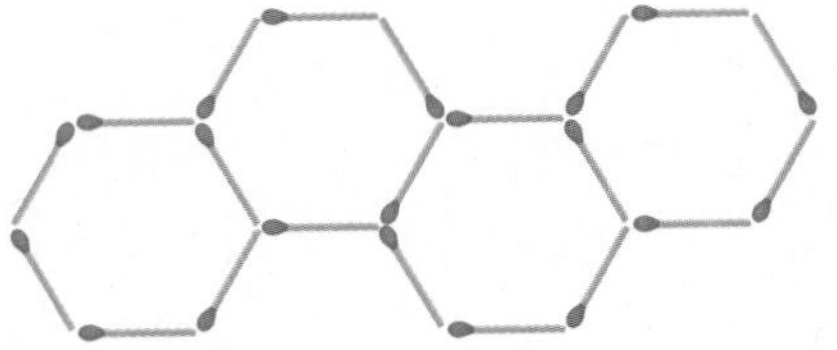

식 .... 답 ....

정답과 풀이 18쪽

시차 이용하여 시각 구하기

융합유형 4

수학 + 사회

지구가 1시간에 15도씩 돌기 때문에 영국의 그리니치 천문대에서 15도씩 오른쪽으로 갈수록 1시간씩 시간 차이가 나고 나라와 나라 사이에도 시차가 생깁니다. 다음은 12월의 서울의 시각과 로마의 시각 사이의 대응 관계를 나타낸 표입니다. 로마가 12월 1일 오후 11시일 때 서울은 몇 월 며칠 몇 시인지 구하세요.

로마

서울

서울의 시각	오전 9시	오전 10시	오전 11시	낮 12시
로마의 시각	오전 1시	오전 2시	오전 3시	오전 4시

1단계 서울의 시각을 ☆, 로마의 시각을 ○라 할 때, ☆과 ○ 사이의 대응 관계를 식으로 나타내기

2단계 로마가 12월 1일 오후 11시일 때 서울의 날짜와 시각 구하기

( )

● 핵심 NOTE

1단계 서울의 시각과 로마의 시각 사이의 대응 관계를 식으로 나타냅니다.

2단계 시각이 밤 12시가 넘으면 날짜가 바뀌면서 오전이 됩니다.

4-1

서울의 시각과 러시아 소치의 시각 사이의 대응 관계를 나타낸 표입니다. 2014년 소치 동계올림픽 개막식이 2월 7일 오후 8시에 열렸을 때, 서울은 몇 월 며칠 몇 시였을까요?

서울의 시각	오전 8시	오전 9시	오전 10시	오전 11시
소치의 시각	오전 3시	오전 4시	오전 5시	오전 6시

( )

3

기출 단원 평가 Level ❶

점수

확인

[1~3] 그림을 보고 물음에 답하세요.

1 의자의 수와 팔걸이의 수 사이의 대응 관계를 표를 이용하여 알아보세요.

의자의 수(개)	1	2	3	4
팔걸이의 수(개)				

2 의자가 12개일 때 팔걸이는 몇 개일까요?

( )

3 의자의 수와 팔걸이의 수 사이의 대응 관계를 써 보세요.

4 표를 보고 상자의 수와 도넛의 수 사이의 대응 관계를 써 보세요.

상자의 수(개)	2	4	6	8
도넛의 수(개)	12	24	36	48

5 초콜릿 한 개는 600원이라고 합니다. 표를 완성하고, 초콜릿의 수와 초콜릿의 값 사이의 대응 관계를 써 보세요.

초콜릿의 수(개)	1	2	3	4
초콜릿의 값(원)				

[6~7] 달걀 한 팩에는 10개의 달걀이 들어 있습니다. 물음에 답하세요.

6 달걀팩의 수와 달걀의 수 사이의 대응 관계를 표를 이용하여 알아보세요.

달걀팩의 수(개)	1	3		7
달걀의 수(개)	10		50	

7 달걀팩의 수를 ○, 달걀의 수를 ☆이라고 할 때, 두 양 사이의 대응 관계를 식으로 나타내어 보세요.

8 거미의 다리는 8개입니다. 거미의 수를 □, 거미 다리의 수를 △라고 할 때, 두 양 사이의 대응 관계를 식으로 나타내어 보세요.

9 사각형의 수와 변의 수 사이의 대응 관계를 나타낸 표입니다. 변의 수를 잘못 나타낸 곳에 ○표 하세요.

사각형의 수(개)	1	3	6	8
변의 수(개)	4	12	20	32

10 종이꽃 한 개를 만드는 데 색종이 5장이 필요하다고 합니다. 종이꽃의 수를 ○, 색종이의 수를 ☆이라고 할 때 표를 완성하고, 두 양 사이의 대응 관계를 식으로 나타내어 보세요.

종이꽃의 수(개)	1	2	4	
색종이의 수(장)	5	10		35

[11~12] 다음과 같이 누름 못을 사용하여 그림을 게시판에 붙였습니다. 물음에 답하세요.

11 그림의 수를 △, 누름 못의 수를 ○라고 할 때, 두 양 사이의 대응 관계를 식으로 나타내어 보세요.

12 그림 10장을 붙이려면 누름 못은 몇 개가 필요할까요?

( )

13 ARS 전화 한 통을 하면 불우한 이웃을 돕기 위해 2000원을 기부할 수 있습니다. ARS 전화를 6통 걸면 기부금은 얼마가 될까요?

( )

[14~15] 다음과 같은 방법으로 원 모양의 철사를 잘라 여러 도막으로 나누려고 합니다. 물음에 답하세요.

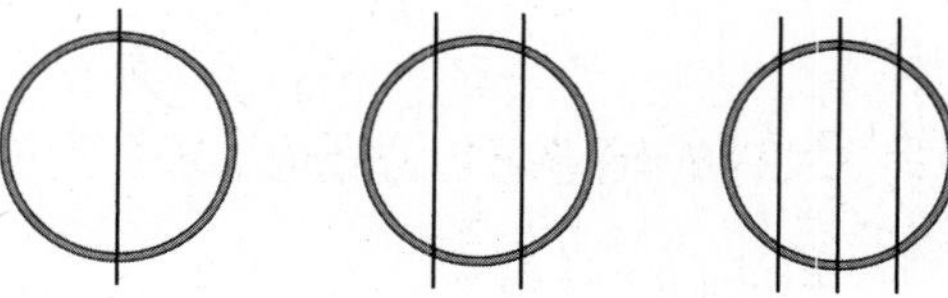

14 철사를 10번 자르면 몇 도막으로 나누어질까요?

( )

15 철사를 28도막으로 나누기 위해서는 몇 번을 잘라야 할까요?

( )

3

16 2019년에 미연이의 나이는 15살이었습니다. 미연이의 나이가 30살이 되는 해는 몇 년일까요?

( )

17 △의 수를 넣으면 ○의 수가 나오는 상자가 있습니다. 표를 보고 △와 ○ 사이의 대응 관계를 식으로 나타내어 보세요.

△	1	2	3	4	5
○	4	10	16	22	28

식

18 12월의 어느 날 서울의 시각과 뉴욕의 시각 사이의 대응 관계를 나타낸 표입니다. 서울이 12월 6일 오전 8시일 때 뉴욕은 몇 월 며칠 몇 시일까요?

서울의 시각	오후 3시	오후 4시	오후 5시	오후 6시
뉴욕의 시각	오전 1시	오전 2시	오전 3시	오전 4시

( )

술술 서술형

19 사탕 한 개는 500원입니다. 사탕의 수와 사탕의 값 사이의 대응 관계를 기호를 사용하여 식으로 나타내려고 합니다. 풀이 과정을 쓰고 답을 구하세요.

풀이

답

20 사각형 조각으로 규칙적인 배열을 만들고 있습니다. 아홉째에는 사각형 조각이 몇 개 필요한지 풀이 과정을 쓰고 답을 구하세요.

1 2 3 4

풀이

답

기출 단원 평가 Level 2

점수

확인

[1~3] 도형의 배열을 보고 물음에 답하세요.

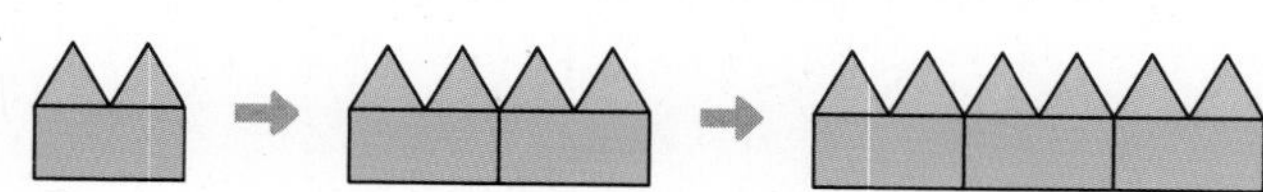

1 사각형이 7개일 때 삼각형은 몇 개 필요할까요?

( )

2 삼각형이 30개일 때 사각형은 몇 개 필요할까요?

( )

3 삼각형의 수와 사각형의 수 사이의 대응 관계를 써 보세요.

4 빵을 한 봉지에 3개씩 담고 있습니다. 표를 완성하고, 봉지의 수와 빵의 수 사이의 대응 관계를 써 보세요.

봉지의 수(개)	1	2	3	4
빵의 수(개)				

5 형의 나이가 15살일 때 동생의 나이는 12살입니다. 형의 나이와 동생의 나이 사이의 대응 관계를 두 가지 방법으로 써 보세요.

6 표를 보고 트럭의 수를 □, 트럭 바퀴의 수를 ○라고 할 때 두 양 사이의 대응 관계를 식으로 나타내어 보세요.

트럭의 수(대)	3	4	7	8
바퀴의 수(개)	18	24	42	48

[7~8] 지우개 한 개는 400원이라고 합니다. 물음에 답하세요.

7 지우개의 수와 지우개의 값 사이의 관계를 표를 이용하여 알아보세요.

지우개의 수(개)	1	3		6
지우개의 값(원)	400		1600	

8 지우개의 수를 △, 지우개의 값을 ◇라고 할 때, 두 양 사이의 대응 관계를 식으로 나타내어 보세요.

3

9 승용차의 바퀴는 4개입니다. 승용차의 수를 ☆, 바퀴의 수를 □라고 할 때 표를 완성하고, 두 양 사이의 대응 관계를 식으로 나타내어 보세요.

승용차의 수(대)	1	3	5	
바퀴의 수(개)	4	12		28

[10~11] 다음과 같이 색 테이프를 잘라 여러 도막으로 나누려고 합니다. 물음에 답하세요.

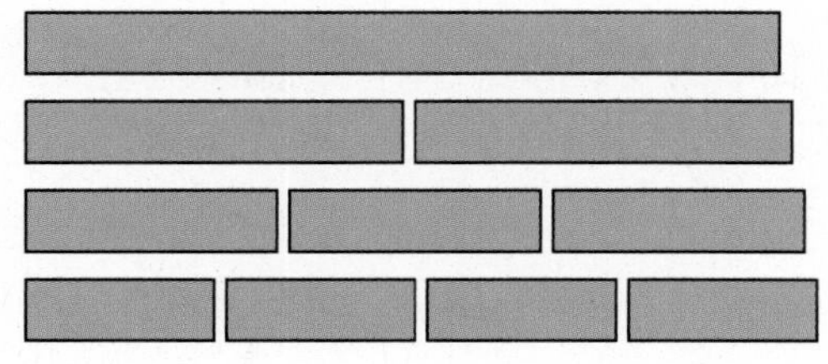

10 색 테이프를 자른 횟수를 ◇, 도막의 수를 ○라고 할 때, 두 양 사이의 대응 관계를 식으로 나타내어 보세요.

11 색 테이프를 21도막으로 나누기 위해서는 몇 번을 잘라야 할까요?

( )

12 3개에 900원 하는 사탕이 있습니다. 사탕의 수를 ♡, 사탕의 값을 ○라고 할 때, 두 양 사이의 대응 관계를 식으로 나타내어 보세요.

13 은서는 하루에 5 km씩 달리기를 합니다. 은서가 일주일 동안 달린 거리는 몇 km일까요?

( )

[14~15] 도형의 배열을 보고 물음에 답하세요.

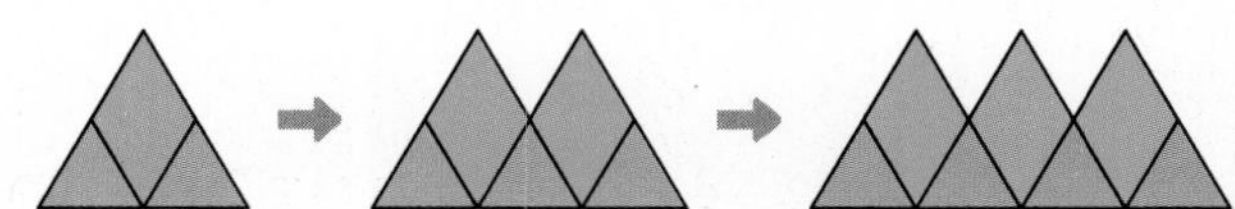

14 사각형이 10개일 때 삼각형은 몇 개 필요할까요?

( )

15 삼각형이 20개일 때 사각형은 몇 개 필요할까요?

( )

16 어느 영화의 시작 시각과 끝난 시각 사이의 대응 관계를 나타낸 표입니다. 빈칸에 알맞은 시각을 써넣으세요.

시작 시각	오전 9시	낮 12시	오후 3시	오후 6시	
끝난 시각	오전 11시	오후 2시	오후 5시		오후 11시

17 사각형 조각과 수 카드를 이용하여 대응 관계를 만들었습니다. 아홉째에는 사각형 조각이 몇 개 필요할까요?

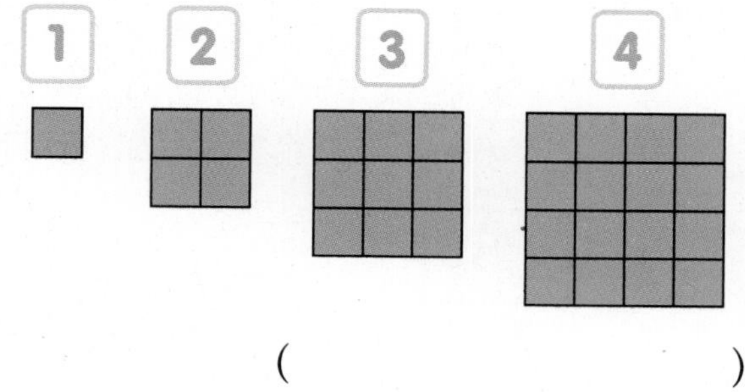

( )

18 성냥개비로 다음과 같이 삼각형을 만들고 있습니다. 삼각형을 7개 만들려면 성냥개비는 몇 개 필요할까요?

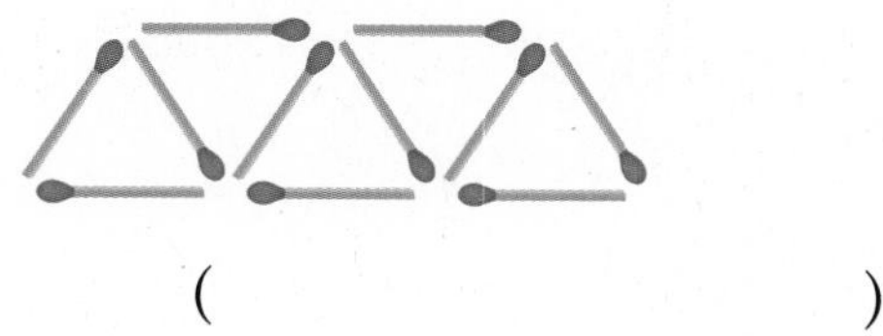

( )

술술 서술형

19 강아지의 다리는 4개입니다. 강아지의 수와 강아지 다리의 수 사이의 대응 관계를 잘못 이야기한 친구를 찾아 바르게 고쳐 보세요.

> 지연 : 강아지의 수를 □, 다리의 수를 ☆이라고 할 때, 두 양 사이의 관계는 □×4 = ☆이야.
>
> 진성 : 대응 관계를 나타낸 식 △÷4 = ○에서 △는 강아지의 수, ○는 다리의 수를 나타내.

답

20 미술 시간에 꽃잎이 6장인 꽃을 만들고 있습니다. 꽃잎이 54장이면 꽃을 모두 몇 개 만들 수 있는지 풀이 과정을 쓰고 답을 구하세요.

풀이

답

3

약분과 통분

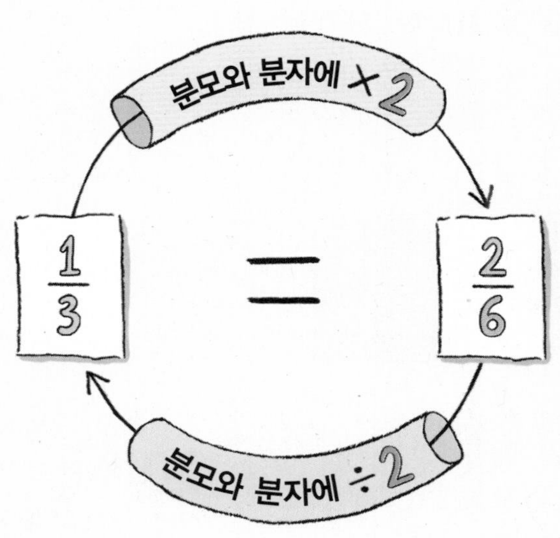

분모를 같게 하면 크기를 비교할 수 있어!

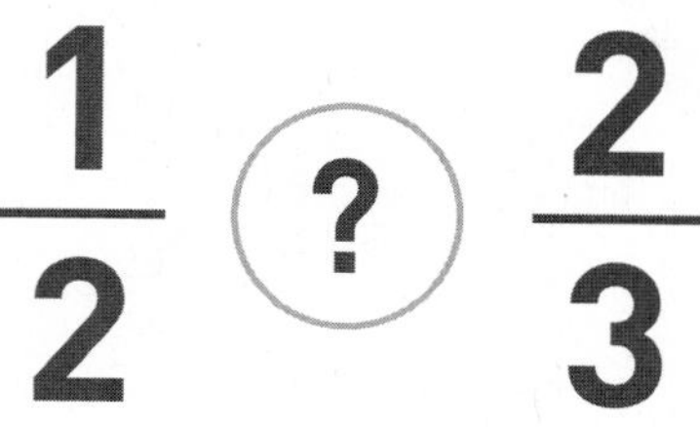

$$\frac{1}{2} \; ? \; \frac{2}{3}$$

$\frac{1}{2}$ $\frac{2}{3}$

두 분모의 공배수로 분모를 같게 만들어!

$$\frac{3}{6} < \frac{4}{6}$$

$\frac{1 \times 3}{2 \times 3}$ $\frac{2 \times 2}{3 \times 2}$

1 크기가 같은 분수 (1)

● 크기가 같은 분수 알아보기

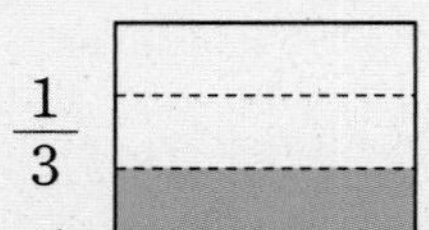

$\frac{1}{3}$, $\frac{2}{6}$, $\frac{3}{9}$……은 크기가 같은 분수입니다.

보충 개념

• 크기가 같은 분수는 셀 수 없이 많아요.

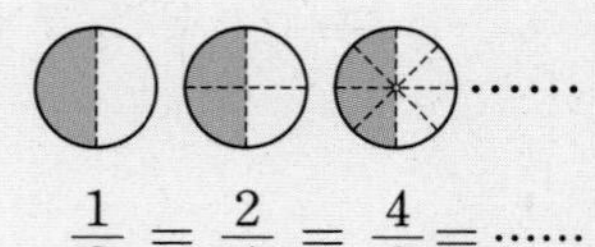

$\frac{1}{2}=\frac{2}{4}=\frac{4}{8}=$……

1 두 분수 $\frac{2}{5}$, $\frac{4}{10}$만큼 왼쪽부터 색칠하고 알맞은 말에 ○표 하세요.

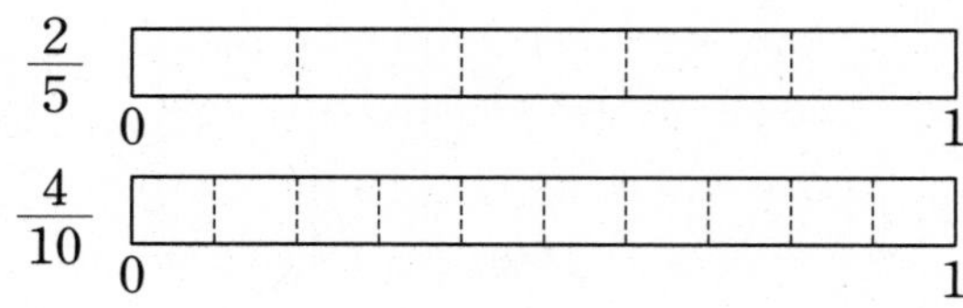

$\frac{2}{5}$와 $\frac{4}{10}$는 크기가 (같은 , 다른) 분수입니다.

▶ 분수를 나타내는 전체 도형의 크기는 1로 모두 같아야 분수의 크기를 비교할 수 있습니다.

2 세 분수 $\frac{1}{5}$, $\frac{2}{10}$, $\frac{3}{15}$만큼 아래부터 색칠하고 알맞은 말에 ○표 하세요.

$\frac{1}{5}$ 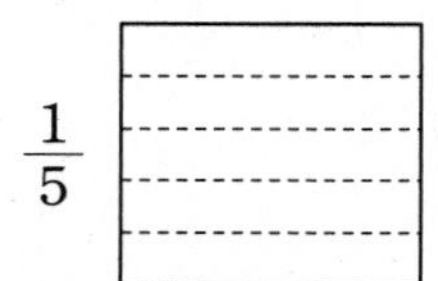 $\frac{2}{10}$ 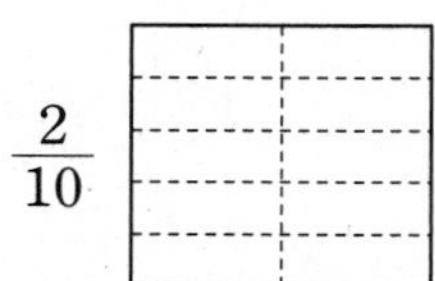 $\frac{3}{15}$ 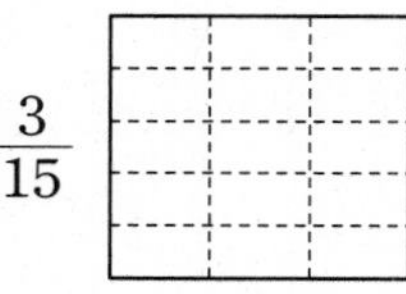

$\frac{1}{5}$, $\frac{2}{10}$, $\frac{3}{15}$은 크기가 (같은 , 다른) 분수입니다.

3 분수만큼 색칠하고 크기가 같은 분수를 써 보세요.

$\frac{1}{4}$ 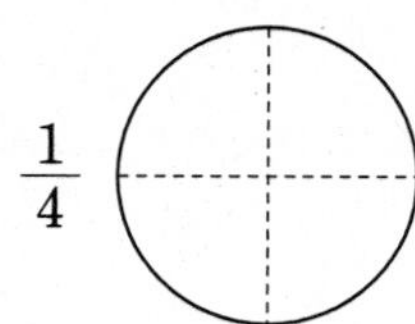 $\frac{3}{8}$ 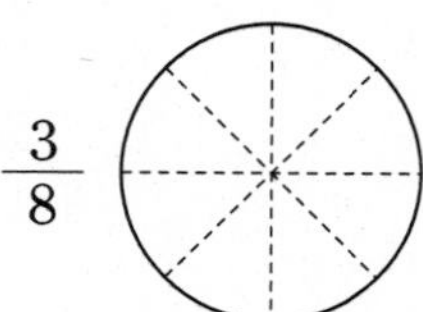 $\frac{3}{12}$ 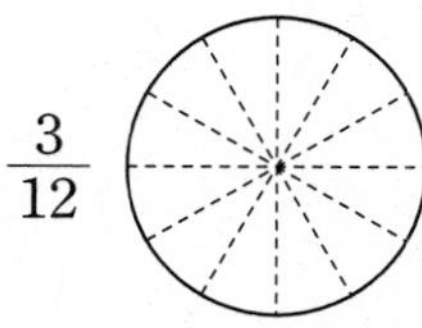

크기가 같은 분수는 ☐ 과 ☐ 입니다.

2 크기가 같은 분수 (2)

정답과 풀이 22쪽

● **크기가 같은 분수 만들기**

– 분모와 분자에 각각 0이 아닌 같은 수를 곱하면 크기가 같은 분수가 됩니다.

$$\frac{1}{2}=\frac{2}{4}=\frac{3}{6}=\frac{4}{8}$$

(×2, ×3, ×4)

– 분모와 분자를 각각 0이 아닌 같은 수로 나누면 크기가 같은 분수가 됩니다. (0이 아닌 같은 수: 분모와 분자의 공약수)

$$\frac{8}{24}=\frac{4}{12}=\frac{2}{6}=\frac{1}{3}$$

(÷2, ÷4, ÷8)

4 그림을 보고 크기가 같은 분수가 되도록 □ 안에 알맞은 수를 써넣으세요.

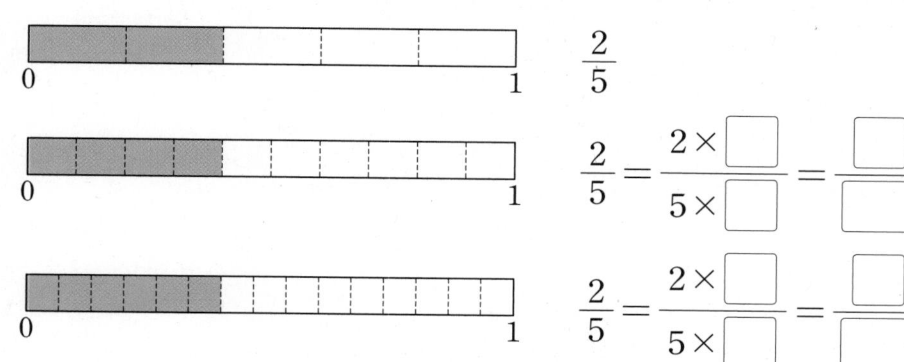

$\frac{2}{5}$

$\frac{2}{5}=\frac{2\times\square}{5\times\square}=\frac{\square}{\square}$

$\frac{2}{5}=\frac{2\times\square}{5\times\square}=\frac{\square}{\square}$

❓ 크기가 같은 분수를 만들 때 왜 0을 곱하면 안 되나요?

$\frac{1}{2}=\frac{1\times0}{2\times0}=\frac{0}{0}$

$\frac{1}{3}=\frac{1\times0}{3\times0}=\frac{0}{0}$

$\frac{1}{2}$과 $\frac{1}{3}$의 분모와 분자에 각각 0을 곱하면 모두 $\frac{0}{0}$이 되므로 $\frac{1}{2}=\frac{1}{3}$이 되어 맞지 않아요. 또 수학적으로 분수에서 분모는 0이 될 수 없어요.

5 그림을 보고 크기가 같은 분수가 되도록 □ 안에 알맞은 수를 써넣으세요.

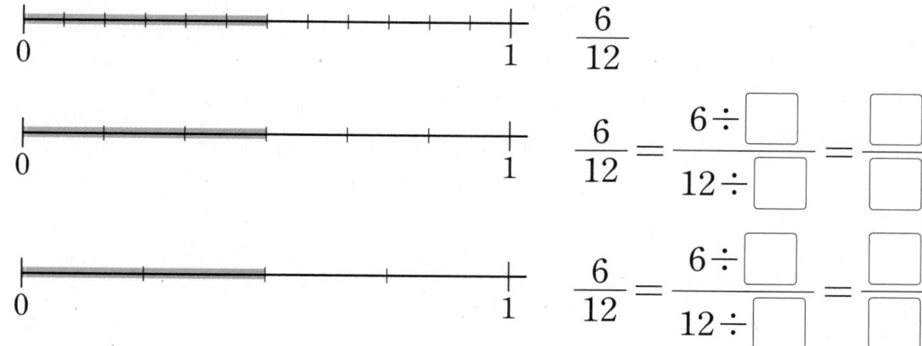

$\frac{6}{12}$

$\frac{6}{12}=\frac{6\div\square}{12\div\square}=\frac{\square}{\square}$

$\frac{6}{12}=\frac{6\div\square}{12\div\square}=\frac{\square}{\square}$

❓ 크기가 같은 분수를 만들 때 왜 0으로 나누면 안 되나요?

수학적으로 0으로 나눈다는 것은 불가능해요. 8÷0=□라면 0×□=8이 되어야 하는데 그런 □는 구할 수 없으니까요.

6 □ 안에 알맞은 수를 써넣어 크기가 같은 분수를 만들어 보세요.

(1) $\frac{2}{3}=\frac{\square}{6}=\frac{6}{\square}=\frac{\square}{12}$　(2) $\frac{12}{36}=\frac{\square}{18}=\frac{4}{\square}=\frac{\square}{9}$

3 약분

● 분수를 간단하게 나타내기

– 약분한다 : 분모와 분자를 공약수로 나누어 간단히 하는 것

예 $\frac{4}{12}$를 약분하기 → 12와 4의 공약수 : 1, 2, 4

$\frac{4}{12}=\frac{4\div2}{12\div2}=\frac{2}{6}$ $\quad$ $\frac{4}{12}=\frac{4\div4}{12\div4}=\frac{1}{3}$

$\frac{\overset{2}{\cancel{4}}}{\underset{6}{\cancel{12}}}=\frac{2}{6}$ $\quad$ $\frac{\overset{1}{\cancel{4}}}{\underset{3}{\cancel{12}}}=\frac{1}{3}$

– 기약분수 : 분모와 분자의 공약수가 1뿐인 분수 → 더 이상 약분할 수 없는 분수

예 $\frac{6}{18}$을 기약분수로 나타내기

$\frac{\overset{3}{\cancel{6}}}{\underset{9}{\cancel{18}}}=\frac{\overset{1}{\cancel{3}}}{\underset{3}{\cancel{9}}}=\frac{1}{3}$

보충 개념

• 분모와 분자를 두 수의 최대공약수로 나누면 기약분수가 됩니다.

예 $\frac{6}{18}$을 기약분수로 나타내기

18과 6의 최대공약수 : 6

→ $\frac{6}{18}=\frac{6\div6}{18\div6}=\frac{1}{3}$

기약분수는 약분한 분수 중에서 가장 간단한 분수야.

7 $\frac{32}{48}$를 약분해 보세요.

(1) $\frac{32}{48}=\frac{32\div2}{48\div\square}=\frac{\square}{\square}$ $\quad$ (2) $\frac{32}{48}=\frac{32\div4}{48\div\square}=\frac{\square}{\square}$

(3) $\frac{32}{48}=\frac{32\div\square}{48\div8}=\frac{\square}{\square}$ $\quad$ (4) $\frac{32}{48}=\frac{32\div\square}{48\div16}=\frac{\square}{\square}$

▸ 약분할 때 분모와 분자를 공약수 1로 나누면 자기자신이 되므로 1을 제외한 공약수로 나누어 줍니다.

8 분수를 기약분수로 나타내려고 합니다. □ 안에 알맞은 수를 써넣으세요.

(1) $\frac{18}{27}=\frac{18\div\square}{27\div\square}=\frac{\square}{\square}$ $\quad$ (2) $\frac{15}{30}=\frac{15\div\square}{30\div\square}=\frac{\square}{\square}$

9 기약분수를 모두 찾아 ○표 하세요.

$\frac{6}{8}$ $\quad$ $\frac{7}{11}$ $\quad$ $\frac{9}{15}$ $\quad$ $\frac{12}{26}$ $\quad$ $\frac{13}{33}$

4 통분

정답과 풀이 22쪽

● **분수의 분모를 같게 나타내기**

– **통분한다** : 분수의 분모를 같게 하는 것

– **공통분모** : 통분한 분모 → 두 분모의 공배수

예 $\frac{1}{6}$과 $\frac{3}{4}$을 통분하기

① 분모의 곱을 공통분모로 하여 통분하기

$(\frac{1}{6}, \frac{3}{4}) \Rightarrow (\frac{1\times4}{6\times4}, \frac{3\times6}{4\times6}) \Rightarrow (\frac{4}{24}, \frac{18}{24})$

② 분모의 최소공배수를 공통분모로 하여 통분하기

6과 4의 최소공배수 : 12

$(\frac{1}{6}, \frac{3}{4}) \Rightarrow (\frac{1\times2}{6\times2}, \frac{3\times3}{4\times3}) \Rightarrow (\frac{2}{12}, \frac{9}{12})$

보충 개념

• 분모가 작을 때는 두 분모의 곱을 공통분모로, 분모가 클 때는 두 분모의 최소공배수를 공통분모로 하여 통분하는 방법이 간단합니다.

10 $\frac{5}{6}$와 $\frac{3}{8}$을 통분하려고 합니다. 물음에 답하세요.

(1) 분모의 곱을 공통분모로 하여 통분해 보세요.

$\frac{5}{6}=\frac{5\times\square}{6\times8}=\frac{\square}{\square}$ $\frac{3}{8}=\frac{3\times\square}{8\times6}=\frac{\square}{\square}$

(2) 분모의 최소공배수를 공통분모로 하여 통분해 보세요.

$\frac{5}{6}=\frac{5\times\square}{6\times4}=\frac{\square}{\square}$ $\frac{3}{8}=\frac{3\times\square}{8\times3}=\frac{\square}{\square}$

▶ 분모의 곱을 공통분모로 하여 통분하면 분모의 최소공배수를 구하지 않아서 편리하고, 분모의 최소공배수를 공통분모로 하여 통분하면 수가 많이 커지지 않아서 편리합니다.

11 분모의 곱을 공통분모로 하여 통분해 보세요.

(1) $(\frac{3}{5}, \frac{4}{7}) \Rightarrow$ (,) (2) $(\frac{3}{4}, \frac{3}{10}) \Rightarrow$ (,)

12 분모의 최소공배수를 공통분모로 하여 통분해 보세요.

(1) $(\frac{1}{6}, \frac{5}{9}) \Rightarrow$ (,) (2) $(\frac{2}{7}, \frac{10}{21}) \Rightarrow$ (,)

? 왜 분모를 같게 만들어 주나요?

분수에서 분모는 전체를, 분자는 부분을 나타내요. 전체를 같게 나누어야 분수의 크기 비교를 쉽게 할 수 있어요.

5 분수의 크기 비교

분모가 다른 두 분수의 크기 비교하기

통분하여 분모를 같게 한 후 분자의 크기를 비교합니다.

예 $\frac{1}{4}$과 $\frac{3}{7}$의 크기 비교하기

$(\frac{1}{4}, \frac{3}{7}) \rightarrow (\frac{7}{28}, \frac{12}{28}) \rightarrow \frac{1}{4} < \frac{3}{7}$

분모가 다른 세 분수의 크기 비교하기

두 분수씩 차례로 통분하여 크기를 비교합니다.

예 $\frac{2}{3}$, $\frac{5}{6}$, $\frac{7}{12}$의 크기 비교하기

$(\frac{2}{3}, \frac{5}{6}) \rightarrow (\frac{4}{6}, \frac{5}{6}) \rightarrow \frac{2}{3} < \frac{5}{6}$

$(\frac{5}{6}, \frac{7}{12}) \rightarrow (\frac{10}{12}, \frac{7}{12}) \rightarrow \frac{5}{6} > \frac{7}{12}$

$(\frac{2}{3}, \frac{7}{12}) \rightarrow (\frac{8}{12}, \frac{7}{12}) \rightarrow \frac{2}{3} > \frac{7}{12}$

$\rightarrow \frac{5}{6} > \frac{2}{3} > \frac{7}{12}$

보충 개념

- 세 분수를 한꺼번에 통분하여 크기를 비교할 수도 있습니다.

예 $(\frac{2}{3}, \frac{5}{6}, \frac{7}{12})$

$\rightarrow (\frac{8}{12}, \frac{10}{12}, \frac{7}{12})$

$\rightarrow \frac{5}{6} > \frac{2}{3} > \frac{7}{12}$

13 두 분수를 통분하여 크기를 비교해 보세요.

$(\frac{5}{8}, \frac{7}{10}) \rightarrow (\frac{\square}{40}, \frac{\square}{40}) \rightarrow \frac{5}{8} \bigcirc \frac{7}{10}$

14 세 분수 $\frac{2}{3}$, $\frac{1}{4}$, $\frac{7}{8}$의 크기를 비교해 보세요.

(1) 두 분수끼리 통분하여 크기를 비교해 보세요.

$(\frac{2}{3}, \frac{1}{4}) \rightarrow (\frac{\square}{12}, \frac{\square}{12}) \rightarrow \frac{2}{3} \bigcirc \frac{1}{4}$

$(\frac{1}{4}, \frac{7}{8}) \rightarrow (\frac{\square}{8}, \frac{\square}{8}) \rightarrow \frac{1}{4} \bigcirc \frac{7}{8}$

$(\frac{2}{3}, \frac{7}{8}) \rightarrow (\frac{\square}{\square}, \frac{\square}{\square}) \rightarrow \frac{2}{3} \bigcirc \frac{7}{8}$

(2) 가장 큰 분수부터 차례로 써 보세요.

(　　　　　　　　　　)

▶ 세 분수 ■, ▲, ●의 크기를 비교할 때 ■ > ▲, ▲ > ●이면 ■ > ▲ > ●입니다.

6 분수와 소수의 크기 비교

정답과 풀이 23쪽

● **분수와 소수의 크기 비교하기**

분수를 소수로 나타내어 소수끼리 비교하거나 소수를 분수로 나타내어 분수끼리 비교합니다.

예 $\frac{3}{5}$과 0.8의 크기 비교하기

① 분수를 소수로 나타내어 비교하기

$\frac{3}{5}=\frac{6}{10}=0.6$이므로 $0.6<0.8$ ➡ $\frac{3}{5}<0.8$

② 소수를 분수로 나타내어 비교하기

$0.8=\frac{8}{10}=\frac{4}{5}$이므로 $\frac{3}{5}<\frac{4}{5}$ ➡ $\frac{3}{5}<0.8$

보충 개념

• 분수를 소수로 나타낼 때에는 분모를 10, 100……으로 고친 다음 소수로 나타냅니다.

예 $\frac{1}{2}=\frac{5}{10}=0.5$

$\frac{3}{4}=\frac{75}{100}=0.75$

• 소수를 분수로 나타낼 때에는 분모가 10, 100……인 분수로 나타냅니다.

예 $0.3=\frac{3}{10}$

$0.29=\frac{29}{100}$

15 $\frac{14}{20}$와 $\frac{27}{30}$의 크기를 비교하려고 합니다. 물음에 답하세요.

(1) 두 분수를 약분하여 크기를 비교해 보세요.

$(\frac{14}{20}, \frac{27}{30})$ ➡ $(\frac{\square}{10}, \frac{\square}{10})$ ➡ $\frac{\square}{10}$ ○ $\frac{\square}{10}$

➡ $\frac{14}{20}$ ○ $\frac{27}{30}$

(2) 두 분수를 소수로 나타내어 크기를 비교해 보세요.

$(\frac{14}{20}, \frac{27}{30})$ ➡ $(\frac{\square}{10}, \frac{\square}{10})$ ➡ (□, □)

➡ □ ○ □ ➡ $\frac{14}{20}$ ○ $\frac{27}{30}$

▶ 분수를 소수로 나타내기

$\frac{●}{10}=0.●$

$\frac{■▲}{100}=0.■▲$

$\frac{■▲●}{1000}=0.■▲●$

▶ 소수를 분수로 나타내기

$0.●=\frac{●}{10}$

$0.■▲=\frac{■▲}{100}$

$0.■▲●=\frac{■▲●}{1000}$

16 $\frac{4}{5}$와 0.7의 크기를 비교하려고 합니다. 물음에 답하세요.

(1) 분수를 소수로 나타내어 크기를 비교해 보세요.

$\frac{4}{5}=\frac{\square}{10}=\square$　　$\frac{4}{5}$ ○ 0.7

(2) 소수를 분수로 나타내어 크기를 비교해 보세요.

$\frac{4}{5}$ ○ 0.7　　$0.7=\frac{\square}{10}$

기본에서 응용으로

교과유형 1 크기가 같은 분수 알아보기

• $\frac{1}{2}$과 크기가 같은 분수

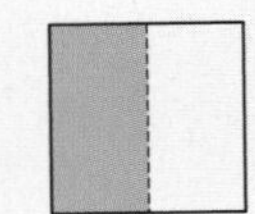
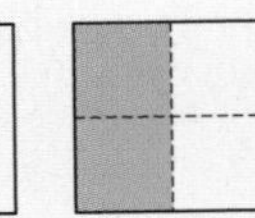
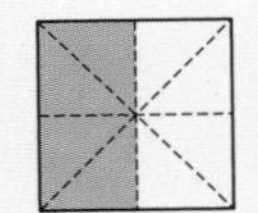
......

$\frac{1}{2} = \frac{2}{4} = \frac{4}{8} = ...$

1 분수만큼 수직선에 나타내고 크기가 같은 분수를 써 보세요.

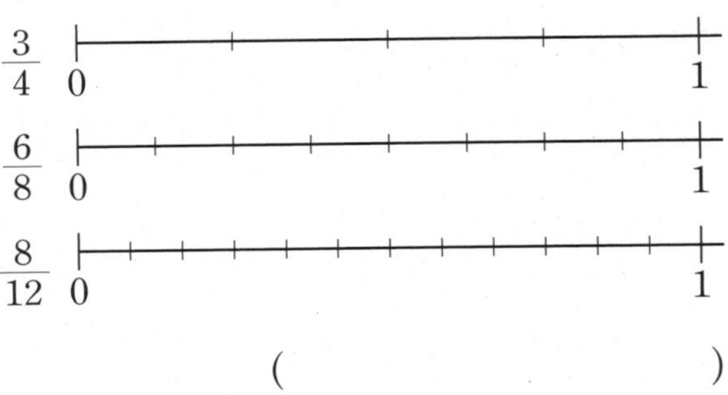

( )

2 두 분수는 크기가 같은 분수입니다. 오른쪽 그림에 분수만큼 색칠하고 □ 안에 알맞은 수를 써넣으세요.

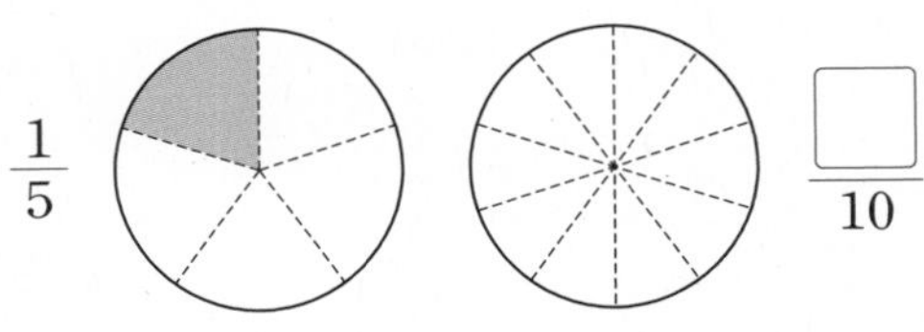

3 왼쪽 그림과 크기가 같은 분수를 모두 찾아 ○표 하세요.

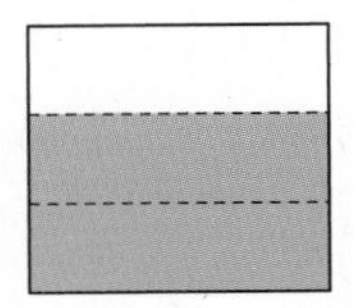

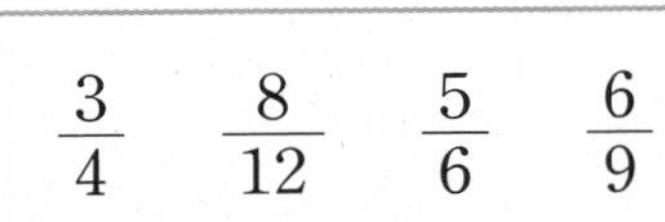

교과유형 2 크기가 같은 분수 만들기

• 분모와 분자에 각각 0이 아닌 같은 수를 곱하면 크기가 같은 분수가 됩니다.
• 분모와 분자를 각각 0이 아닌 같은 수로 나누면 크기가 같은 분수가 됩니다.
 └ 분모와 분자의 공약수

4 분모와 분자에 각각 0이 아닌 같은 수를 곱하여 크기가 같은 분수를 만들려고 합니다. 분모가 작은 것부터 차례로 3개 써 보세요.

$\frac{7}{9}$ → ( )

5 분모와 분자를 각각 0이 아닌 같은 수로 나누어 크기가 같은 분수를 만들려고 합니다. 분모가 작은 것부터 차례로 3개 써 보세요.

$\frac{16}{72}$ → ( )

6 □ 안에 알맞은 수를 써넣어 크기가 같은 분수를 만들어 보세요.

(1) $\frac{2}{5} = \frac{\square}{25} = \frac{18}{\square}$

(2) $\frac{36}{96} = \frac{\square}{24} = \frac{6}{\square}$

7 왼쪽 분수와 크기가 같은 분수를 모두 찾아 ○표 하세요.

$\frac{12}{32}$

$\frac{24}{64}$ $\frac{8}{16}$ $\frac{6}{10}$ $\frac{3}{8}$

8 수 카드를 사용하여 $\frac{5}{7}$와 크기가 같은 분수를 만들어 보세요.

$\frac{5}{7}=\frac{\square}{\square}$

10 25 30 35 56

( )

서술형

9 크기가 같은 분수를 같은 방법으로 구한 두 사람을 찾고, 어떤 방법으로 구했는지 써 보세요.

영미 : $\frac{6}{8}$과 크기가 같은 분수에 $\frac{3}{4}$이 있어.

준현 : $\frac{2}{4}$와 크기가 같은 분수에 $\frac{4}{8}$가 있어.

시우 : $\frac{4}{6}$와 크기가 같은 분수에 $\frac{2}{3}$가 있어.

답 ....

방법 ....

교과유형 **3** 약분

- 약분한다 : 분모와 분자를 공약수로 나누어 간단히 하는 것
- 기약분수 : 분모와 분자의 공약수가 1뿐인 분수
- 분모와 분자를 두 수의 최대공약수로 나누면 기약분수가 됩니다.

10 $\frac{18}{27}$을 약분하려고 합니다. 분모와 분자를 나눌 수 있는 수를 모두 찾아 ○표 하세요.

2 3 5 6 9

11 $\frac{12}{20}$를 약분한 분수를 모두 쓰세요. (단, 공약수 1로 나누는 것은 제외합니다.)

( )

12 $\frac{42}{63}$를 기약분수로 나타내려고 합니다. 분모와 분자를 어떤 수로 나누어야 하는지 쓰고 기약분수로 나타내세요.

( ), ( )

13 기약분수로 나타내어 보세요.

(1) $\frac{18}{30}=\frac{\square}{\square}$ (2) $\frac{60}{84}=\frac{\square}{\square}$

4

14 진분수 $\frac{\square}{8}$가 기약분수라고 할 때, □ 안에 들어갈 수 있는 수를 모두 쓰세요.

(   )

서술형

15 $\frac{16}{40}$에 대해 틀리게 말한 사람을 찾고, 그 이유를 써 보세요.

> 재석 : $\frac{16}{40}$을 기약분수로 나타내면 $\frac{2}{5}$야.
>
> 미래 : $\frac{16}{40}$을 약분한 분수 중 분모와 분자가 두 번째로 작은 것은 $\frac{4}{10}$야.
>
> 상욱 : $\frac{16}{40}$을 약분하여 만들 수 있는 분수는 모두 4개야.

답 ....

이유 ....

16 분모가 63인 진분수 중에서 약분하면 $\frac{8}{9}$이 되는 분수를 쓰세요.

(   )

17 성진이네 집에 있는 과일 35개 중 사과가 10개입니다. 사과의 수는 전체 과일의 수의 몇 분의 몇인지 기약분수로 나타내세요.

(   )

교과유형 **4 통분**

- **통분한다** : 분수의 분모를 같게 하는 것
- **공통분모** : 통분한 분모
- 공통분모가 될 수 있는 수는 두 분모의 공배수입니다.

18 $\frac{1}{4}$과 $\frac{5}{6}$를 통분할 때 공통분모가 될 수 있는 수를 작은 것부터 차례로 3개 쓰세요.

(   )

서술형

19 분수를 두 가지 방법으로 통분해 보세요.

> $\frac{4}{9}$ $\frac{5}{6}$

방법 1 ....

방법 2 ....

20 두 분수를 가장 작은 공통분모로 통분하세요.

$(\frac{5}{8}, \frac{7}{10}) \rightarrow ($, $)$

21 $\frac{7}{8}$과 $\frac{2}{3}$를 통분하려고 합니다. 공통분모가 될 수 있는 수 중 50에 가장 가까운 수를 공통분모로 하여 통분하세요.

(,   )

5 분수의 크기 비교

분모가 다른 분수는 통분하여 분모를 같게 한 후 분자의 크기를 비교합니다.

예 $(\frac{1}{3}, \frac{2}{7}) \Rightarrow (\frac{7}{21}, \frac{6}{21}) \Rightarrow \frac{1}{3} > \frac{2}{7}$

22 분수의 크기를 비교하여 ○ 안에 $>$, $=$, $<$를 알맞게 써넣으세요.

(1) $\frac{5}{12}$ ○ $\frac{3}{8}$ (2) $\frac{5}{6}$ ○ $\frac{7}{10}$

23 더 큰 분수에 ○표 하세요.

(1) 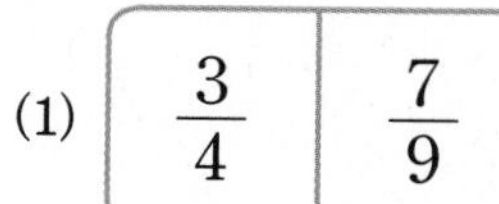

(2) | $\frac{7}{15}$ | $\frac{11}{25}$ |

24 두 분수의 크기를 비교하여 더 큰 분수를 위의 □ 안에 써넣으세요.

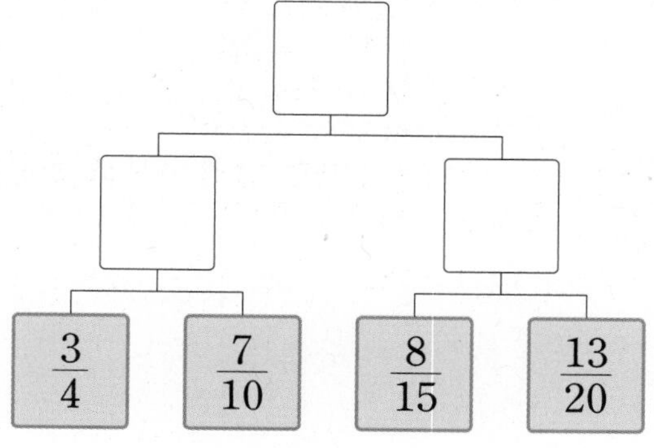

25 세 분수의 크기를 비교하여 작은 수부터 차례로 써 보세요.

$(\frac{5}{12}, \frac{3}{10}, \frac{2}{5}) \Rightarrow$ (　　,　　,　　)

26 가장 큰 분수에 ○표, 가장 작은 분수에 △표 하세요.

$\frac{7}{8}$　$\frac{9}{10}$　$\frac{4}{5}$

27 □ 안에 들어갈 수 있는 자연수를 모두 구하세요.

$\frac{\square}{3} < \frac{11}{12}$

(　　　　　　　)

28 우유를 윤지는 $\frac{2}{5}$ L, 진욱이는 $\frac{1}{4}$ L 마셨습니다. 우유를 더 많이 마신 사람은 누구일까요?

(　　　　　　　)

29 조건을 모두 만족하는 분수를 구하세요.

$\frac{7}{12}$　$\frac{2}{6}$　$\frac{7}{8}$　$\frac{11}{24}$

- $\frac{1}{2}$보다 큽니다.
- $\frac{3}{4}$보다 작습니다.

(　　　　　　　)

4

유형 6 분수와 소수의 크기 비교

분수를 소수로 나타내어 소수끼리 비교하거나 소수를 분수로 나타내어 분수끼리 비교합니다.

예 $\frac{1}{2}$과 0.4의 크기 비교하기

$\frac{1}{2}=\frac{5}{10}=0.5 > 0.4$

$\frac{1}{2}=\frac{5}{10} > 0.4=\frac{4}{10}$

30 분수를 분모가 10, 100인 분수로 고치고, 소수로 나타내어 보세요.

(1) $\frac{3}{5}=\frac{\square}{10}=\square$

(2) $\frac{9}{25}=\frac{\square}{100}=\square$

31 소수를 분모가 10, 100인 분수로 고치고, 기약분수로 나타내어 보세요.

(1) $0.8=\frac{\square}{10}=\frac{\square}{\square}$

(2) $0.75=\frac{\square}{100}=\frac{\square}{\square}$

서술형

32 $\frac{2}{5}$와 0.5의 크기를 두 가지 방법으로 비교해 보세요.

방법 1 ....

....

방법 2 ....

....

33 두 수의 크기를 비교하여 ○ 안에 >, =, < 를 알맞게 써넣으세요.

(1) 0.9 ○ $\frac{4}{5}$ (2) $\frac{1}{4}$ ○ 0.3

34 분수와 소수의 크기를 비교하여 큰 수부터 차례로 써 보세요.

$1\frac{1}{5}$ 0.7 $\frac{3}{4}$ 1.5

( )

35 딸기를 도윤이는 $\frac{9}{20}$ kg, 수하는 0.5 kg 땄습니다. 딸기를 더 많이 딴 사람은 누구일까요?

( )

36 4장의 수 카드 중 2장을 골라 진분수를 만들려고 합니다. 만들 수 있는 진분수 중 가장 큰 수를 소수로 나타내어 보세요.

1 2 4 5

( )

실전유형

조건에 맞는 분수 구하기

$\frac{▲}{■}$와 크기가 같은 분수를 만든 다음 조건에 맞는 분수를 찾습니다.

37 $\frac{1}{8}$과 크기가 같은 분수 중에서 분모와 분자의 합이 45인 분수를 구하세요.

( )

38 $\frac{4}{5}$와 크기가 같은 분수 중에서 분모와 분자의 차가 5인 분수를 구하세요.

( )

39 $\frac{2}{5}$와 크기가 같은 분수 중에서 분모와 분자의 합이 20보다 크고 40보다 작은 분수를 모두 구하세요.

( )

40 민주는 5장의 수 카드 중 2장을 골라 가장 큰 진분수를 만들었습니다. 선혜는 민주가 만든 분수와 크기가 같은 분수 중에서 분모와 분자의 차가 4인 분수를 만들었습니다. 선혜가 만든 분수를 구하세요.

2 3 4 5 6

( )

41 $\frac{3}{4}$의 분모에 16을 더했을 때 분수의 크기가 변하지 않으려면 분자에는 얼마를 더해야 할까요?

( )

42 $\frac{25}{31}$의 분모와 분자에 같은 수를 더하여 $\frac{5}{6}$와 크기가 같은 분수를 만들려고 합니다. 분모와 분자에 얼마를 더해야 할까요?

( )

실전유형

통분하기 전의 분수 구하기

통분한 분수를 약분하면 통분하기 전의 분수를 구할 수 있습니다.

43 어떤 두 분수를 통분한 것입니다. □ 안에 알맞은 수를 써넣으세요.

$$\left(\frac{\square}{6}, \frac{3}{\square}\right) \rightarrow \left(\frac{20}{24}, \frac{9}{24}\right)$$

44 어떤 두 기약분수를 통분하였더니 $\frac{8}{54}$과 $\frac{15}{54}$가 되었습니다. 통분하기 전의 두 분수를 구하세요.

(,)

심화유형 1 분수의 크기를 비교하여 □ 안에 알맞은 수 구하기

□ 안에 들어갈 수 있는 자연수를 모두 구하세요.

$$\frac{7}{12} < \frac{\square}{24} < \frac{5}{6}$$

( )

● 핵심 NOTE

• 범위를 나타내는 두 분수를 □가 있는 분수의 분모를 공통분모로 하여 통분하면 크기를 비교하기 쉽습니다.

1-1 □ 안에 들어갈 수 있는 자연수는 모두 몇 개일까요?

$$\frac{11}{24} < \frac{\square}{48} < \frac{3}{4}$$

( )

1-2 □ 안에 들어갈 수 있는 자연수들의 합을 구하세요.

$$\frac{1}{5} < \frac{2}{\square} < \frac{4}{15}$$

( )

심화유형 2 조건을 만족하는 분수 구하기

$\frac{2}{9}$보다 크고 $\frac{7}{15}$보다 작은 분수 중에서 분모가 45인 기약분수는 모두 몇 개일까요?

( )

● 핵심 NOTE

- 분모가 ■인 기약분수를 찾기 위해 주어진 분수를 ■를 공통분모로 하여 통분합니다.
- 기약분수는 분모와 분자의 공약수가 1뿐인 분수이므로 더 이상 약분할 수 없는 분수입니다.

2-1 $\frac{5}{8}$보다 크고 $\frac{11}{12}$보다 작은 분수 중에서 분모가 24인 기약분수를 모두 구하세요.

( )

2-2 $\frac{5}{12}$보다 크고 $\frac{13}{18}$보다 작은 분수 중에서 분모가 36인 기약분수는 모두 몇 개일까요?

( )

2-3 조건을 모두 만족하는 분수를 구하세요.

- $\frac{2}{5}$보다 크고 $\frac{10}{15}$보다 작습니다.
- 분모는 15입니다.
- 기약분수가 아닙니다.

( )

4

약분하기 전의 분수 구하기

심화유형 3

어떤 분수의 분자에 3을 더하고 분모에 4를 더한 후 5로 약분하였더니 $\frac{4}{7}$가 되었습니다. 어떤 분수를 구하세요.

(　　　　　　　　　　)

● 핵심 NOTE　• 거꾸로 생각하여 약분하기 전의 분수를 구합니다.

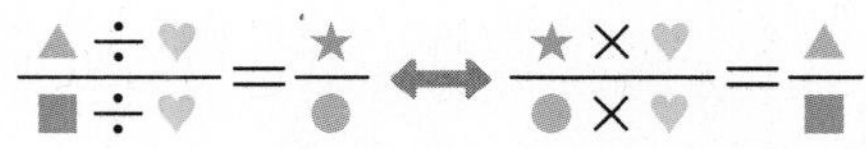

3-1 어떤 분수의 분자에서 1을 빼고 분모에서 5를 뺀 후 7로 약분하였더니 $\frac{1}{4}$이 되었습니다. 어떤 분수를 구하세요.

(　　　　　　　　　　)

3-2 어떤 분수의 분자에서 2를 빼고 분모에 4를 더한 후 5로 약분하였더니 $\frac{4}{9}$가 되었습니다. 어떤 분수를 구하세요.

(　　　　　　　　　　)

3-3 어떤 분수의 분자에 4를 더하고 분모에서 2를 뺀 후 약분하였더니 $\frac{3}{5}$이 되었습니다. 어떤 분수가 될 수 있는 분수를 분모가 작은 것부터 차례로 3개 구하세요.

(　　　　　　　　　　)

정답과 풀이 26쪽

만들 수 있는 치즈의 양 비교하기

치즈는 우유를 농축한 발효식품으로 동일한 무게의 우유와 비교했을 때 단백질은 7배, 칼슘은 5배나 더 많다고 합니다. 치즈는 원유로 만드는데 에멘탈 치즈 $1\,\mathrm{kg}$을 만들기 위해서는 약 $12\,\mathrm{L}$의 원유가 필요하고, 그뤼에르 치즈 $35\,\mathrm{kg}$을 만들기 위해서는 약 $400\,\mathrm{L}$의 원유가 필요하다고 합니다. 에멘탈 치즈와 그뤼에르 치즈 중에서 원유 $1\,\mathrm{L}$로 더 많이 만들 수 있는 치즈는 무엇인지 구하세요.

1단계 원유 $1\,\mathrm{L}$로 만들 수 있는 에멘탈 치즈와 그뤼에르 치즈의 양을 각각 기약분수로 나타내기

2단계 원유 $1\,\mathrm{L}$로 더 많이 만들 수 있는 치즈 찾기

( )

● 핵심 NOTE

1단계 원유 $1\,\mathrm{L}$로 만들 수 있는 치즈의 양은 $\dfrac{(\text{만들 수 있는 치즈의 양})}{(\text{필요한 원유의 양})}$임을 이용하여 에멘탈 치즈와 그뤼에르 치즈의 양을 각각 기약분수로 나타냅니다.

2단계 기약분수의 크기를 비교하여 원유 $1\,\mathrm{L}$로 더 많이 만들 수 있는 치즈를 찾습니다.

4-1 우리가 즐겨 먹는 치즈는 고단백, 고칼슘 성분의 식품입니다. 체다 치즈 $20\,\mathrm{g}$을 먹으면 $65\,\mathrm{kcal}$의 열량을 낼 수 있고, 스트링 치즈 $24\,\mathrm{g}$을 먹으면 $87\,\mathrm{kcal}$의 열량을 낼 수 있다고 합니다. 체다 치즈와 스트링 치즈 중에서 $1\,\mathrm{g}$을 먹었을 때 더 많은 열량을 낼 수 있는 치즈는 무엇일까요?

( )

기출 단원 평가 Level 1

점수

확인

1 □ 안에 알맞은 수를 써넣으세요.

$$\frac{3}{5}=\frac{\square}{10}=\frac{9}{\square}=\cdots\cdots$$

2 $\frac{30}{45}$을 약분하였습니다. ㉠에 알맞은 수를 구하세요.

$$\frac{30}{45}=\frac{㉠}{3}$$

(　　　　　)

3 $\frac{8}{36}$과 크기가 같은 분수를 모두 찾아 ○표 하세요.

$\frac{4}{18}$　　$\frac{5}{24}$　　$\frac{16}{72}$　　$\frac{2}{7}$

4 분모와 분자를 각각 0이 아닌 같은 수로 나누어 크기가 같은 분수를 만들려고 합니다. 분모가 작은 것부터 차례로 3개 써 보세요.

$\frac{36}{90}$ ➡ (　　　　　)

5 $\frac{36}{60}$을 약분한 분수가 아닌 것은 어느 것일까요? (　　　)

① $\frac{3}{5}$　② $\frac{6}{10}$　③ $\frac{9}{15}$　④ $\frac{12}{25}$　⑤ $\frac{18}{30}$

6 기약분수로 나타내세요.

(1) $\frac{21}{56}$ ➡ (　　　　　)

(2) $\frac{75}{90}$ ➡ (　　　　　)

7 분모가 12인 진분수 중에서 기약분수를 모두 쓰세요.

(　　　　　)

8 $\frac{11}{18}$과 $\frac{17}{24}$을 통분하려고 합니다. 공통분모가 될 수 있는 수 중 가장 작은 수는 얼마일까요?

( )

9 분모의 최소공배수를 공통분모로 하여 통분해 보세요.

$(\frac{7}{12}, \frac{5}{18})$ ➡ (,)

10 더 큰 분수에 ○표 하세요.

$\frac{5}{7}$	$\frac{2}{3}$

11 두 수의 크기를 비교하여 ○ 안에 >, =, <를 알맞게 써넣으세요.

0.8 ○ $\frac{3}{4}$

12 세 분수의 크기를 비교하여 큰 수부터 차례로 쓰세요.

$\frac{7}{9}$ $\frac{11}{15}$ $\frac{3}{5}$

( )

13 하영이는 빨간색 테이프 $\frac{3}{4}$ m와 노란색 테이프 $\frac{7}{10}$ m를 가지고 있습니다. 더 긴 색 테이프는 무슨 색일까요?

( )

14 $\frac{4}{9}$와 크기가 같은 분수 중에서 분모와 분자의 합이 65인 분수를 구하세요.

( )

15 3장의 수 카드 중 2장을 골라 진분수를 만들려고 합니다. 만들 수 있는 진분수 중에서 기약분수를 구하세요.

3 6 8

( )

16 어떤 두 기약분수를 통분하였더니 $\frac{10}{24}$과 $\frac{9}{24}$가 되었습니다. 통분하기 전의 두 분수를 구하세요.

(,)

17 $\frac{4}{7}$보다 크고 $\frac{5}{8}$보다 작은 분수 중에서 분모가 56인 기약분수를 구하세요.

( )

18 □ 안에 들어갈 수 있는 자연수를 모두 구하세요.

$$\frac{1}{2} < \frac{3}{\square} < \frac{9}{10}$$

( )

술술 서술형

19 $\frac{2}{7}$와 $\frac{6}{21}$은 크기가 같습니다. 그 이유를 두 가지 방법으로 설명하세요.

방법 1

방법 2

20 소연이네 반 학생은 모두 36명이고 그중 여학생은 20명입니다. 여학생 수는 소연이네 반 학생 수의 몇 분의 몇인지 기약분수로 나타내려고 합니다. 풀이 과정을 쓰고 답을 구하세요.

풀이

답

기출 단원 평가 Level ❷

점수

확인

1 왼쪽 그림과 크기가 같은 분수를 모두 찾아 ○표 하세요.

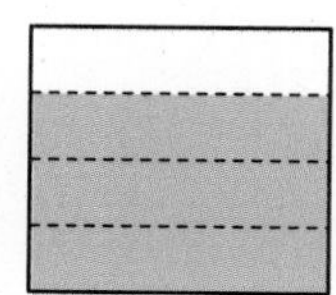

$\frac{6}{8}$ $\frac{10}{20}$ $\frac{9}{12}$ $\frac{15}{16}$

2 $\frac{4}{9}$와 크기가 같은 분수 중에서 분모가 72인 분수를 구하세요.

(　　　　　　　　)

3 기약분수가 아닌 것을 모두 찾아 ○표 하세요.

$\frac{3}{5}$ $\frac{6}{8}$ $\frac{7}{10}$ $\frac{10}{13}$ $\frac{14}{20}$

4 $\frac{5}{9}$와 크기가 같은 분수를 분모가 작은 것부터 차례로 3개 쓰세요.

(　　　　　　　　)

5 $\frac{24}{60}$를 약분하려고 합니다. 분모와 분자를 나눌 수 <u>없는</u> 수는 어느 것일까요? (　　　)

① 2　② 3　③ 4　④ 5　⑤ 6

6 $\frac{20}{28}$을 약분한 분수를 모두 쓰세요. (단, 공약수 1로 나누는 것은 제외합니다.)

(　　　　　　　　)

7 기약분수로 나타내세요.

$\frac{18}{54}$

(　　　　　　　　)

8 두 분수를 가장 작은 공통분모로 통분해 보세요.

$(\frac{7}{10}, \frac{11}{15})$ ➡ (　　　,　　　)

9 두 분수의 크기를 비교하여 ○ 안에 >, =, <를 알맞게 써넣으세요.

$$\frac{11}{15} \bigcirc \frac{7}{9}$$

10 두 분수의 크기를 비교하여 더 큰 분수를 위의 □ 안에 써넣으려고 합니다. ㉠에 알맞은 수를 구하세요.

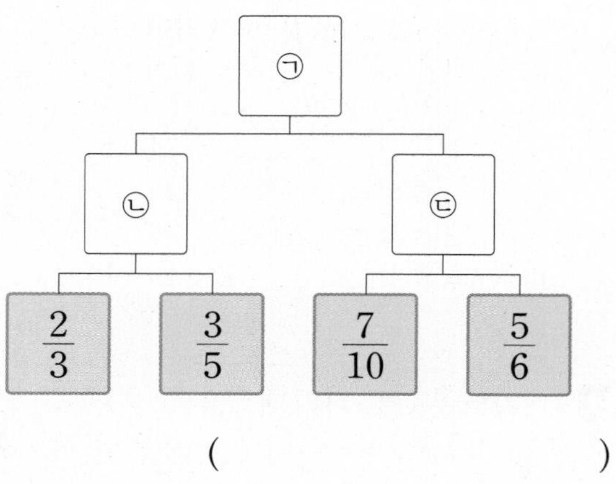

( )

11 분수와 소수의 크기를 비교하여 큰 수부터 차례로 써 보세요.

$\frac{3}{5}$	0.72	$\frac{11}{20}$	0.5

( )

12 냉장고 안에 오렌지 주스 0.7 L와 포도 주스 $\frac{4}{5}$ L가 있습니다. 더 많은 주스는 무엇일까요?

( )

13 분모가 30보다 크고 50보다 작은 분수 중에서 $\frac{5}{8}$와 크기가 같은 분수는 모두 몇 개일까요?

( )

14 $\frac{2}{5}$와 $\frac{5}{6}$를 통분하려고 합니다. 공통분모가 될 수 있는 수 중 100에 가장 가까운 수를 공통분모로 하여 통분해 보세요.

(,)

15 학교에서 재하네 집까지는 $\frac{3}{4}$ km, 승훈이네 집까지는 $\frac{7}{10}$ km, 승희네 집까지는 $\frac{3}{5}$ km입니다. 학교에서 가장 가까운 곳은 누구네 집일까요?

( )

16 학교 도서관에 있던 책 540권 중에서 학생들이 240권을 빌려 갔습니다. 빌려 간 책의 수는 도서관에 있던 책의 수의 몇 분의 몇인지 기약분수로 나타내세요.

(　　　　　　　　)

17 3장의 수 카드 중 2장을 골라 진분수를 만들려고 합니다. 만들 수 있는 진분수 중 가장 큰 수를 소수로 나타내어 보세요.

3　4　5

(　　　　　　　　)

18 어떤 분수의 분모와 분자에서 각각 5를 뺀 후 3으로 약분하였더니 $\frac{4}{15}$가 되었습니다. 어떤 분수를 구하세요.

(　　　　　　　　)

술술 서술형

19 분모가 15인 진분수 중에서 기약분수는 모두 몇 개인지 구하려고 합니다. 풀이 과정을 쓰고 답을 구하세요.

풀이

답

20 어떤 두 기약분수를 통분하였더니 $\frac{6}{27}$과 $\frac{18}{27}$이 되었습니다. 통분하기 전의 두 분수는 무엇인지 풀이 과정을 쓰고 답을 구하세요.

풀이

답

분수의 덧셈과 뺄셈

5

전체의 $\frac{1}{2}$ + 전체의 $\frac{1}{4}$ = 전체의 $\frac{3}{4}$

분모를 같게 하면 더하고 뺄 수 있어!

$$\frac{1}{6}+\frac{1}{3}$$

$$=\frac{1}{6}+\frac{2}{6}=\frac{3}{6}=\frac{1}{2}$$

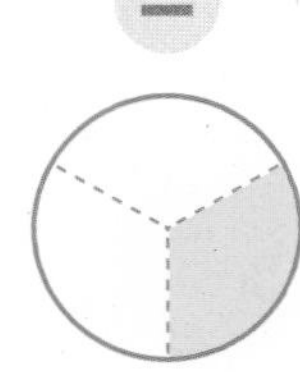

$$\frac{1\times2}{3\times2}=\frac{2}{6}$$

두 분모 3과 6의 최소공배수인 6으로 통분하면 더할 수 있어!

1 분수의 덧셈 (1)

● **받아올림이 없는 진분수의 덧셈**

예 $\frac{1}{4}+\frac{3}{8}$의 계산

방법 1 분모의 곱을 이용하여 통분한 후 계산하기

$$\frac{1}{4}+\frac{3}{8}=\frac{1\times 8}{4\times 8}+\frac{3\times 4}{8\times 4}=\frac{8}{32}+\frac{12}{32}=\frac{20}{32}=\frac{5}{8}$$

약분

방법 2 분모의 최소공배수를 이용하여 통분한 후 계산하기

$$\frac{1}{4}+\frac{3}{8}=\frac{1\times 2}{4\times 2}+\frac{3}{8}=\frac{2}{8}+\frac{3}{8}=\frac{5}{8}$$

보충 개념

• $\frac{1}{4}+\frac{3}{8}$**을 그림으로 알아보기**

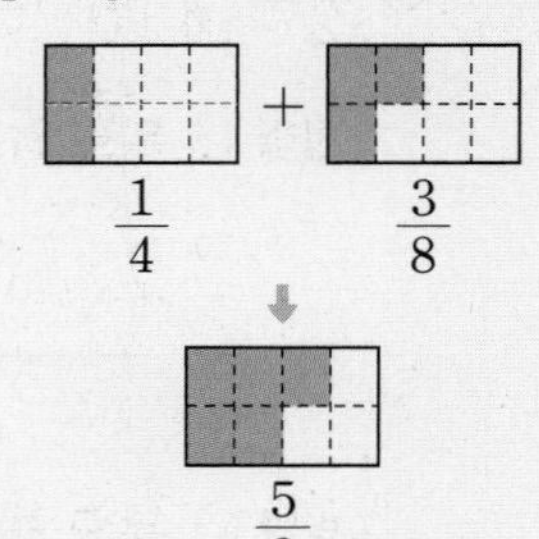

1 **분수만큼 색칠하고 □ 안에 알맞은 수를 써넣어 $\frac{1}{2}+\frac{2}{5}$를 계산해 보세요.**

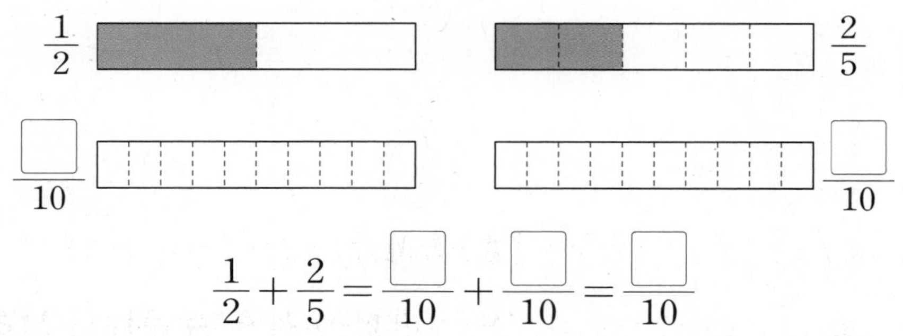

$$\frac{1}{2}+\frac{2}{5}=\frac{\square}{10}+\frac{\square}{10}=\frac{\square}{10}$$

2 **□ 안에 알맞은 수를 써넣으세요.**

(1) $\frac{1}{4}+\frac{2}{9}=\frac{1\times\square}{4\times\square}+\frac{2\times\square}{9\times\square}=\frac{\square}{36}+\frac{\square}{36}=\square$

(2) $\frac{3}{7}+\frac{3}{14}=\frac{3\times\square}{7\times\square}+\frac{3}{14}=\frac{\square}{14}+\frac{3}{14}=\square$

▶ 분모의 곱을 이용하여 통분하면 분모의 최소공배수를 구하지 않아서 편리하고, 분모의 최소공배수를 이용하여 통분하면 수가 많이 커지지 않아서 편리합니다.

3 **계산해 보세요.**

(1) $\frac{3}{5}+\frac{1}{9}$

(2) $\frac{3}{8}+\frac{5}{12}$

? 계산 결과가 약분이 되면 꼭 약분해야 하나요?

계산 결과를 기약분수가 아닌 분수로 나타내어도 되지만 약분하여 기약분수로 나타내는 것이 간단하고 좋아요.

2 분수의 덧셈 (2)

정답과 풀이 31쪽

● **받아올림이 있는 진분수의 덧셈**

예 $\frac{1}{2}+\frac{3}{4}$의 계산

방법 1 분모의 곱을 이용하여 통분한 후 계산하기

$$\frac{1}{2}+\frac{3}{4}=\frac{1\times 4}{2\times 4}+\frac{3\times 2}{4\times 2}=\frac{4}{8}+\frac{6}{8}=\frac{10}{8}=1\frac{2}{8}=1\frac{1}{4}$$

가분수 → 대분수

방법 2 분모의 최소공배수를 이용하여 통분한 후 계산하기

$$\frac{1}{2}+\frac{3}{4}=\frac{1\times 2}{2\times 2}+\frac{3}{4}=\frac{2}{4}+\frac{3}{4}=\frac{5}{4}=1\frac{1}{4}$$

가분수 → 대분수

보충 개념

• **가분수를 대분수로 나타내는 방법**

$\frac{■}{▲}$ → ■÷▲=●…◆ → ●$\frac{◆}{▲}$

$\frac{9}{4}$ → $9\div 4=2\cdots 1$ → $2\frac{1}{4}$

4 분수만큼 색칠하고 □ 안에 알맞은 수를 써넣어 $\frac{2}{3}+\frac{1}{2}$을 계산해 보세요.

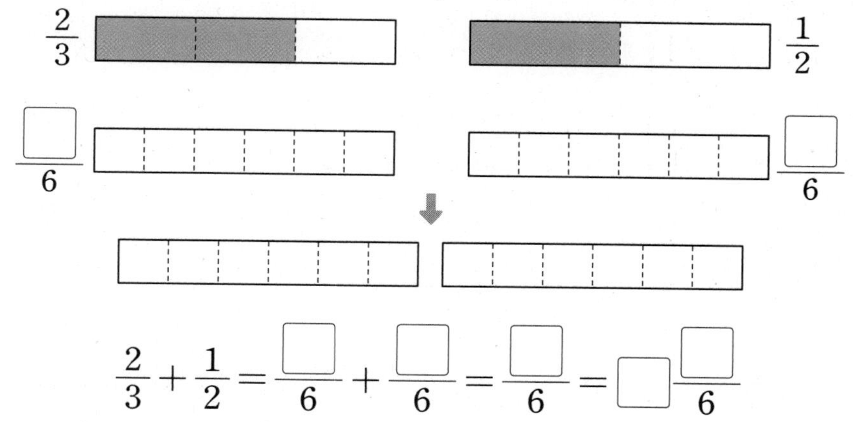

$\frac{2}{3}+\frac{1}{2}=\frac{□}{6}+\frac{□}{6}=\frac{□}{6}=□\frac{□}{6}$

? 계산 결과가 가분수이면 꼭 대분수로 나타내어야 하나요?

계산 결과가 가분수이면 그대로 두어도 되지만 대분수로 바꾸어 나타내는 것이 좋아요.

5 □ 안에 알맞은 수를 써넣으세요.

(1) $\frac{3}{4}+\frac{9}{10}=\frac{□}{40}+\frac{□}{40}=\frac{□}{40}=□\frac{□}{40}=□\frac{□}{20}$

(2) $\frac{5}{6}+\frac{3}{8}=\frac{□}{24}+\frac{□}{24}=\frac{□}{24}=□\frac{□}{24}$

6 계산해 보세요.

(1) $\frac{1}{3}+\frac{4}{5}$

(2) $\frac{7}{12}+\frac{3}{4}$

3 분수의 덧셈 (3)

● **받아올림이 있는 대분수의 덧셈**

예 $1\frac{2}{3}+1\frac{3}{5}$의 계산

방법 1 자연수는 자연수끼리, 분수는 분수끼리 계산하기

$$1\frac{2}{3}+1\frac{3}{5}=1\frac{10}{15}+1\frac{9}{15}=(1+1)+(\frac{10}{15}+\frac{9}{15})$$
$$=2+\frac{19}{15}=2+1\frac{4}{15}=3\frac{4}{15}$$

방법 2 대분수를 가분수로 나타내어 계산하기

$$1\frac{2}{3}+1\frac{3}{5}=\frac{5}{3}+\frac{8}{5}=\frac{25}{15}+\frac{24}{15}=\frac{49}{15}=3\frac{4}{15}$$

보충 개념

• **대분수를 가분수로 나타내는 방법**

●$\frac{▲}{■}=\frac{●\times■+▲}{■}$

$2\frac{1}{4}=\frac{2\times4+1}{4}=\frac{9}{4}$

7 **분수만큼 색칠하고 □ 안에 알맞은 수를 써넣어 $1\frac{3}{4}+1\frac{5}{8}$를 계산해 보세요.**

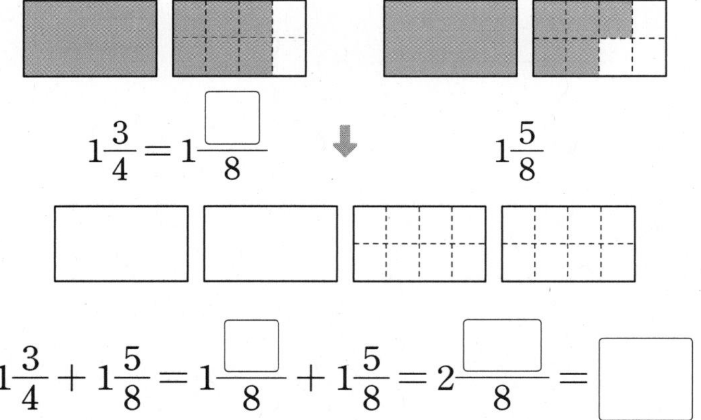

$1\frac{3}{4}+1\frac{5}{8}=1\frac{\square}{8}+1\frac{5}{8}=2\frac{\square}{8}=\square$

8 **□ 안에 알맞은 수를 써넣으세요.**

$3\frac{5}{6}+2\frac{4}{15}=3\frac{\square}{30}+2\frac{\square}{30}=5\frac{\square}{30}=6\frac{\square}{30}=\square$

▶ 자연수는 자연수끼리, 분수는 분수끼리 계산하면 분수 부분의 계산이 간단합니다.

9 **보기 와 같이 계산하세요.**

보기

$2\frac{1}{6}+1\frac{5}{9}=\frac{13}{6}+\frac{14}{9}=\frac{39}{18}+\frac{28}{18}=\frac{67}{18}=3\frac{13}{18}$

$1\frac{3}{8}+2\frac{5}{12}=$ ....

▶ 대분수를 가분수로 나타내어 계산하면 자연수와 분수를 따로 떼어 계산하지 않아도 됩니다.

4 분수의 뺄셈 (1)

정답과 풀이 31쪽

● **받아내림이 없는 진분수의 뺄셈**

예 $\frac{7}{8}-\frac{1}{4}$의 계산

방법 1 분모의 곱을 이용하여 통분한 후 계산하기

$$\frac{7}{8}-\frac{1}{4}=\frac{7\times4}{8\times4}-\frac{1\times8}{4\times8}=\frac{28}{32}-\frac{8}{32}=\frac{20}{32}=\frac{5}{8}$$

(약분)

방법 2 분모의 최소공배수를 이용하여 통분한 후 계산하기

$$\frac{7}{8}-\frac{1}{4}=\frac{7}{8}-\frac{1\times2}{4\times2}=\frac{7}{8}-\frac{2}{8}=\frac{5}{8}$$

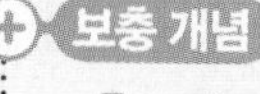

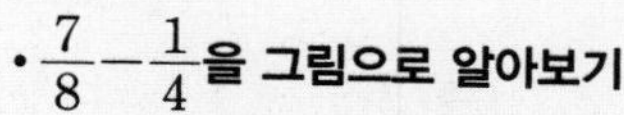

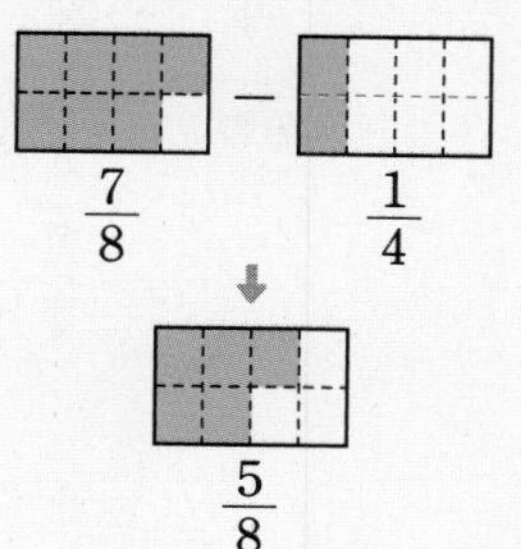

10 분수만큼 색칠하고 □ 안에 알맞은 수를 써넣어 $\frac{4}{5}-\frac{1}{2}$을 계산해 보세요.

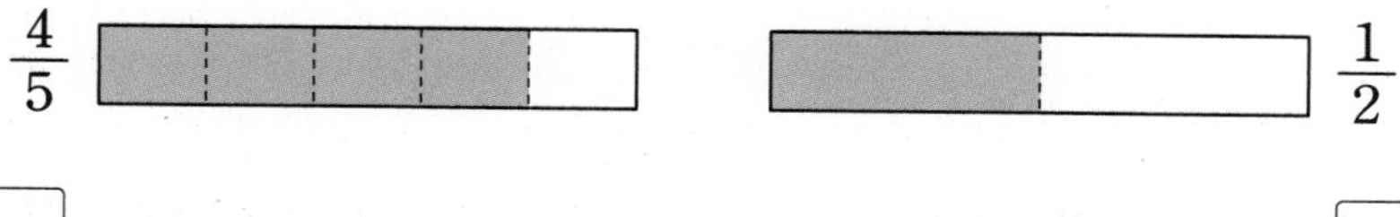

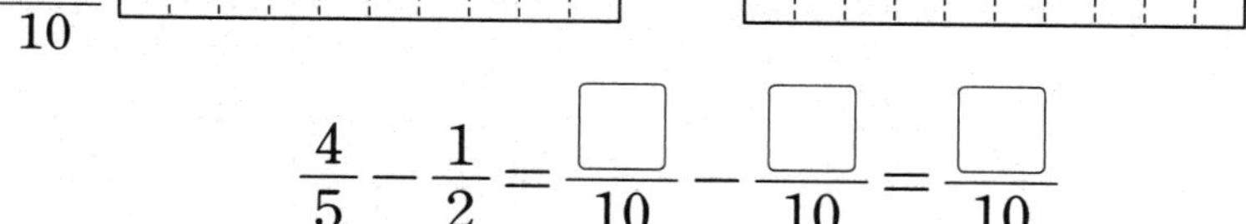

$$\frac{4}{5}-\frac{1}{2}=\frac{□}{10}-\frac{□}{10}=\frac{□}{10}$$

11 □ 안에 알맞은 수를 써넣으세요.

▶ 두 분수를 통분하여 계산한 후 계산 결과가 약분이 되면 약분하여 기약분수로 나타냅니다.

(1) $\frac{5}{6}-\frac{3}{8}=\frac{□}{48}-\frac{□}{48}=\frac{□}{48}=□$

(2) $\frac{3}{4}-\frac{1}{6}=\frac{□}{12}-\frac{□}{12}=□$

12 계산해 보세요.

(1) $\frac{3}{5}-\frac{1}{3}$

(2) $\frac{11}{15}-\frac{5}{9}$

5 분수의 뺄셈 (2)

● 받아내림이 없는 대분수의 뺄셈

예 $3\frac{3}{4}-1\frac{1}{3}$의 계산

방법 1 자연수는 자연수끼리, 분수는 분수끼리 계산하기

$$3\frac{3}{4}-1\frac{1}{3}=3\frac{9}{12}-1\frac{4}{12}=(3-1)+(\frac{9}{12}-\frac{4}{12})$$
$$=2+\frac{5}{12}=2\frac{5}{12}$$

방법 2 대분수를 가분수로 나타내어 계산하기

$$3\frac{3}{4}-1\frac{1}{3}=\frac{15}{4}-\frac{4}{3}=\frac{45}{12}-\frac{16}{12}=\frac{29}{12}=2\frac{5}{12}$$

⊕ 보충 개념

• 두 분수를 통분한 후 자연수는 자연수끼리, 분수는 분수끼리 모으는 과정을 생략하고 바로 차를 구하면 간단합니다.

$$3\frac{9}{12}-1\frac{4}{12}=2\frac{5}{12}$$

13 분수만큼 색칠하고 □ 안에 알맞은 수를 써넣어 $2\frac{2}{3}-1\frac{1}{2}$을 계산해 보세요.

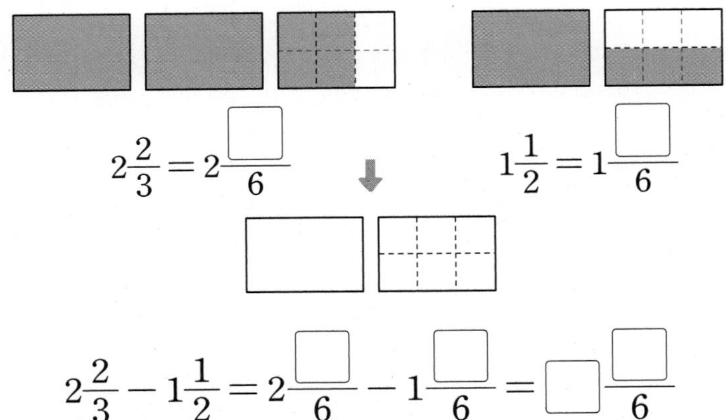

$2\frac{2}{3}-1\frac{1}{2}=2\frac{\square}{6}-1\frac{\square}{6}=\square\frac{\square}{6}$

14 □ 안에 알맞은 수를 써넣으세요.

$5\frac{5}{7}-3\frac{1}{4}=5\frac{\square}{28}-3\frac{\square}{28}=\square$

15 보기 와 같이 계산하세요.

보기

$3\frac{4}{5}-1\frac{1}{2}=\frac{19}{5}-\frac{3}{2}=\frac{38}{10}-\frac{15}{10}=\frac{23}{10}=2\frac{3}{10}$

$2\frac{5}{6}-1\frac{3}{8}=$ ....

▶ 대분수를 가분수로 나타내어 계산했을 때 계산 결과가 가분수이면 다시 대분수로 나타냅니다.

6 분수의 뺄셈 (3)

정답과 풀이 32쪽

● **받아내림이 있는 대분수의 뺄셈**

예 $4\frac{1}{2}-1\frac{3}{5}$의 계산

방법 1 자연수는 자연수끼리, 분수는 분수끼리 계산하기

$$4\frac{1}{2}-1\frac{3}{5}=4\frac{5}{10}-1\frac{6}{10}=3\frac{15}{10}-1\frac{6}{10}$$
$$=(3-1)+(\frac{15}{10}-\frac{6}{10})=2+\frac{9}{10}=2\frac{9}{10}$$

방법 2 대분수를 가분수로 나타내어 계산하기

$$4\frac{1}{2}-1\frac{3}{5}=\frac{9}{2}-\frac{8}{5}=\frac{45}{10}-\frac{16}{10}=\frac{29}{10}=2\frac{9}{10}$$

보충 개념

• 분수끼리 뺄 수 없을 때에는 자연수에서 1을 받아내림하여 계산합니다.

$4\frac{5}{10}-1\frac{6}{10}=3\frac{15}{10}-1\frac{6}{10}$

16 분수만큼 색칠하고 □ 안에 알맞은 수를 써넣어 $3\frac{1}{2}-1\frac{3}{4}$을 계산해 보세요.

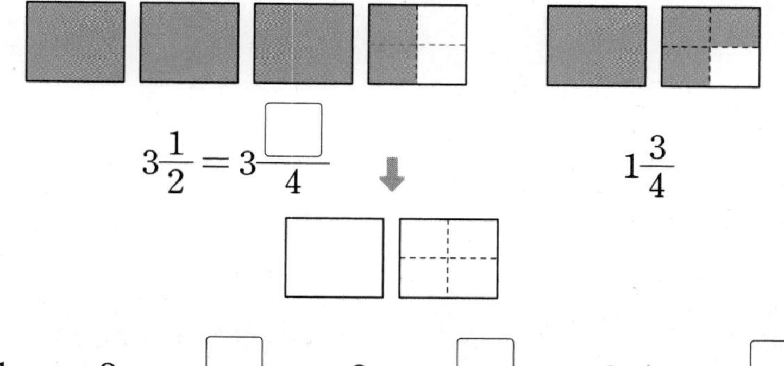

$3\frac{1}{2}=3\frac{\square}{4}$ $1\frac{3}{4}$

$$3\frac{1}{2}-1\frac{3}{4}=3\frac{\square}{4}-1\frac{3}{4}=2\frac{\square}{4}-1\frac{3}{4}=\square\frac{\square}{4}$$

? $1\frac{3}{2}$과 같은 분수도 대분수인가요?

대분수는 자연수와 진분수로 이루어진 분수이므로 자연수와 가분수로 이루어진 분수는 대분수라고 할 수 없어요. $1\frac{3}{2}$과 같은 분수는 계산 과정의 편리를 위해서 쓰는 분수예요.

17 □ 안에 알맞은 수를 써넣으세요.

$$2\frac{3}{4}-1\frac{4}{5}=\frac{\square}{4}-\frac{\square}{5}=\frac{\square}{20}-\frac{\square}{20}=\square$$

18 보기 와 같이 계산하세요.

보기

$$4\frac{1}{6}-2\frac{3}{4}=4\frac{2}{12}-2\frac{9}{12}=3\frac{14}{12}-2\frac{9}{12}=1\frac{5}{12}$$

$3\frac{2}{9}-2\frac{5}{6}=$ ....

▶ 1은 분모와 분자가 같은 분수로 나타낼 수 있습니다.

$1=\frac{2}{2}=\frac{3}{3}=\frac{4}{4}=\frac{5}{5}=\cdots\cdots$

기본에서 응용으로

교과유형

1 받아올림이 없는 진분수의 덧셈

예 $\frac{1}{4}+\frac{3}{14}$의 계산

방법 1 분모의 곱으로 통분하여 계산하기

$$\frac{1}{4}+\frac{3}{14}=\frac{14}{56}+\frac{12}{56}=\frac{26}{56}=\frac{13}{28}$$

방법 2 분모의 최소공배수로 통분하여 계산하기

$$\frac{1}{4}+\frac{3}{14}=\frac{7}{28}+\frac{6}{28}=\frac{13}{28}$$

1 $\frac{1}{6}+\frac{2}{3}$를 그림에 색칠하고 계산해 보세요.

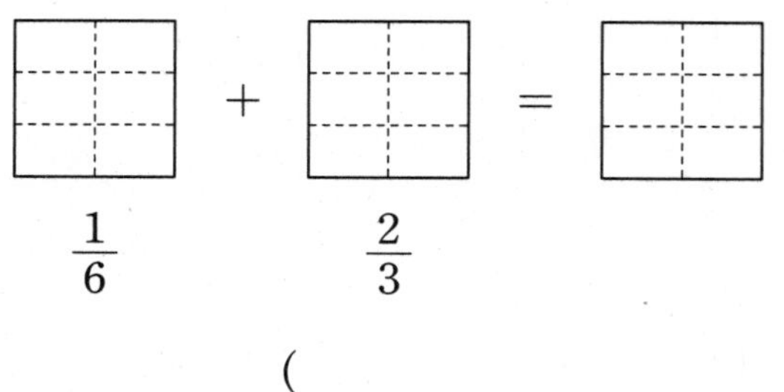

( )

2 보기 와 같이 계산해 보세요.

보기

$$\frac{1}{5}+\frac{3}{10}=\frac{1\times10}{5\times10}+\frac{3\times5}{10\times5}=\frac{10}{50}+\frac{15}{50}=\frac{25}{50}=\frac{1}{2}$$

$\frac{3}{4}+\frac{1}{6}=$ ....

3 빈 곳에 알맞은 수를 써넣으세요.

+	$\frac{3}{5}$	$\frac{1}{6}$
$\frac{2}{9}$		

4 $\frac{1}{4}+\frac{3}{8}$을 계산할 때 공통분모가 될 수 없는 수를 모두 고르세요. ( )

① 4 ② 8 ③ 16
④ 20 ⑤ 24

5 지혜는 다음과 같이 잘못 계산했습니다. 처음 잘못 계산한 곳을 찾아 ○표 하고, 바르게 고쳐 계산해 보세요.

$$\frac{5}{6}+\frac{1}{8}=\frac{5\times4}{6\times4}+\frac{1\times1}{8\times3}=\frac{20}{24}+\frac{1}{24}=\frac{21}{24}=\frac{7}{8}$$

$\frac{5}{6}+\frac{1}{8}=$ ....

6 계산 결과를 비교하여 ○ 안에 >, =, <를 알맞게 써넣으세요.

$$\frac{1}{4}+\frac{3}{5}\ \bigcirc\ \frac{2}{5}+\frac{3}{10}$$

7 다정이는 숙제를 $\frac{7}{10}$시간 동안 하였고, 준희는 다정이보다 $\frac{1}{6}$시간 더 오래 하였습니다. 준희가 숙제를 한 시간은 몇 시간일까요?

( )

2 받아올림이 있는 진분수의 덧셈

진분수의 합이 가분수이면 대분수로 나타냅니다.

예 $\frac{4}{5}+\frac{3}{4}=\frac{16}{20}+\frac{15}{20}=\frac{31}{20}=1\frac{11}{20}$

8 분수 막대를 사용하여 $\frac{2}{3}+\frac{3}{4}$을 계산해 보세요.

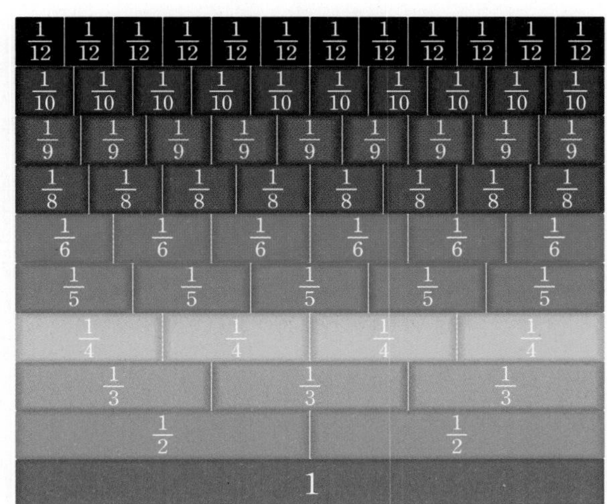

(1) $\frac{2}{3}+\frac{3}{4}$을 계산하려면 어떤 분수 막대를 사용해야 할까요?

( )

(2) $\frac{2}{3}+\frac{3}{4}$은 (1)의 분수 막대 몇 개가 될까요?

( )

(3) $\frac{2}{3}+\frac{3}{4}$을 계산해 보세요.

$$\frac{2}{3}+\frac{3}{4}=\frac{\square}{\square}=\square\frac{\square}{\square}$$

9 □ 안에 알맞은 수를 써넣으세요.

$\frac{5}{7}$ → $+\frac{9}{14}$ → □

서술형

10 다음을 두 가지 방법으로 계산해 보세요.

$$\frac{5}{6}+\frac{4}{9}$$

방법 1 ....

....

방법 2 ....

....

11 계산 결과가 1보다 큰 것의 기호를 쓰세요.

㉠ $\frac{3}{8}+\frac{7}{12}$ ㉡ $\frac{2}{3}+\frac{3}{5}$

( )

12 가장 큰 수와 가장 작은 수의 합을 구하세요.

$\frac{3}{4}$ $\frac{5}{6}$ $\frac{3}{8}$

( )

13 승우는 오늘 오전에 $\frac{3}{4}$ km, 오후에 $\frac{7}{10}$ km를 달렸습니다. 오늘 하루 동안 달린 거리는 몇 km일까요?

( )

5

교과유형 3 받아올림이 있는 대분수의 덧셈

예 $1\frac{3}{5}+1\frac{1}{2}$의 계산

방법 1 자연수끼리, 분수끼리 계산하기

$$1\frac{3}{5}+1\frac{1}{2}=1\frac{6}{10}+1\frac{5}{10}=2+\frac{11}{10}$$
$$=2+1\frac{1}{10}=3\frac{1}{10}$$

방법 2 대분수를 가분수로 나타내어 계산하기

$$1\frac{3}{5}+1\frac{1}{2}=\frac{8}{5}+\frac{3}{2}=\frac{16}{10}+\frac{15}{10}$$
$$=\frac{31}{10}=3\frac{1}{10}$$

14 계산해 보세요.

(1) $3\frac{5}{11}+3\frac{3}{4}$

(2) $2\frac{4}{9}+1\frac{7}{12}$

서술형

15 $1\frac{3}{4}+2\frac{5}{6}$를 서로 다른 방법으로 계산한 것입니다. 어떤 방법으로 계산했는지 설명해 보세요.

방법 1

$$1\frac{3}{4}+2\frac{5}{6}=1\frac{9}{12}+2\frac{10}{12}$$
$$=3+\frac{19}{12}=3+1\frac{7}{12}=4\frac{7}{12}$$

방법 2

$$1\frac{3}{4}+2\frac{5}{6}=\frac{7}{4}+\frac{17}{6}$$
$$=\frac{21}{12}+\frac{34}{12}=\frac{55}{12}=4\frac{7}{12}$$

16 □ 안에 알맞은 수를 써넣으세요.

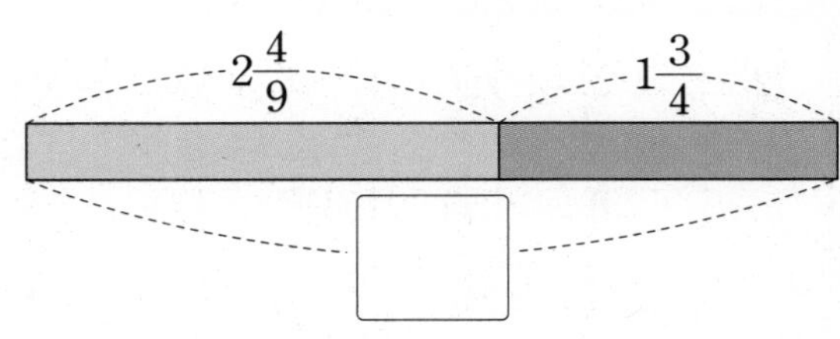

17 더운물 $1\frac{3}{4}$ L에 찬물 $3\frac{2}{3}$ L를 섞어서 세수를 했습니다. 세수를 할 때 사용한 물은 모두 몇 L일까요?

( )

18 집에서 가게를 거쳐 버스 정류장까지 가는 거리는 몇 km일까요?

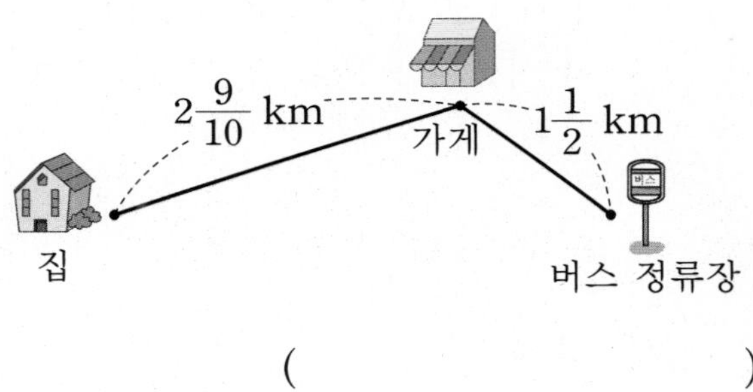

( )

19 어떤 수에서 $3\frac{2}{5}$를 뺐더니 $2\frac{5}{6}$가 되었습니다. 어떤 수를 구하세요.

( )

교과유형 **4 받아내림이 없는 진분수의 뺄셈**

예 $\frac{5}{6}-\frac{3}{4}$의 계산

방법 1 분모의 곱으로 통분하여 계산하기

$$\frac{5}{6}-\frac{3}{4}=\frac{20}{24}-\frac{18}{24}=\frac{2}{24}=\frac{1}{12}$$

방법 2 분모의 최소공배수로 통분하여 계산하기

$$\frac{5}{6}-\frac{3}{4}=\frac{10}{12}-\frac{9}{12}=\frac{1}{12}$$

20 $\frac{5}{8}-\frac{1}{4}$을 그림에 색칠하고 계산해 보세요.

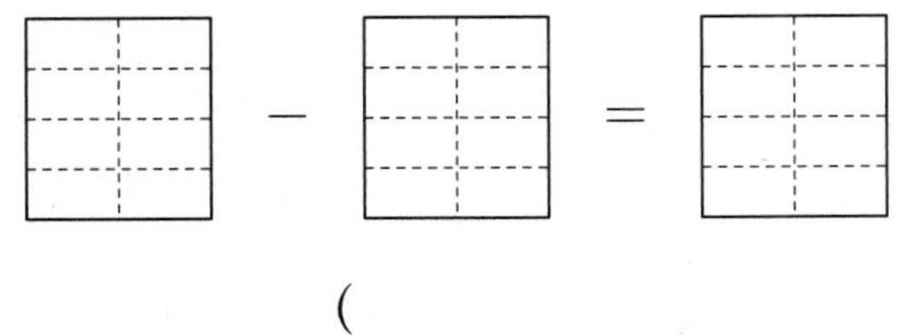

( )

21 보기 와 같이 계산해 보세요.

보기

$$\frac{11}{12}-\frac{3}{8}=\frac{11\times 2}{12\times 2}-\frac{3\times 3}{8\times 3}$$
$$=\frac{22}{24}-\frac{9}{24}=\frac{13}{24}$$

$\frac{3}{4}-\frac{7}{10}=$

22 관계있는 것끼리 선으로 이어 보세요.

(1) $\frac{5}{6}-\frac{2}{5}$ •

(2) $\frac{7}{10}-\frac{2}{15}$ •

• ㉠ $\frac{11}{30}$

• ㉡ $\frac{17}{30}$

• ㉢ $\frac{13}{30}$

23 빈 곳에 알맞은 수를 써넣으세요.

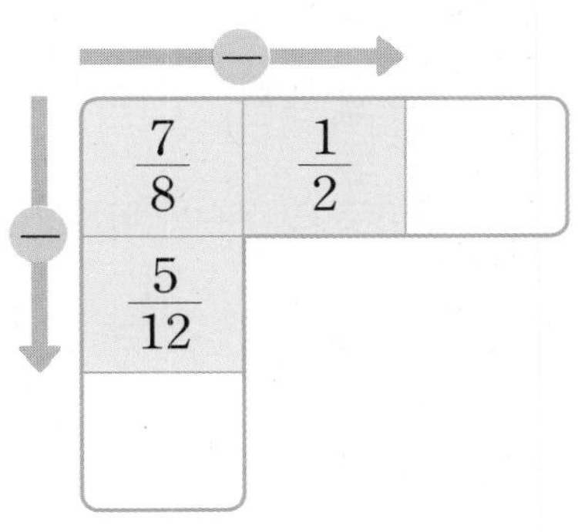

24 다음이 나타내는 수를 구하세요.

$\frac{3}{4}$보다 $\frac{2}{7}$ 작은 수

( )

25 딸기를 정연이는 $\frac{9}{10}$ kg, 상철이는 $\frac{3}{5}$ kg 땄습니다. 정연이는 상철이보다 딸기를 몇 kg 더 많이 땄을까요?

( )

26 집에서 학교까지의 거리는 집에서 공원까지의 거리보다 몇 km 더 가까울까요?

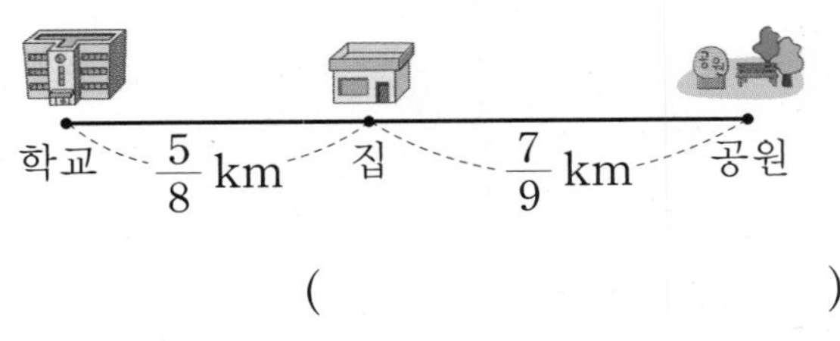

( )

교과유형

5 받아내림이 없는 대분수의 뺄셈

예 $2\frac{2}{3}-1\frac{1}{5}$의 계산

방법 1 자연수끼리, 분수끼리 계산하기

$$2\frac{2}{3}-1\frac{1}{5}=2\frac{10}{15}-1\frac{3}{15}=1\frac{7}{15}$$

방법 2 대분수를 가분수로 나타내어 계산하기

$$2\frac{2}{3}-1\frac{1}{5}=\frac{8}{3}-\frac{6}{5}=\frac{40}{15}-\frac{18}{15}$$
$$=\frac{22}{15}=1\frac{7}{15}$$

27 계산해 보세요.

(1) $3\frac{3}{4}-1\frac{1}{3}$

(2) $5\frac{7}{9}-2\frac{5}{12}$

28 빈 곳에 알맞은 수를 써넣으세요.

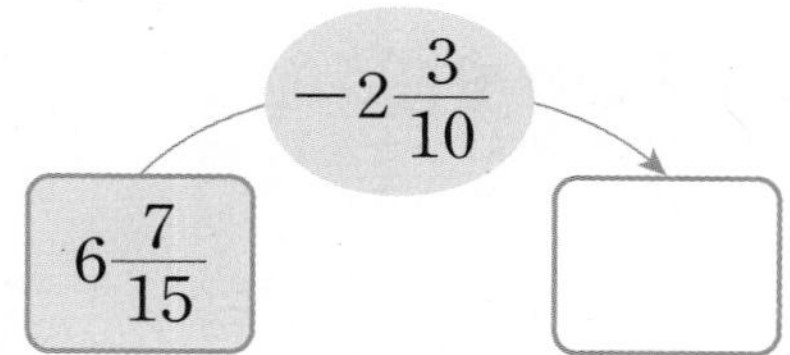

서술형

29 다음을 두 가지 방법으로 계산해 보세요.

$2\frac{3}{5}-1\frac{1}{4}$

방법 1 ....

....

방법 2 ....

....

30 가장 큰 수와 가장 작은 수의 차를 구하세요.

$4\frac{7}{15}$ $6\frac{3}{4}$ $4\frac{7}{12}$ $5\frac{3}{7}$

(　　　　　　　　)

31 직사각형의 가로와 세로의 길이의 차는 몇 cm일까요?

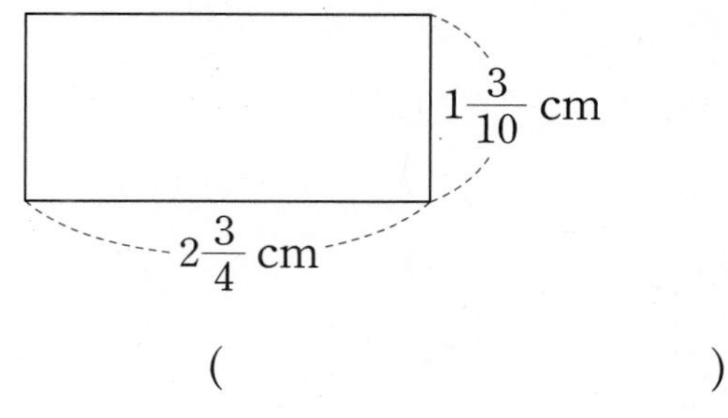

(　　　　　　　　)

32 □ 안에 알맞은 수를 구하세요.

$\square+4\frac{2}{5}=7\frac{5}{7}$

(　　　　　　　　)

33 빨간색 테이프는 $3\frac{7}{10}$ m이고 노란색 테이프는 빨간색 테이프보다 $1\frac{1}{2}$ m 짧습니다. 노란색 테이프는 몇 m일까요?

(　　　　　　　　)

교과서 유형 6 **받아내림이 있는 대분수의 뺄셈**

분수끼리 뺄 수 없을 때에는 자연수에서 1을 받아내림하여 계산합니다.

예 $3\frac{1}{3}-1\frac{3}{4}=3\frac{4}{12}-1\frac{9}{12}$
$=2\frac{16}{12}-1\frac{9}{12}=1\frac{7}{12}$

34 계산해 보세요.

(1) $2\frac{2}{5}-1\frac{7}{15}$

(2) $6\frac{1}{3}-2\frac{3}{4}$

35 두 수의 차를 구하세요.

$1\frac{5}{9}$ $5\frac{4}{15}$

( )

36 □ 안에 알맞은 수를 써넣으세요.

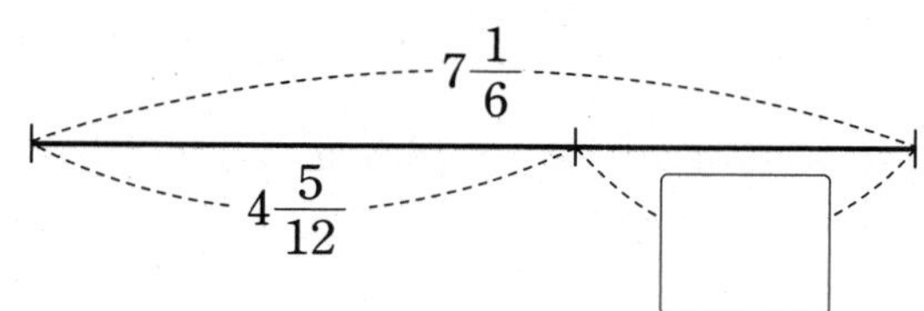

37 계산 결과를 비교하여 ○ 안에 >, =, <를 알맞게 써넣으세요.

$3\frac{1}{3}-1\frac{5}{9}$ ○ $8\frac{2}{9}-6\frac{5}{6}$

서술형

38 계산이 잘못된 곳을 찾아 이유를 쓰고 바르게 계산해 보세요.

$4\frac{2}{5}-2\frac{2}{3}=4\frac{6}{15}-2\frac{10}{15}$
$=4\frac{21}{15}-2\frac{10}{15}=2\frac{11}{15}$

이유

계산

39 빈 곳에 알맞은 수를 써넣으세요.

□ $\xrightarrow{+1\frac{5}{8}}$ □ $\xrightarrow{+1\frac{3}{4}}$ $5\frac{1}{6}$

40 냉장고에 오렌지 주스 $2\frac{1}{2}$ L와 사과 주스 $1\frac{3}{5}$ L가 있습니다. 오렌지 주스는 사과 주스보다 몇 L 더 많을까요?

( )

41 □ 안에 들어갈 수 있는 자연수를 모두 구하세요.

$5\frac{3}{10}-1\frac{3}{4}<\square<9\frac{5}{6}-3\frac{5}{7}$

( )

실전유형

세 분수의 덧셈과 뺄셈 계산하기

앞에서부터 두 분수씩 차례로 계산합니다.

예 $\frac{1}{2}-\frac{1}{3}+\frac{3}{4}$의 계산

$$\frac{1}{2}-\frac{1}{3}+\frac{3}{4}=(\frac{3}{6}-\frac{2}{6})+\frac{3}{4}$$

①

②

$$=\frac{1}{6}+\frac{3}{4}$$

$$=\frac{2}{12}+\frac{9}{12}=\frac{11}{12}$$

42 빈 곳에 알맞은 수를 써넣으세요.

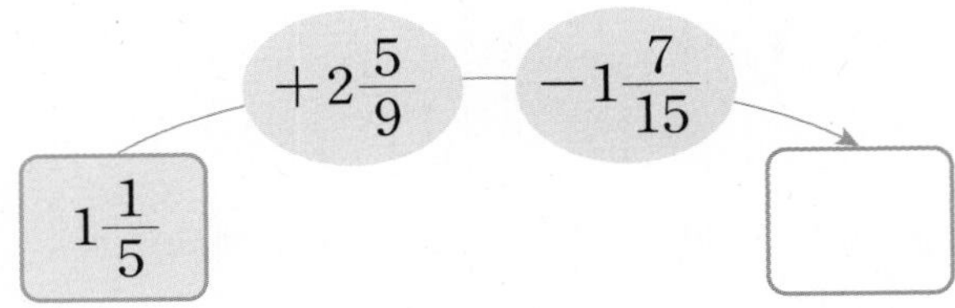

43 삼각형의 세 변의 길이의 합은 몇 m일까요?

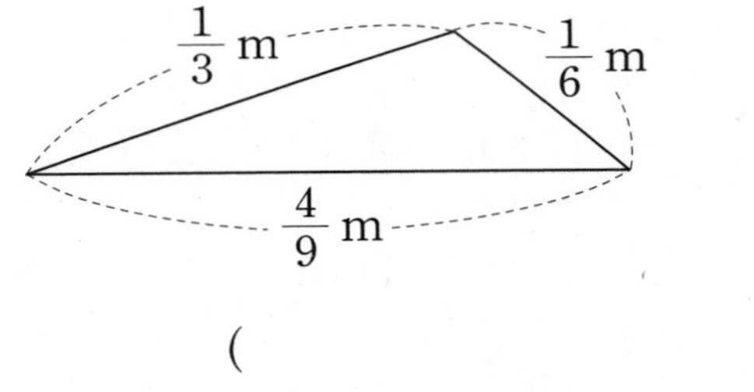

( )

44 □ 안에 알맞은 수를 써넣으세요.

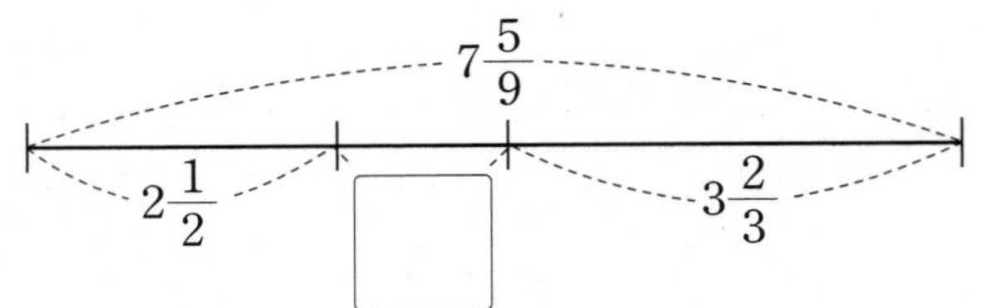

45 계산 결과가 더 큰 것의 기호를 쓰세요.

㉠ $1\frac{3}{8}+1\frac{13}{20}+1\frac{2}{5}$

㉡ $1\frac{1}{6}+\frac{3}{8}+2\frac{1}{4}$

( )

46 ㉠◆㉡=㉠−㉡−㉡일 때 $4\frac{2}{5}$◆$\frac{2}{3}$를 계산하세요.

( )

47 다음 분수를 모두 한 번씩 사용하여 계산 결과가 가장 크게 되도록 □ 안에 알맞게 써넣고 계산하세요.

$\frac{3}{4}$ $1\frac{2}{5}$ $\frac{7}{8}$

□ + □ − □ = ( )

48 밭 전체의 $\frac{4}{15}$에 옥수수를 심고, 전체의 $\frac{2}{9}$에 감자를 심었습니다. 아무것도 심지 않은 부분은 밭 전체의 얼마인지 분수로 나타내세요.

( )

실전유형

이어 붙인 테이프의 전체 길이 구하기

• (이어 붙인 테이프의 전체 길이)
= (테이프의 길이의 합)
− (겹쳐진 부분의 길이의 합)
• (겹쳐진 부분의 수) = (겹쳐진 테이프의 수) − 1

49 그림에서 색칠한 부분의 길이는 몇 m일까요?

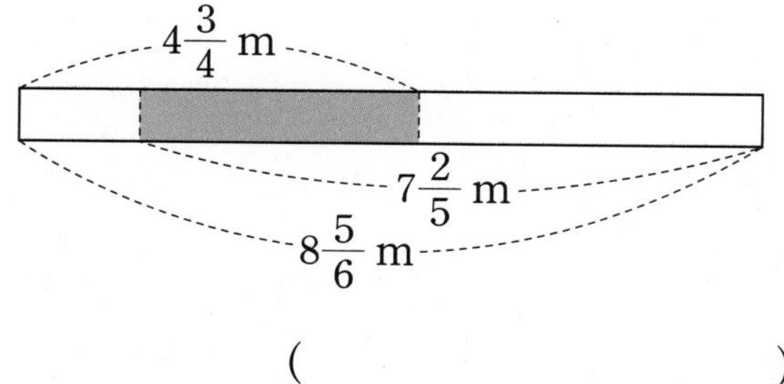

( )

50 길이가 $2\frac{7}{15}$ m인 색 테이프 2장을 $\frac{1}{3}$ m만큼 겹치게 이어 붙였습니다. 이어 붙인 색 테이프의 전체 길이는 몇 m일까요?

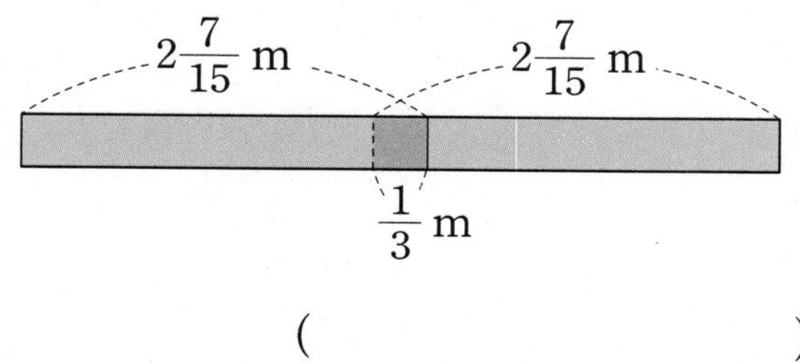

( )

51 길이가 $5\frac{1}{2}$ m인 종이테이프 3장을 $1\frac{4}{7}$ m씩 겹치게 이어 붙였습니다. 이어 붙인 종이테이프의 전체 길이는 몇 m일까요?

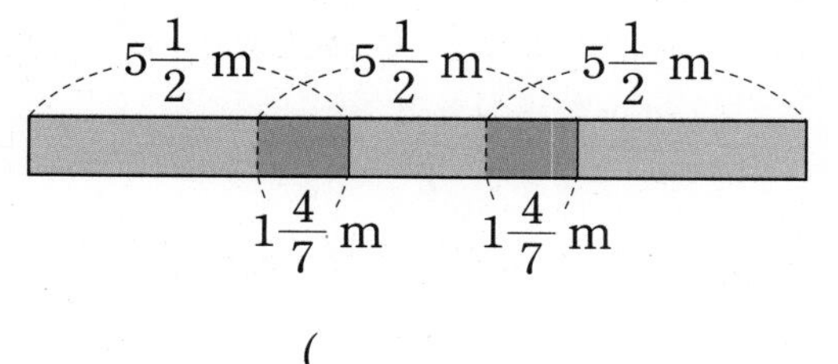

( )

실전유형

어떤 수를 구한 후 바르게 계산하기

① 잘못 계산한 식 세우기
② 덧셈과 뺄셈의 관계를 이용하여 어떤 수 구하기
③ 어떤 수를 이용하여 바르게 계산한 값 구하기

52 어떤 수에 $3\frac{2}{5}$를 더해야 할 것을 잘못하여 뺐더니 $1\frac{3}{10}$이 되었습니다. 바르게 계산한 값을 구하려고 할 때 다음 물음에 답하세요.

(1) 어떤 수는 얼마일까요?

( )

(2) 바르게 계산하면 얼마일까요?

( )

53 어떤 수에서 $\frac{7}{10}$을 빼야 할 것을 잘못하여 더했더니 $5\frac{4}{15}$가 되었습니다. 바르게 계산하면 얼마일까요?

( )

54 $4\frac{3}{7}$에 어떤 수를 더해야 할 것을 잘못하여 $4\frac{3}{7}$에서 어떤 수를 뺐더니 $1\frac{1}{2}$이 되었습니다. 바르게 계산하면 얼마일까요?

( )

5

심화유형 1

문제 풀이

만들 수 있는 가장 큰 수와 가장 작은 수의 합 구하기

3장의 수 카드를 모두 한 번씩 사용하여 만들 수 있는 대분수 중에서 가장 큰 수와 가장 작은 수의 합을 구하세요.

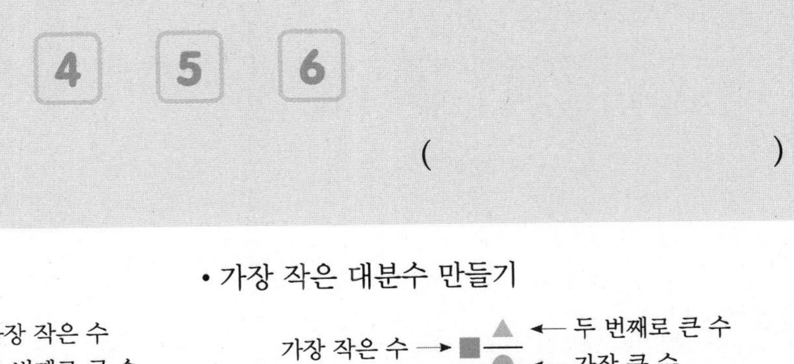

(　　　　　　　　　　)

● 핵심 NOTE

• 가장 큰 대분수 만들기

가장 큰 수 → ■$\frac{▲}{●}$ ← 가장 작은 수 (▲), ← 두 번째로 큰 수 (●)

• 가장 작은 대분수 만들기

가장 작은 수 → ■$\frac{▲}{●}$ ← 두 번째로 큰 수 (▲), ← 가장 큰 수 (●)

1-1 3장의 수 카드를 모두 한 번씩 사용하여 만들 수 있는 대분수 중에서 가장 큰 수와 가장 작은 수의 합을 구하세요.

(　　　　　　　　　　)

1-2 3장의 수 카드를 모두 한 번씩 사용하여 만들 수 있는 대분수 중에서 가장 큰 수와 가장 작은 수의 차를 구하세요.

2　5　9

(　　　　　　　　　　)

심화유형 2 시간을 분수로 나타내어 계산하기

영민이네 학교 축구부는 축구 연습을 오전 10시에 시작하여 $1\frac{1}{12}$시간 동안 하고 20분 동안 쉬었습니다. 다시 축구 연습을 시작하여 $1\frac{1}{2}$시간이 지난 후에 연습을 끝냈습니다. 축구 연습이 끝난 시각은 오후 몇 시 몇 분일까요?

(　　　　　　　　　　)

● 핵심 NOTE

- 1시간 $=$ 60분이므로 1분 $=\frac{1}{60}$시간입니다. ➡ ■분 $=\frac{■}{60}$시간
- 시간 단위로 구한 분수는 분모가 60인 분수로 나타내면 몇 분인지 알 수 있습니다.

2-1 윤수는 동화책을 오전 9시에 읽기 시작하여 $2\frac{5}{12}$시간 동안 읽고 30분 동안 방을 정리하였습니다. 다시 동화책을 읽기 시작하여 $1\frac{3}{4}$시간 후에 동화책을 다 읽었습니다. 윤수가 동화책을 다 읽은 시각은 오후 몇 시 몇 분일까요?

(　　　　　　　　　　)

2-2 수정이는 오후 3시 30분부터 $1\frac{2}{15}$시간 동안 수학 숙제를 하고 45분 동안 쉬었습니다. 그리고 영어 숙제를 $\frac{5}{12}$시간 동안 하였더니 숙제를 마칠 수 있었습니다. 수정이가 숙제를 마친 시각은 오후 몇 시 몇 분일까요?

(　　　　　　　　　　)

5

분수를 분모가 다른 단위분수의 합으로 나타내기

그림을 보고 $\frac{5}{8}$를 분모가 다른 두 단위분수의 합으로 나타내세요.

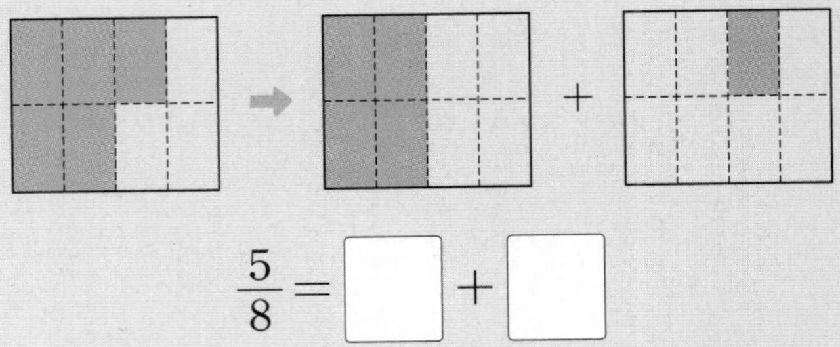

$\frac{5}{8}=\square+\square$

● 핵심 NOTE

• 분모가 다른 두 단위분수의 합으로 나타내기
① 주어진 분수의 분모의 약수를 구합니다.
② 구한 약수 중에서 합이 분자가 되는 두 수를 찾습니다.
③ ②에서 구한 두 수를 분자로 하는 분수의 합으로 나타냅니다.

3-1 그림을 보고 $\frac{5}{6}$를 분모가 다른 두 단위분수의 합으로 나타내세요.

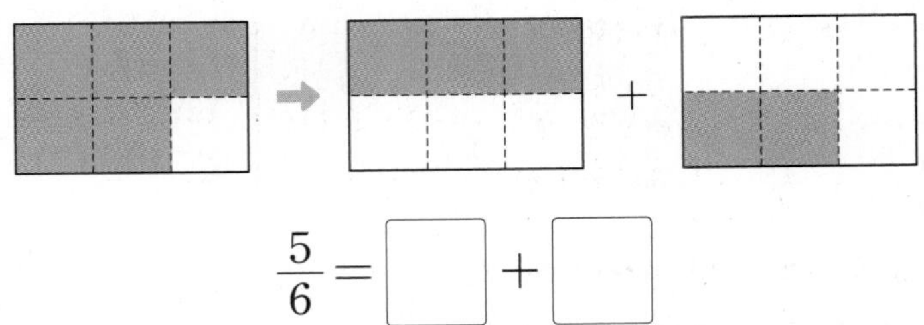

$\frac{5}{6}=\square+\square$

3-2 그림에 알맞게 색칠하고 $\frac{11}{12}$을 분모가 다른 세 단위분수의 합으로 나타내세요.

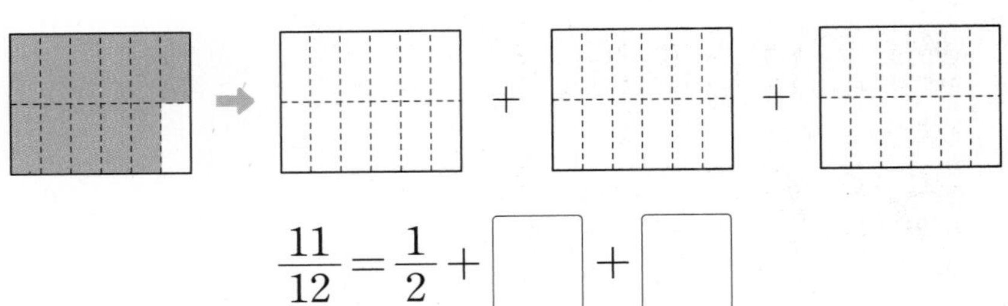

$\frac{11}{12}=\frac{1}{2}+\square+\square$

4 장대높이뛰기에서 기록의 차 구하기

융합유형 수학 + 체육

2012년 런던올림픽 여자 장대높이뛰기에서 옐레나 이신바예바는 동메달을 땄습니다. 이날 이신바예바의 기록은 여자 장대높이뛰기 세계 신기록인 $5\frac{3}{50}$ m보다 36 cm 낮았고, 2012년 자신의 최고 기록인 $4\frac{3}{4}$ m에도 미치지 못했습니다. 2012년 이신바예바의 런던올림픽 기록은 자신의 최고 기록보다 몇 m 더 못 미치는지 구하세요.

1단계 2012년 이신바예바의 런던올림픽 기록 구하기

2단계 2012년 이신바예바의 런던올림픽 기록과 자신의 최고 기록의 차 구하기

(　　　　　　　　)

● 핵심 NOTE

1단계 cm 단위를 m 단위의 분수로 바꾸어 2012년 런던올림픽 기록을 구합니다.

2단계 2012년 이신바예바의 런던올림픽 기록과 자신의 최고 기록의 차를 구합니다.

4-1 2012년 런던올림픽 여자 장대높이뛰기에서 금메달을 딴 제니퍼 슈어는 $4\frac{3}{4}$ m에 도전하여 성공하면서 금메달의 주인공이 되었습니다. 제니퍼 슈어는 그것보다 5 cm 높이 뛰는 데 도전했지만 실패하였습니다. 한편 야리슬리 실바는 $4\frac{9}{20}$ m에 도전했다가 실패한 탓에 은메달을 따게 되었습니다. 제니퍼 슈어가 실패한 기록은 야리슬리 실바가 실패한 기록보다 몇 m 더 높을까요?

(　　　　　　　　)

기출 단원 평가 Level 1

점수

확인

1 그림을 보고 □ 안에 알맞은 수를 써넣으세요.

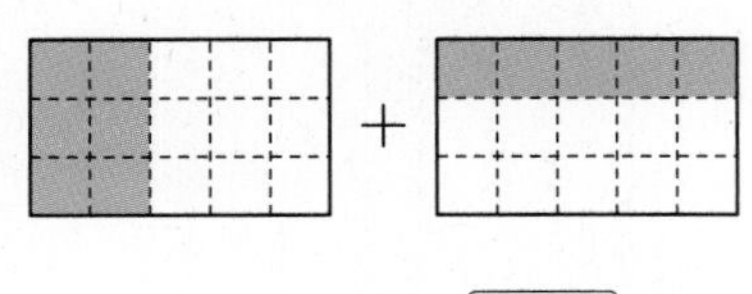

$$\frac{2}{5}+\frac{1}{3}=\frac{\square}{\square}$$

2 계산해 보세요.

(1) $2\frac{5}{6}+1\frac{3}{4}$

(2) $5\frac{2}{9}-3\frac{5}{6}$

3 $\frac{1}{6}+\frac{2}{3}$를 계산할 때 공통분모가 될 수 없는 수를 모두 고르세요. (　　　　　)

① 3　　② 6　　③ 10

④ 18　　⑤ 24

4 빈 곳에 알맞은 수를 써넣으세요.

$+$	$\frac{3}{10}$	$\frac{5}{7}$
$\frac{2}{5}$		

5 큰 수에서 작은 수를 뺀 값을 구하세요.

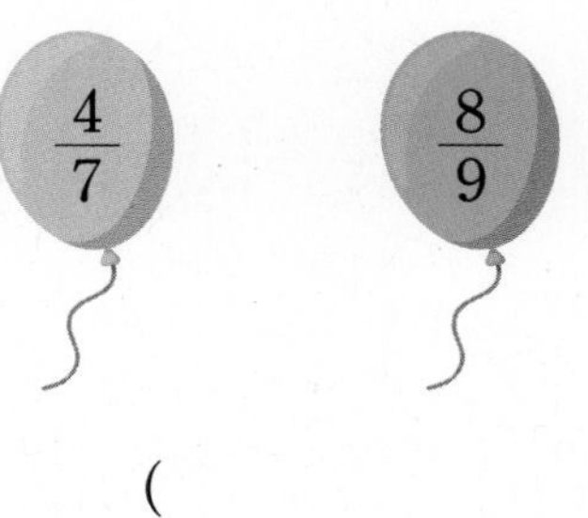

(　　　　　　　　)

6 빈 곳에 알맞은 수를 써넣으세요.

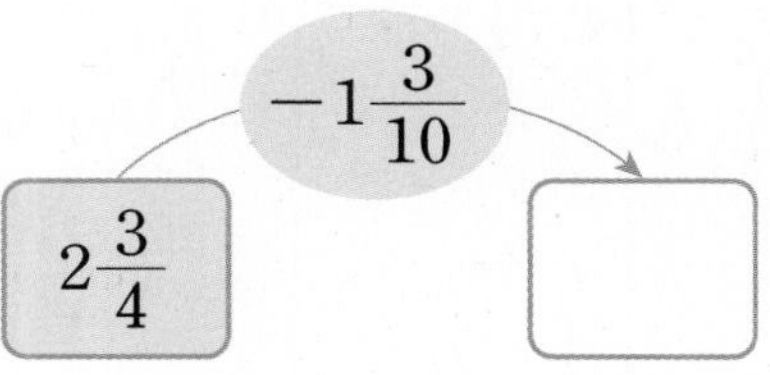

7 다음이 나타내는 수를 구하세요.

$2\frac{1}{2}$보다 $2\frac{3}{8}$ 큰 수

(　　　　　　　　)

8 계산 결과를 비교하여 ○ 안에 $>$, $=$, $<$를 알맞게 써넣으세요.

$$\frac{5}{8}+\frac{7}{10} \bigcirc 1\frac{3}{5}-\frac{5}{8}$$

9 계산 결과가 1보다 큰 것의 기호를 쓰세요.

㉠ $\frac{1}{6}+\frac{3}{5}$ ㉡ $\frac{7}{10}+\frac{8}{15}$

( )

10 가장 큰 수와 가장 작은 수의 차를 구하세요.

$\frac{5}{6}$ $\frac{5}{9}$ $\frac{7}{12}$

( )

11 □ 안에 알맞은 수를 써넣으세요.

$\square+\frac{3}{7}=\frac{8}{9}$

12 방과 후 수업을 신청한 남학생 수는 전체 학생 수의 $\frac{1}{4}$이고, 여학생 수는 전체 학생 수의 $\frac{3}{10}$입니다. 방과 후 수업을 신청한 학생 수는 전체 학생 수의 몇 분의 몇일까요?

( )

13 직사각형의 가로와 세로의 길이의 차는 몇 m일까요?

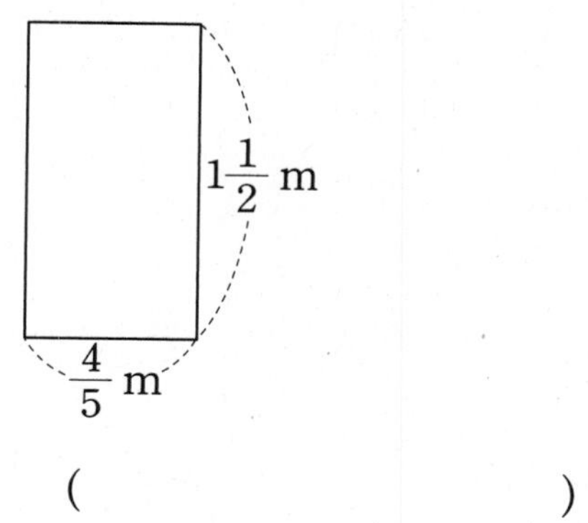

( )

14 빨간색 페인트 $1\frac{3}{8}$ L와 파란색 페인트 $1\frac{5}{6}$ L를 섞어서 보라색 페인트를 만들었습니다. 보라색 페인트는 몇 L일까요?

( )

15 빨간색 테이프가 $\frac{3}{4}$ m 있습니다. 노란색 테이프는 빨간색 테이프보다 $\frac{3}{8}$ m 더 길고, 파란색 테이프는 노란색 테이프보다 $\frac{1}{3}$ m 짧습니다. 파란색 테이프는 몇 m일까요?

( )

5

16 집에서 학교까지 갈 때 도서관과 우체국 중에서 어느 곳을 거쳐 가는 길이 몇 km 더 가까울까요?

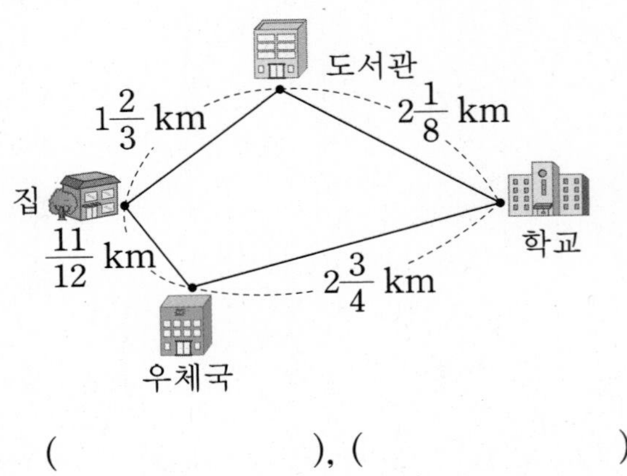

( ), ( )

17 □ 안에 들어갈 수 있는 자연수를 모두 구하세요.

$$3\frac{1}{4}-1\frac{3}{5}<\square<2\frac{1}{2}+2\frac{5}{6}$$

( )

18 정민이는 오후 4시부터 $1\frac{5}{6}$시간 동안 수학 공부를 하고 40분 동안 숙제를 한 후 $1\frac{1}{4}$시간 동안 영어 공부를 하였습니다. 정민이가 영어 공부를 끝낸 시각은 오후 몇 시 몇 분일까요?

( )

술술 서술형

19 계산이 잘못된 곳을 찾아 이유를 쓰고 바르게 계산해 보세요.

$$\frac{4}{9}+\frac{1}{3}=\frac{4}{9}+\frac{1\times1}{3\times3}=\frac{4}{9}+\frac{1}{9}=\frac{5}{9}$$

이유

계산

20 케이크 전체의 $\frac{1}{3}$은 현우가 먹고 전체의 $\frac{1}{5}$은 윤서가 먹고 나머지는 모두 건형이가 먹었습니다. 건형이가 먹은 케이크는 전체의 몇 분의 몇인지 풀이 과정을 쓰고 답을 구하세요.

풀이

답

기출 단원 평가 Level 2

점수

확인

1 그림을 보고 □ 안에 알맞은 수를 써넣으세요.

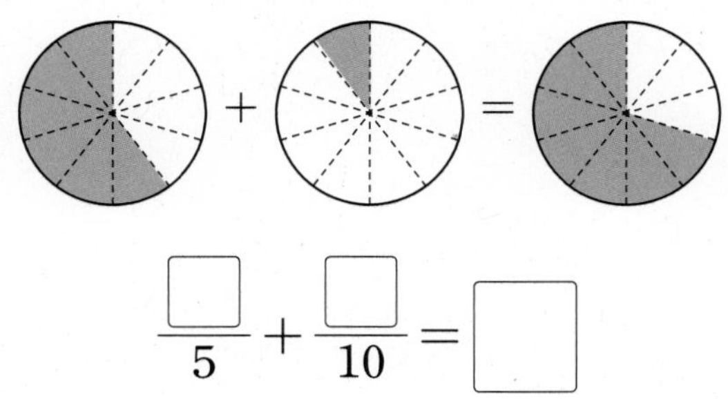

$\frac{\square}{5}+\frac{\square}{10}=\square$

2 관계있는 것끼리 선으로 이어 보세요.

(1) $\frac{7}{9}-\frac{2}{5}$ •

(2) $\frac{11}{15}-\frac{5}{9}$ •

• ㉠ $\frac{8}{45}$

• ㉡ $\frac{13}{45}$

• ㉢ $\frac{17}{45}$

3 □ 안에 알맞은 수를 써넣으세요.

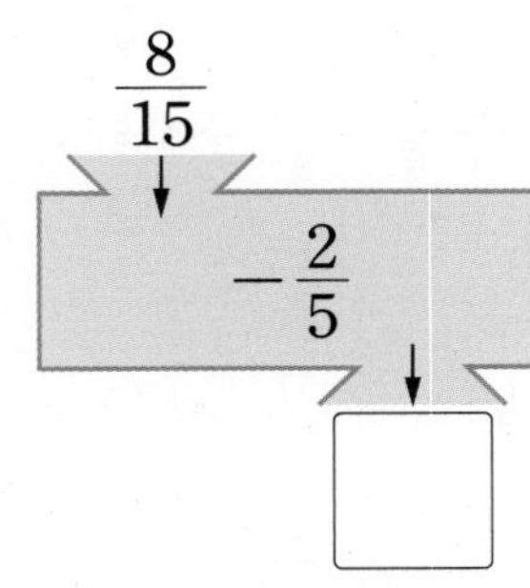

4 빈 곳에 두 수의 합을 써넣으세요.

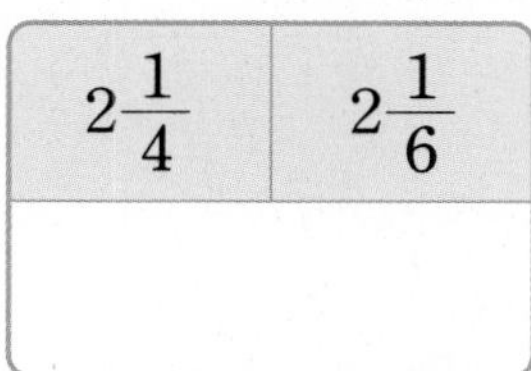

5 빈 곳에 알맞은 수를 써넣으세요.

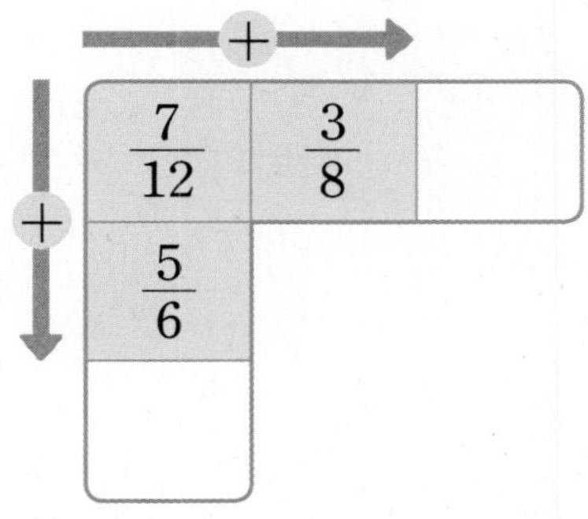

6 □ 안에 알맞은 수를 써넣으세요.

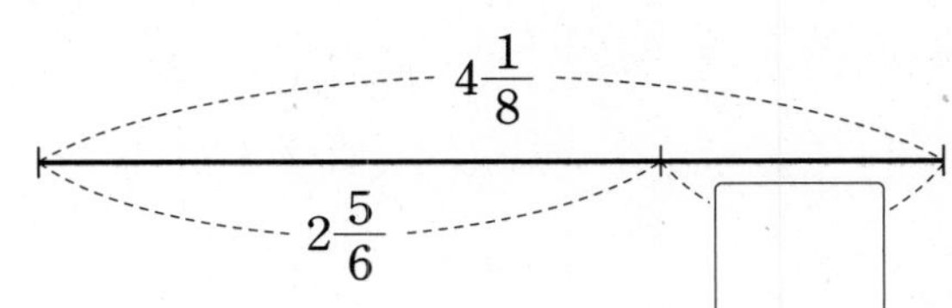

7 계산이 잘못된 곳을 찾아 바르게 계산해 보세요.

$$5\frac{2}{3}-1\frac{3}{4}=5\frac{8}{12}-1\frac{9}{12}$$
$$=5\frac{20}{12}-1\frac{9}{12}=4\frac{11}{12}$$

$5\frac{2}{3}-1\frac{3}{4}=$ ……………………

8 ㉠과 ㉡의 합을 구하세요.

㉠ $\frac{1}{6}$이 5개인 수　　㉡ $\frac{1}{9}$이 7개인 수

(　　　　　　　　　　)

9 계산 결과가 큰 것부터 차례로 기호를 쓰세요.

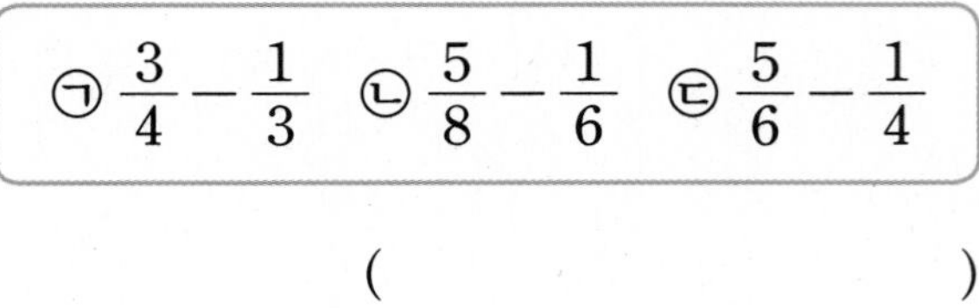

(　　　　　　　　　　)

10 마트에서 고구마 $\frac{3}{5}$ kg과 감자 $\frac{7}{10}$ kg을 사 왔습니다. 마트에서 사 온 고구마와 감자는 모두 몇 kg일까요?

(　　　　　　　　　　)

11 두 막대의 길이의 차는 몇 m일까요?

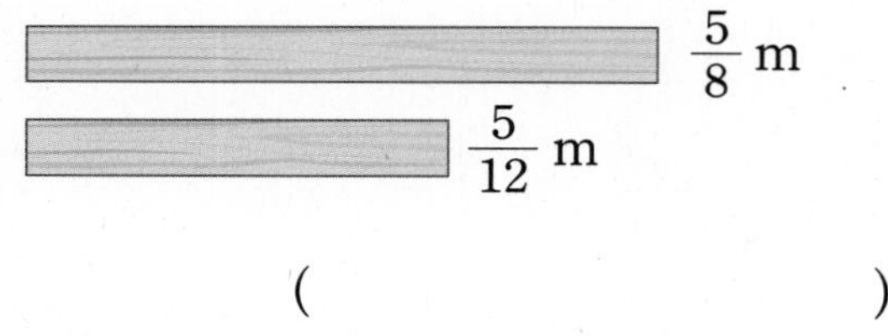

(　　　　　　　　　　)

12 밀가루 $3\frac{3}{10}$ kg 중에서 $1\frac{8}{15}$ kg을 식빵을 만드는 데 사용하였습니다. 남은 밀가루는 몇 kg일까요?

(　　　　　　　　　　)

13 빈 곳에 알맞은 수를 써넣으세요.

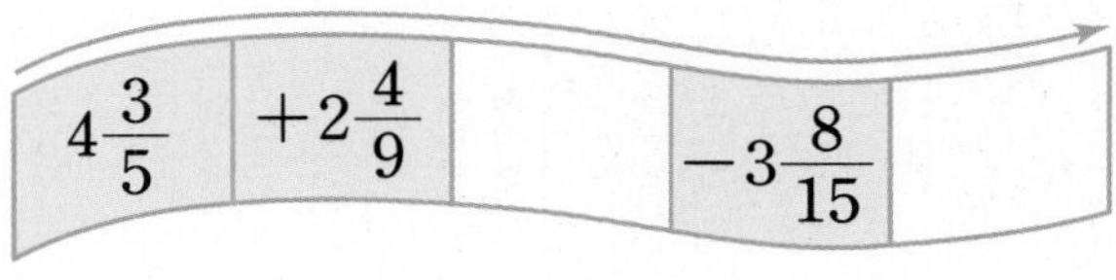

14 가장 큰 수에서 나머지 두 수를 뺀 값을 구하세요.

$\frac{2}{5}$　　$\frac{3}{10}$　　$\frac{3}{4}$

(　　　　　　　　　　)

15 ㉠에 들어갈 수를 구하세요.

㉠ $\xrightarrow{+1\frac{3}{4}}$ □ $\xrightarrow{-2\frac{1}{3}}$ $1\frac{5}{6}$

(　　　　　　　　　　)

16 삼각형의 세 변의 길이의 합은 몇 m일까요?

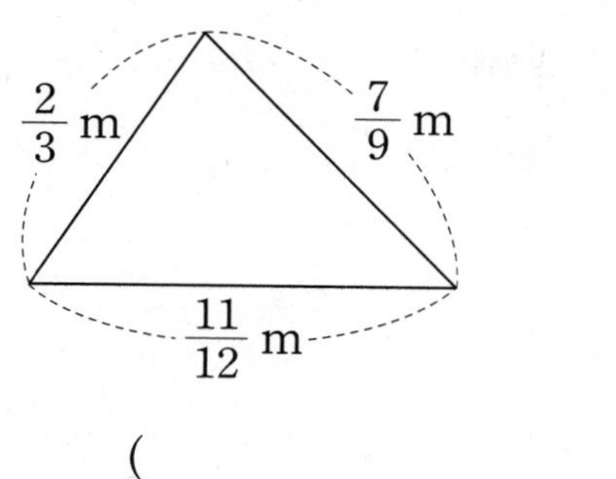

(　　　　　　　　　　)

17 3장의 수 카드를 모두 한 번씩 사용하여 만들 수 있는 대분수 중에서 가장 큰 수와 가장 작은 수의 차를 구하세요.

5　3　8

(　　　　　　　　　　)

18 ㉠에서 ㉣까지의 거리는 몇 km일까요?

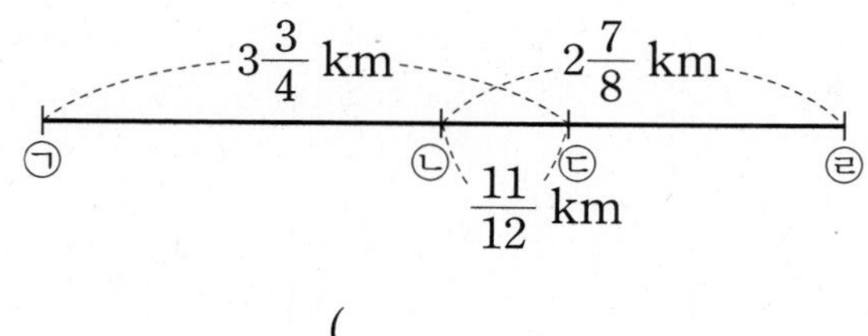

(　　　　　　　　　　)

술술 서술형

19 소나무의 키는 $2\frac{2}{5}$ m이고 은행나무의 키는 $1\frac{7}{10}$ m입니다. 소나무의 키는 은행나무의 키보다 몇 m 더 큰지 두 가지 방법으로 구하세요.

방법 1

방법 2

20 어떤 수에 $2\frac{3}{4}$을 더해야 할 것을 잘못하여 뺐더니 $7\frac{7}{9}$이 되었습니다. 바르게 계산한 값은 얼마인지 풀이 과정을 쓰고 답을 구하세요.

풀이

답

5

다각형의 둘레와 넓이

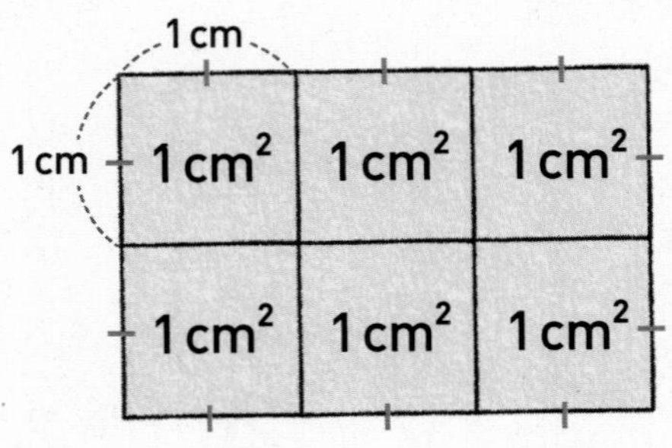

둘레: 10 cm
넓이: 6 cm²

넓이는 넓이의 단위의 개수야!

● 넓이의 단위

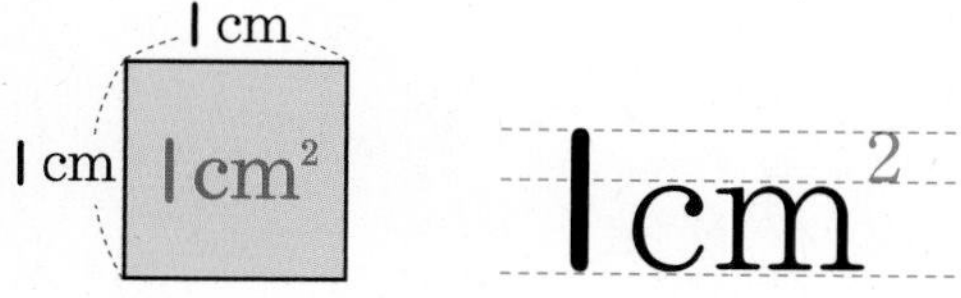

1 제곱센티미터

한 변의 길이가 1 cm인 정사각형의 넓이

● 평행사변형의 넓이

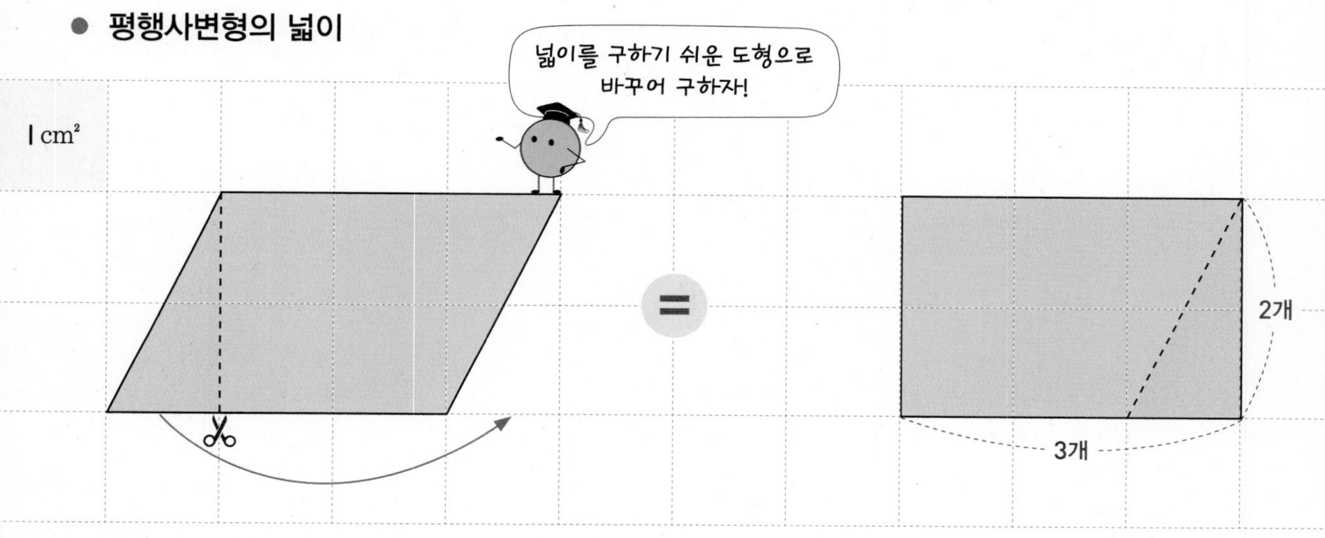

➡ 넓이의 단위 1 cm²가

$3 \times 2 = 6$(개) 있으므로 넓이는 6 cm²

1 정다각형의 둘레

● **둘레 알아보기**

둘레 : 도형의 가장자리를 한 바퀴 돈 길이

예 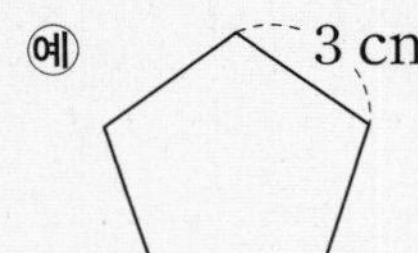

(정오각형의 둘레)
$=3+3+3+3+3$
$=15$ (cm)

● **정다각형의 둘레 구하기**

정다각형은 변의 길이가 모두 같으므로
(정다각형의 둘레)=(한 변의 길이)×(변의 수)

예 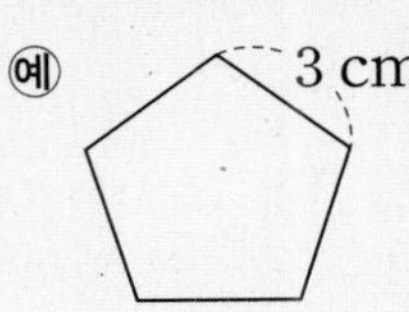

(정오각형의 둘레)
$=3\times5$
$=15$ (cm)

❗ 한 변이 2 cm인 정삼각형의 둘레는 2 × ☐ = ☐ (cm)입니다.

1 **한 변이 5 cm인 정육각형의 둘레를 구하려고 합니다. ☐ 안에 알맞은 수를 써넣으세요.**

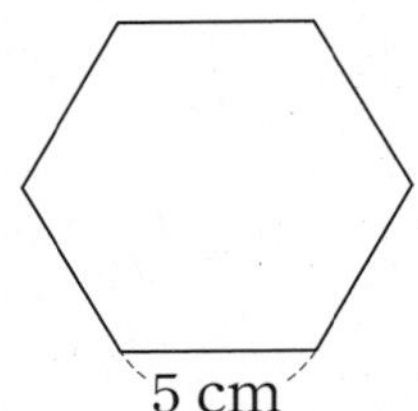

(정육각형의 둘레) = 5 × ☐
= ☐ (cm)

▶ 정다각형은 변의 길이가 모두 같고 각의 크기가 모두 같은 다각형입니다.

정삼각형

정사각형

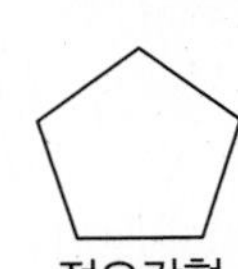
정오각형

정육각형

2 **정다각형의 둘레를 구하세요.**

(1)

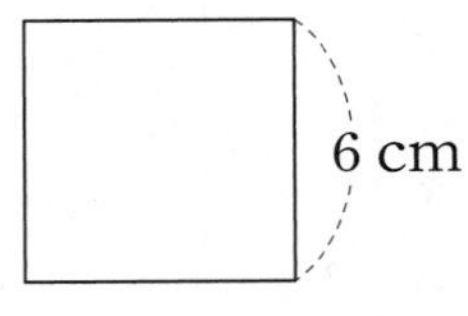

(　　　　　　　　)

(2)

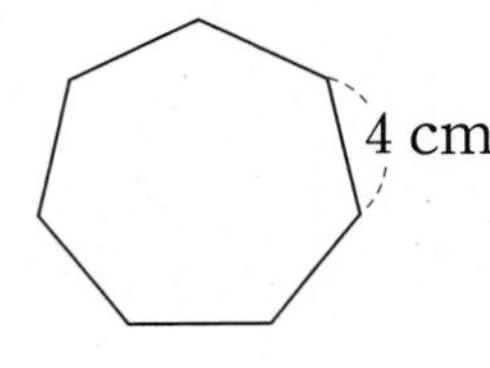

(　　　　　　　　)

3 **둘레가 27 cm인 정삼각형입니다. 이 정삼각형의 한 변은 몇 cm일까요?**

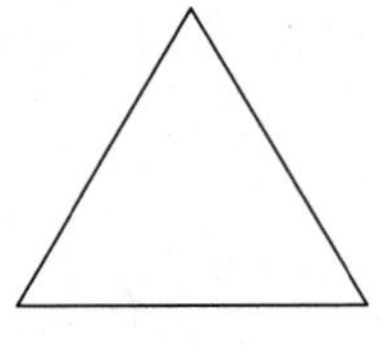

(　　　　　　　　)

2 사각형의 둘레

정답과 풀이 40쪽

● **직사각형의 둘레 구하기**

직사각형은 마주 보는 변의 길이가 같으므로

(직사각형의 둘레) $=$ (가로) $\times 2+$ (세로) $\times 2$

$=$ ((가로) $+$ (세로)) $\times 2$

예

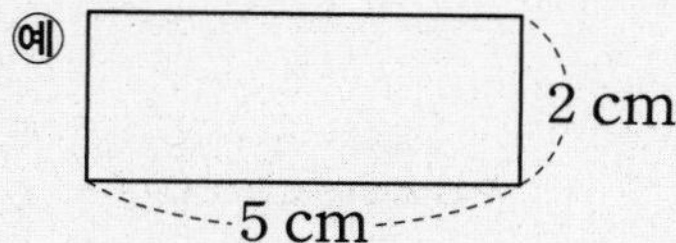

(직사각형의 둘레) $=5+2+5+2$

$=(5+2)\times 2$

$=14$ (cm)

● **마름모의 둘레 구하기**

마름모는 네 변의 길이가 모두 같으므로

(마름모의 둘레) $=$ (한 변의 길이) $\times 4$

예

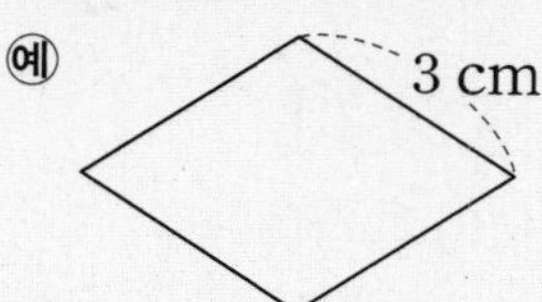

(마름모의 둘레) $=3+3+3+3$

$=3\times 4$

$=12$ (cm)

4 직사각형의 둘레를 구하려고 합니다. □ 안에 알맞은 수를 써넣으세요.

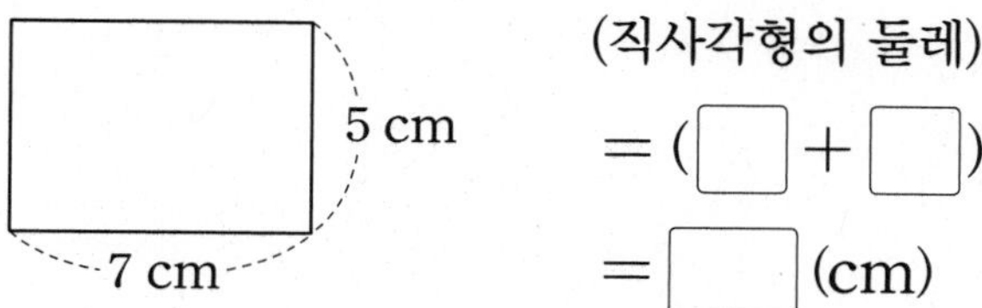

(직사각형의 둘레)

$=$ (□ $+$ □) $\times 2$

$=$ □ (cm)

5 평행사변형의 둘레를 구하세요.

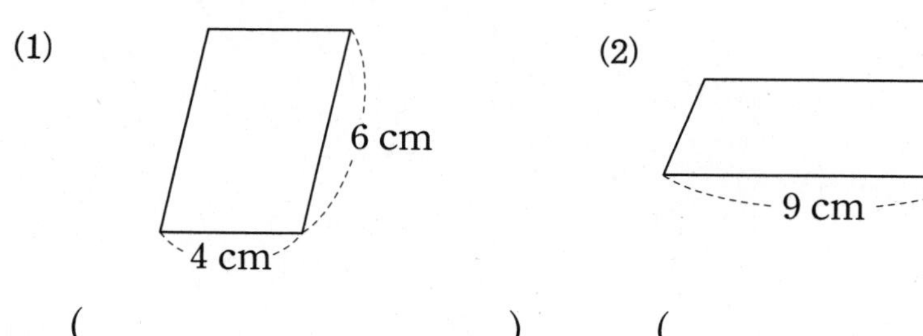

(1) (　　　　　)　(2) (　　　　　)

▶ 평행사변형은 마주 보는 변의 길이가 같으므로 직사각형의 둘레를 구하는 방법과 같은 방법으로 둘레를 구할 수 있습니다.
(평행사변형의 둘레) $=$
((한 변의 길이)$+$(다른 한 변의 길이))$\times 2$

6 마름모의 둘레를 구하세요.

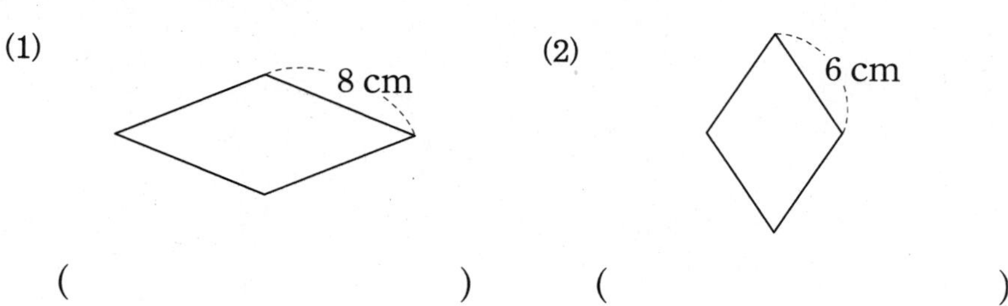

(1) (　　　　　)　(2) (　　　　　)

3 넓이의 단위 $1\,cm^2$

● **$1\,cm^2$ 알아보기**

- $1\,cm^2$: 한 변의 길이가 $1\,cm$인 정사각형의 넓이
- $1\,cm^2$ 읽기 : 1 제곱센티미터
- $1\,cm^2$ 쓰기 : $1\,cm^2$

1 cm, 1 cm, $1\,cm^2$

예 $1\,cm^2$로 도형의 넓이 나타내기

$1\,cm^2$	$1\,cm^2$	$1\,cm^2$	$1\,cm^2$
$1\,cm^2$	$1\,cm^2$	$1\,cm^2$	$1\,cm^2$

$1\,cm^2$의 8배 ➡ $8\,cm^2$

보충 개념

• **넓이의 표준 단위의 필요성**
- 단위는 항상 일정해야 합니다.
- 넓이의 단위 수만 보고 그 넓이가 어느 정도인지 알 수 있어야 합니다.
- 같은 단위를 사용하면 두 넓이를 쉽게 비교할 수 있습니다.

7 넓이가 $6\,cm^2$인 것을 모두 찾아 기호를 쓰세요.

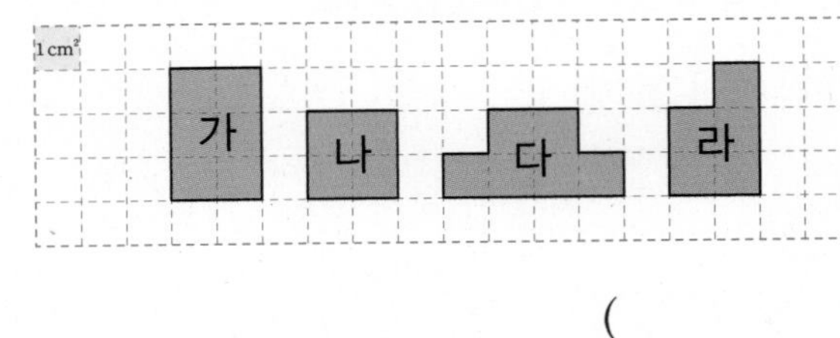

(　　　　　　　　　　)

8 도형의 넓이를 구하세요.

(1)

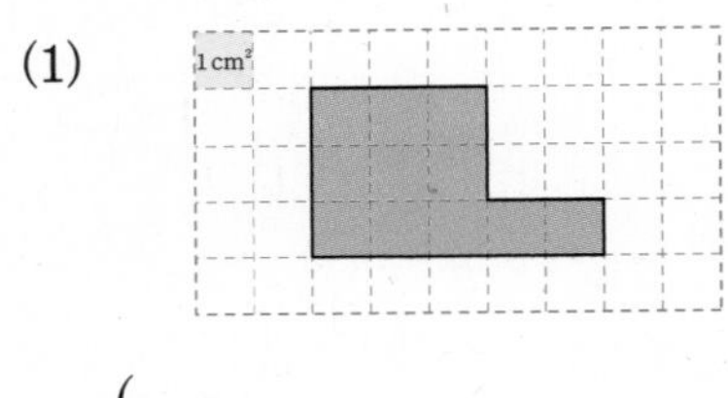

(　　　　　　　　　　)

(2)

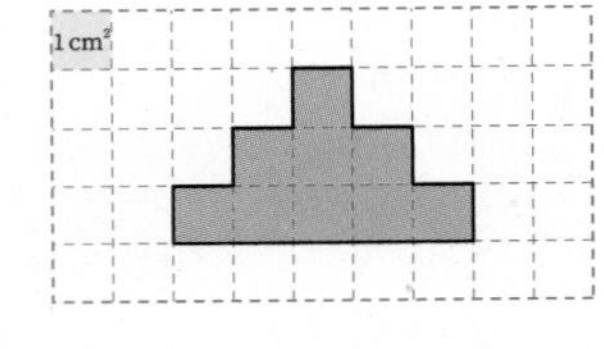

(　　　　　　　　　　)

▶ 넓이의 단위를 사용할 때에는 항상 일정한 단위를 사용하고, 넓이를 구한 결과에는 단위의 수와 단위를 둘 다 써야 합니다.

9 □ 안에 알맞은 수를 써넣으세요.

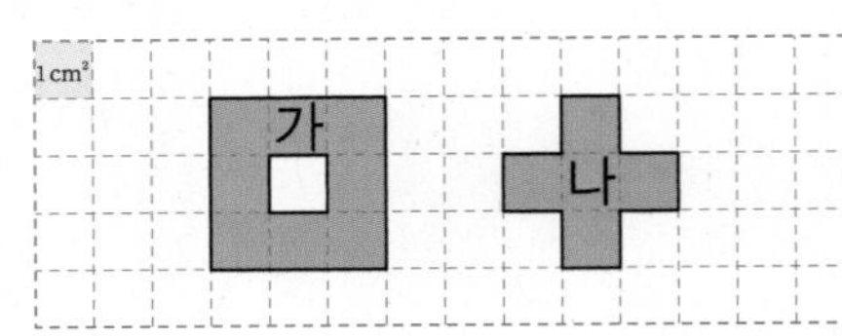

도형 가는 도형 나보다 넓이가 □ cm^2 더 넓습니다.

4 직사각형의 넓이

정답과 풀이 41쪽

● **직사각형의 넓이 구하기**

(직사각형의 넓이) = (가로) × (세로)
옆으로 나 있는 길이 / 위아래로 나 있는 길이

예
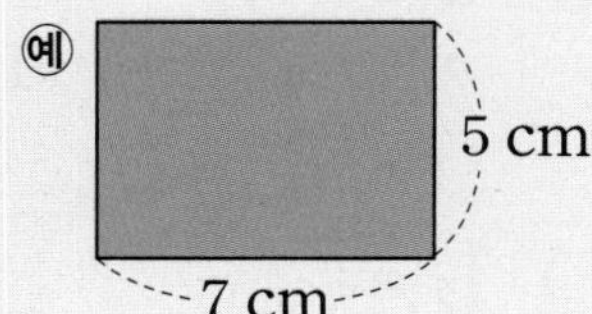

(직사각형의 넓이) = 7 × 5
= 35 (cm^2)

● **정사각형의 넓이 구하기**

(정사각형의 넓이)
= (한 변의 길이) × (한 변의 길이)

예
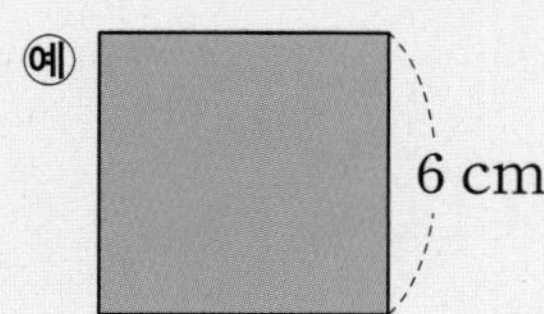

(정사각형의 넓이) = 6 × 6
= 36 (cm^2)

10 **그림을 보고 □ 안에 알맞은 수를 써넣으세요.**

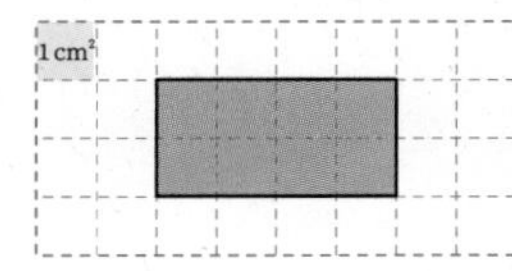

(1) [1 cm²]가 직사각형의 가로에 □개, 세로에 □개 있습니다.

(2) 직사각형의 넓이는 □ × □ = □ (cm^2)입니다.

▶ 1 cm^2가 ■개인 도형의 넓이는 ■cm^2입니다.

11 **직사각형의 넓이를 구하세요.**

(1)

(　　　　　　　　)

(2)
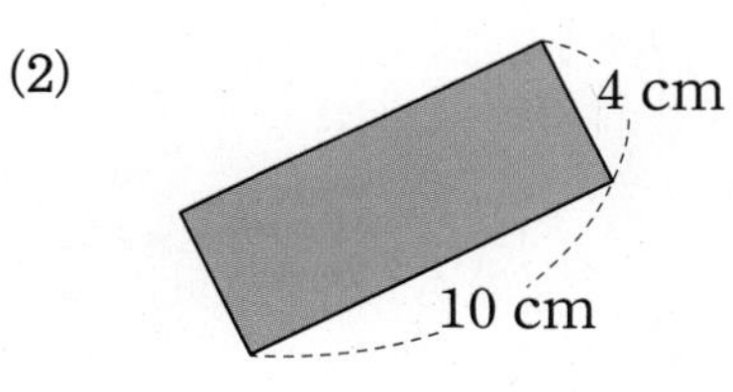

(　　　　　　　　)

12 **정사각형의 넓이를 구하세요.**

(1)
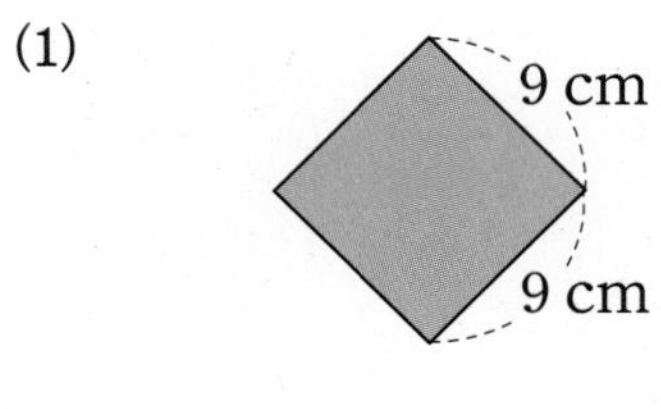

(　　　　　　　　)

(2)
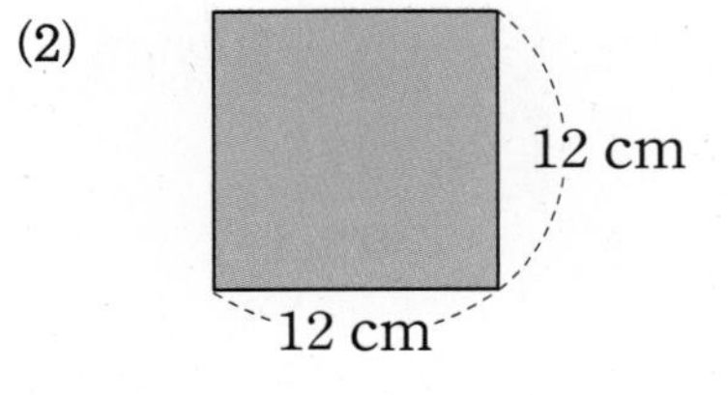

(　　　　　　　　)

▶ 정사각형은 직사각형이라고 할 수 있고, 정사각형의 가로와 세로의 길이는 같습니다.
따라서 정사각형의 넓이는 (한 변의 길이) × (한 변의 길이)로 구할 수 있습니다.

5 1cm²보다 더 큰 넓이의 단위

정답과 풀이 41쪽

● 1 m^2 알아보기

- 1 m^2 : 한 변의 길이가 1 m인 정사각형의 넓이
- 1 m^2 읽기 : 1 제곱미터
- 1 m^2 쓰기 : 1 m^2
- $1\text{ m}^2 = 10000\text{ cm}^2$
  - $1\text{ m} = 100\text{ cm}$이므로 $1\text{ m}^2 = (100 \times 100)\text{ cm}^2$

1 m / 1 m / 1 m^2

● 1 km^2 알아보기

- 1 km^2 : 한 변의 길이가 1 km인 정사각형의 넓이
- 1 km^2 읽기 : 1 제곱킬로미터
- 1 km^2 쓰기 : 1 km^2
- $1\text{ km}^2 = 1000000\text{ m}^2$
  - $1\text{ km} = 1000\text{ m}$이므로 $1\text{ km}^2 = (1000 \times 1000)\text{ m}^2$

1 km / 1 km / 1 km^2

13 □ 안에 알맞은 수를 써넣으세요.

(1) $10000\text{ cm}^2 =$ □ m^2　　(2) $5\text{ m}^2 =$ □ cm^2

(3) $1\text{ km}^2 =$ □ m^2　　(4) $8000000\text{ m}^2 =$ □ km^2

▶ 넓이의 단위 사이의 관계

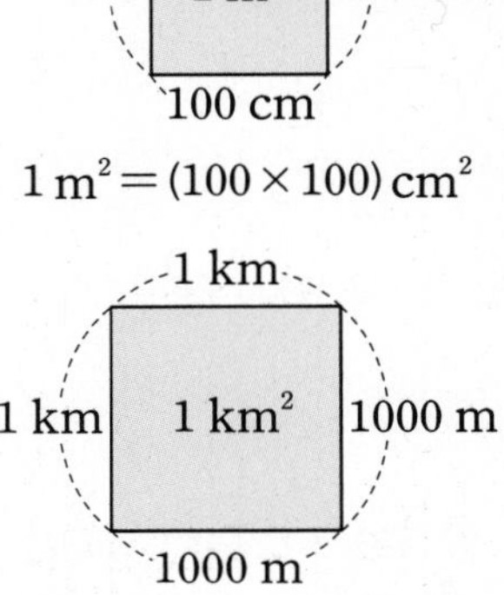

$1\text{ m}^2 = (100 \times 100)\text{ cm}^2$

$1\text{ km}^2 = (1000 \times 1000)\text{ m}^2$

14 1 km^2가 몇 번 들어가는지 □ 안에 알맞은 수를 써넣으세요.

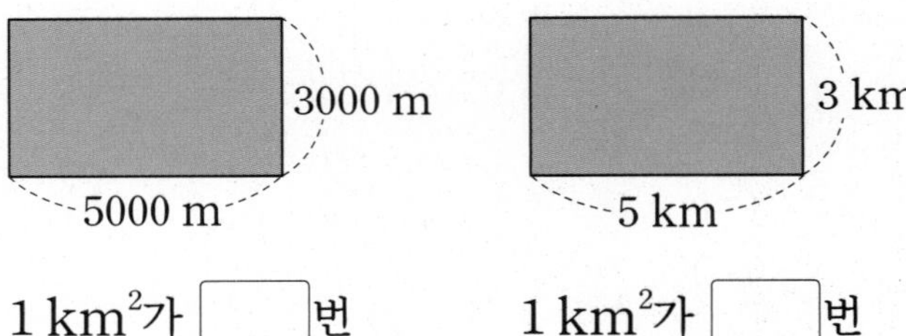

1 km^2가 □번　　1 km^2가 □번

15 직사각형의 넓이를 구하세요.

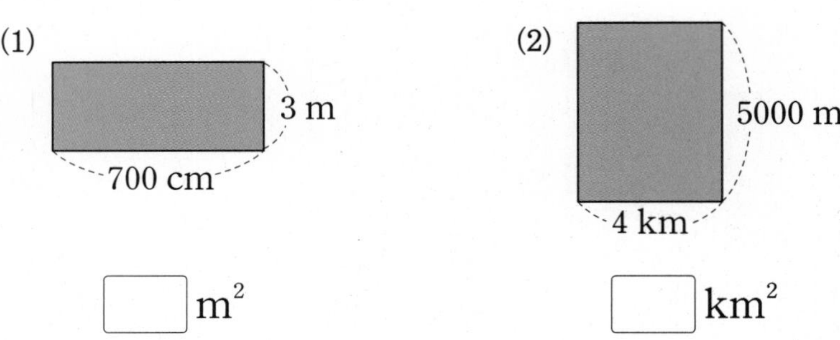

□ m^2　　□ km^2

기본에서 응용으로

교과유형

1 정다각형의 둘레

• (정다각형의 둘레)=(한 변의 길이)×(변의 수)

예

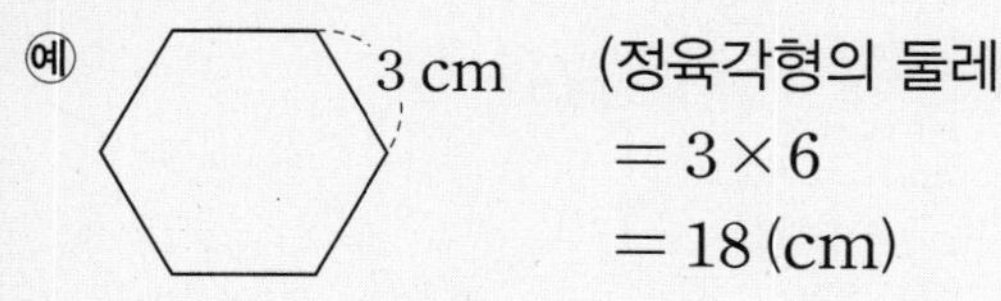

(정육각형의 둘레)
$=3\times6$
$=18$ (cm)

1 민성이네 밭은 한 변의 길이가 10 m인 정사각형 모양입니다. 민성이네 밭의 둘레는 몇 m일까요?

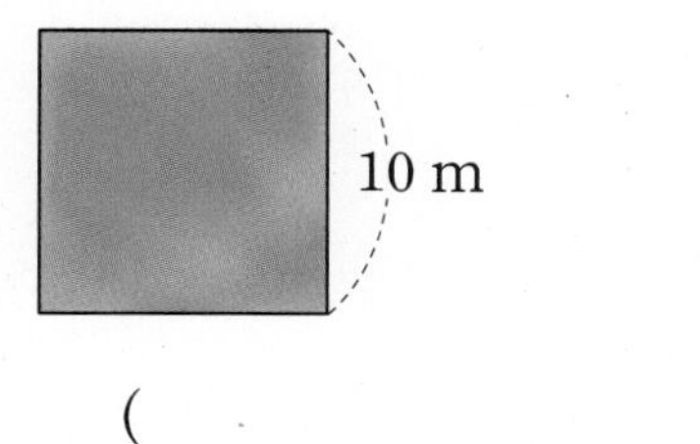

(　　　　　　　　)

2 두 정다각형의 둘레의 합은 몇 cm일까요?

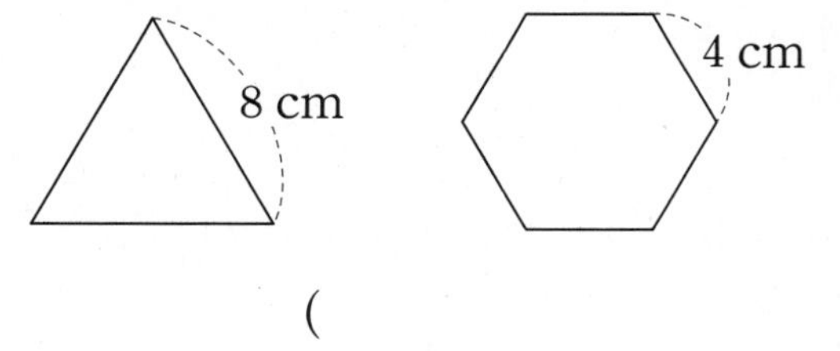

(　　　　　　　　)

3 둘레가 32 cm인 정사각형 모양의 색종이가 있습니다. 이 색종이의 한 변은 몇 cm일까요?

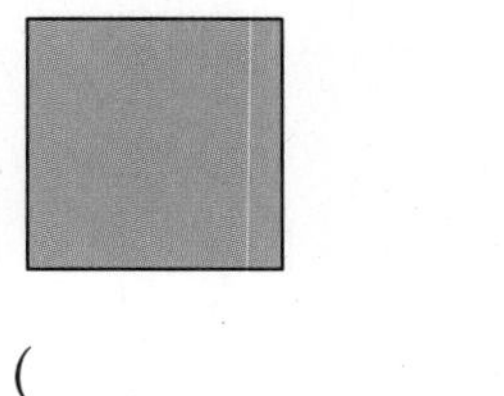

(　　　　　　　　)

4 두 정다각형의 둘레가 각각 40 cm일 때 한 변의 길이를 구하세요.

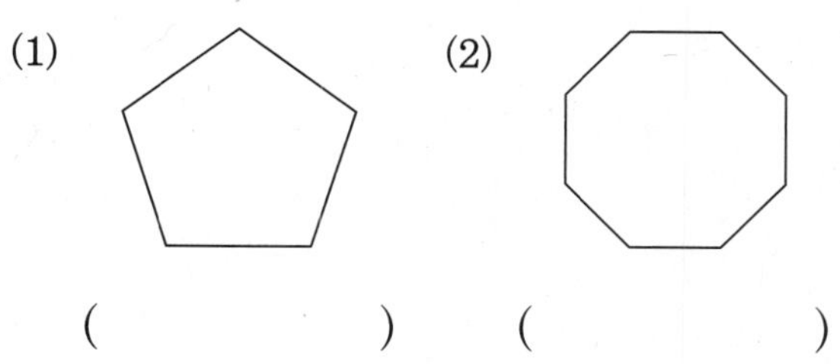

(　　　　　　)　(　　　　　　)

5 둘레가 16 cm인 정사각형을 그려 보세요.

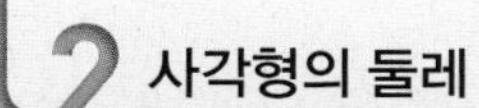

교과유형

2 사각형의 둘레

• (직사각형의 둘레) = ((가로)+(세로))×2
• (마름모의 둘레) = (한 변의 길이)×4

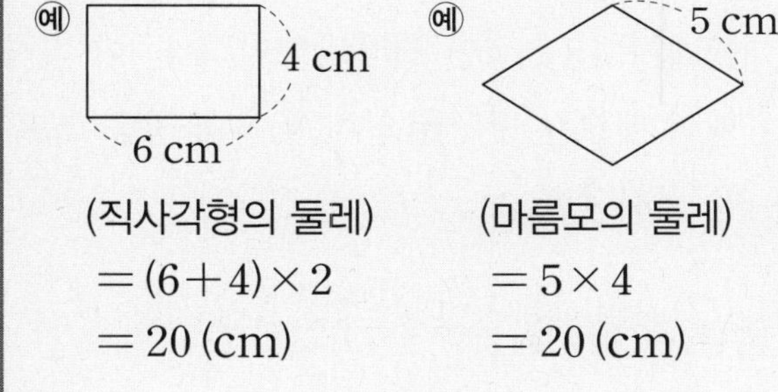

(직사각형의 둘레)
$=(6+4)\times2$
$=20$ (cm)

(마름모의 둘레)
$=5\times4$
$=20$ (cm)

6 가로가 8 cm, 세로가 5 cm인 직사각형이 있습니다. 이 직사각형의 둘레는 몇 cm일까요?

(　　　　　　　　)

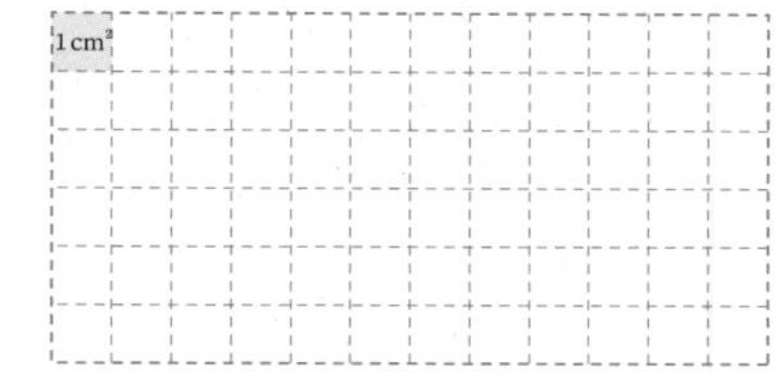

7 평행사변형과 마름모 중 둘레가 더 긴 것은 무엇일까요?

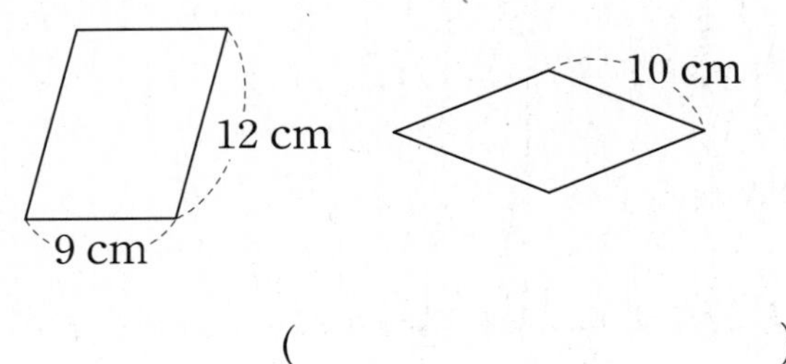

( )

8 직사각형과 정사각형의 둘레의 합을 구하세요.

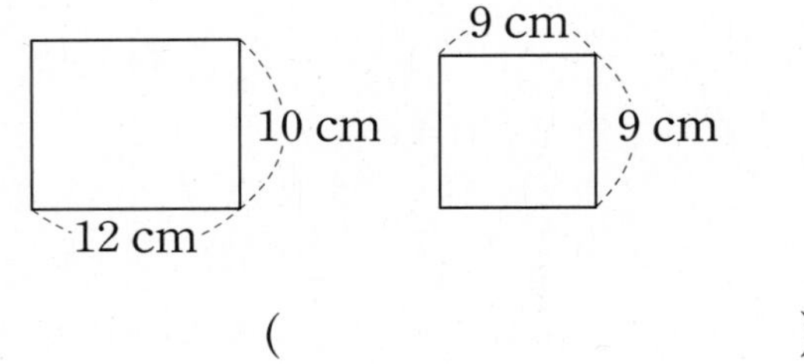

( )

서술형

9 둘레가 48 cm인 직사각형입니다. 이 직사각형의 세로는 몇 cm인지 풀이 과정을 쓰고 답을 구하세요.

15 cm

풀이 ....

....

....

....

답 ....

10 직사각형과 마름모의 둘레는 같습니다. 마름모의 한 변은 몇 cm일까요?

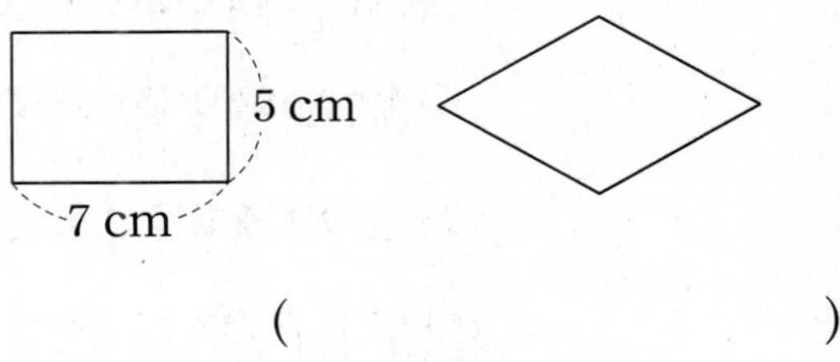

( )

11 주어진 선분을 한 변으로 하고, 둘레가 각각 14 cm인 직사각형 2개를 완성해 보세요.

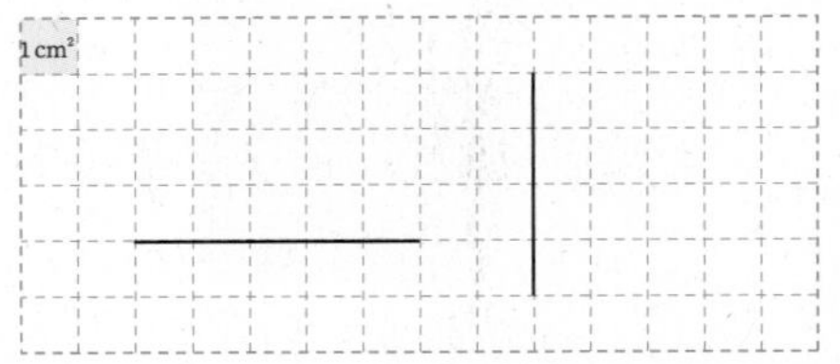

교과유형

3 넓이의 단위 1 cm²

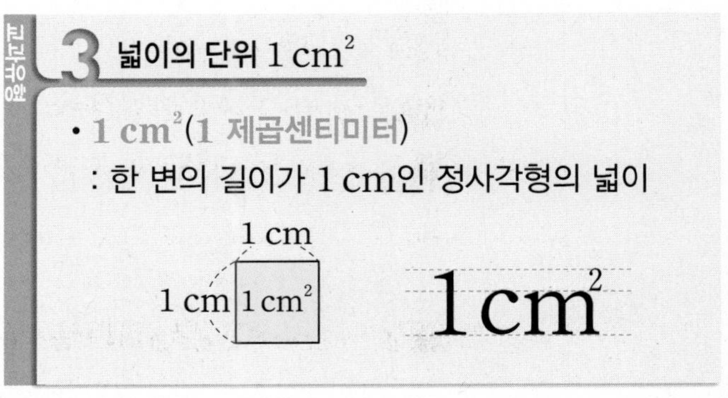

• **1 cm²(1 제곱센티미터)**
: 한 변의 길이가 1 cm인 정사각형의 넓이

12 도형 ㉠과 넓이가 같은 도형을 모두 찾아 기호를 쓰세요.

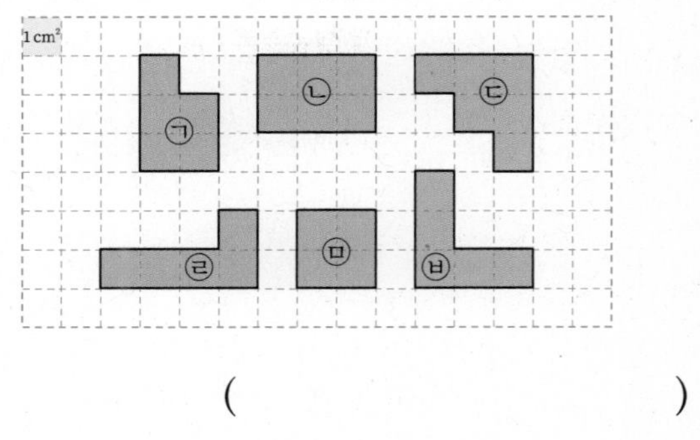

( )

13 넓이가 8 cm^2인 도형을 2개 그려 보세요.

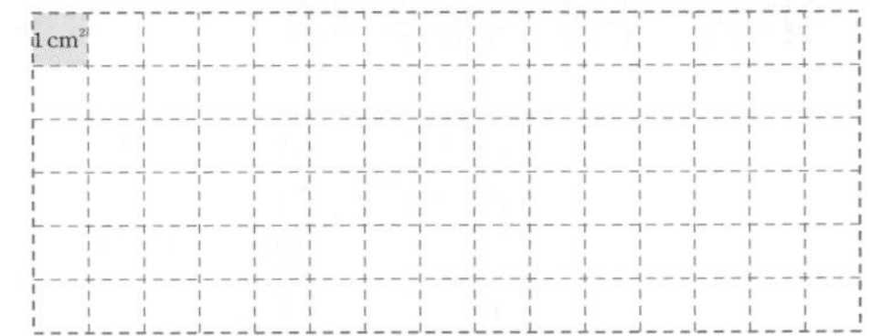

[14~15] 조각 맞추기 놀이를 하고 있습니다. 물음에 답하세요.

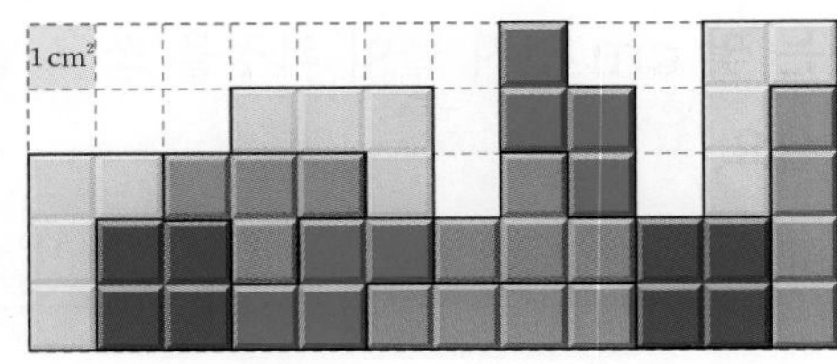

14 로 채워진 부분의 넓이는 모두 몇 cm^2일까요?

( )

15 모양 조각이 차지하는 부분의 넓이는 몇 cm^2일까요?

( )

16 넓이를 1 cm^2씩 늘려가며 도형을 규칙에 따라 그리고 있습니다. 빈칸에 알맞은 도형을 그려 보세요.

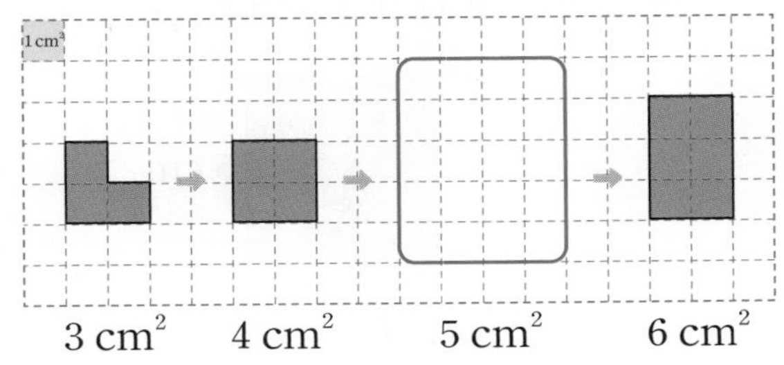

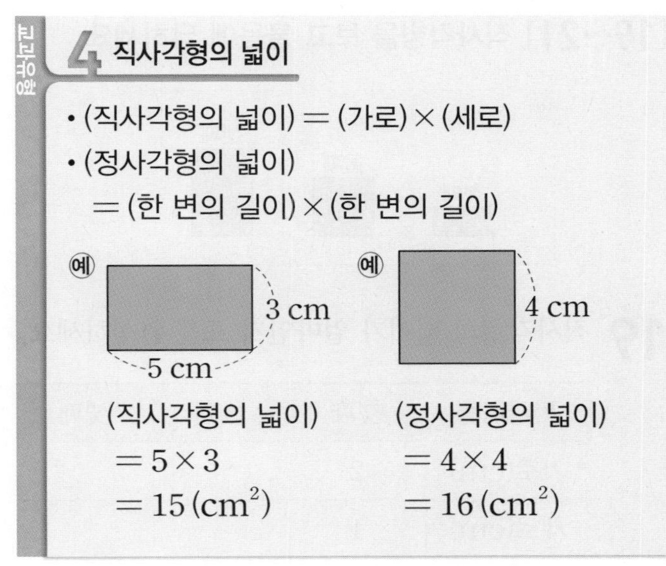

17 직사각형 가와 나 중 넓이가 더 넓은 것의 기호를 쓰세요.

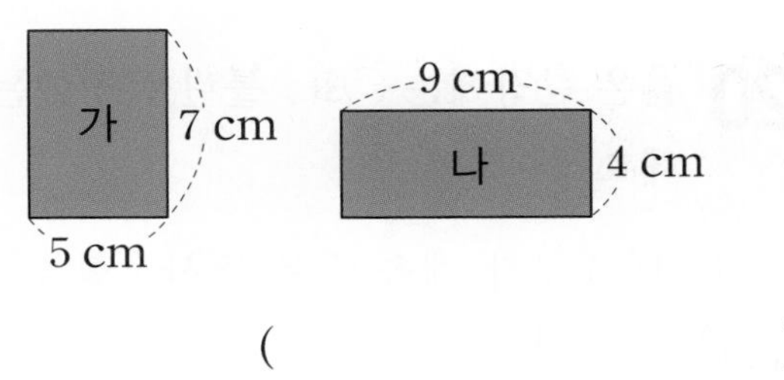

( )

서술형

18 정사각형 모양인 두 물건의 넓이의 차는 몇 cm^2인지 풀이 과정을 쓰고 답을 구하세요.

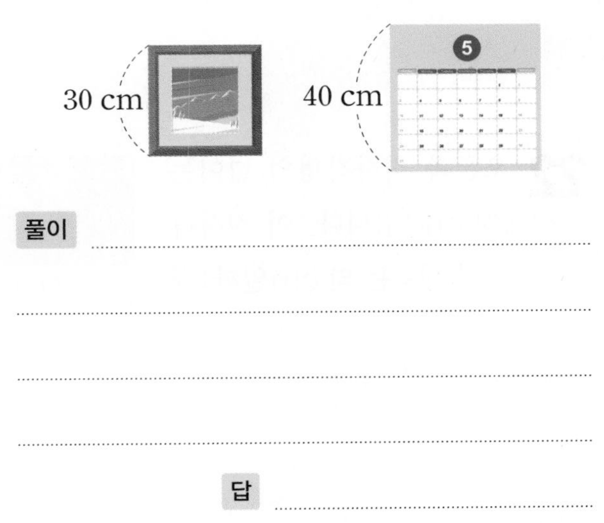

[19~21] 직사각형을 보고 물음에 답하세요.

1 cm²
셋째
둘째
첫째

19 직사각형의 넓이가 얼마인지 표를 완성하세요.

직사각형	첫째	둘째	셋째
가로(cm)	2		
세로(cm)	1		
넓이(cm^2)			

20 옳은 문장에는 ○표, 틀린 문장에는 ×표 하세요.

(1) 가로가 계속 같은 직사각형을 그리게 됩니다. (　　　)

(2) 세로가 1 cm 커지면 넓이도 1 cm^2만큼 커집니다. (　　　)

21 다섯째 직사각형의 넓이는 몇 cm^2일까요?

(　　　　　　　　)

22 오른쪽 직사각형의 넓이는 32 cm^2입니다. 이 직사각형의 세로는 몇 cm일까요?

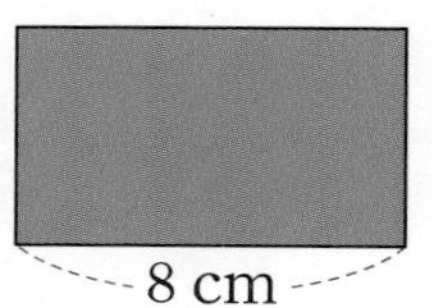

(　　　　　　　　)

23 정사각형의 넓이는 81 cm^2입니다. □ 안에 알맞은 수를 써넣으세요.

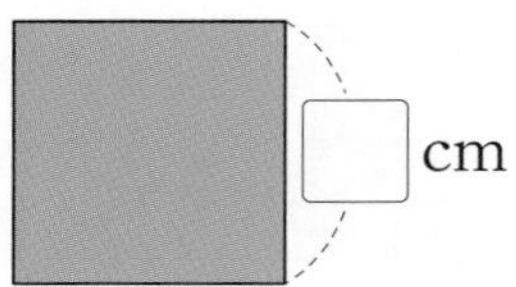

서술형

24 길이가 28 cm인 철사를 사용하여 가장 큰 정사각형을 만들었습니다. 이 정사각형의 넓이는 몇 cm^2인지 풀이 과정을 쓰고 답을 구하세요.

풀이

답

25 정사각형과 직사각형의 넓이가 같을 때, 직사각형의 가로는 몇 cm일까요?

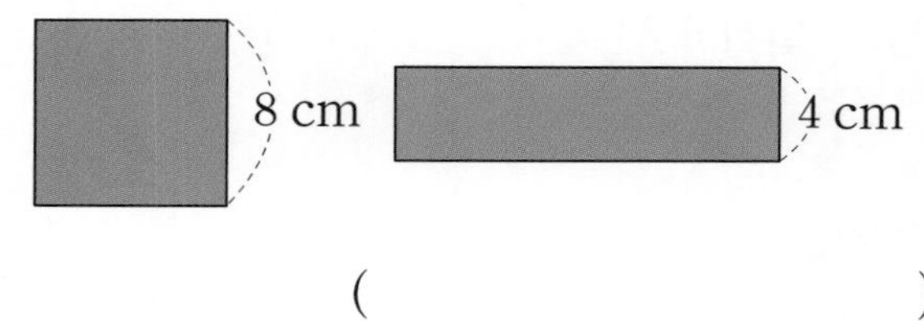

(　　　　　　　　)

26 다음 정사각형의 한 변의 길이를 2배로 늘이면 넓이는 몇 배가 될까요?

5 cm

(　　　　　　　　)

교과유형

5 1 cm^2보다 더 큰 넓이의 단위

- **1 m^2(1 제곱미터)**
  : 한 변의 길이가 1 m인 정사각형의 넓이

$$1\ m^2 = 10000\ cm^2$$

- **1 km^2(1 제곱킬로미터)**
  : 한 변의 길이가 1 km인 정사각형의 넓이

$$1\ km^2 = 1000000\ m^2$$

27 도시의 넓이를 m^2와 km^2로 나타내어 보세요.

도시	넓이(m^2)	넓이(km^2)
가	4000000	
나		9
다	20000000	
라		65

28 직사각형의 넓이를 구하세요.

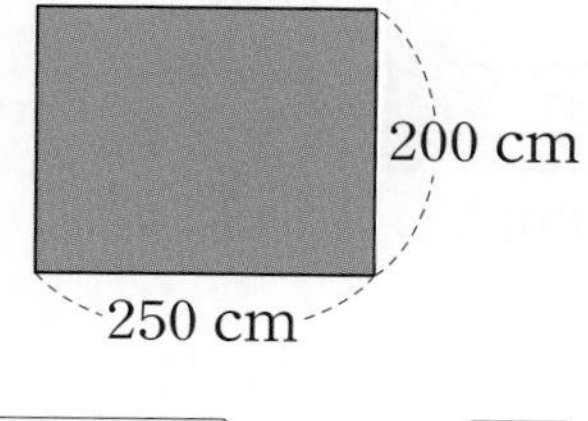

□ cm^2 = □ m^2

29 정사각형의 넓이를 구하세요.

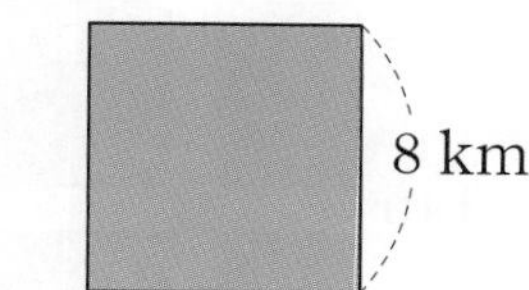

□ km^2 = □ m^2

30 ○ 안에 >, =, <를 알맞게 써넣으세요.

(1) 700000 cm^2 ○ 77 m^2

(2) 3 km^2 ○ 900000 m^2

31 보기 에서 알맞은 단위를 골라 □ 안에 써넣으세요.

보기
cm^2 m^2 km^2

(1) 엽서의 넓이는 150 □입니다.

(2) 서울특별시의 넓이는 605 □입니다.

(3) 축구 경기장의 넓이는 7140 □입니다.

서술형

32 승주네 도시는 가로가 800 m, 세로가 5000 m인 직사각형 모양입니다. 승주네 도시의 넓이는 몇 km^2인지 풀이 과정을 쓰고 답을 구하세요.

풀이

답

33 가로가 50 cm, 세로가 40 cm인 널빤지가 있습니다. 그림과 같이 널빤지를 10개씩 3줄 이어 붙였다면 전체 넓이는 몇 m^2일까요?

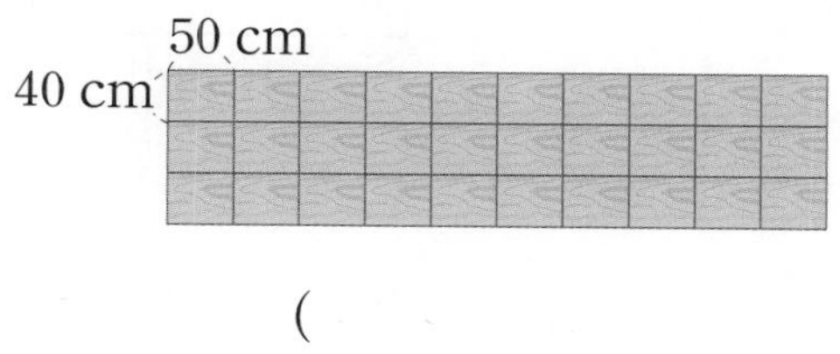

(　　　　　　　　)

6

실전유형

직각으로 이루어진 도형의 둘레

직사각형의 둘레를 이용하여 도형의 둘레를 구합니다.

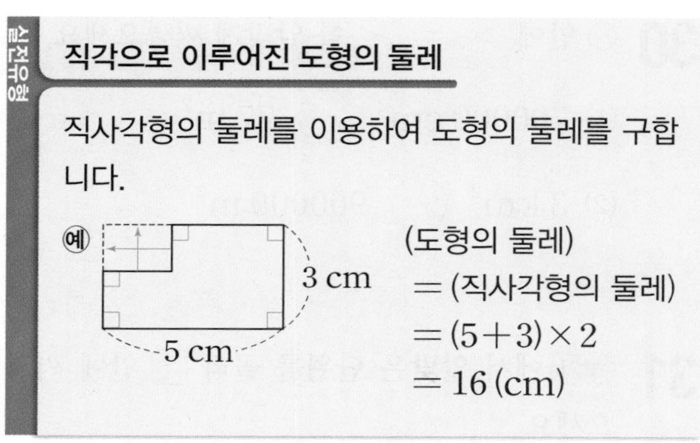

34 도형의 둘레는 몇 cm일까요?

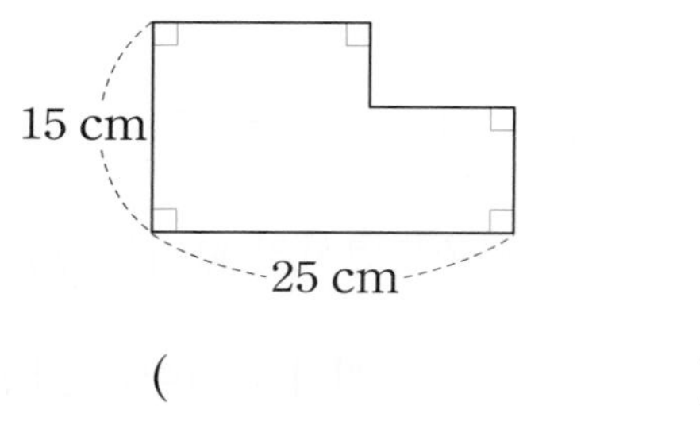

( )

35 정사각형과 직사각형을 붙여서 만든 도형입니다. 이 도형의 둘레는 몇 cm일까요?

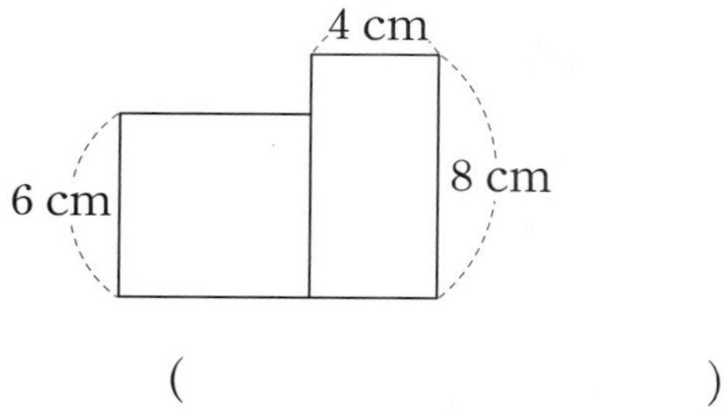

( )

36 도형의 둘레는 몇 cm일까요?

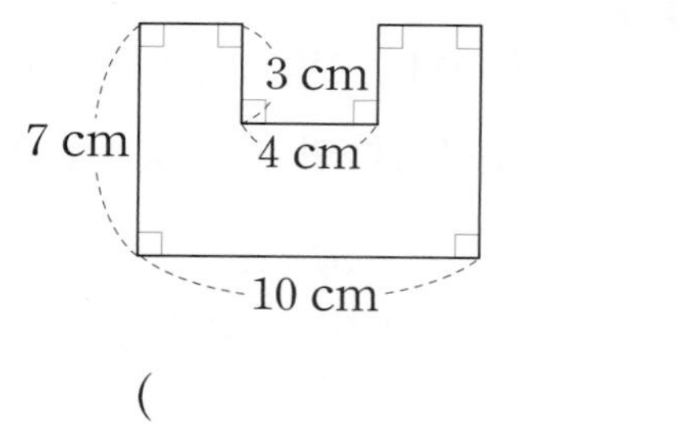

( )

실전유형

직각으로 이루어진 도형의 넓이

직사각형 또는 정사각형으로 나누어 넓이를 구하거나 전체에서 부분을 빼서 넓이를 구합니다.

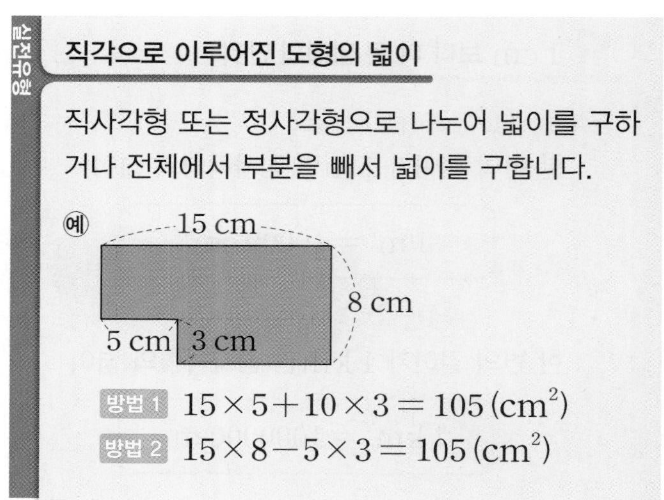

[37~38] 색칠한 부분의 넓이를 구하세요.

37

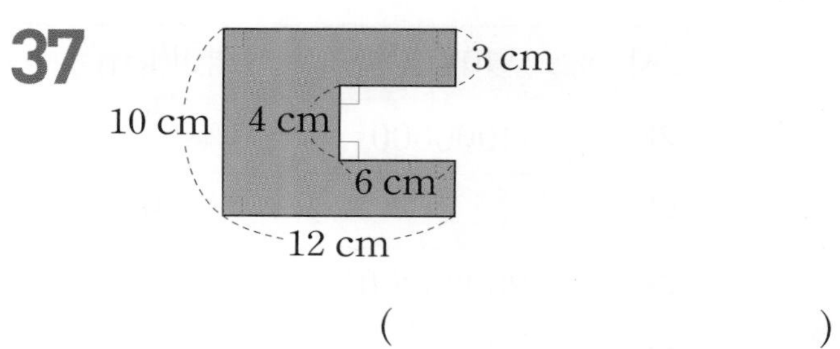

( )

38

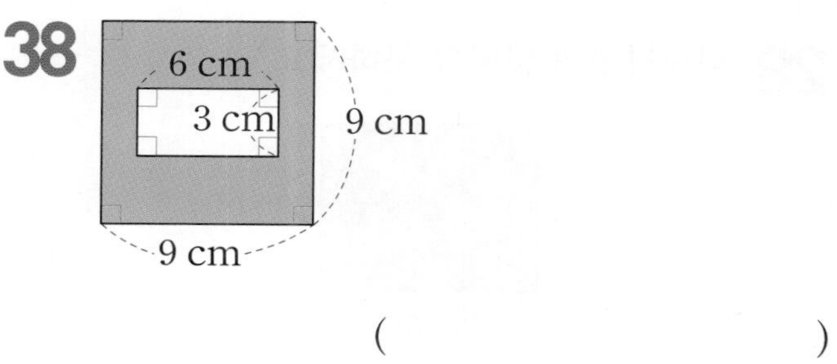

( )

39 색칠한 부분의 넓이는 몇 m^2일까요?

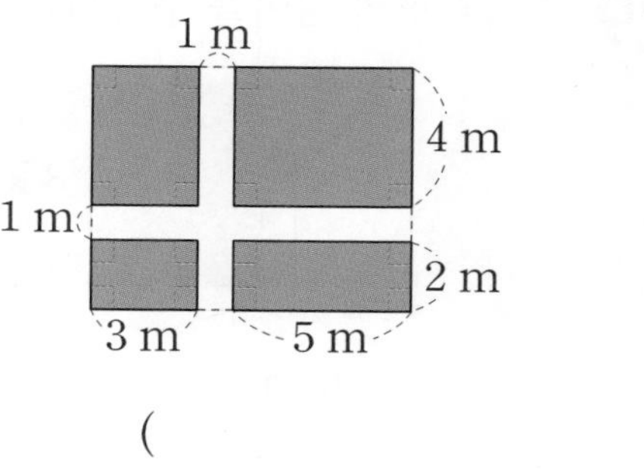

( )

6 평행사변형의 넓이

정답과 풀이 44쪽

● **평행사변형의 밑변과 높이**

– 밑변 : 평행한 두 변
– 높이 : 두 밑변 사이의 거리

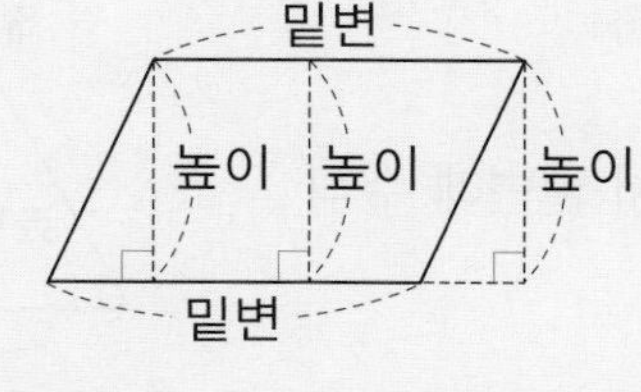

● **평행사변형의 넓이 구하는 방법**

(평행사변형의 넓이) = (직사각형의 넓이)

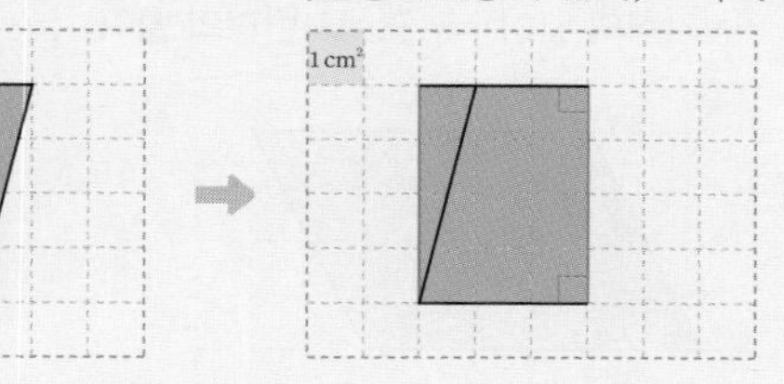

(평행사변형의 넓이) = (밑변의 길이) × (높이)

보충 개념

• 평행사변형에서 높이는 밑변의 위치에 따라 정해집니다.

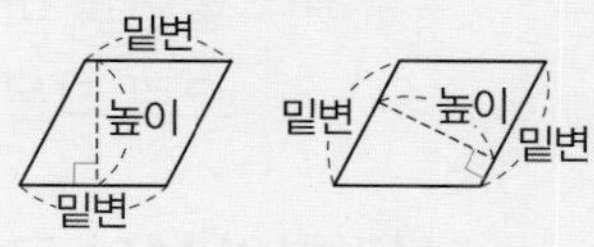

• 평행사변형의 밑변의 길이와 높이가 같으면 모양이 달라도 넓이는 같습니다.

1 평행사변형의 높이를 표시해 보세요.

(1) 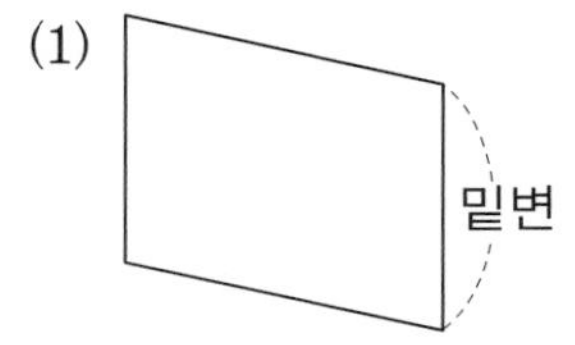

(2) 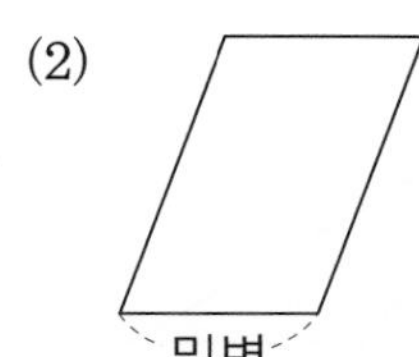

▶ 밑변은 '밑에 있는 변'으로 이해하기보다는 '기준이 되는 변'으로 생각해야 합니다. 높이는 밑변에 따라 정해지고 다양하게 표시할 수 있습니다.

2 평행사변형을 한 번만 잘라 넓이를 구하기 쉬운 도형으로 바꾸어 그리고, 평행사변형의 넓이를 구하세요.

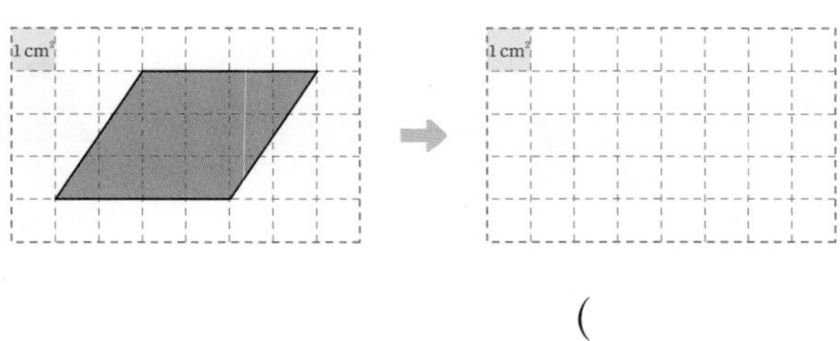

(　　　　　　　　　　)

3 평행사변형의 넓이를 구하세요.

(1) 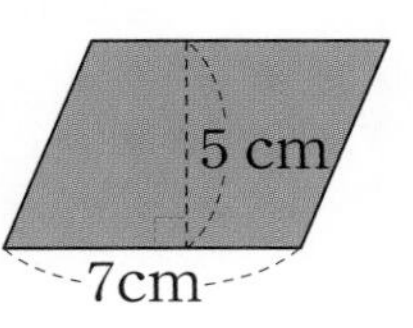

(　　　　　　　　　　)

(2) 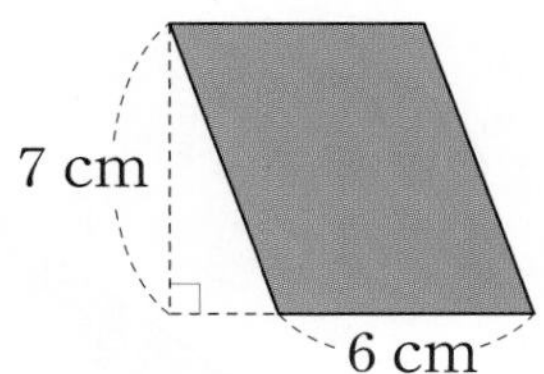

(　　　　　　　　　　)

7 삼각형의 넓이

● **삼각형의 밑변과 높이**

– **밑변** : 삼각형의 한 변
– **높이** : 밑변과 마주 보는 꼭짓점에서 밑변에 수직으로 그은 선분의 길이

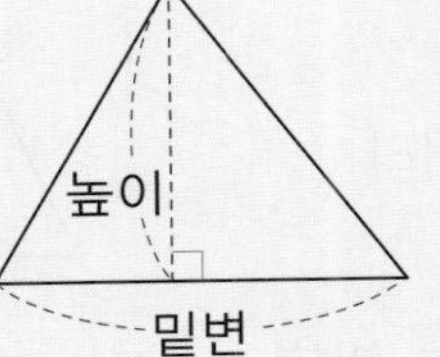

● **삼각형의 넓이 구하는 방법**

(삼각형의 넓이)＝(평행사변형의 넓이)÷2

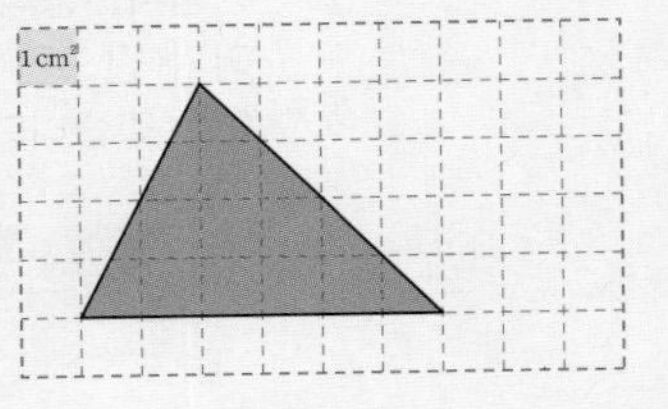

(삼각형의 넓이)＝(밑변의 길이)×(높이)÷2

보충 개념

• 삼각형에서 높이는 밑변의 위치에 따라 정해집니다.

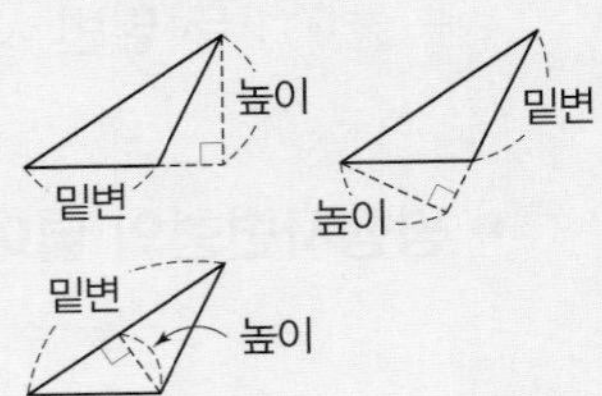

• 삼각형의 밑변의 길이와 높이가 같으면 모양이 달라도 넓이는 같습니다.

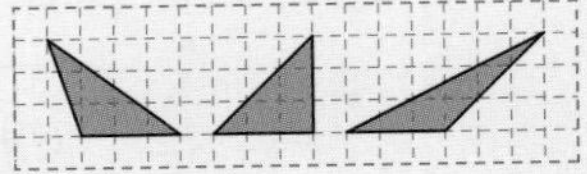

4 삼각형의 높이를 표시해 보세요.

(1)

(2)

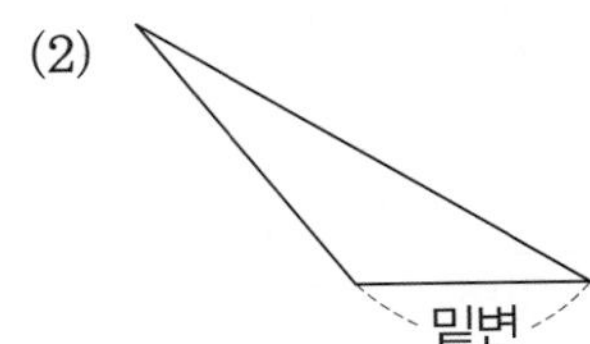

5 주어진 삼각형과 같은 삼각형을 하나 더 그려서 평행사변형을 만들고, 삼각형의 넓이를 구하세요.

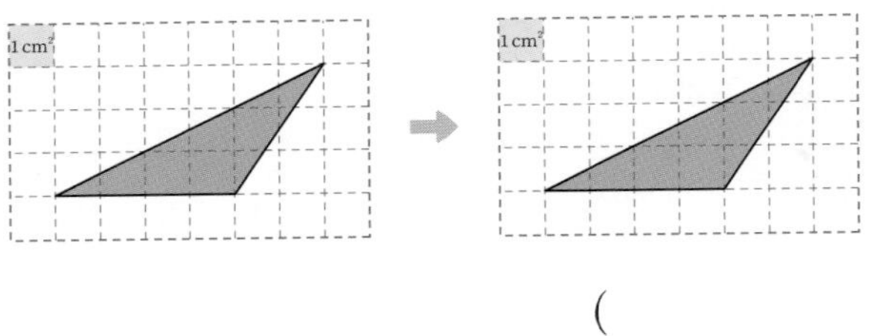

(　　　　　　　　)

▶ 삼각형을 평행사변형으로 만드는 방법은 여러 가지가 있습니다.

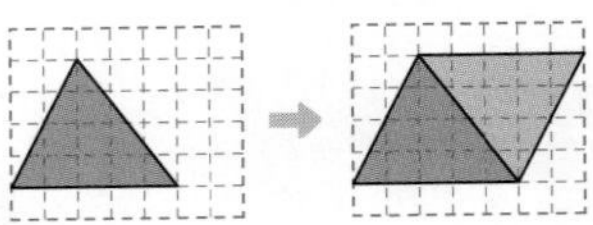

(삼각형의 넓이)
＝(평행사변형의 넓이)÷2

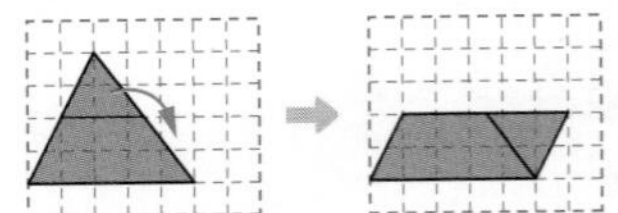

(삼각형의 넓이)
＝(평행사변형의 넓이)

6 삼각형의 넓이를 구하세요.

(1)

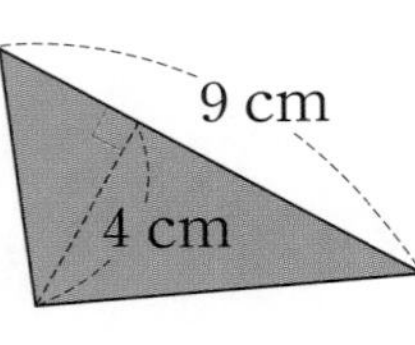

(　　　　　　　　)

(2)

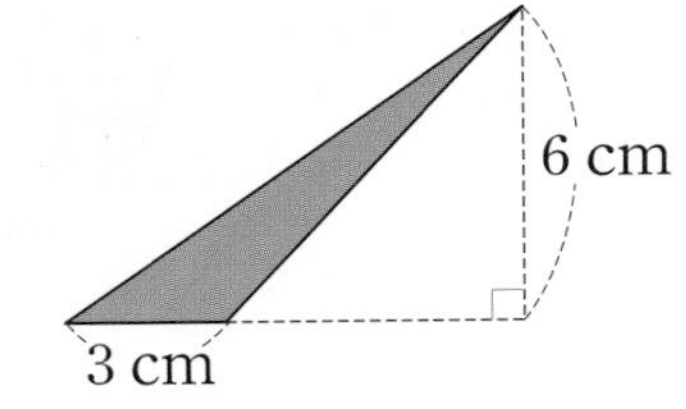

(　　　　　　　　)

8 마름모의 넓이

정답과 풀이 44쪽

● 마름모의 넓이 구하는 방법

방법 1 삼각형으로 잘라서 마름모의 넓이 구하기

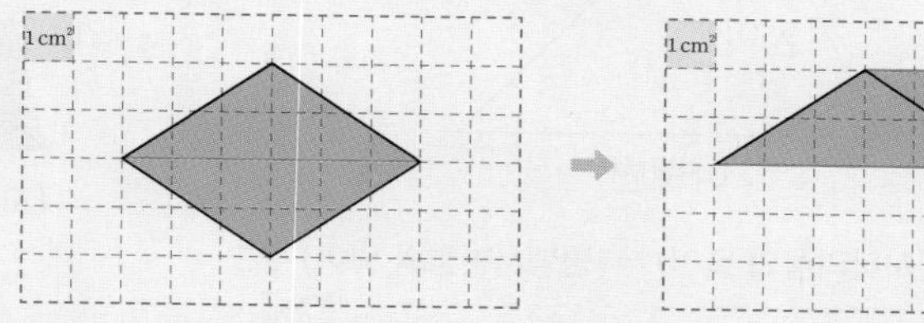

(마름모의 넓이) = (평행사변형의 넓이)
= (한 대각선의 길이) × (다른 대각선의 길이) ÷ 2

방법 2 직사각형을 이용하여 마름모의 넓이 구하기

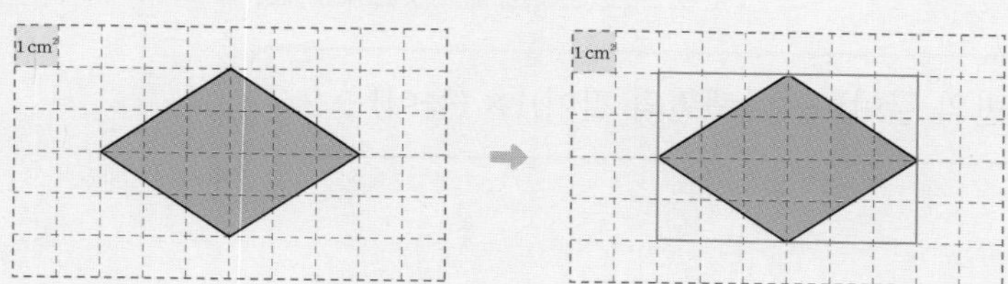

(마름모의 넓이) = (직사각형의 넓이) ÷ 2
= (한 대각선의 길이) × (다른 대각선의 길이) ÷ 2

보충 개념

• 마름모를 두 대각선을 따라 자르면 모양과 크기가 같은 삼각형 4개가 만들어집니다.

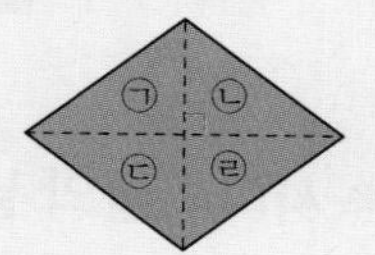

(마름모의 넓이)
= (삼각형 ㉠의 넓이) × 4
= (삼각형 ㉡의 넓이) × 4
= (삼각형 ㉢의 넓이) × 4
= (삼각형 ㉣의 넓이) × 4

7 마름모의 대각선을 모두 표시해 보세요.

(1)

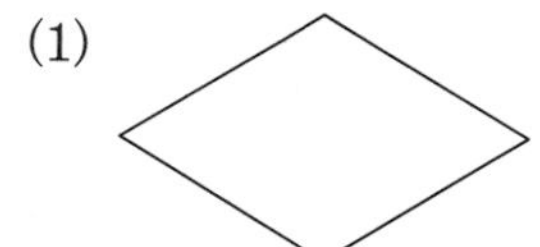

(2)

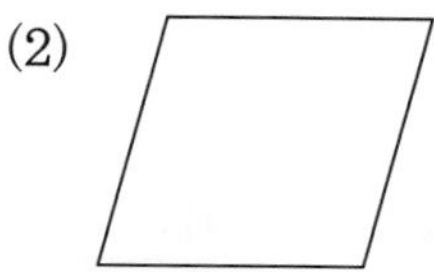

8 직사각형의 넓이를 이용하여 마름모의 넓이를 구하세요.

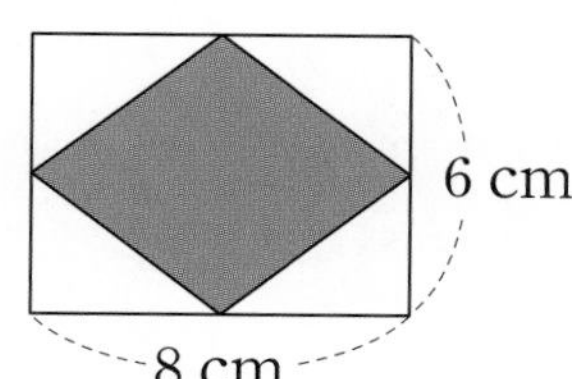

(1) 직사각형의 넓이는 몇 cm^2일까요?

( )

(2) 마름모의 넓이는 몇 cm^2일까요?

( )

▶ 마름모의 일부를 옮겨 직사각형을 만들 수도 있습니다.

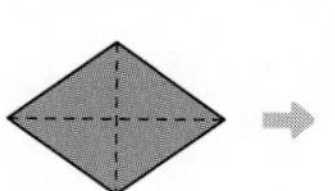
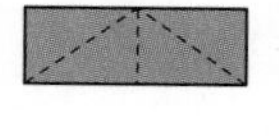

(마름모의 넓이)
= (직사각형의 넓이)

9 마름모의 넓이를 구하세요.

(1)

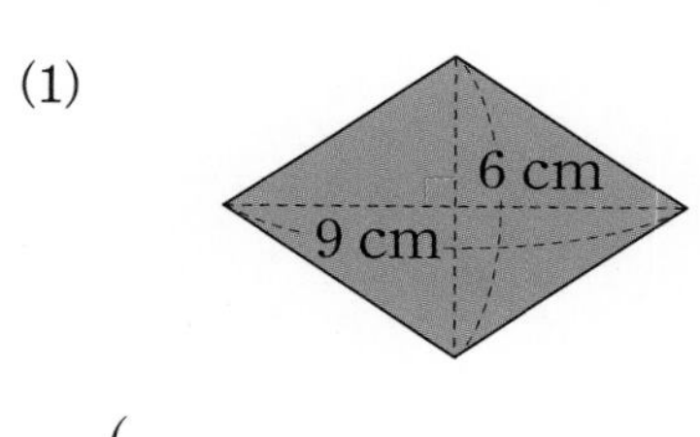

( )

(2)

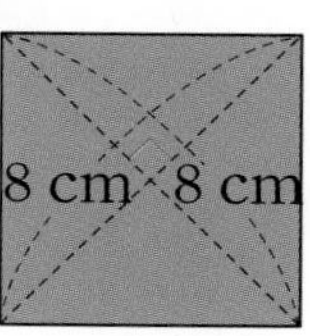

( )

9 사다리꼴의 넓이

정답과 풀이 44쪽

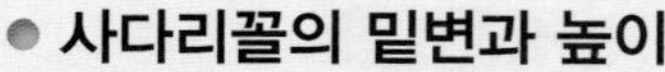

● **사다리꼴의 밑변과 높이**

- **밑변** : 평행한 두 변
  - 한 밑변은 윗변, 다른 밑변은 아랫변
- **높이** : 두 밑변 사이의 거리

윗변
높이
아랫변

● **사다리꼴의 넓이 구하는 방법**

(사다리꼴의 넓이)=(평행사변형의 넓이)÷2

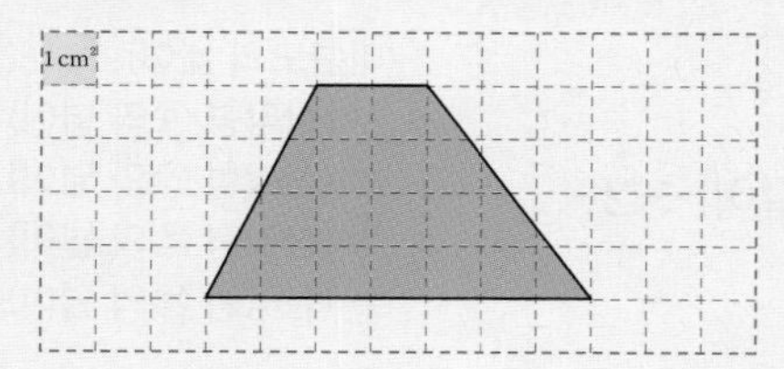

(사다리꼴의 넓이)=((윗변의 길이)+(아랫변의 길이))×(높이)÷2

보충 개념

• 사다리꼴의 넓이를 다음과 같이 나누어서 구할 수도 있습니다.

①
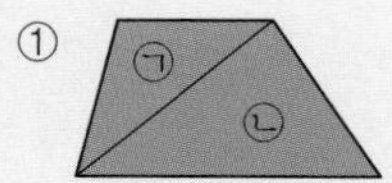

(사다리꼴의 넓이)
=(삼각형 ㉠의 넓이)
+(삼각형 ㉡의 넓이)

②
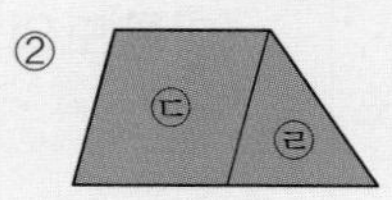

(사다리꼴의 넓이)
=(평행사변형 ㉢의 넓이)
+(삼각형 ㉣의 넓이)

10 사다리꼴의 윗변, 아랫변, 높이는 각각 몇 cm일까요?

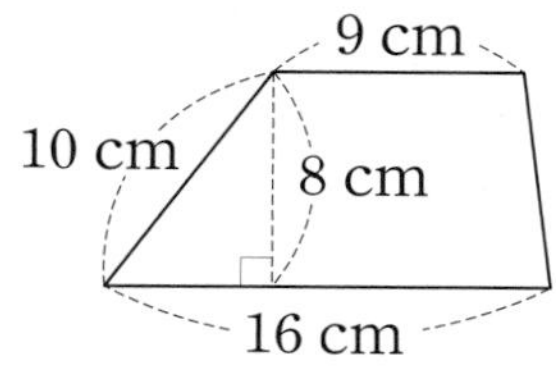

윗변 (　　　　　)
아랫변 (　　　　　)
높이 (　　　　　)

▶ 사다리꼴의 밑변은 고정되어 있으나 윗변과 아랫변은 고정되어 있지 않습니다.

11 사다리꼴 2개를 붙여 평행사변형을 만들었습니다. 사다리꼴 한 개의 넓이를 구하세요.

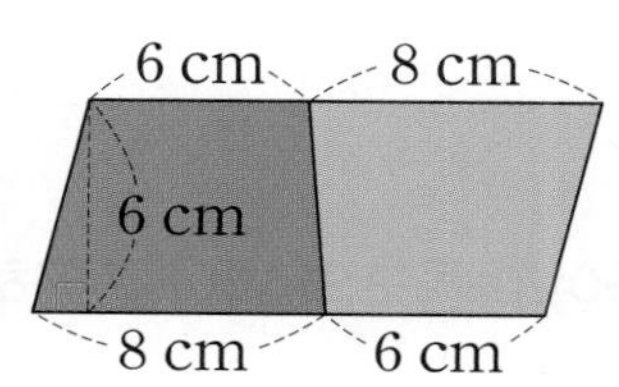

(　　　　　)

12 사다리꼴의 넓이를 구하세요.

(1)

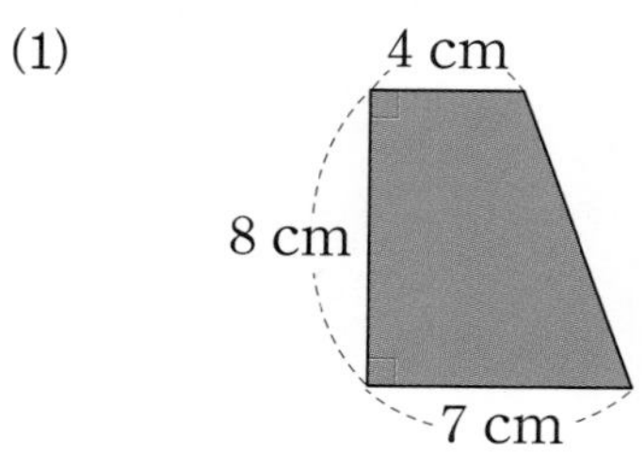

(　　　　　)

(2)

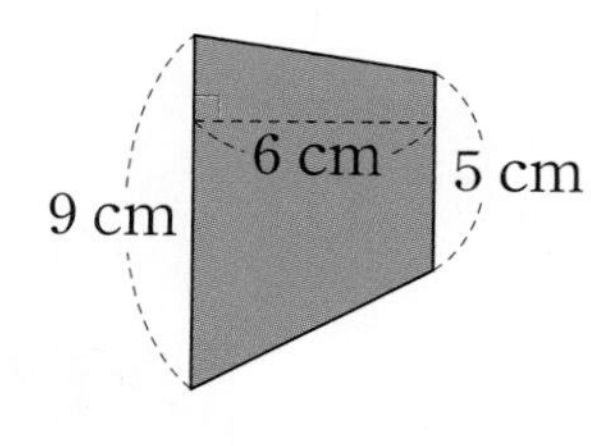

(　　　　　)

기본에서 응용으로

교과유형

6 평행사변형의 넓이

높이

밑변

(평행사변형의 넓이) = (밑변의 길이) × (높이)

40 평행사변형에서 높이가 될 수 있는 선분을 모두 찾아 기호를 쓰세요.

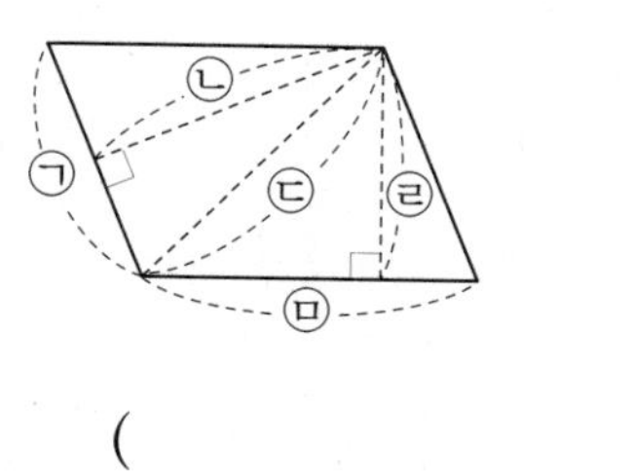

(　　　　　　　　　　)

41 평행사변형의 넓이를 구하는 데 필요한 길이에 모두 ○표 하고 넓이를 구하세요.

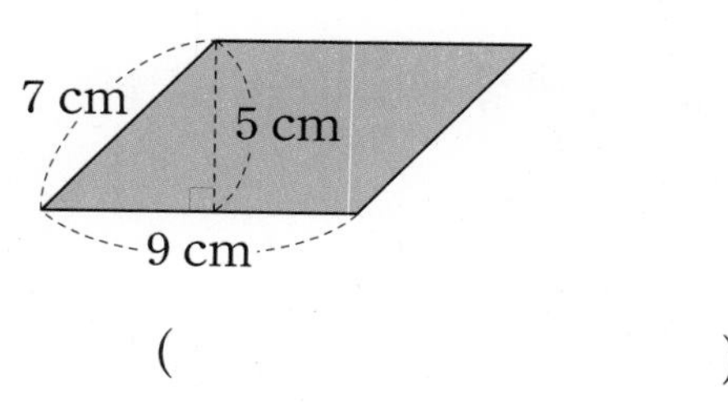

(　　　　　　　　　　)

42 평행사변형 가와 나 중 넓이가 더 넓은 것의 기호를 쓰세요.

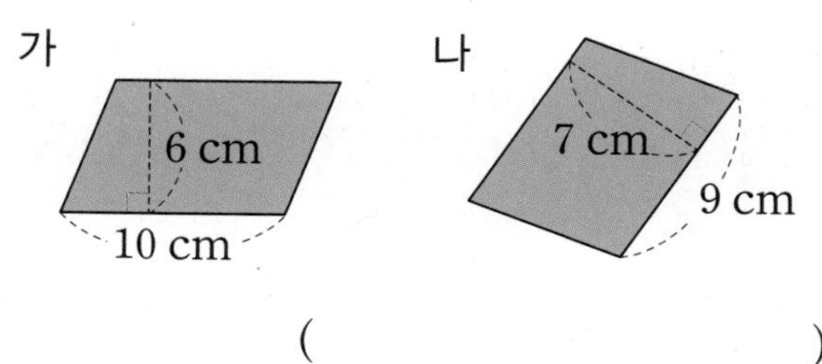

(　　　　　　　　　　)

43 □ 안에 알맞은 수를 써넣으세요.

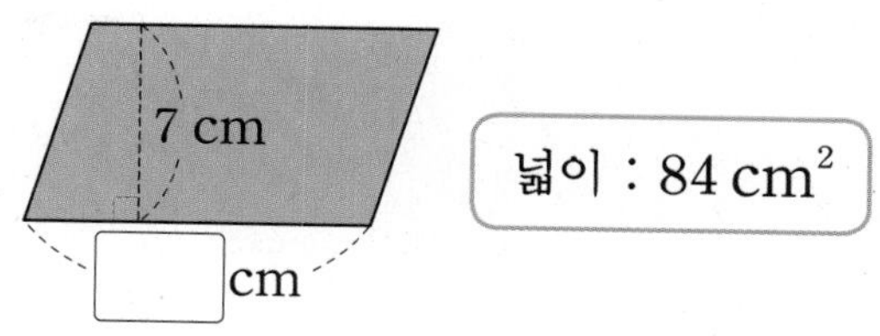

44 평행사변형 ㄱㄴㄷㄹ에서 변 ㄱㄴ이 밑변일 때 높이는 몇 cm일까요?

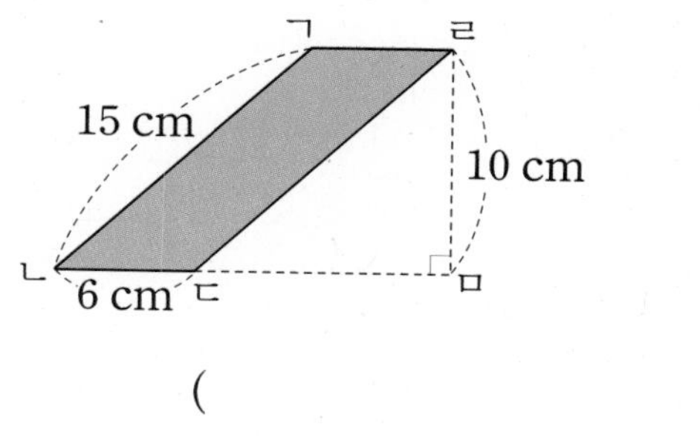

(　　　　　　　　　　)

45 직선 가와 나는 서로 평행합니다. 평행사변형의 넓이가 다른 하나를 찾아 기호를 쓰세요.

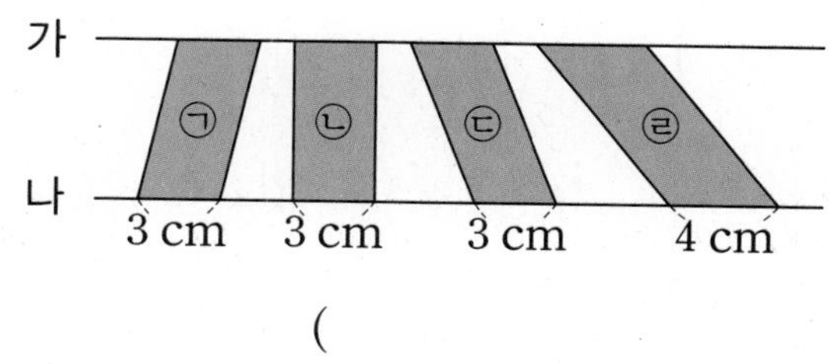

(　　　　　　　　　　)

46 주어진 평행사변형과 넓이가 같고 모양이 다른 평행사변형을 1개 그려 보세요.

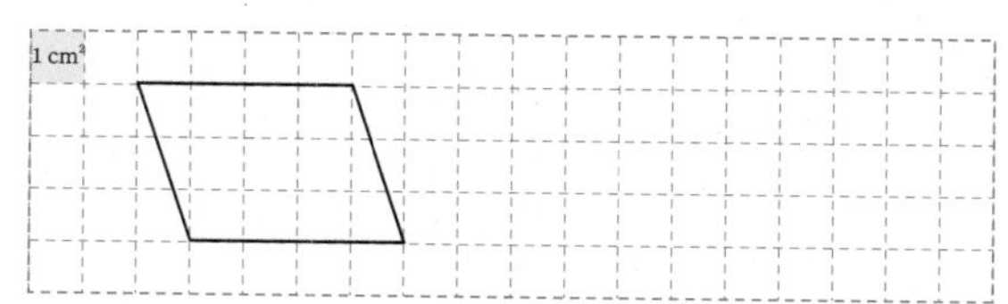

교과유형 **7 삼각형의 넓이**

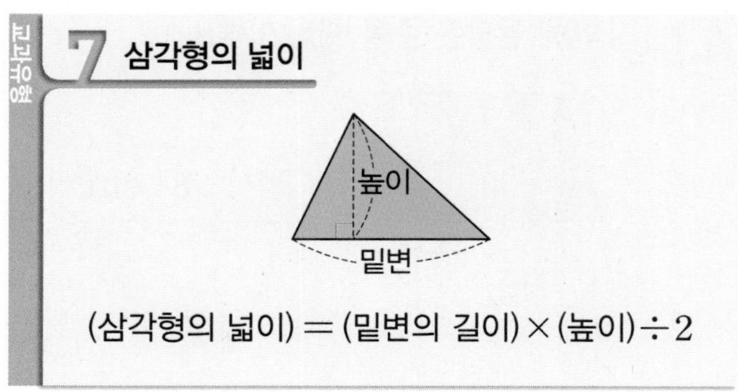

47 오른쪽 삼각형의 밑변의 길이와 높이를 자로 재어 넓이를 구하세요.

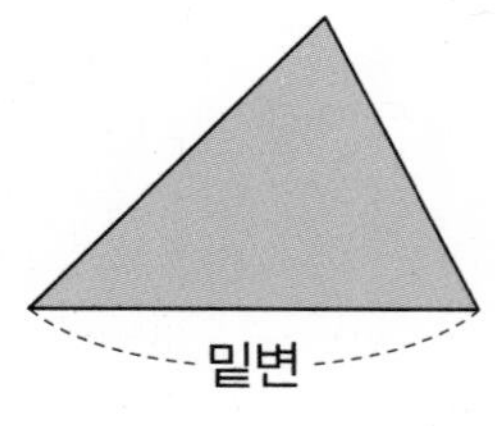

(　　　　　　　　)

48 삼각형을 잘라서 평행사변형을 만들었습니다. 잘못 말한 사람의 이름을 쓰세요.

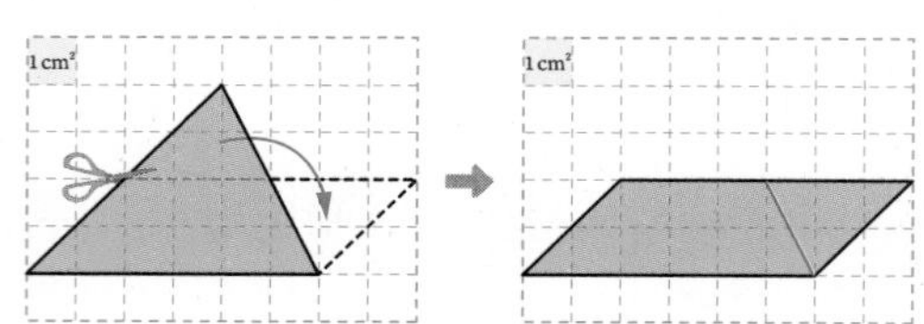

윤주 : 삼각형과 평행사변형의 밑변의 길이는 같아.
승훈 : 삼각형과 평행사변형의 높이도 같아.
시우 : 그래서 삼각형의 넓이는 (밑변의 길이) × (높이) ÷ 2가 되는군.

(　　　　　　　　)

49 두 삼각형의 넓이의 합은 몇 cm^2일까요?

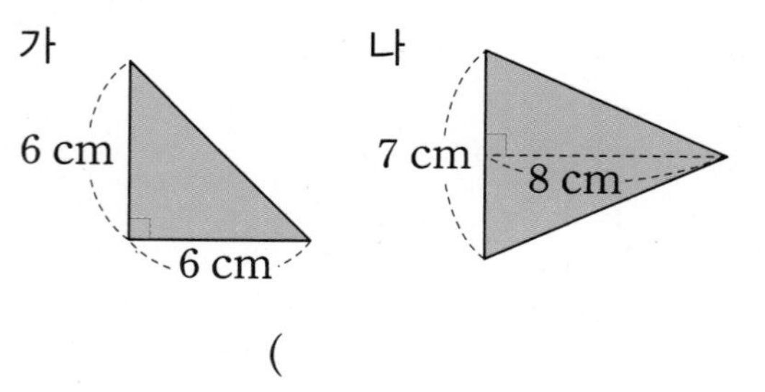

(　　　　　　　　)

서술형

50 오른쪽 삼각형의 넓이는 $36\ cm^2$입니다. 높이는 몇 cm인지 풀이 과정을 쓰고 답을 구하세요.

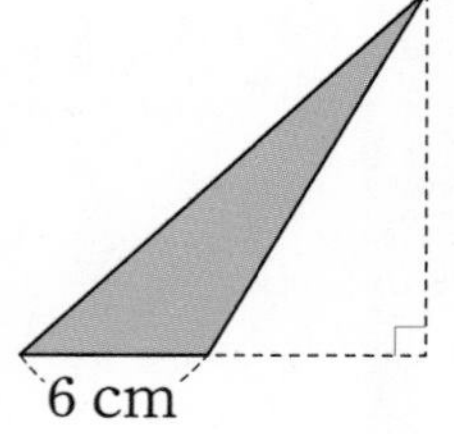

풀이

답

51 □ 안에 알맞은 수를 써넣으세요.

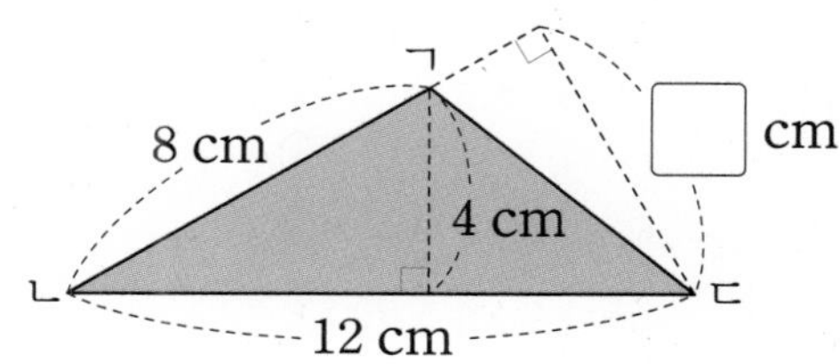

52 삼각형의 넓이가 다른 하나를 찾아 기호를 쓰세요.

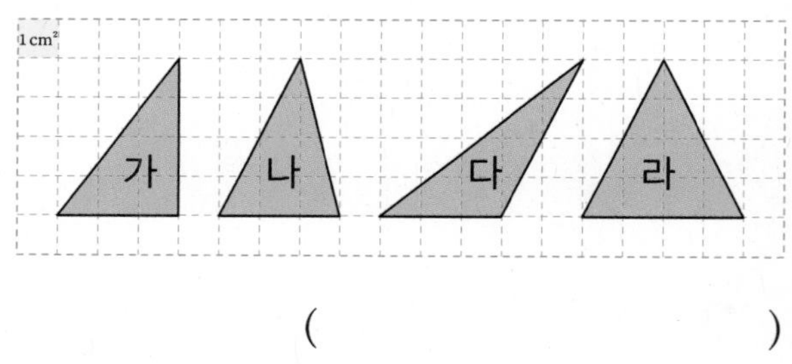

(　　　　　　　　)

53 넓이가 $8\ cm^2$인 삼각형을 서로 다른 모양으로 2개 그려 보세요.

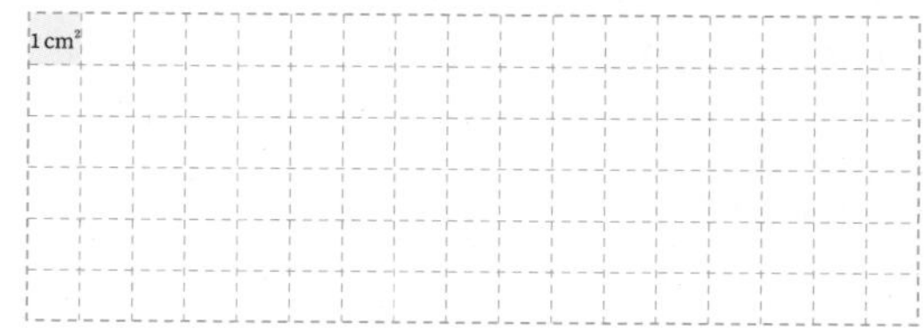

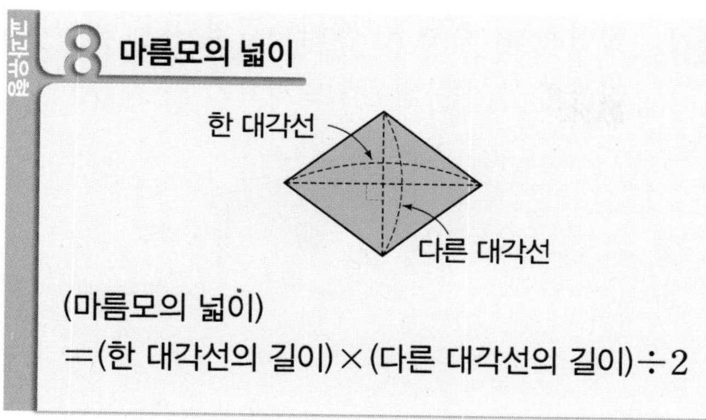

54 두 마름모의 넓이의 차는 몇 cm^2일까요?

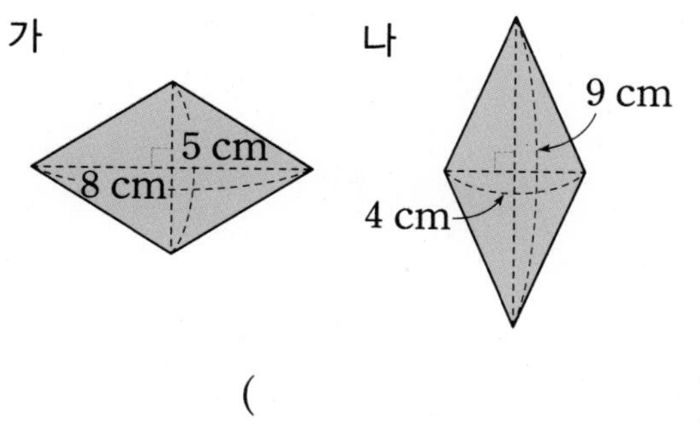

(　　　　　　　　　)

55 그림과 같이 직사각형 모양의 종이를 접은 후 잘라서 펼쳤더니 마름모가 만들어졌습니다. 만들어진 마름모의 넓이는 몇 cm^2일까요?

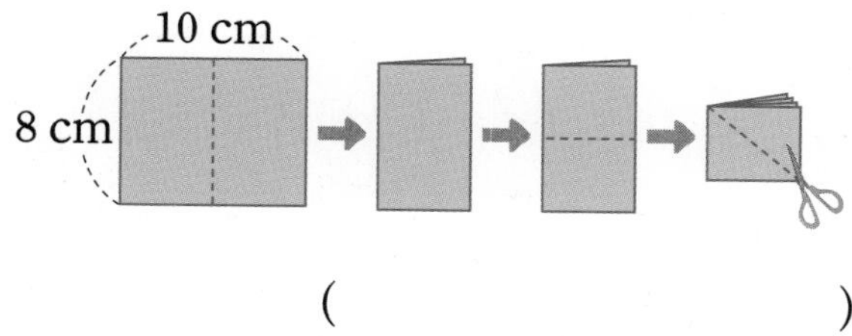

(　　　　　　　　　)

56 □ 안에 알맞은 수를 써넣으세요.

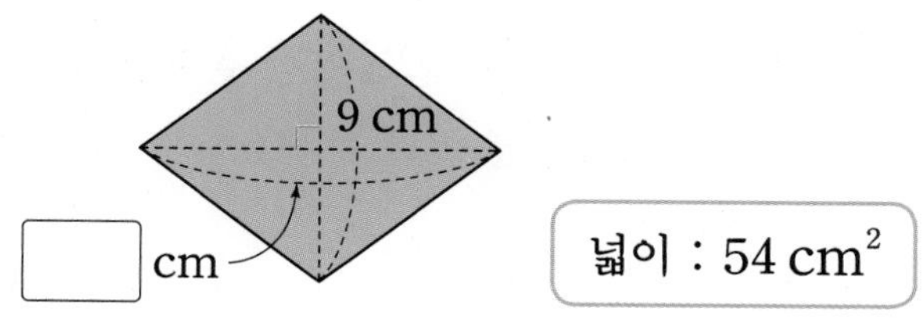

57 나의 넓이는 가의 넓이의 2배입니다. □ 안에 알맞은 수를 구하세요.

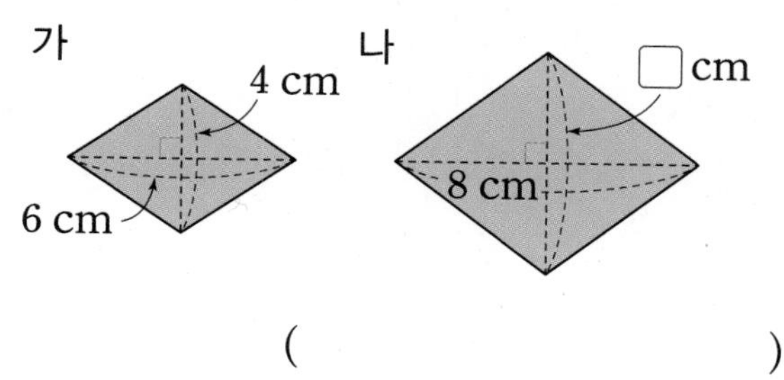

(　　　　　　　　　)

58 넓이가 12 cm^2인 마름모를 서로 다른 모양으로 2개 그려 보세요.

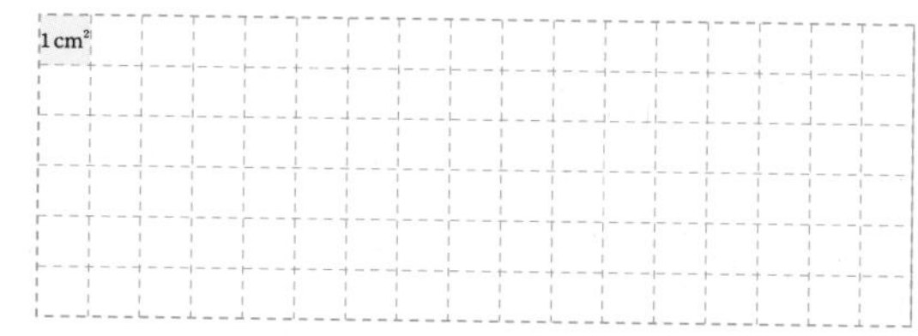

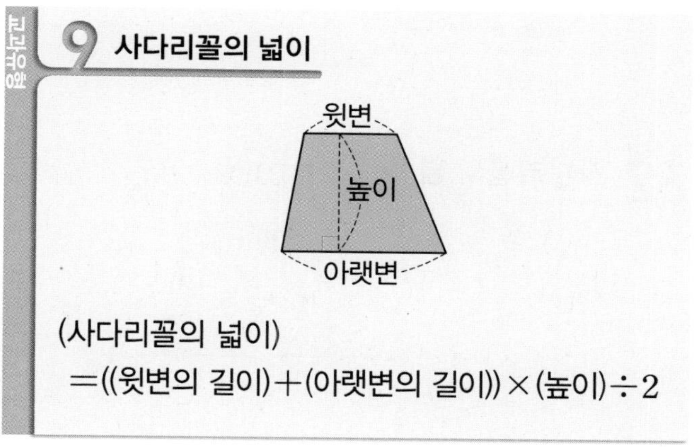

59 윗변의 길이, 아랫변의 길이, 높이를 자로 재어 사다리꼴의 넓이를 구하세요.

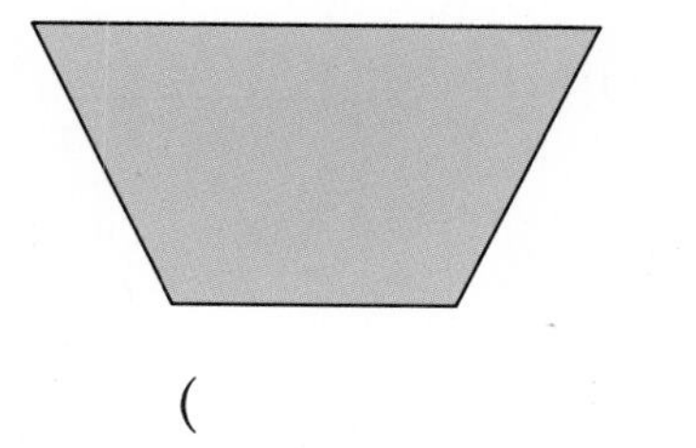

(　　　　　　　　　)

6

60 윗변이 아랫변보다 3 cm 짧은 사다리꼴이 있습니다. 이 사다리꼴의 아랫변이 7 cm, 높이가 6 cm라면 넓이는 몇 cm^2일까요?

(　　　　　　　　)

서술형

61 사다리꼴의 넓이를 여러 가지 도형의 넓이를 이용하여 구하려고 합니다. 2가지 방법으로 설명하세요.

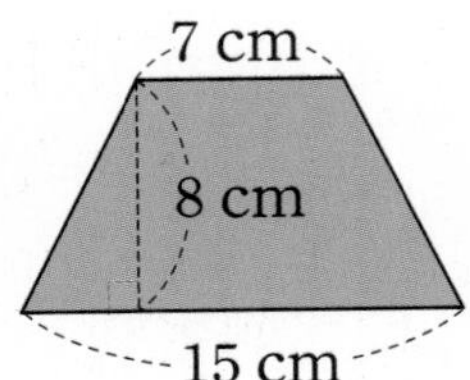

방법 1 ....

....

....

방법 2 ....

....

....

62 사다리꼴의 넓이는 몇 cm^2일까요?

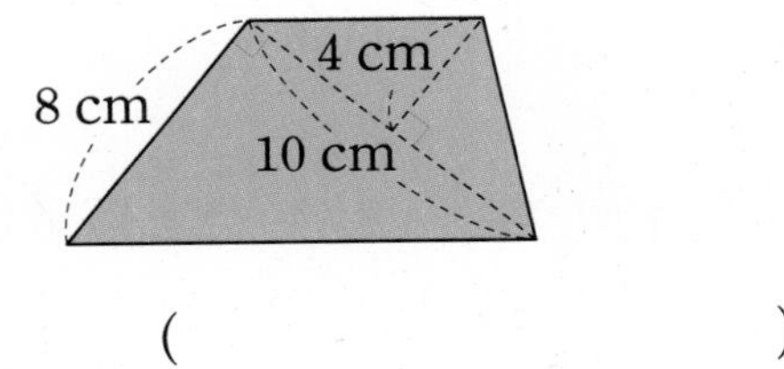

(　　　　　　　　)

63 사다리꼴의 둘레가 40 cm라면 넓이는 몇 cm^2일까요?

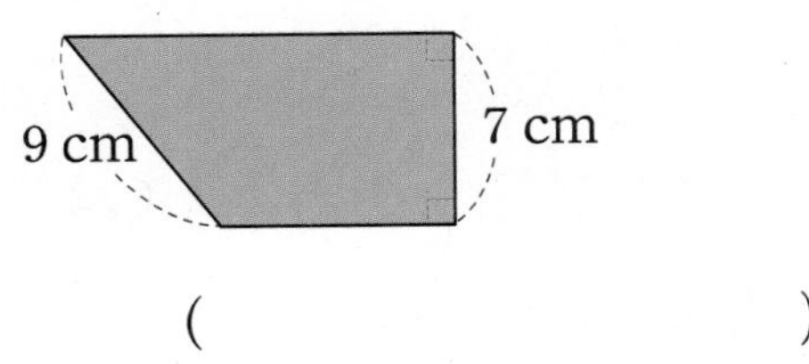

(　　　　　　　　)

64 넓이가 40 cm^2인 사다리꼴입니다. 이 사다리꼴의 높이는 몇 cm일까요?

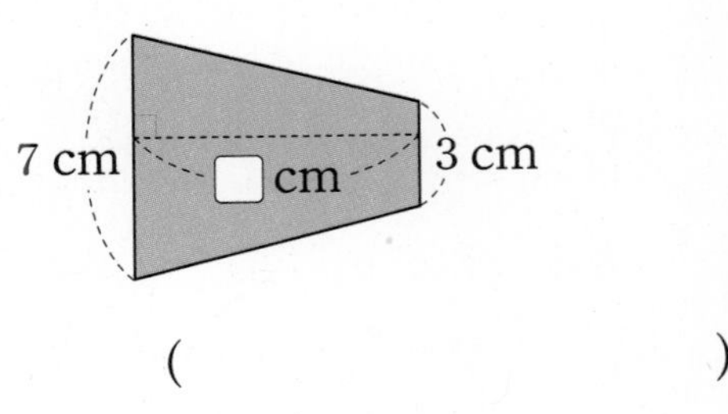

(　　　　　　　　)

65 평행사변형과 사다리꼴의 넓이가 같을 때 □ 안에 알맞은 수를 구하세요.

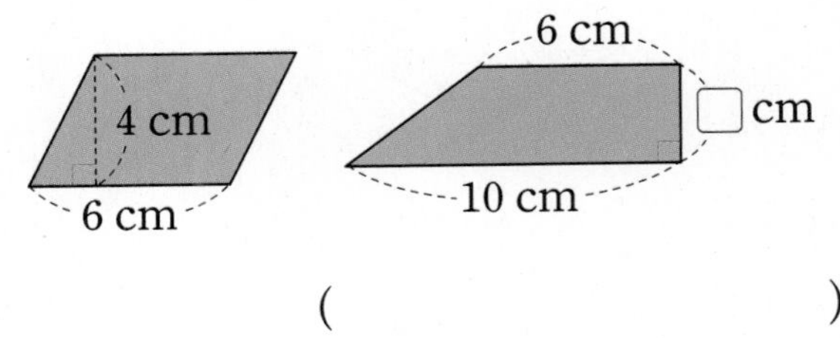

(　　　　　　　　)

66 사다리꼴 가, 나, 다는 넓이가 모두 같습니다. 사다리꼴 가, 나, 다의 같은 점을 모두 고르세요. (　　　　)

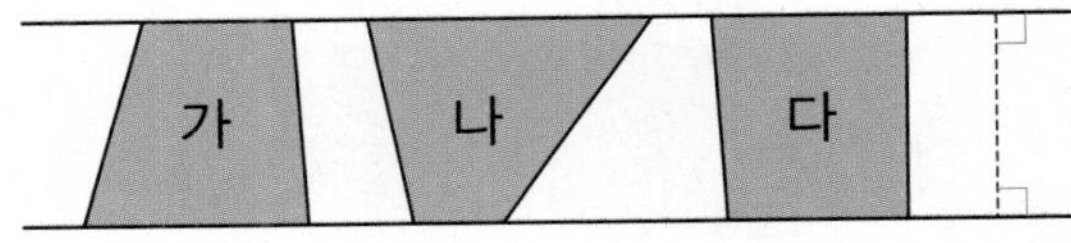

① 높이　② 윗변의 길이
③ 아랫변의 길이　④ 네 변의 길이의 합
⑤ 윗변과 아랫변의 길이의 합

67 주어진 사다리꼴과 넓이가 같고 모양이 다른 사다리꼴을 1개 그려 보세요.

1 cm^2

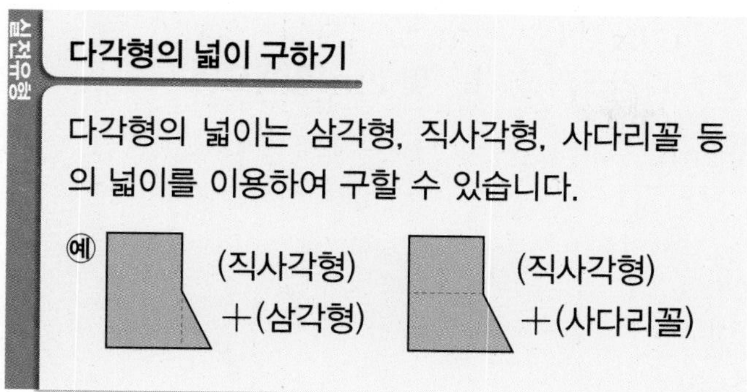

68 도형의 넓이는 몇 cm^2일까요?

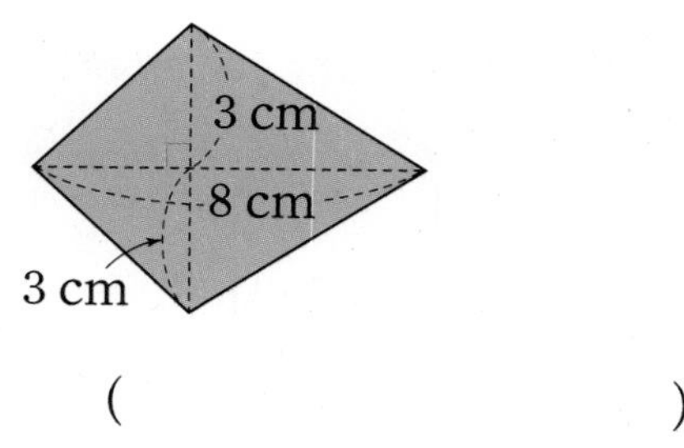

( )

69 도형의 넓이는 몇 cm^2일까요?

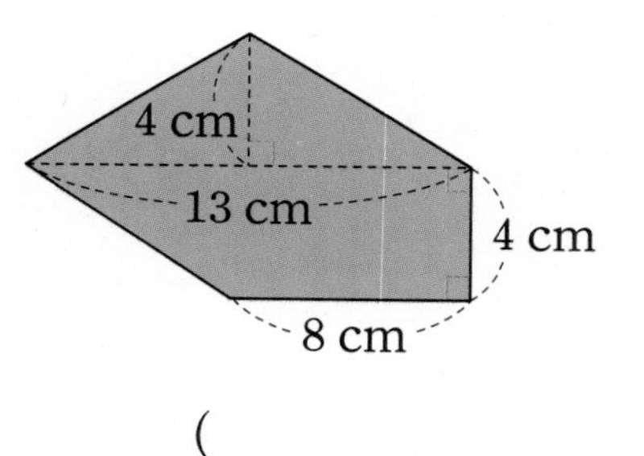

( )

70 색칠한 부분의 넓이는 몇 cm^2일까요?

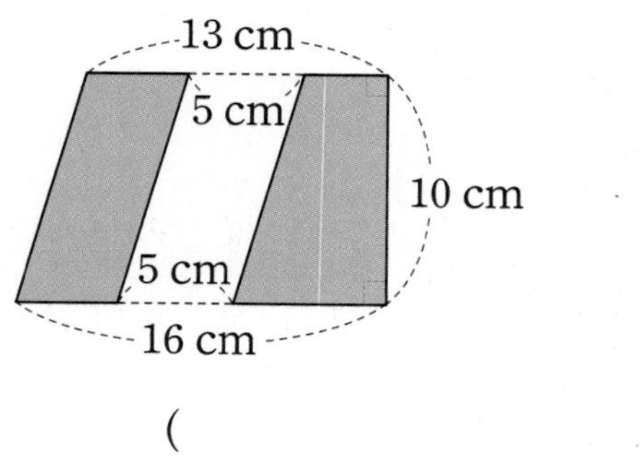

( )

71 색칠한 부분의 넓이는 몇 cm^2일까요?

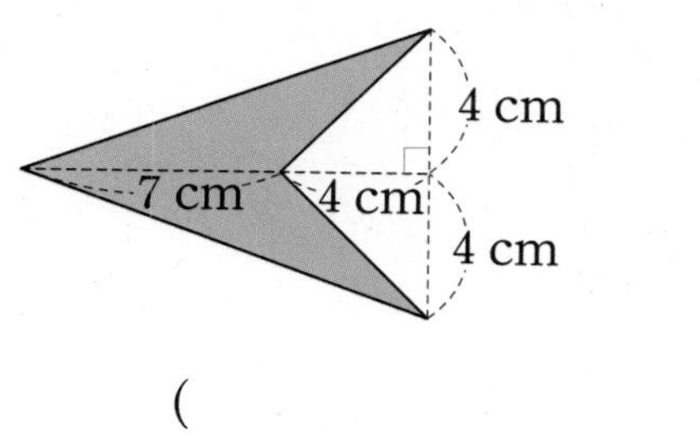

( )

서술형

72 색칠한 부분의 넓이는 몇 cm^2인지 풀이 과정을 쓰고 답을 구하세요.

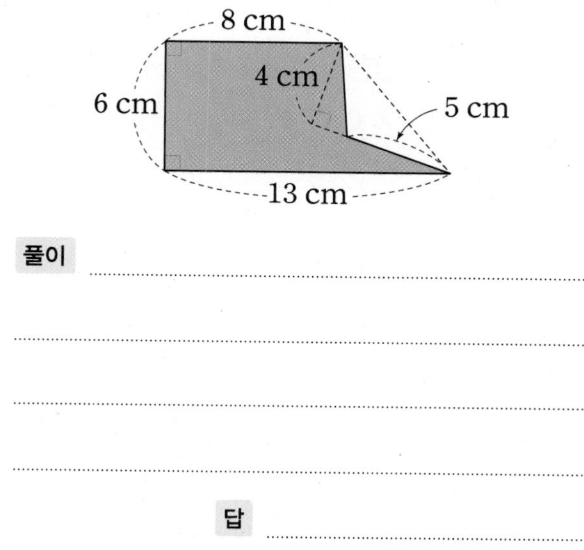

풀이

답

73 칠교판을 이용하여 집 모양을 만들었습니다. 집 모양의 넓이는 몇 cm^2일까요?

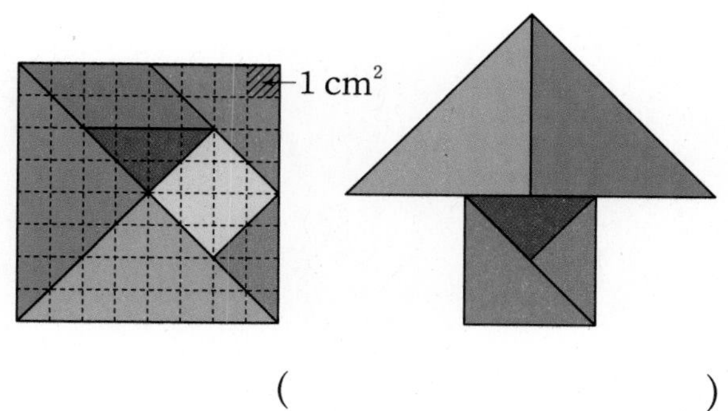

( )

1 변의 길이를 이용하여 넓이 구하기

심화유형

문제 풀이

사다리꼴에서 삼각형 ㉠의 넓이가 $45\ \text{cm}^2$라면 사다리꼴의 넓이는 몇 cm^2일까요?

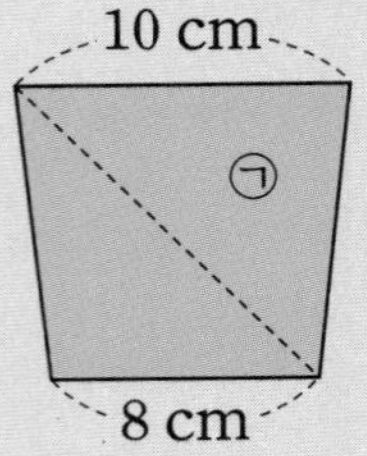

( )

● 핵심 NOTE • 삼각형 ㉠에서 10 cm인 변을 밑변이라 하면 삼각형 ㉠의 높이와 사다리꼴의 높이는 같습니다.

1-1 평행사변형 ㄱㄴㄷㄹ에서 삼각형 ㄱㄴㅁ의 넓이가 $24\ \text{cm}^2$라면 사다리꼴 ㄱㅁㄷㄹ의 넓이는 몇 cm^2일까요?

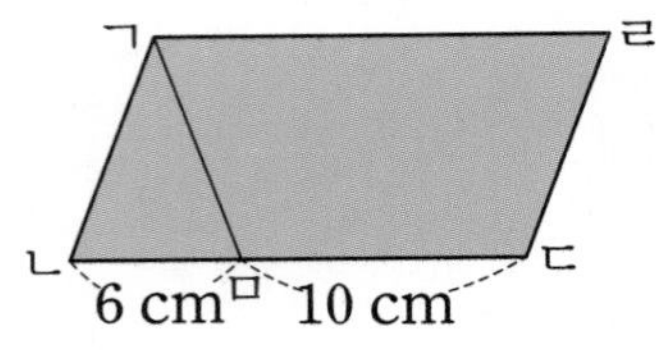

( )

1-2 삼각형 ㄱㄴㅁ의 넓이가 $24\ \text{cm}^2$라면 색칠한 부분의 넓이는 몇 cm^2일까요?

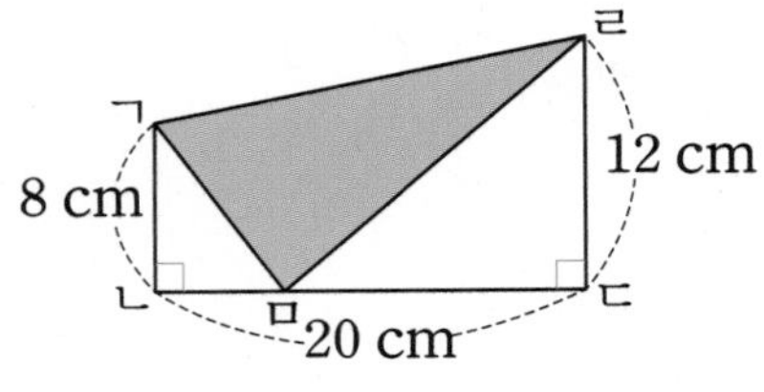

( )

심화유형 2 사다리꼴 내부의 삼각형을 이용하여 넓이 구하기

사다리꼴 ㄱㄴㄷㄹ의 넓이는 몇 cm^2일까요?

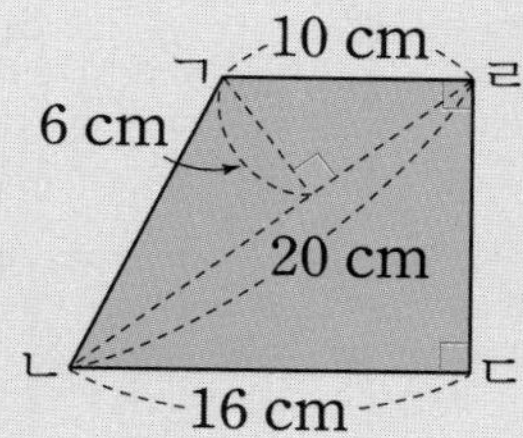

( )

● 핵심 NOTE

• 삼각형의 밑변과 높이의 관계 이용하기
삼각형 ㄱㄴㄹ에서 변 ㄴㄹ이 밑변일 때 삼각형 ㄱㄴㄹ의 넓이를 구할 수 있습니다.
삼각형 ㄱㄴㄹ의 넓이를 이용하여 변 ㄱㄹ이 밑변일 때 높이인 선분 ㄹㄷ의 길이를 구할 수 있습니다.

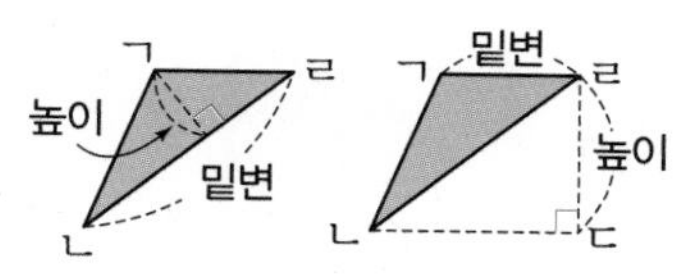

2-1 사다리꼴 ㄱㄴㄷㄹ의 넓이는 몇 cm^2일까요?

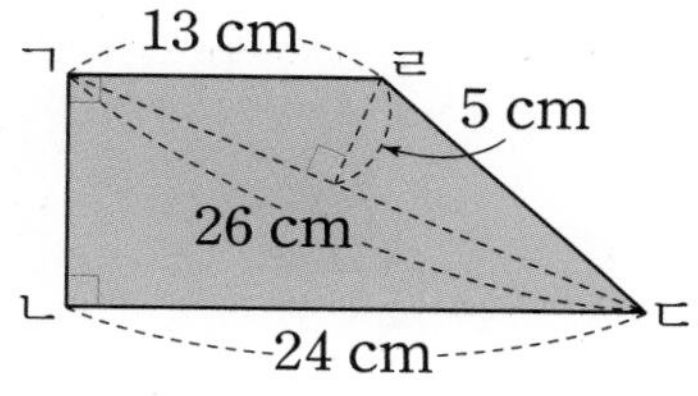

( )

2-2 사다리꼴 ㄱㄴㄷㄹ의 넓이가 351 cm^2라면 선분 ㄴㄹ은 몇 cm일까요?

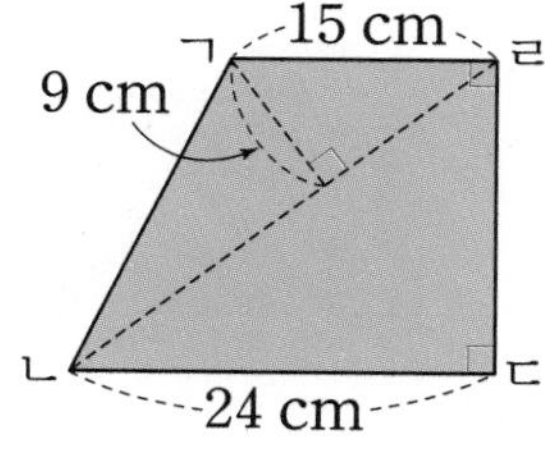

( )

심화유형 3

두 도형의 넓이를 이용하여 선분의 길이 구하기

도형에서 사다리꼴 ㉠의 넓이는 삼각형 ㉡의 넓이의 3배입니다. □ 안에 알맞은 수를 써넣으세요.

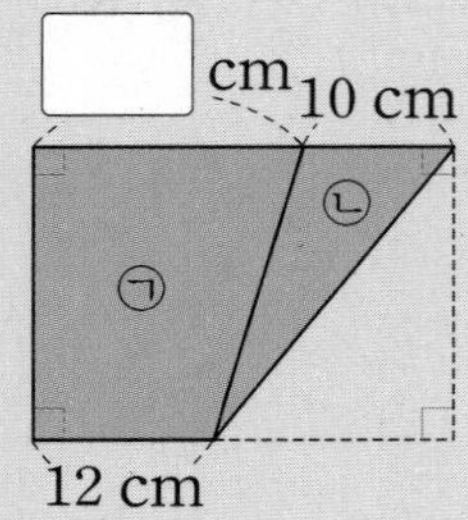

● 핵심 NOTE
• 도형 ㉠의 넓이와 도형 ㉡의 넓이의 관계를 이용합니다. ➡ (㉠의 넓이)=(㉡의 넓이)×3
• 두 도형 ㉠과 ㉡의 높이가 같으므로 넓이를 이용하여 □를 구할 수 있습니다.

3-1

도형에서 삼각형 ㉡의 넓이는 사다리꼴 ㉠의 넓이의 2배입니다. □ 안에 알맞은 수를 써넣으세요.

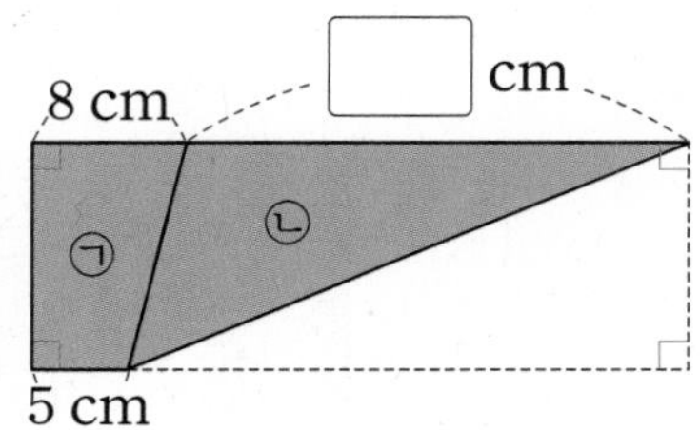

3-2

도형에서 사다리꼴 ㉠의 넓이는 평행사변형 ㉡의 넓이의 3배입니다. □ 안에 알맞은 수를 써넣으세요.

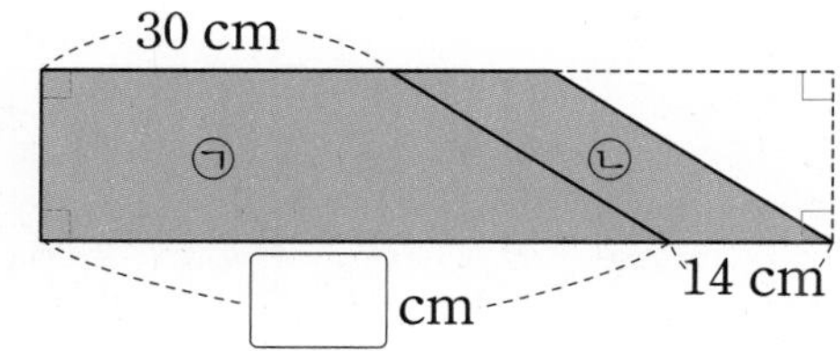

정답과 풀이 47쪽

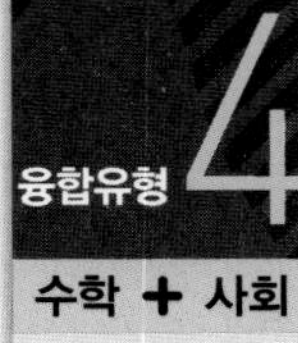

융합유형 4

수학 + 사회

구장산술의 방법으로 넓이 구하기

〈구장산술〉은 현재 남아 있는 중국의 고대 수학서 10종류 중에서 2번째로 오래된 책입니다. 구장산술에서 제1장은 방전(方田)으로 다양한 모양의 논과 밭의 넓이를 구하는 방법을 설명하고 있습니다. 경계의 일부 또는 전부가 곡선인 평면도형의 넓이를 보기 와 같이 사다리꼴로 생각하고 어림하여 구할 때, 오른쪽 도형의 넓이는 약 몇 cm^2인지 구하세요.

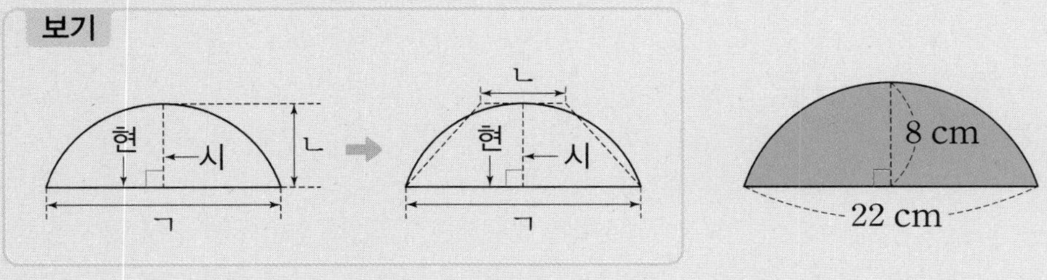

1단계 사다리꼴로 만들 때 사다리꼴의 윗변의 길이, 아랫변의 길이, 높이를 각각 구하기

2단계 도형의 넓이 구하기

(　　　　　　　　)

● **핵심 NOTE**

1단계 도형을 사다리꼴로 생각할 때 어떤 부분이 윗변, 아랫변, 높이가 되는지 알아봅니다.

2단계 사다리꼴의 넓이를 구하여 도형의 넓이를 어림합니다.

4-1

구장산술에서는 경계의 일부 또는 전부가 곡선인 평면도형의 넓이를 이등변삼각형으로 생각하여 구하기도 합니다. 보기 와 같이 이등변삼각형으로 생각하고 어림하여 구할 때, 오른쪽 도형의 넓이는 약 몇 cm^2일까요?

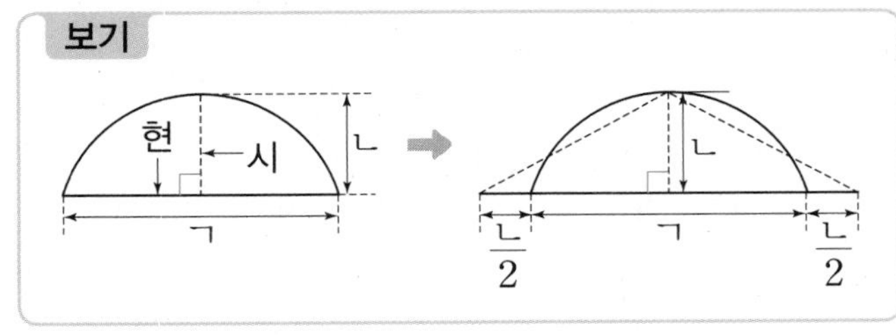

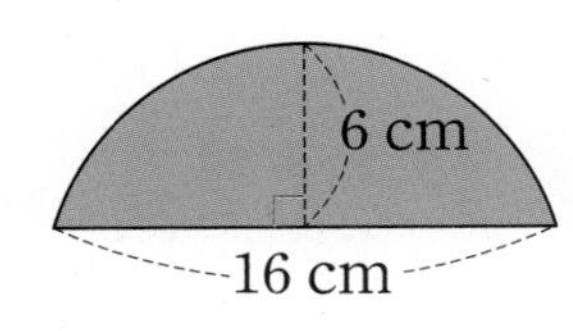

(　　　　　　　　)

기출 단원 평가 Level 1

점수

확인

1 평행사변형의 높이를 표시해 보세요.

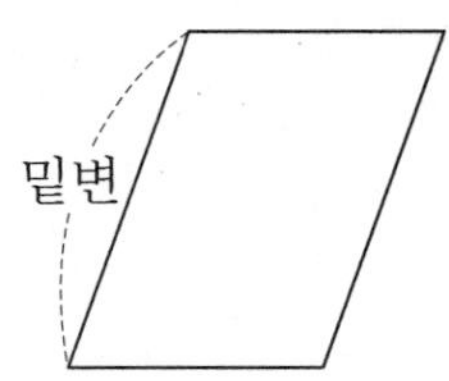

2 가, 나, 다 중 가장 넓은 도형의 기호를 쓰고 몇 cm^2인지 쓰세요.

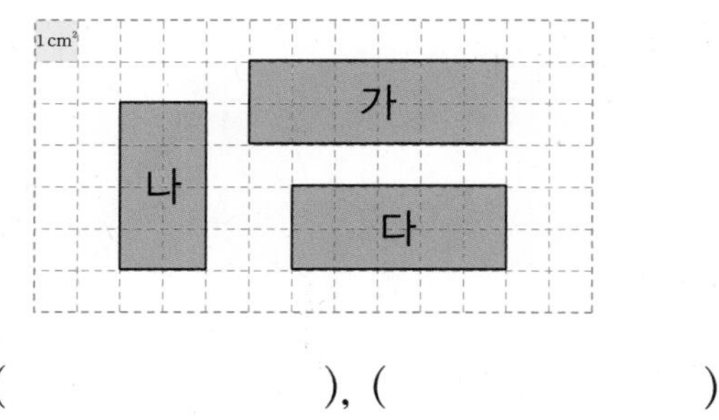

( ), ( )

3 직사각형의 둘레는 몇 cm일까요?

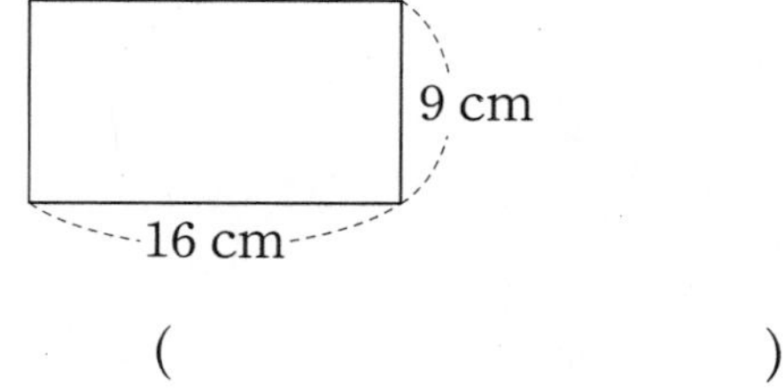

( )

4 둘레가 48 cm인 정팔각형이 있습니다. 이 정팔각형의 한 변은 몇 cm일까요?

( )

5 평행사변형의 넓이는 몇 cm^2일까요?

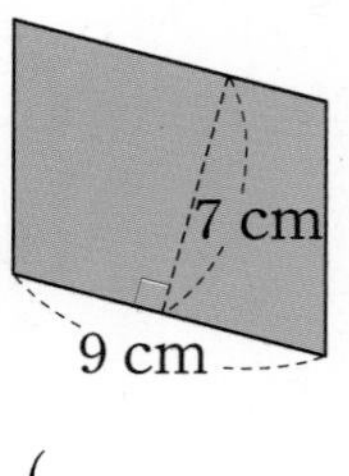

( )

6 직사각형의 넓이는 몇 m^2일까요?

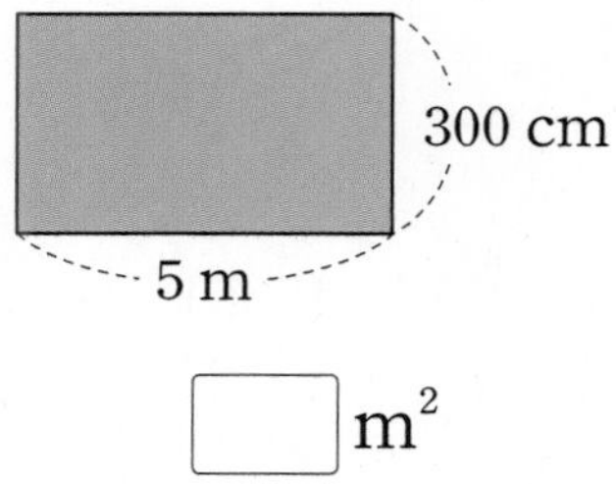

☐ m^2

7 사다리꼴의 넓이는 몇 cm^2일까요?

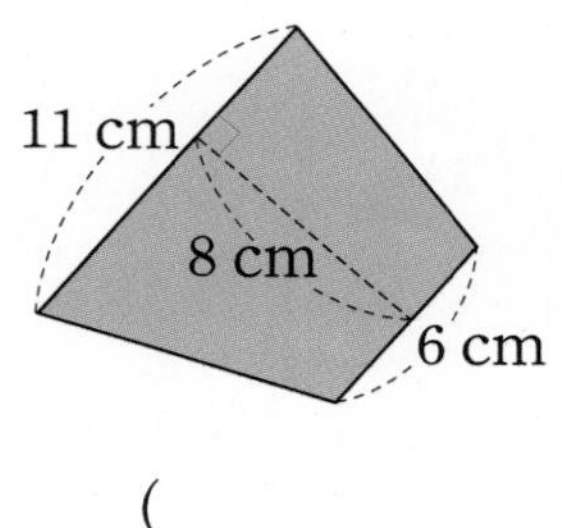

( )

8 도형의 둘레는 몇 cm일까요?

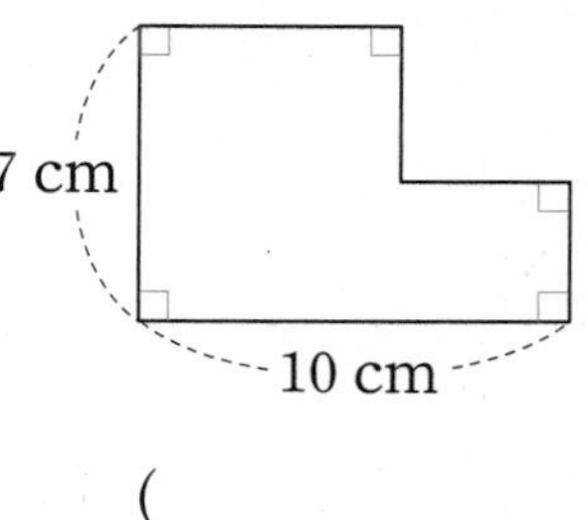

( )

9 주어진 평행사변형과 넓이가 같고 모양이 다른 평행사변형을 1개 그려 보세요.

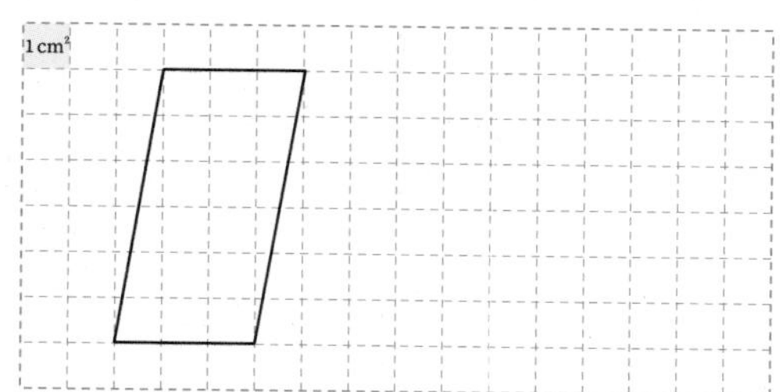

10 한 대각선의 길이가 8 cm인 마름모의 넓이가 20 cm²입니다. 이 마름모의 다른 대각선의 길이는 몇 cm일까요?

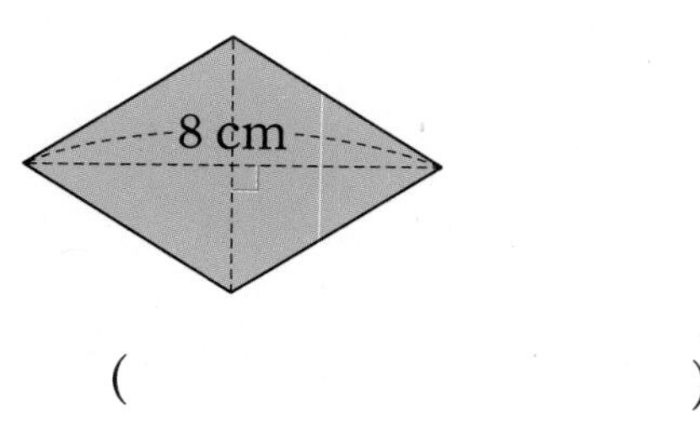

(　　　　　　　　　　)

11 넓이가 35 cm²인 사다리꼴입니다. 이 사다리꼴의 윗변과 아랫변의 길이의 합은 몇 cm일까요?

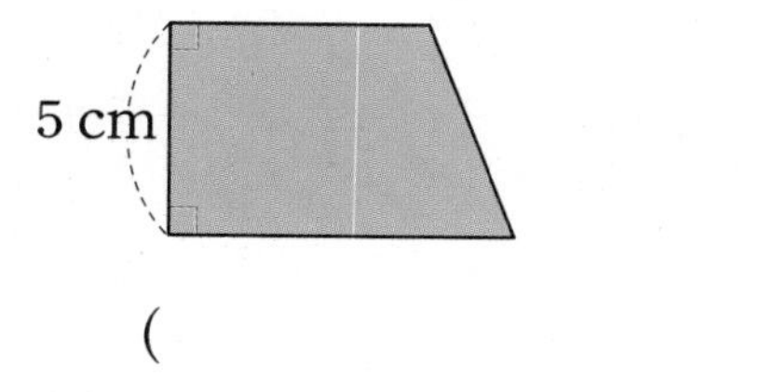

(　　　　　　　　　　)

12 도형의 넓이는 몇 cm²일까요?

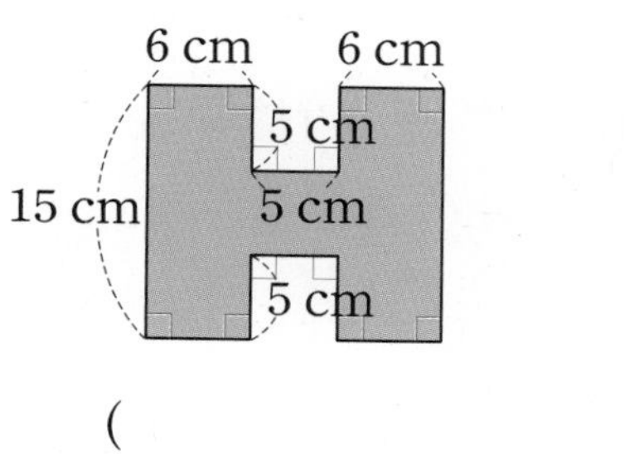

(　　　　　　　　　　)

13 삼각형 ㄱㄴㄷ과 평행사변형 ㄹㅁㅂㅅ의 넓이가 같을 때, 변 ㅁㅂ은 몇 cm일까요?

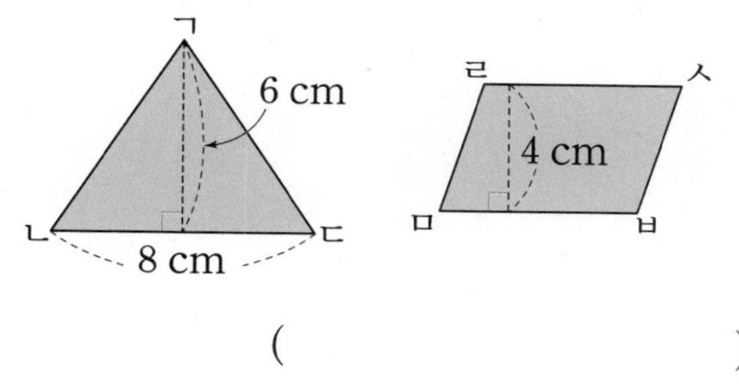

(　　　　　　　　　　)

14 직사각형의 둘레가 42 cm라면 넓이는 몇 cm²일까요?

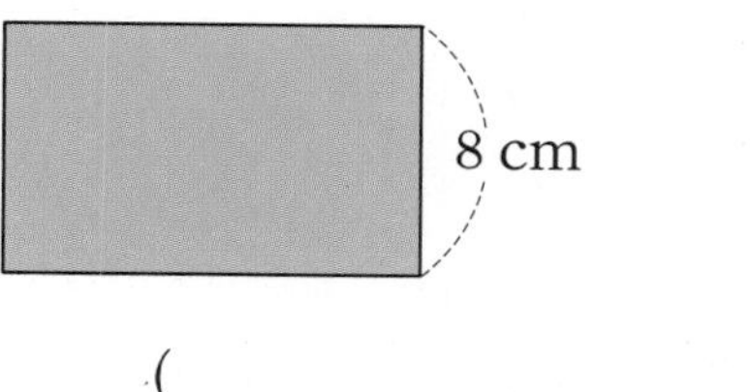

(　　　　　　　　　　)

15 색칠한 부분의 넓이는 몇 cm²일까요?

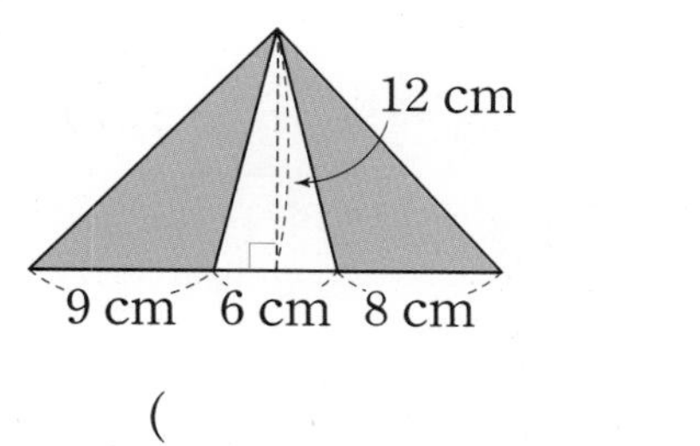

(　　　　　　　　　　)

6

16 정사각형의 각 변의 한가운데 점을 이어 그림과 같이 반복하여 정사각형을 그렸습니다. 가장 큰 정사각형의 넓이가 96 cm^2라면 정사각형 ㉠의 넓이는 몇 cm^2일까요?

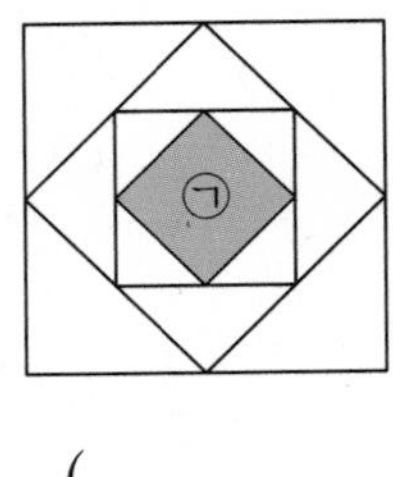

( )

17 색칠한 부분의 넓이가 54 cm^2일 때, □ 안에 알맞은 수를 구하세요.

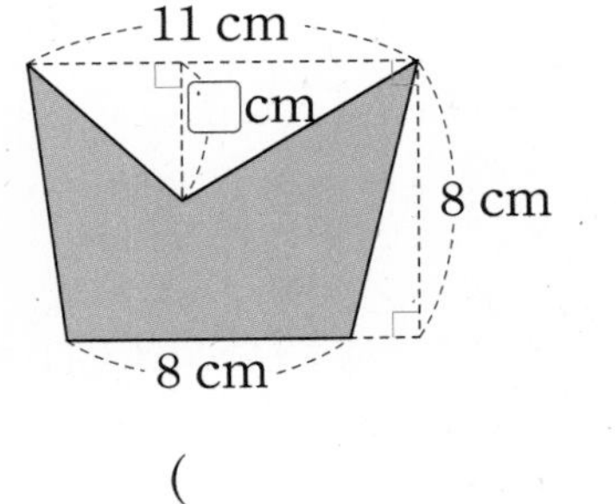

( )

18 사다리꼴 가와 평행사변형 나의 넓이가 같을 때, 평행사변형에서 □의 길이는 몇 cm일까요?

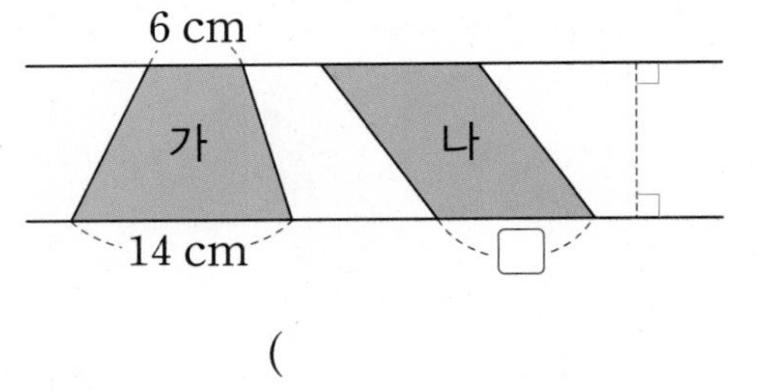

( )

술술 서술형

19 정사각형은 삼각형보다 몇 cm^2 더 넓은지 풀이 과정을 쓰고 답을 구하세요.

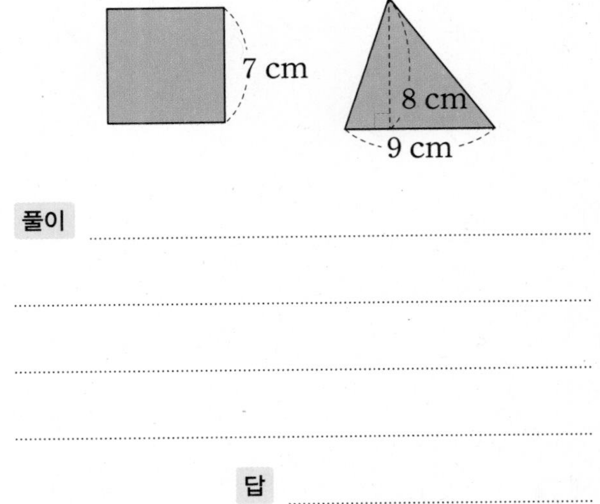

풀이

답

20 사다리꼴의 넓이는 몇 cm^2인지 풀이 과정을 쓰고 답을 구하세요.

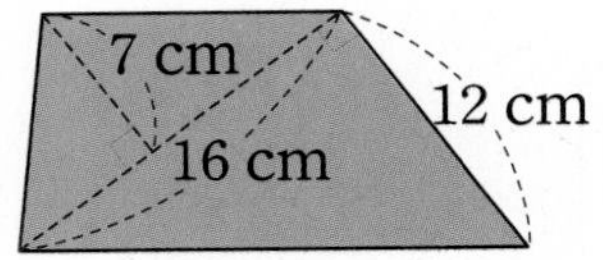

풀이

답

기출 단원 평가 Level ❷

점수

확인

1 평행사변형의 넓이가 다른 하나를 찾아 기호를 쓰세요.

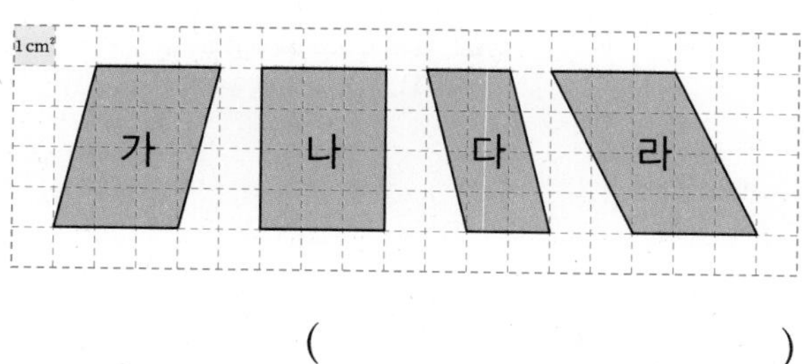

( )

2 직사각형의 넓이는 몇 cm^2일까요?

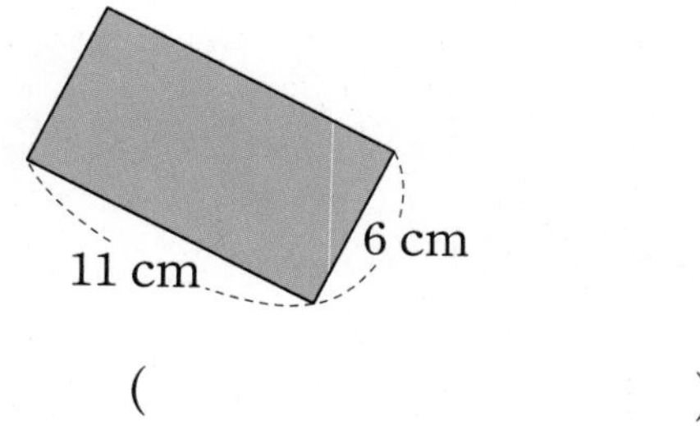

( )

3 삼각형의 넓이는 몇 cm^2일까요?

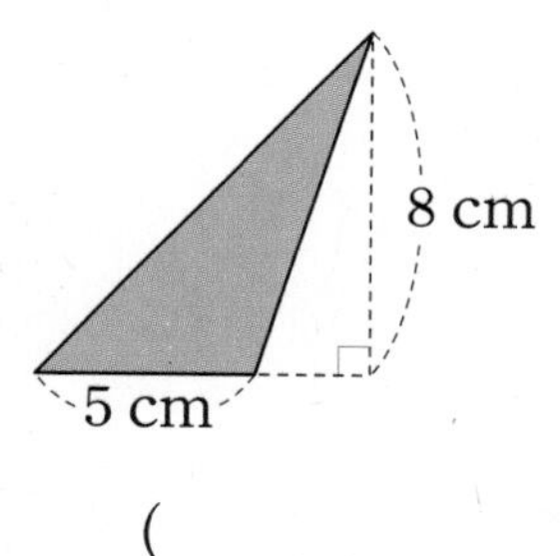

( )

4 직사각형과 정육각형의 둘레가 같습니다. 정육각형의 한 변은 몇 cm일까요?

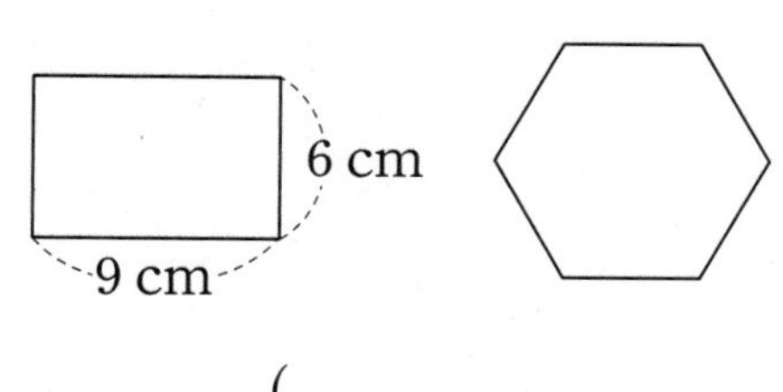

( )

5 정사각형과 사다리꼴의 넓이의 합은 몇 cm^2일까요?

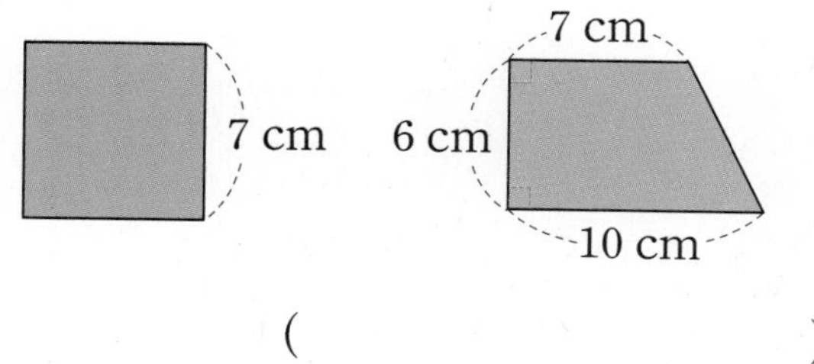

( )

6 소영이네 마을은 가로가 500 m, 세로가 4000 m인 직사각형 모양입니다. 소영이네 마을의 넓이는 몇 km^2일까요?

( )

7 도형의 둘레는 몇 cm일까요?

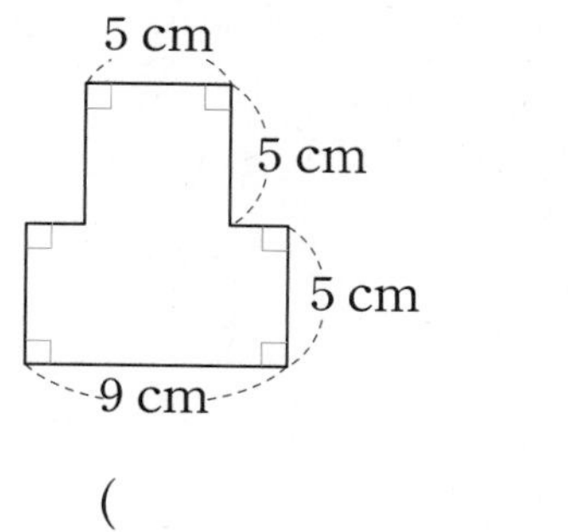

( )

8 반지름이 6 cm인 원 안에 가장 큰 마름모를 그렸습니다. 마름모의 넓이는 몇 cm^2일까요?

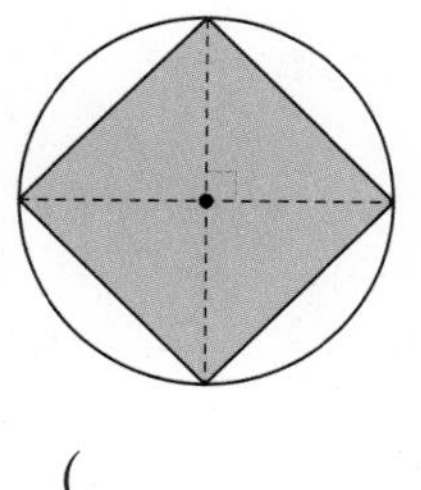

( )

6

9 둘레가 20 cm인 직사각형이 있습니다. 이 직사각형의 가로가 3 cm라면 세로는 몇 cm일까요?

(   )

10 넓이가 88 cm^2 인 평행사변형입니다. 이 평행사변형의 높이는 몇 cm일까요?

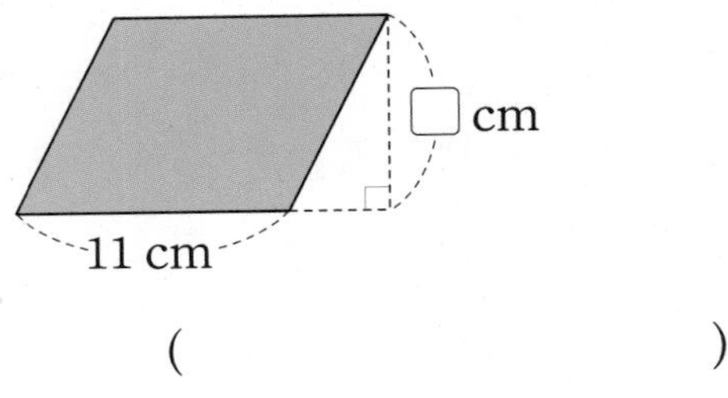

(   )

11 마름모의 넓이가 24 cm^2일 때 □ 안에 알맞은 수를 써넣으세요.

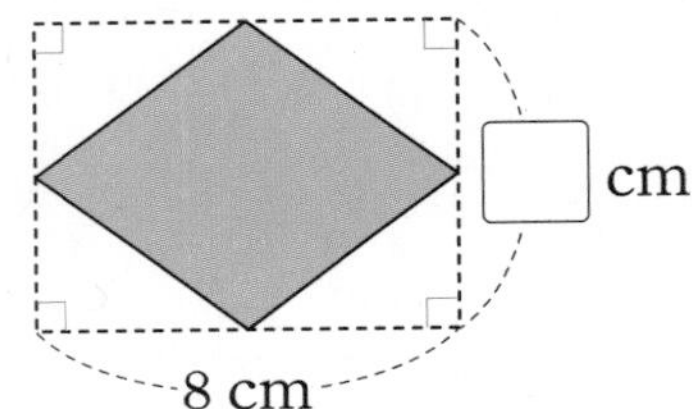

12 도형의 넓이는 몇 cm^2일까요?

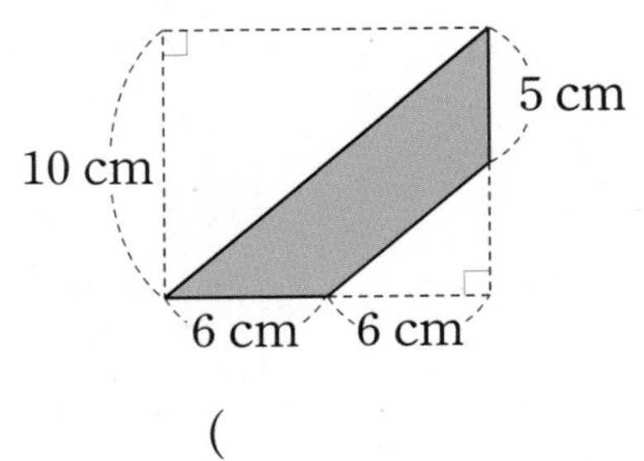

(   )

13 색칠한 부분의 넓이는 몇 cm^2일까요?

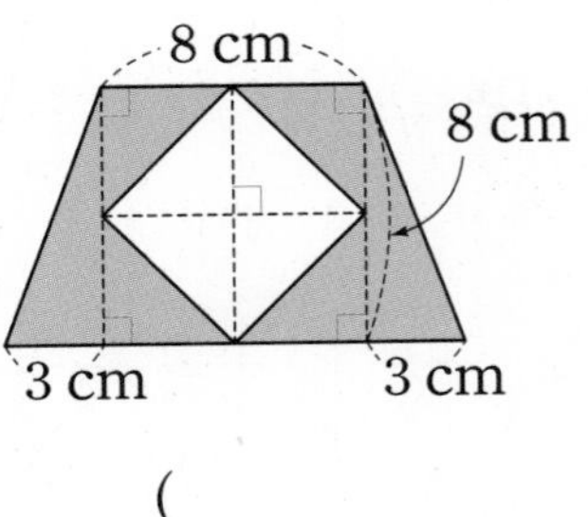

(   )

[14~15] 둘레가 16 cm인 가장 넓은 직사각형을 만들려고 합니다. 물음에 답하세요. (단, 직사각형의 가로와 세로의 길이는 자연수입니다.)

14 둘레가 16 cm인 직사각형을 서로 다른 모양으로 4개 그려 보세요.

15 둘레가 16 cm인 직사각형 중 가장 넓은 직사각형의 넓이는 몇 cm^2일까요?

(   )

16 직사각형 ㄱㄴㄷㄹ의 넓이가 60 cm^2라면 삼각형 ㅁㄴㄷ의 넓이는 몇 cm^2일까요?

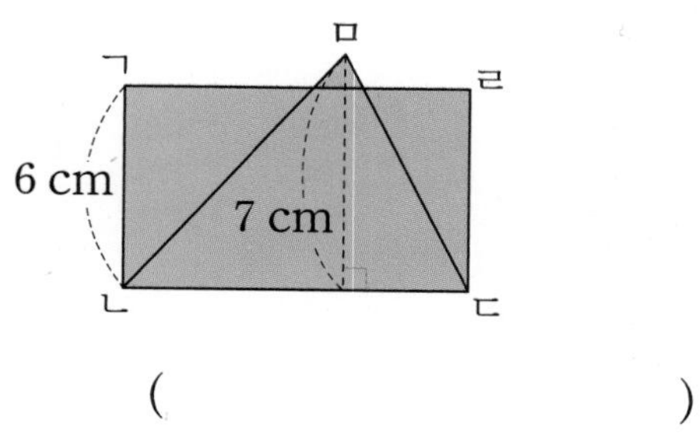

(　　　　　　　　　　)

17 사다리꼴 ㄱㄴㄷㄹ의 넓이는 몇 cm^2일까요?

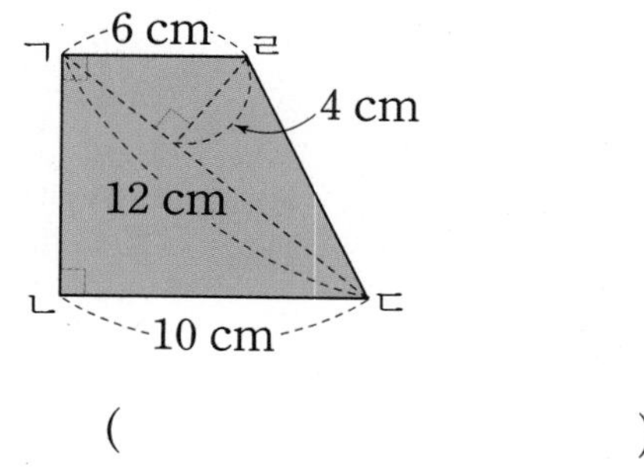

(　　　　　　　　　　)

18 평행사변형 ㄱㄴㅁㄹ의 넓이는 삼각형 ㄹㅁㄷ의 넓이의 3배입니다. 선분 ㄴㄷ은 몇 cm일까요?

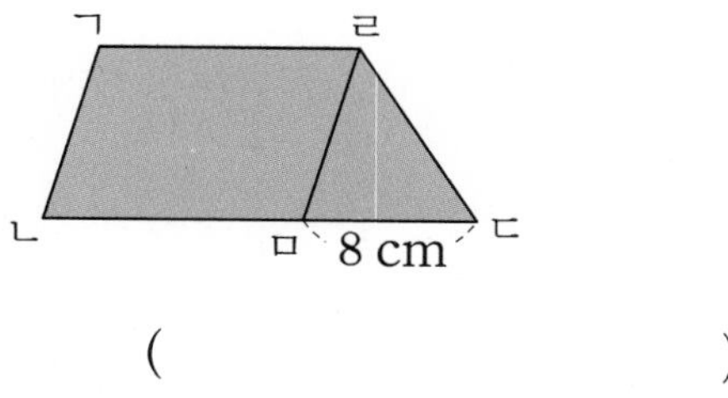

(　　　　　　　　　　)

술술 서술형

19 마름모와 직사각형의 넓이가 같습니다. 직사각형의 가로는 몇 cm인지 풀이 과정을 쓰고 답을 구하세요.

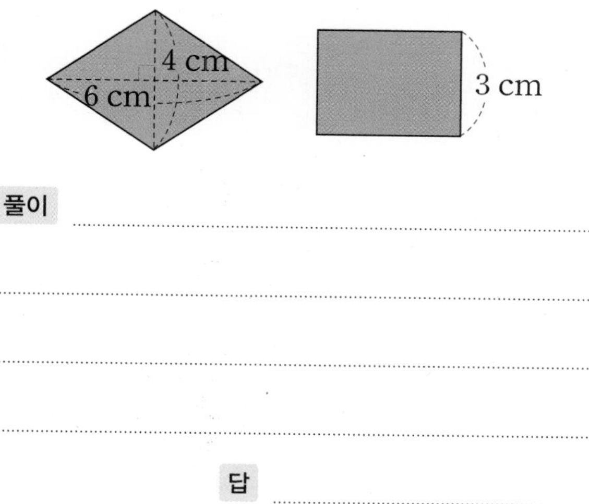

풀이

답

20 마름모의 각 변의 한가운데 점을 이어서 그림과 같이 직사각형과 마름모를 번갈아가며 그렸습니다. 가장 큰 마름모의 넓이가 128 cm^2일 때, 마름모 ㉠의 넓이는 몇 cm^2인지 풀이 과정을 쓰고 답을 구하세요.

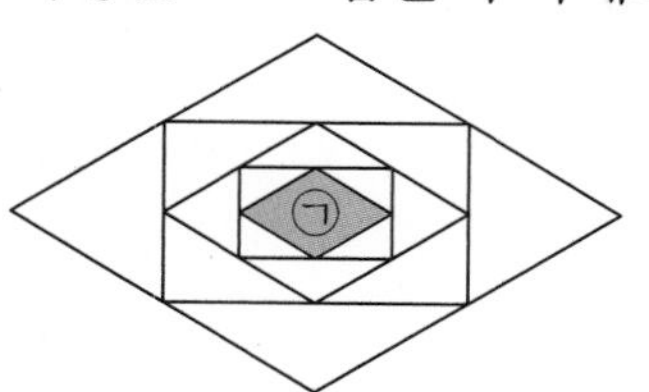

풀이

답

6

수능까지 연결되는 독해 로드맵

디딤돌 독해력은 수능까지 연결되는 체계적인 라인업을 통하여
수능에서 요구하는 핵심 독해 원리에 대한 이해는 물론,
단계 별로 심화되며 연결되는 학습의 과정을 통해
깊이 있고 종합적인 독해 사고의 능력까지 기를 수 있도록 도와줍니다.

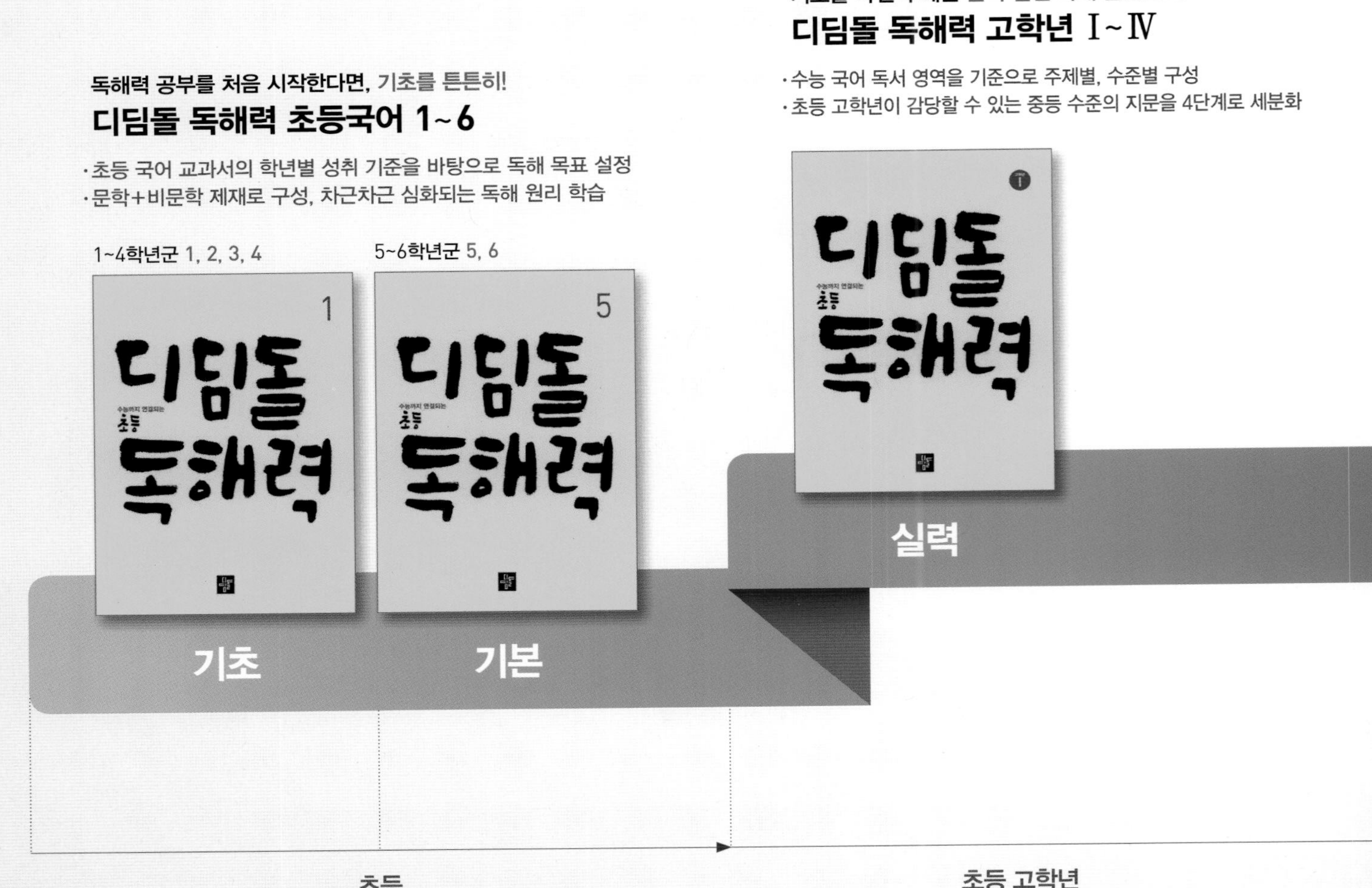

수학 좀 한다면 디딤돌

응용탄탄북

5-1

차례

수학 좀 한다면

초등수학

응용탄탄북

5-1

• **서술형 문제** | 서술형 문제를 집중 연습해 보세요.

• **기출 단원 평가** | 시험에 잘 나오는 문제를 한 번 더 풀어 단원을 확실하게 마무리해요.

서술형 문제

1 두 식을 계산 순서에 맞게 각각 계산해 보고 그 결과를 비교하여 설명해 보세요.

$32 - 15 + 7$ $32 - (15 + 7)$

풀이

▶ 덧셈과 뺄셈이 섞여 있는 식은 앞에서부터 차례로 계산합니다.

2 두 식 ㉠과 ㉡의 계산 결과의 차는 얼마인지 풀이 과정을 쓰고 답을 구하세요.

㉠ $5 \times 18 - 9 \times 2$
㉡ $5 \times (18 - 9) \times 2$

풀이

답

▶ ( )가 있는 식에서는 ( ) 안을 먼저 계산합니다

3

24에서 어떤 수를 뺀 후 4배 한 수는 56을 7로 나눈 수보다 48이 큽니다. 어떤 수는 얼마인지 풀이 과정을 쓰고 답을 구하세요.

풀이

답

▶ 어떤 수를 □라 하여 식을 세운 후 □를 구합니다.

다음 식에서 ○ 안에 알맞은 연산 기호를 구하려고 합니다. 풀이 과정을 쓰고 답을 구하세요.

$$4 \times 5 \bigcirc 3 = 6 \times (8 - 5) + 5$$

풀이

답

▶ 등호(=)의 오른쪽 식을 먼저 계산한 후 ○ 안에 들어갈 연산 기호를 구합니다.

5

소윤이는 전체가 192쪽인 책을 읽고 있습니다. 어제까지 3일 동안 하루에 24쪽씩 읽었고, 오늘 30쪽을 읽었습니다. 오늘까지 읽고 남은 쪽수는 몇 쪽인지 풀이 과정을 쓰고 답을 구하세요.

풀이

답

▶ 전체 쪽수에서 3일 동안 읽은 쪽수와 오늘 읽은 쪽수를 차례로 뺍니다.

6

일정한 빠르기로 시언이는 1시간 동안 2 km, 기안이는 2시간 동안 6 km, 나래는 1시간 동안 4 km를 갔습니다. 시언이와 기안이가 1시간 동안 간 거리의 합은 나래가 1시간 동안 간 거리보다 몇 km 더 먼지 풀이 과정을 쓰고 답을 구하세요.

풀이

답

▶ 시언이와 기안이가 1시간 동안 간 거리의 합에서 나래가 1시간 동안 간 거리를 뺍니다.

7

96 cm인 종이테이프를 4등분 한 것 중 한 도막과 75 cm인 종이테이프를 5등분 한 것 중 한 도막을 3 cm가 겹쳐지도록 이어 붙였습니다. 이어 붙인 종이테이프의 전체 길이는 몇 cm인지 풀이 과정을 쓰고 답을 구하세요.

풀이

답

▶ 96 cm를 4등분 한 것 중 한 도막과 75 cm를 5등분 한 것 중 한 도막의 합에서 겹쳐지는 길이 3 cm를 뺍니다.

8

지우개 6개의 무게는 420 g이고, 연필 1타의 무게는 600 g입니다. 지우개 5개와 연필 6자루의 무게는 모두 몇 g인지 풀이 과정을 쓰고 답을 구하세요. (연필 1타는 12자루입니다.)

풀이

답

▶ 지우개 5개의 무게를 구하는 식과 연필 6자루의 무게를 구하는 식을 더합니다.

1

다시 점검하는 기출 단원 평가 Level 1

점수 | 확인

1 식에서 가장 먼저 계산해야 하는 부분의 기호를 쓰세요.

$8+29-5\times4\div2+16$

(↑ ㉠ at +, ↑ ㉡ at −, ↑ ㉢ at ×, ↑ ㉣ at ÷, ↑ ㉤ at +)

( )

2 계산에서 잘못된 부분을 찾아 바르게 계산하세요.

$15+34-4\times6=49-4\times6$
$=45\times6$
$=270$

① ② ③

↓

$15+34-4\times6$

3 계산 결과를 찾아 선으로 이어 보세요.

$27+7\times5-3$ •	• 41
$(27+7)\times5-3$ •	• 59
$27+7\times(5-3)$ •	• 167

4 계산 결과를 비교하여 ○ 안에 >, =, <를 알맞게 써넣으세요.

$72\div3-4\times2$ ○ $3\times(16-11)$

5 두 식 ㉠과 ㉡의 계산 결과의 차는 얼마일까요?

㉠ $4\times9+3\times(16-8)$
㉡ $125\div5\times3-45\div15$

( )

6 앞에서부터 차례로 계산해야 하는 것은 어느 것일까요? ( )

① $17-3\times4+5$
② $(5+7)\div4+3\times2-6$
③ $5\times6-12\div3+7$
④ $(6+2)\times4-12\div3$
⑤ $8\div4\times3+7-2$

7 계산한 값이 작은 것부터 차례로 기호를 쓰세요.

㉠ $36 \div 4 + 2 \times 3 - 7$
㉡ $8 + 45 \div 9 - 6 \div 2$
㉢ $2 + (9 - 5) \times 3 \div 6 + 8$

(　　　　　　　　　　)

8 마카롱이 40개 있습니다. 남학생 3명과 여학생 5명에게 한 사람당 4개씩 주었습니다. 남은 마카롱은 몇 개일까요?

식 ....

답 ....

9 승호 어머니의 나이는 몇 살일까요?

승호

저는 12살이고 동생은 9살입니다.
어머니의 나이는 저와 동생 나이의 합의 2배보다 4살이 적습니다.

(　　　　　　　　　　)

10 (　)를 생략해도 계산 결과가 같은 식은 어느 것일까요? (　　　)

① $15-(3+4)+7$
② $12-(6\div3)+3$
③ $(21+14)\div7-1\times3$
④ $5+(12-6)\div3$
⑤ $7\times(7-5)+4$

11 지구에서 잰 무게는 달에서 잰 무게의 약 6배입니다. 세 사람이 모두 달에서 몸무게를 잰다면 시경이와 소현이의 몸무게의 합은 삼촌의 몸무게보다 약 몇 kg 더 무거울까요?

사람	지구에서 잰 몸무게(kg)
삼촌	78
시경	44
소현	40

(　　　　　　　　　　)

12 서하는 3개에 1650원인 젤리 5개와 850원인 물을 하나 사고 5000원짜리 지폐를 냈습니다. 거스름돈으로 얼마를 받아야 할까요?

(　　　　　　　　　　)

13 다음 식이 성립하도록 (　)로 묶어 보세요.

$40 - 25 \div 2 + 3 \times 4 = 20$

14 다음 식이 성립하도록 ○ 안에 +, −, ×, ÷를 알맞게 써넣으세요.

$5 + 5$ ○ $9 - 2 = (30 - 6) \times 2$

15 2, 4, 6을 □ 안에 한 번씩 써넣어 계산 결과가 가장 큰 수가 되도록 식을 만들고 계산하세요.

□ × □ ÷ □ = (　　　　)

16 기호 ♥의 계산 방법을 다음과 같이 약속할 때 8♥5의 계산식과 답을 구하세요.

가♥나 = 가 × 나 + (가 − 나) × 나

식

답

17 경품 행사장에서 기념품 950개를 5일 동안 방문객에게 매일 똑같은 수만큼 나누어 주려고 합니다. 첫날 오전에 남자 19명과 여자 23명에게 기념품을 3개씩 나누어 주었습니다. 첫날 오후에 나누어 줄 수 있는 기념품은 몇 개일까요?

(　　　　)

18 □ 안에 들어갈 수 있는 자연수는 모두 몇 개일까요?

60 − 8 × □ > 19 + 72 ÷ 9

(　　　　)

술술 서술형

19 자동차를 70대 주차할 수 있는 주차장에 자동차가 12대씩 5줄로 주차되어 있었습니다. 이 중 14대가 빠져나갔다면 앞으로 주차장에 자동차를 몇 대 더 주차할 수 있는지 풀이 과정을 쓰고 답을 구하세요.

풀이

답

20 복숭아 한 개의 무게는 320 g이고 참외 3개의 무게는 870 g입니다. 복숭아 4개와 참외 5개의 무게는 모두 몇 g인지 풀이 과정을 쓰고 답을 구하세요.

풀이

답

다시 점검하는 기출 단원 평가 Level 2

점수 | 확인

1 가장 먼저 계산해야 할 부분은 어느 것일까요? ( )

$2 \times 8 \div 4 + (6 - 5) \times 2$

① 2×8 ② $8 \div 4$
③ $4 + 6$ ④ $6 - 5$
⑤ 5×2

[2~3] 계산을 하세요.

2 $26 + 16 \div (4 \times 2) - 4$

3 $67 - 36 \div 6 + (2 + 3) \times 7$

4 ( )를 생략해도 계산 결과가 같은 식은 어느 것일까요? ( )

① $36 - (27 - 9)$ ② $5 + (7 - 5)$
③ $6 \times (8 - 4)$ ④ $12 \div (6 \div 2)$
⑤ $15 \div (3 \times 5)$

5 계산 결과가 가장 큰 것의 기호를 쓰세요.

㉠ $(2 + 3) \times 4 - 5$
㉡ $2 + 3 \times 4 - 5$
㉢ $4 \div 2 + 5 \times 3$

( )

6 ( )를 사용하여 두 식을 하나의 식으로 나타내세요.

$45 \div 5 + 7 = 16$ $9 - 4 = 5$

( )

7 식을 세우고 계산해 보세요.

3과 4의 합을 6배 한 수에서 5를 뺀 수

( )

8 두 식의 계산 결과의 차를 구하세요.

$45 \div (8 - 3) + 27$
$32 - 72 \div (2 + 7)$

( )

1

9 버스에 42명이 타고 있었습니다. 이번 정거장에서 21명이 내리고 13명이 탔습니다. 버스에 타고 있는 사람은 몇 명일까요?

식 ....

답 ....

10 사탕이 한 봉지에 8개씩 3봉지 있습니다. 이 사탕을 남학생 3명과 여학생 3명에게 똑같이 나누어 주려고 합니다. 한 사람에게 사탕을 몇 개씩 줄 수 있을까요?

(　　　　　　　　)

11 다음 식이 성립하도록 (　)로 묶어 보세요.

$$30 + 34 \div 8 - 3 = 5$$

12 □ 안에 알맞은 수를 써넣으세요.

$$64 \div 8 \times \square = 40$$

13 다음 식이 성립하도록 ○ 안에 +, −, ×, ÷를 알맞게 써넣으세요.

$$5 \times 4 \bigcirc 5 = (18 - 16) \times 2$$

14 기호 ▲의 계산 방법을 다음과 같이 약속할 때 18▲12를 계산한 값을 구하세요.

가▲나 = (가−나) × 2 + (가+나) ÷ 2

(　　　　　　　　)

15 어느 자동차 영업소에서 4월에는 25대의 자동차를 팔고, 5월에는 4월보다 7대 적게 팔았습니다. 6월에는 5월에 판 자동차 수의 2배보다 4대 적게 팔았다면 6월에 판 자동차는 몇 대일까요?

(　　　　　　　　)

16 어떤 수를 3으로 나눈 다음 34를 더해야 할 것을 잘못하여 3을 곱한 다음 34를 뺐더니 11이 되었습니다. 바르게 계산하면 얼마일까요?

( )

17 □ 안에 들어갈 수 있는 자연수는 모두 몇 개일까요?

□ + 5 × 6 < 30 + 64 ÷ 8

( )

18 사과를 은형이는 하루에 52개, 소라는 3일 동안 144개, 미림이는 4일 동안 300개 땄습니다. 은형이와 소라가 하루에 딴 사과 수의 합은 미림이가 하루에 딴 사과보다 몇 개 더 많을까요? (단, 소라와 미림이가 각각 하루에 같은 개수씩 사과를 땄습니다.)

( )

술술 서술형

19 어느 가게에 막대 사탕이 한 상자에 24개씩 5상자 있습니다. 이 막대 사탕을 일주일 동안 하루에 8개씩 팔았다면 남은 막대 사탕은 몇 개인지 풀이 과정을 쓰고 답을 구하세요.

풀이

답

20 기호 ◎의 계산 방법을 보기 와 같이 약속할 때 □ 안에 알맞은 수를 구하려고 합니다. 풀이 과정을 쓰고 답을 구하세요.

보기

가◎나 = 가 × 3 + (가 − 나) × 2

9 ◎ □ = 33

풀이

답

1

서술형 문제

1 6은 204의 약수입니까? 그렇게 생각한 이유를 설명하세요.

답

이유

▶ 어떤 수를 나누어떨어지게 하는 수를 그 수의 약수라고 합니다. 6이 204를 나누어떨어지게 하는지 알아봅니다.

2 18의 배수 중에서 가장 큰 두 자리 수를 구하려고 합니다. 풀이 과정을 쓰고 답을 구하세요.

풀이

답

▶ 18을 1배, 2배, 3배……한 수를 18의 배수라고 합니다.

3

8과 20의 최대공약수는 얼마인지 두 가지 방법으로 구하세요.

방법 1

방법 2

▶ 곱셈식을 이용하거나 공약수를 이용하여 최대공약수를 구할 수 있습니다.

4

어떤 두 수의 최대공약수가 16일 때 두 수의 공약수를 모두 구하려고 합니다. 풀이 과정을 쓰고 답을 구하세요.

풀이

답

▶ 두 수의 공약수는 두 수의 최대공약수의 약수와 같습니다.

5

재희와 정희가 다음과 같은 규칙에 따라 각각 바둑돌을 25개 놓았습니다. 같은 자리에 검은 바둑돌이 놓이는 경우는 모두 몇 번인지 풀이 과정을 쓰고 답을 구하세요.

재희 ○ ○ ● ○ ○ ● ○ ○ ● ……

정희 ○ ● ○ ● ○ ● ○ ● ○ ……

풀이

답

▶ 검은 바둑돌이 처음으로 같은 자리에 놓이는 경우를 구해 봅니다.

6

어떤 두 수의 최소공배수가 15일 때 두 수의 공배수를 가장 작은 수부터 3개 구하려고 합니다. 풀이 과정을 쓰고 답을 구하세요.

풀이

답

▶ 두 수의 공배수는 두 수의 최소공배수의 배수와 같습니다.

7 구슬 36개와 딱지 54개를 최대한 많은 친구들에게 남김없이 똑같이 나누어 주려고 합니다. 최대 몇 명에게 나누어 줄 수 있는지 풀이 과정을 쓰고 답을 구하세요.

풀이

답

▶ 남김없이 똑같이 나누어 줄 수 있는 친구 수는 36과 54의 공약수가 됩니다.

8 어느 공장에서 ㉮ 기계는 6일마다 청소를 하고, ㉯ 기계는 8일마다 청소를 합니다. 오늘 두 기계를 함께 청소했다면, 다음번에 두 기계를 함께 청소하는 날은 며칠 후인지 풀이 과정을 쓰고 답을 구하세요.

풀이

답

▶ 두 기계를 함께 청소하는 날은 6과 8의 공배수인 날이 됩니다.

다시 점검하는 기출 단원 평가 Level 1

점수 | 확인

1 26의 약수를 모두 구하세요.

(　　　　　　　　　　)

2 약수가 가장 많은 수는 어느 것일까요?

(　　　)

① 12　② 18　③ 24　④ 30　⑤ 48

3 어떤 수의 약수를 가장 작은 수부터 모두 쓴 것입니다. □ 안에 알맞은 수를 구하세요.

1, 2, 3, 4, 6, 9, 12, 18, □

(　　　　　　　　　　)

4 두 수가 약수와 배수의 관계인 것을 모두 찾아 기호를 쓰세요.

㉠ (7, 35)　㉡ (46, 6)
㉢ (4, 50)　㉣ (63, 3)

(　　　　　　　　　　)

5 15의 배수 중에서 가장 작은 세 자리 수는 얼마일까요?

(　　　　　　　　　　)

6 한 변이 1 cm인 정사각형 20개를 겹치지 않게 이어 붙여 서로 다른 직사각형을 만들려고 합니다. 직사각형을 모두 몇 개 만들 수 있을까요? (단, 돌리기 하여 나올 수 있는 모양은 같은 것으로 생각합니다.)

(　　　　　　　　　　)

7 두 수의 최대공약수와 최소공배수를 구하세요.

30　　45

최대공약수 (　　　　　　　　　　)

최소공배수 (　　　　　　　　　　)

8 어떤 두 수의 최대공약수가 30일 때 두 수의 공약수를 모두 구하세요.

( )

9 어떤 두 수의 최소공배수가 21일 때 두 수의 공배수를 가장 작은 것부터 3개 구하세요.

( )

10 3의 배수는 각 자리 숫자의 합이 3의 배수입니다. 3의 배수를 모두 고르세요. ( )

① 522 ② 725 ③ 193
④ 873 ⑤ 407

11 7의 배수 중에서 두 자리 수는 모두 몇 개일까요?

( )

12 연필 36자루와 공책 45권을 최대한 많은 친구들에게 남김없이 똑같이 나누어 주려고 합니다. 최대 몇 명에게 나누어 줄 수 있을까요?

( )

13 재희는 9일마다 도서관에 가고, 은정이는 6일마다 도서관에 갑니다. 재희와 은정이가 5월 1일에 도서관에 함께 갔다면, 5월 한 달 동안 도서관에 함께 가는 날은 모두 며칠일까요?

( )

14 가로가 45 cm, 세로가 54 cm인 직사각형 모양의 종이를 남는 부분 없이 잘라서 크기가 같은 가장 큰 정사각형 모양의 종이를 여러 장 만들었습니다. 정사각형 모양의 종이는 모두 몇 장일까요?

( )

15 조건 을 모두 만족하는 수를 구하세요.

조건
- 40의 약수입니다.
- 16의 약수가 아닙니다.
- 십의 자리 숫자가 2입니다.

( )

16 어떤 수로 34를 나누면 나머지가 4이고, 50을 나누면 나머지가 2입니다. 어떤 수를 구하세요.

( )

17 어떤 수를 9로 나누어도 나머지가 5이고, 12로 나누어도 나머지가 5입니다. 어떤 수 중에서 가장 작은 수를 구하세요.

( )

18 최대공약수는 8이고 최소공배수는 120인 두 수가 있습니다. 한 수가 24일 때 다른 한 수를 구하세요.

( )

술술 서술형

19 8의 배수인 어떤 수가 있습니다. 이 수의 약수를 모두 더했더니 63이 되었습니다. 어떤 수는 얼마인지 풀이 과정을 쓰고 답을 구하세요.

풀이

답

20 가로가 6 cm, 세로가 9 cm인 직사각형 모양의 색종이를 겹치는 부분 없이 늘어놓아 가장 작은 정사각형을 만들었습니다. 정사각형의 한 변의 길이는 몇 cm인지 풀이 과정을 쓰고 답을 구하세요.

풀이

답

다시 점검하는 기출 단원 평가 Level 2

점수 | 확인

1 약수가 가장 많은 수를 찾아 기호를 쓰세요.

㉠ 45　　㉡ 30　　㉢ 64

(　　　　　　　)

2 어떤 수의 약수를 가장 작은 수부터 모두 쓴 것입니다. □ 안에 알맞은 수를 구하세요.

1, 2, 4, 5, 8, □, 20, 40

(　　　　　　　)

3 어떤 수의 배수를 가장 작은 수부터 차례로 쓴 것입니다. 13번째의 수를 구하세요.

9, 18, 27, 36, 45……

(　　　　　　　)

4 두 수가 약수와 배수의 관계일 때 □ 안에 들어갈 수 없는 수는 어느 것일까요? (　　　)

(16, □)

① 1　　② 8　　③ 10
④ 32　　⑤ 64

5 9의 배수도 되고 15의 배수도 되는 수를 모두 고르세요. (　　　　)

① 27　　② 45　　③ 50
④ 60　　⑤ 90

6 ㉠과 ㉡의 공약수 중 가장 큰 수를 구하세요.

㉠ $2 \times 3 \times 5 \times 7$
㉡ $2 \times 3 \times 7 \times 13$

(　　　　　　　)

7 두 수의 최대공약수와 최소공배수를 구하세요.

27　　45

최대공약수 (　　　　　　　)
최소공배수 (　　　　　　　)

8 어떤 두 수의 최대공약수가 32일 때 두 수의 공약수는 모두 몇 개일까요?

(　　　　　　　)

9 민지가 설명하는 수를 구하세요.

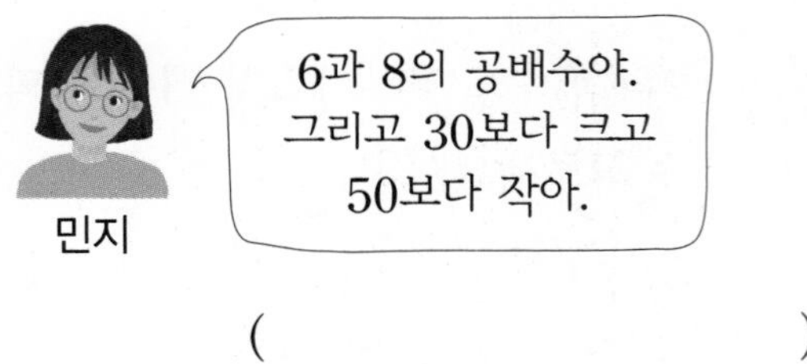

( )

10 3과 4의 공배수 중에서 두 자리 수는 모두 몇 개일까요?

( )

11 두 수의 공배수 중 200에 가장 가까운 수를 구하세요.

6	20

( )

12 사탕 60개와 초콜릿 45개를 최대한 많은 학생들에게 남김없이 똑같이 나누어 주려고 합니다. 최대 몇 명에게 나누어 줄 수 있을까요?

( )

13 가로가 6 cm, 세로가 5 cm인 직사각형 모양의 색종이를 겹치는 부분 없이 늘어놓아 정사각형을 만들려고 합니다. 가능한 작은 정사각형을 만들 때 색종이는 모두 몇 장 필요할까요?

( )

14 현빈이와 소영이는 공원을 일정한 속력으로 걷고 있습니다. 현빈이는 7분마다, 소영이는 5분마다 공원을 한 바퀴 돕니다. 두 사람이 출발점에서 같은 방향으로 동시에 출발할 때 출발 후 90분 동안 출발점에서 몇 번 다시 만날까요?

( )

15 연아와 주희가 아래와 같이 규칙에 따라 각각 바둑돌 100개를 놓을 때 같은 자리에 검은색 바둑돌이 놓이는 경우는 모두 몇 번일까요?

연아 ○○●○○●○○●○ ……

주희 ○●○●○●○●○● ……

( )

16 어떤 두 수의 최대공약수는 7이고 최소공배수는 105입니다. 한 수가 35일 때 다른 한 수는 얼마일까요?

( )

17 어떤 수로 26을 나누면 나머지가 2이고, 39를 나누면 나머지가 3입니다. 어떤 수 중에서 가장 큰 수는 얼마일까요?

( )

18 가로가 56 m, 세로가 72 m인 직사각형 모양의 목장이 있습니다. 목장의 가장자리를 따라 일정한 간격으로 말뚝을 설치하여 울타리를 만들려고 합니다. 네 모퉁이에는 반드시 말뚝을 설치해야 하고, 말뚝은 가장 적게 사용하려고 합니다. 울타리를 설치하는 데 필요한 말뚝은 모두 몇 개일까요?

( )

술술 서술형

19 대화를 읽고 잘못 말한 사람을 찾고, 그 이유를 설명하세요.

진헌 : 24와 36의 공약수는 두 수를 모두 나누어떨어지게 할 수 있어.

혜진 : 24와 36의 공약수 중에서 가장 큰 수는 8이야.

서연 : 24와 36의 공약수 중에서 가장 작은 수는 1이야.

답 ....

이유 ....

20 어떤 두 수의 최소공배수가 32일 때 두 수의 공배수 중에서 가장 큰 두 자리 수를 구하려고 합니다. 풀이 과정을 쓰고 답을 구하세요.

풀이 ....

답 ....

서술형 문제

1 민혁이의 나이가 11살일 때 어머니의 나이는 39살이었습니다. 민혁이의 나이와 어머니의 나이 사이의 대응 관계를 설명하세요.

민혁이의 나이(살)	11	12	13	14	15
어머니의 나이(살)	39	40	41	42	43

대응 관계

▶ 표를 보고 민혁이의 나이와 어머니의 나이 사이의 규칙을 찾아봅니다.

2 귤이 한 상자에 12개씩 들어 있습니다. 귤의 수를 □, 상자의 수를 △라 할 때 □와 △ 사이의 대응 관계를 식으로 나타내려고 합니다. 풀이 과정을 쓰고 답을 구하세요.

풀이

답

▶ 귤이 한 상자씩 늘어날 때마다 귤은 12개씩 늘어나는 규칙이 있습니다.

3 어느 주차장의 기본 요금이 1000원이고 1시간마다 500원씩 추가 요금이 발생합니다. 주차 시간과 주차 요금 사이의 대응 관계를 식으로 나타내려고 합니다. 풀이 과정을 쓰고 답을 구하세요.

▶ 주차 시간과 주차 요금 사이의 대응 관계를 찾아봅니다.

풀이

답

4 서울의 시각과 워싱턴 D.C의 시각 사이의 대응 관계를 나타낸 표입니다. 서울의 시각을 △, 워싱턴 D.C의 시각을 ☆이라 할 때 △와 ☆ 사이의 대응 관계를 식으로 나타내려고 합니다. 풀이 과정을 쓰고 답을 구하세요.

▶ 서울의 시각과 워싱턴 D.C의 시각 사이의 대응 관계를 알아봅니다.

서울의 시각	오후 2시	오후 3시	오후 4시	오후 5시
워싱턴 D.C의 시각	오전 1시	오전 2시	오전 3시	오전 4시

풀이

답

5

한 자루에 15 kg씩 들어 있는 쌀이 있습니다. 쌀 300 kg을 사려면 몇 자루를 사야 하는지 풀이 과정을 쓰고 답을 구하세요.

풀이

답

▶ 쌀 자루의 수와 쌀의 무게 사이의 대응 관계를 식으로 나타내어 봅니다.

6

키위 주스 1컵을 만드는 데 키위가 3개 필요합니다. 한 상자에 20개씩 들어 있는 키위 상자가 6상자 있습니다. 이 키위로 만들 수 있는 키위 주스는 최대 몇 컵인지 풀이 과정을 쓰고 답을 구하세요.

풀이

답

▶ 6상자에 들어 있는 키위의 수를 구한 다음, 키위 주스의 수와 키위의 수 사이의 대응 관계를 식으로 나타내어 봅니다.

7

바둑돌을 규칙적으로 놓았습니다. 배열 순서와 바둑돌의 수 사이의 대응 관계를 찾아 열째에 놓을 바둑돌은 몇 개인지 구하려고 합니다. 풀이 과정을 쓰고 답을 구하세요.

1 2 3 4 ......

풀이

답

▶ 배열 순서와 바둑돌의 수 사이의 대응 관계를 먼저 찾아봅니다.

8

○의 수를 넣으면 △의 수가 나오는 상자가 있습니다. ㉠과 ㉡에 알맞은 수를 구하는 풀이 과정을 쓰고 답을 구하세요.

○	1	2	3	㉠	8
△	11	10	9	5	㉡

풀이

답 ㉠ , ㉡

▶ ○와 △ 사이의 대응 관계를 먼저 찾아봅니다.

다시 점검하는 기출 단원 평가 Level 1

점수 | 확인

[1~2] 배열 순서에 따른 모양의 변화를 보고 물음에 답하세요.

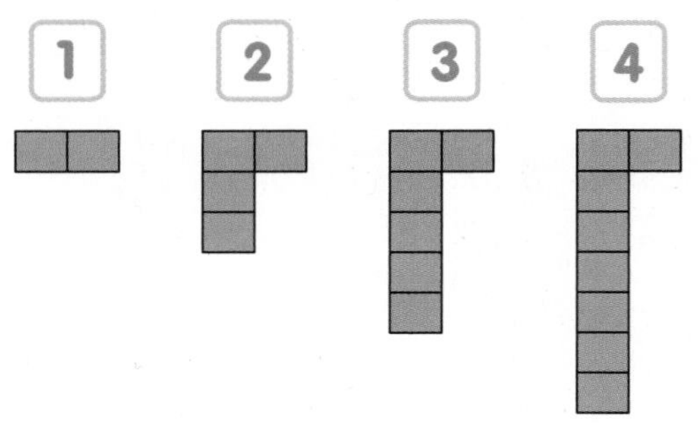

1 배열 순서에 따라 사각형 조각의 수가 어떻게 변하는지 표를 이용하여 알아보세요.

배열 순서	1	2	3	4	……
사각형 조각의 수(개)	2	4			……

2 배열 순서와 사각형 조각의 수 사이의 대응 관계를 써 보세요.

3 표를 완성하고, 잠자리의 수와 날개의 수 사이의 대응 관계를 써 보세요.

잠자리의 수(마리)	1	2	3	4	5
날개의 수(개)	4	8			

4 삼각형의 수와 꼭짓점의 수 사이의 대응 관계를 써 보세요.

[5~7] 어느 인터넷 쇼핑몰에서 택배로 물건을 한 개 보낼 때마다 택배 요금은 2500원씩 듭니다. 물음에 답하세요.

5 택배 요금과 택배 물건 수 사이의 대응 관계를 식으로 나타내어 보세요.

식

6 택배로 물건을 15개 보내면 택배 요금은 얼마일까요?

(　　　　　　　　)

7 택배 요금으로 75000원이 들었다면 택배로 물건을 몇 개 보냈을까요?

(　　　　　　　　)

8 무당벌레의 다리는 6개입니다. 무당벌레의 수를 ○, 다리의 수를 ◎라고 할 때 ○와 ◎ 사이의 대응 관계를 식으로 나타내세요.

식

9 어느 날의 원화와 유로의 환율을 나타낸 표입니다. 원화와 유로 사이의 대응 관계를 식으로 나타내세요.

원화(원)	2800	4200	5600	7000
유로(유로)	2	3	4	5

식 ....

10 바둑돌을 규칙적으로 놓았습니다. 배열 순서를 □, 바둑돌의 수를 △라 할 때 □와 △ 사이의 대응 관계를 식으로 나타내고, 아홉째에 놓을 바둑돌의 수를 구하세요.

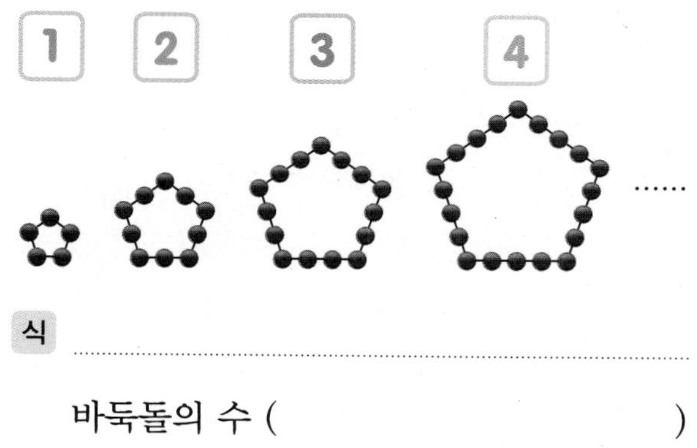

식 ....

바둑돌의 수 (   )

11 다음과 같은 방법으로 둥근 고무줄을 잘라 여러 도막으로 나누려고 합니다. 고무줄을 26도막으로 나누기 위해서는 몇 번을 잘라야 할까요?

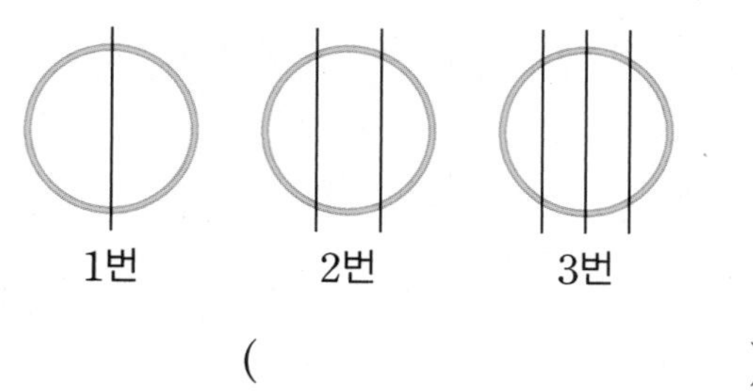

(   )

12 ○와 □ 사이의 대응 관계를 나타낸 표입니다. ○와 □ 사이의 대응 관계를 식으로 나타내세요.

○	1	2	3	4	5
□	5	9	13	17	21

식 ....

13 아버지의 나이는 45살이고 수연이의 나이는 11살입니다. 아버지의 나이가 36살이었을 때 수연이는 몇 살이었을까요?

(   )

[14~15] 생선 가게에서 굴비 한 두름을 15000원에 팔고 있습니다. 굴비 한 두름은 조기를 소금에 절여 짚으로 한 줄에 10마리씩 2줄로 엮어 말린 것입니다. 물음에 답하세요.

14 굴비의 수를 △, 굴비 가격을 ○라 할 때 빈칸에 알맞은 수를 써넣으세요.

△	20	40	60	80	100
○	15000				

15 70000원으로 굴비를 몇 마리까지 살 수 있을까요? (단, 굴비는 두름 단위로만 판매합니다.)

(   )

3

16 □와 △ 사이의 대응 관계를 나타낸 것입니다. □가 10일 때 △는 얼마일까요?

□	3	5	6	8	9
△	39	65		104	

( )

17 색종이를 놓아 직사각형 모양을 만들고 있습니다. 서른째에 놓이는 색종이는 몇 장일까요?

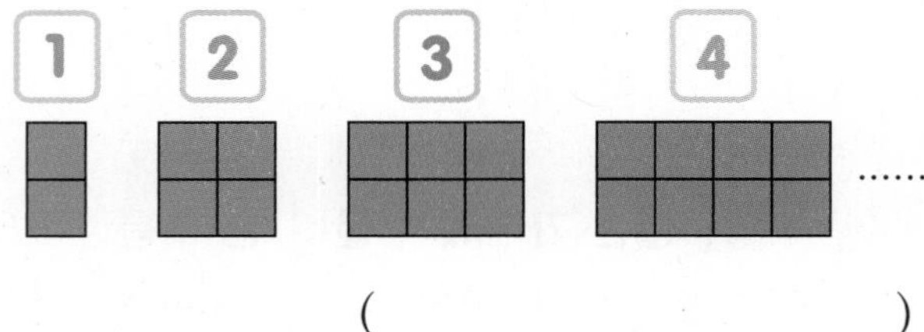

( )

18 성냥개비로 삼각형을 만들었습니다. 삼각형이 16개일 때 성냥개비는 몇 개 사용했을까요?

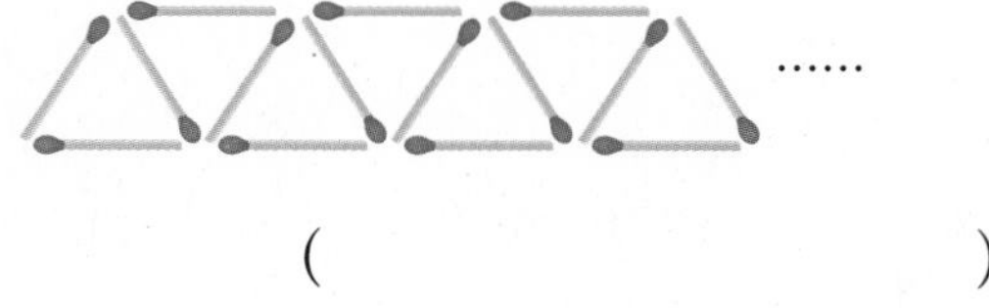

( )

술술 서술형

19 오각형의 수를 □, 변의 수를 △라고 할 때 □와 △ 사이의 대응 관계를 식으로 나타내려고 합니다. 풀이 과정을 쓰고 답을 구하세요.

풀이

답

20 자동차가 한 시간에 80 km를 달립니다. 이 자동차가 같은 빠르기로 쉬지 않고 달린다면 400 km를 달리는 데 몇 시간이 걸리는지 구하려고 합니다. 풀이 과정을 쓰고 답을 구하세요.

풀이

답

다시 점검하는 기출 단원 평가 Level 2

점수 | 확인

[1~2] 영화가 1초 동안 상영되려면 그림이 30장 필요합니다. 물음에 답하세요.

1 영화 상영 시간과 필요한 그림의 수 사이의 대응 관계를 표를 이용하여 알아보세요.

상영 시간(초)	1	2	3	4	5
그림의 수(장)	30	60			

2 영화 상영 시간과 필요한 그림의 수 사이의 대응 관계를 써 보세요.

[3~4] 게시판에 그림을 전시하기 위해 색 도화지에 누름 못을 꽂아서 벽에 붙이고 있습니다. 물음에 답하세요.

3 색 도화지의 수와 누름 못의 수가 어떻게 변하는지 표를 이용하여 알아보세요.

......

색 도화지의 수(장)	1	2	3	5	8	......
누름 못의 수(개)	2	3				......

4 색 도화지의 수와 누름 못의 수 사이의 대응 관계를 써 보세요.

[5~7] 어느 영화의 상영 시간이 2시간이라고 합니다. 물음에 답하세요.

5 시작 시각과 끝난 시각 사이의 대응 관계를 표를 이용하여 알아보세요.

시작 시각	오전 9시	낮 12시	오후 3시	오후 6시
끝난 시각	오전 11시	오후 2시		

6 영화의 시작 시각과 끝난 시각 사이의 대응 관계를 써 보세요.

7 영화 시작 시각을 ○, 끝난 시각을 ◇라 할 때 ○과 ◇ 사이의 대응 관계를 식으로 나타내세요.

식

8 진구네 샤워기에서는 1분에 13 L의 물이 나옵니다. 샤워기를 사용한 시간을 ○, 나온 물의 양을 ☆라 할 때 ○와 ☆ 사이의 대응 관계를 식으로 나타내세요.

식

3

[9~11] 솜사탕이 900원일 때 팔린 솜사탕의 수와 판매 금액 사이의 대응 관계를 알아보려고 합니다. 물음에 답하세요.

9 팔린 솜사탕의 수와 판매 금액 사이의 대응 관계를 표를 이용하여 알아보세요.

팔린 솜사탕의 수(개)	1	2	3	4	5
판매 금액 (원)	900	1800			

10 팔린 솜사탕의 수를 □, 판매 금액을 ○라 할 때 □와 ○ 사이의 대응 관계를 식으로 나타내세요.

식 ....

11 솜사탕이 90개 팔렸다면 판매 금액은 얼마일까요?

( )

[12~13] 바둑돌을 규칙적으로 놓았습니다. 물음에 답하세요.

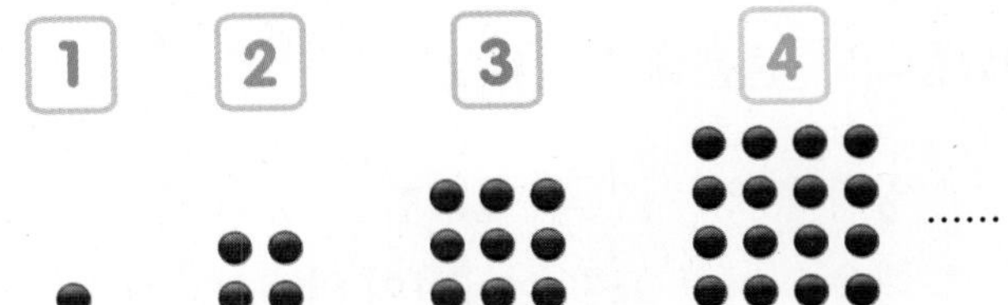

12 배열 순서와 바둑돌의 수 사이의 대응 관계를 식으로 나타내세요.

식 ....

13 열째에 놓을 바둑돌은 몇 개일까요?

( )

[14~15] 성냥개비로 다음과 같은 모양을 만들었습니다. 물음에 답하세요.

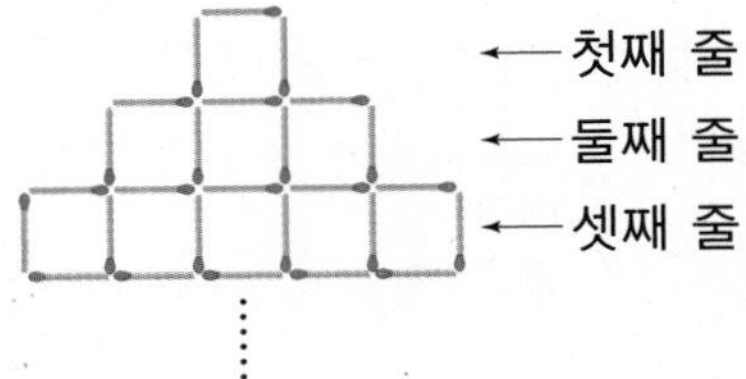

14 줄의 순서를 ☆, 그 줄에 있는 사각형의 수를 ○라 할 때 ☆과 ○ 사이의 대응 관계를 식으로 나타내세요.

식 ....

15 여덟째 줄에는 사각형이 몇 개일까요?

( )

[16~17] 재우가 수를 말하면 노을이가 답을 하고 있습니다. 물음에 답하세요.

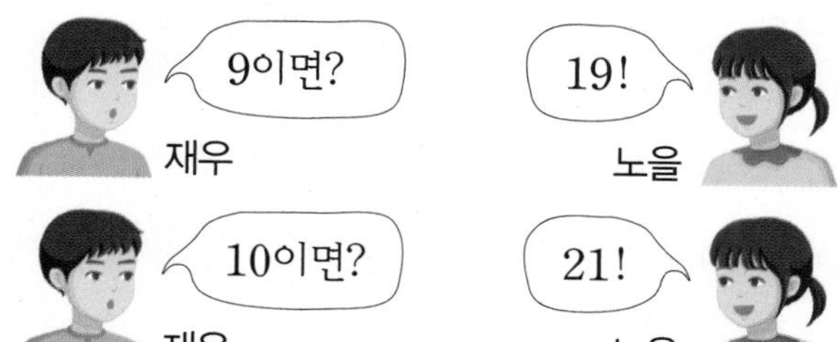

16 표를 완성하세요.

재우가 말한 수	9	5	10	
노을이가 답한 수	19		21	5

17 재우가 말한 수를 △, 노을이가 답한 수를 ○ 라고 할 때 △와 ○ 사이의 대응 관계를 식으로 나타내세요.

식 ....

18 서울의 시각과 캐나다의 수도 오타와의 시각 사이의 대응 관계를 나타낸 표입니다. 서울이 9월 15일 오전 2시일 때 오타와는 몇 월 며칠 몇 시일까요?

서울의 시각	오후 6시	오후 7시	오후 8시	오후 9시
오타와의 시각	오전 5시	오전 6시	오전 7시	오전 8시

( )

술술 서술형

19 2018년에 혜교 동생의 나이는 4살입니다. 혜교 동생이 100살일 때는 몇 년일지 풀이 과정을 쓰고 답을 구하세요.

풀이 ....

답 ....

20 다각형의 모든 각의 크기의 합은 다음과 같이 다각형을 삼각형으로 나누어 삼각형의 세 각의 크기의 합을 이용하여 구할 수 있습니다. 다각형의 변의 수를 △, 다각형의 모든 각의 크기의 합을 □라 할 때 △와 □ 사이의 대응 관계를 식으로 나타내려고 합니다. 풀이 과정을 쓰고 답을 구하세요.

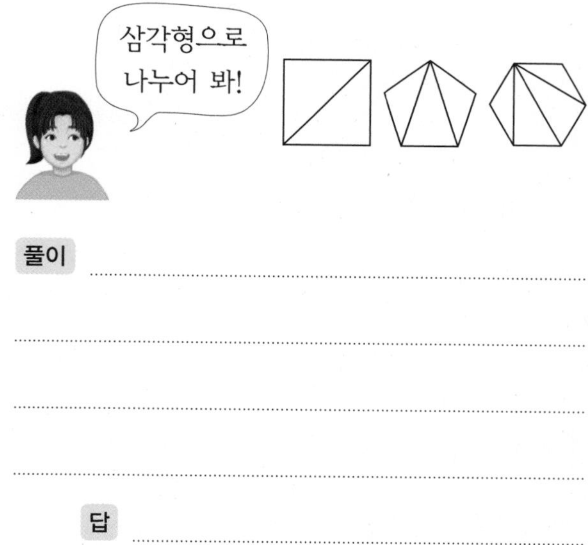

풀이 ....

답 ....

서술형 문제

1 $\frac{30}{42}$을 약분한 분수를 모두 구하려고 합니다. 풀이 과정을 쓰고 답을 구하세요. (단, 공약수 1로 나누는 것은 제외합니다.)

풀이

답

▶ 분모와 분자를 그들의 공약수로 나눕니다.

2 $\frac{3}{4}$과 $\frac{3}{10}$을 가장 작은 공통분모로 통분하려고 합니다. 풀이 과정을 쓰고 답을 구하세요.

풀이

답

▶ 가장 작은 공통분모로 통분하려면 두 분모의 최소공배수로 통분해야 합니다.

3 $\frac{7}{9}$과 $\frac{5}{6}$의 크기를 2가지 방법으로 비교하여 보세요.

방법 1

방법 2

▶ 두 분모의 곱으로 통분하거나 두 분모의 최소공배수로 통분하여 분수의 크기를 비교합니다.

4 기하는 고구마를 $2\frac{5}{7}$ kg 캤고 감자를 $2\frac{4}{5}$ kg 캤습니다. 기하가 캔 고구마와 감자 중에서 어느 것이 더 무거운지 풀이 과정을 쓰고 답을 구하세요.

풀이

답

▶ 분모가 다른 두 분수는 통분하여 분모를 같게 한 다음 분수의 크기를 비교합니다.

5 어떤 기약분수를 통분하였더니 다음과 같았습니다. 통분하기 전의 두 기약분수를 구하려고 합니다. 풀이 과정을 쓰고 답을 구하세요.

$$\left(\frac{24}{56}, \frac{35}{56}\right)$$

풀이

답

▶ 통분한 두 분수를 각각 기약분수로 나타내면 통분하기 전의 두 기약분수가 됩니다.

6 달리기를 교연이는 0.5시간, 희수는 $\frac{4}{5}$시간 동안 했습니다. 달리기를 더 오래 한 사람은 누구인지 풀이 과정을 쓰고 답을 구하세요.

풀이

답

▶ $\frac{4}{5}$를 소수로 나타내거나 0.5를 분수로 나타내어 두 수의 크기를 비교합니다.

7 수 카드 4장이 있습니다. 이 중 2장을 뽑아 만들 수 있는 진분수 중 가장 큰 수를 소수로 나타내려고 합니다. 풀이 과정을 쓰고 답을 구하세요.

2 3 4 5

풀이

답

▶ 분모가 다른 분수의 크기를 비교하려면 분수를 통분하여 비교해야 합니다.

8 $\frac{3}{14}$의 분자에 12를 더했을 때 분수의 크기가 변하지 않으려면 분모에 얼마를 더해야 하는지 풀이 과정을 쓰고 답을 구하세요.

풀이

답

▶ $\frac{3}{14}$과 크기가 같은 분수 중에서 분자가 $(3+12)$인 분수를 구합니다.

4

다시 점검하는 기출 단원 평가 Level 1

점수 | 확인

1 $\frac{4}{7}$와 크기가 같은 분수를 분모가 작은 것부터 차례로 3개 쓰세요.

(　　　　　　　　　　)

2 $\frac{12}{18}$와 크기가 같은 분수를 모두 고르세요. (　　　　)

① $\frac{5}{6}$　② $\frac{2}{3}$　③ $\frac{1}{2}$
④ $\frac{26}{36}$　⑤ $\frac{36}{54}$

3 $\frac{48}{80}$을 약분하려고 합니다. 분모와 분자를 나눌 수 없는 수는 어느 것일까요? (　　　　)

① 2　② 4　③ 8
④ 10　⑤ 16

4 $\frac{40}{56}$을 약분한 분수를 모두 쓰세요. (단, 공약수 1로 나누는 것은 제외합니다.)

(　　　　　　　　　　)

5 기약분수를 모두 찾아 쓰세요.

$\frac{4}{7}$　$\frac{6}{10}$　$\frac{7}{14}$　$\frac{9}{20}$　$\frac{14}{32}$

(　　　　　　　　　　)

6 왼쪽 분수를 기약분수로 나타낸 것을 찾아 선으로 이으세요.

(1) $\frac{25}{60}$ •　　　　• ㉠ $\frac{2}{3}$

(2) $\frac{18}{27}$ •　　　　• ㉡ $\frac{7}{9}$

(3) $\frac{56}{72}$ •　　　　• ㉢ $\frac{5}{12}$

7 분모의 최소공배수를 공통분모로 하여 통분하세요.

$\frac{7}{15}$　$\frac{8}{9}$

(　　　　　　　　　　)

8 $\frac{5}{8}$와 $\frac{1}{6}$을 통분하려고 합니다. 공통분모가 될 수 있는 수를 가장 작은 수부터 차례로 3개 쓰세요.

( )

9 $(\frac{3}{4}, \frac{5}{6})$를 통분한 것 중에서 틀린 것을 찾아 기호를 쓰세요.

㉠ $(\frac{9}{12}, \frac{10}{12})$	㉡ $(\frac{18}{24}, \frac{20}{24})$
㉢ $(\frac{27}{36}, \frac{30}{36})$	㉣ $(\frac{24}{48}, \frac{32}{48})$

( )

10 두 분수의 크기를 비교하여 ○ 안에 >, =, <를 알맞게 써넣으세요.

$\frac{7}{10}$ ○ $\frac{11}{15}$

11 두 수의 크기를 비교하여 ○ 안에 >, =, <를 알맞게 써넣으세요.

3.24 ○ $3\frac{3}{4}$

12 어떤 분수를 8로 약분하였더니 $\frac{4}{7}$가 되었습니다. 어떤 분수를 구하세요.

( )

13 어떤 두 기약분수를 통분하였더니 $\frac{8}{36}$과 $\frac{30}{36}$이 되었습니다. 통분하기 전의 두 기약분수를 구하세요.

( )

14 냉장고 안에 오렌지주스 $\frac{3}{4}$ L와 사과주스 $\frac{3}{5}$ L가 있습니다. 오렌지주스와 사과주스 중에서 더 많은 것은 무엇일까요?

( )

15 가장 큰 분수에 ○표, 가장 작은 분수에 △표 하세요.

$\frac{3}{5}$ $\frac{5}{8}$ $\frac{7}{10}$

16 $\frac{7}{8}$과 크기가 같은 분수 중에서 분모와 분자의 합이 90인 분수를 구하세요.

( )

17 □ 안에 들어갈 수 있는 자연수를 모두 구하세요.

$$\frac{2}{7} < \frac{6}{\square} < \frac{3}{8}$$

( )

18 어떤 분수의 분모와 분자에 각각 3을 더한 다음 4로 약분하였더니 $\frac{5}{9}$가 되었습니다. 어떤 분수를 구하세요.

( )

술술 서술형

19 물을 정연이는 $\frac{1}{2}$ L, 세인이는 $\frac{3}{5}$ L, 장훈이는 0.8 L 마셨습니다. 물을 가장 많이 마신 사람은 누구인지 풀이 과정을 쓰고 답을 구하세요.

풀이

답

20 $\frac{3}{5}$과 $\frac{5}{6}$ 사이의 분수 중에서 분모가 30인 분수는 모두 몇 개인지 구하려고 합니다. 풀이 과정을 쓰고 답을 구하세요.

풀이

답

다시 점검하는 기출 단원 평가 Level ②

점수 | 확인

1 $\frac{12}{42}$와 크기가 같은 분수를 모두 찾아 쓰세요.

$\frac{4}{14}$ $\frac{2}{6}$ $\frac{24}{84}$ $\frac{2}{7}$ $\frac{6}{20}$

( )

2 $\frac{24}{40}$를 약분한 분수를 모두 쓰세요. (단, 공약수 1로 나누는 것은 제외합니다.)

( )

3 $\frac{2}{9}$와 $\frac{1}{6}$을 통분할 때 공통분모가 될 수 <u>없는</u> 수는 어느 것일까요? ( )

① 18 ② 25 ③ 36
④ 54 ⑤ 90

4 $\frac{5}{6}$와 $\frac{4}{15}$를 가장 작은 공통분모로 통분하세요.

( )

5 분모가 16인 진분수 중에서 기약분수는 모두 몇 개일까요?

( )

6 $\frac{42}{70}$를 기약분수로 나타내려고 합니다. 분모와 분자를 어떤 수로 나누어야 하는지 쓰고, 기약분수로 나타내세요.

(,)

7 크기를 비교하여 큰 수부터 차례로 쓰세요.

$\frac{5}{6}$ $\frac{5}{8}$ $\frac{3}{4}$

( )

8 선영이의 몸무게는 $43\frac{2}{5}$ kg이고, 정희의 몸무게는 $43\frac{3}{10}$ kg입니다. 몸무게가 더 무거운 사람은 누구일까요?

( )

4

9 $\frac{2}{9}$와 $\frac{5}{12}$ 사이의 분수 중에서 분모가 36인 기약분수를 모두 구하세요.

( )

10 어떤 두 기약분수를 통분하였더니 $\frac{16}{36}$과 $\frac{15}{36}$가 되었습니다. 통분하기 전의 두 기약분수를 구하세요.

( )

11 빨간색 끈이 $\frac{27}{50}$ m, 파란색 끈이 0.5 m 있습니다. 빨간색 끈과 파란색 끈 중에서 길이가 더 짧은 것은 무슨 색일까요?

( )

12 분수와 소수의 크기를 비교하여 큰 수부터 차례로 쓰세요.

$\frac{3}{5}$	1.3	$\frac{1}{2}$	0.9

( )

13 어떤 분수를 6으로 약분하였더니 $\frac{4}{5}$가 되었습니다. 어떤 분수를 구하세요.

( )

14 수 카드가 4장 있습니다. 이 중 2장을 뽑아 진분수를 만들려고 합니다. 만들 수 있는 진분수 중 가장 큰 수를 소수로 나타내세요.

1 3 5 9

( )

15 $\frac{5}{12}$와 크기가 같은 분수 중에서 분모와 분자의 차가 10보다 크고 25보다 작은 분수를 모두 구하세요.

( )

16 □ 안에 들어갈 수 있는 자연수는 모두 몇 개일까요?

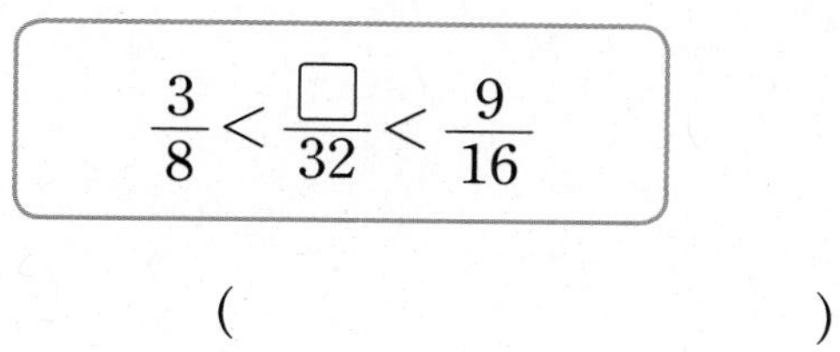

$\frac{3}{8} < \frac{\square}{32} < \frac{9}{16}$

( )

17 어떤 분수의 분자에서 2를 빼고 분모에 3을 더한 후 6으로 약분하였더니 $\frac{3}{4}$이 되었습니다. 어떤 분수를 구하세요.

( )

18 조건 을 모두 만족하는 분수를 찾아 쓰세요.

$\frac{5}{6}$　$\frac{1}{12}$　$\frac{11}{18}$　$\frac{1}{3}$　$\frac{4}{9}$

조건

- $\frac{1}{2}$보다 작습니다.
- $\frac{7}{18}$보다 큽니다.

( )

술술 서술형

19 분모의 최소공배수를 공통분모로 하여 통분하려고 합니다. 다음 계산이 틀린 이유를 쓰고, 바르게 통분한 값을 구하세요.

$(\frac{3}{8}, \frac{7}{20}) \Rightarrow (\frac{3 \times 20}{8 \times 20}, \frac{7 \times 8}{20 \times 8})$
$\Rightarrow (\frac{60}{160}, \frac{56}{160})$

이유

답

20 □ 안에 들어갈 수 있는 자연수는 모두 몇 개인지 풀이 과정을 쓰고 답을 구하세요.

$\frac{\square}{6} < \frac{17}{24}$

풀이

답

4

서술형 문제

1 냉장고 안에 오렌지주스 $1\frac{2}{5}$ L와 포도주스 $1\frac{1}{2}$ L가 있습니다. 냉장고 안에 있는 주스는 모두 몇 L인지 풀이 과정을 쓰고 답을 구하세요.

▶ 오렌지주스의 양과 포도주스의 양을 더합니다.

풀이

답

2 가로가 $4\frac{2}{15}$ cm, 세로가 $2\frac{5}{9}$ cm인 직사각형이 있습니다. 이 직사각형의 가로는 세로보다 몇 cm 더 긴지 풀이 과정을 쓰고 답을 구하세요.

▶ 가로와 세로의 차를 구합니다.

풀이

답

3 같은 양의 물이 담긴 두 비커에 소금의 양을 다르게 하여 소금물을 만들었습니다. ㉮ 비커에는 소금을 $\frac{5}{7}$ 컵을 넣었고, ㉯ 비커에는 ㉮ 비커보다 $\frac{4}{21}$ 컵 적게 소금을 넣었습니다. ㉯ 비커에 넣은 소금은 몇 컵인지 풀이 과정을 쓰고 답을 구하세요.

풀이 ....

....

....

....

....

답 ....

▶ ㉮ 비커에 넣은 소금의 양에서 $\frac{4}{21}$ 컵을 뺍니다.

4 3장의 수 카드를 한 번씩 사용하여 만들 수 있는 대분수 중에서 가장 큰 수와 가장 작은 수의 차를 구하려고 합니다. 풀이 과정을 쓰고 답을 구하세요.

3 4 5

풀이 ....

....

....

....

....

답 ....

▶ 가장 큰 대분수는 자연수 부분이 가장 큰 수이고, 가장 작은 대분수는 자연수 부분이 가장 작은 수입니다.

5 가장 큰 수와 가장 작은 수의 합은 얼마인지 풀이 과정을 쓰고 답을 구하세요.

$\frac{3}{8}$ $\frac{5}{12}$ $\frac{5}{6}$ $\frac{3}{4}$

풀이

답

▶ 먼저 분수의 크기를 비교한 후 가장 큰 분수와 가장 작은 분수를 찾습니다.

6 길이가 $2\frac{7}{10}$ m인 색 테이프 2개를 $\frac{3}{4}$ m만큼 겹치게 이어 붙였습니다. 이어 붙인 색 테이프의 전체 길이는 몇 m인지 풀이 과정을 쓰고 답을 구하세요.

풀이

답

▶ (이어 붙인 색 테이프의 전체 길이)
=(색 테이프 2개의 길이의 합)
−(겹쳐진 부분의 길이)

7 어떤 수에서 $\frac{2}{5}$를 빼야 하는데 잘못하여 더했더니 $2\frac{3}{8}$이 되었습니다. 바르게 계산하면 얼마인지 풀이 과정을 쓰고 답을 구하세요.

풀이

답

▶ 잘못 계산한 식을 만들어 어떤 수를 먼저 구합니다.

8 물이 가득 들어 있는 어항의 무게를 재었더니 $4\frac{5}{6}$ kg이었습니다. 어항 물의 반을 버린 다음 다시 무게를 재었더니 $2\frac{11}{16}$ kg이 되었습니다. 빈 어항의 무게는 몇 kg인지 풀이 과정을 쓰고 답을 구하세요.

풀이

답

▶ 어항 물의 반의 무게를 먼저 구합니다.

다시 점검하는 기출 단원 평가 Level ❶

점수 | 확인

1 두 수의 합을 구하세요.

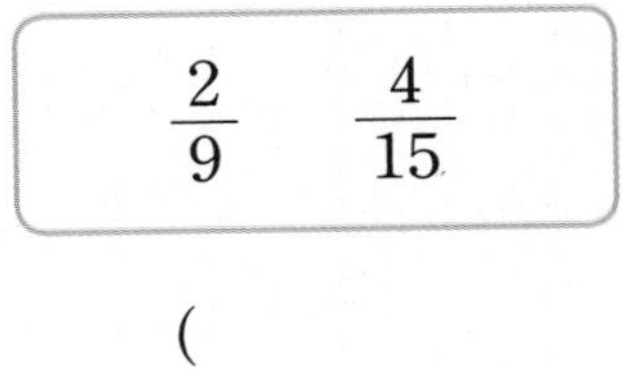

(　　　　　　　　)

2 빈칸에 두 수의 차를 써넣으세요.

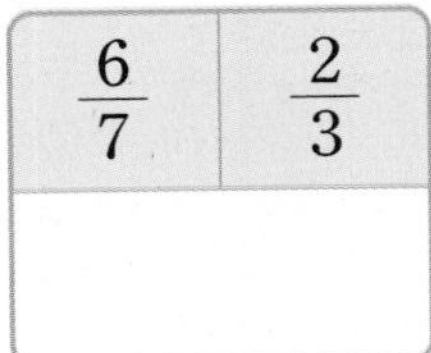

3 □ 안에 알맞은 수를 써넣으세요.

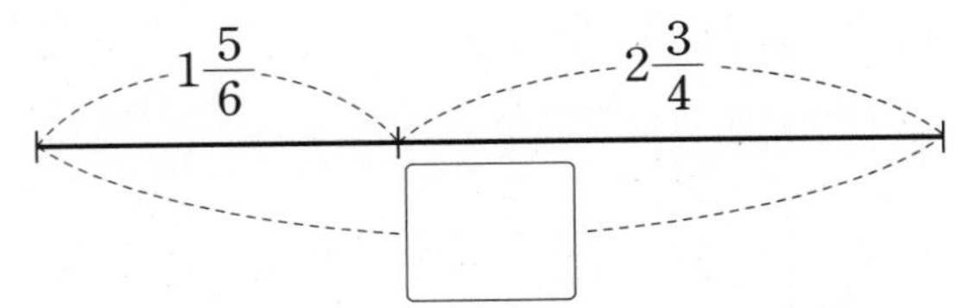

4 빈칸에 알맞은 수를 써넣으세요.

$5\frac{3}{10}$	$1\frac{3}{5}$	

(－)

5 분수의 합이 1보다 큰 것을 찾아 기호를 쓰세요.

㉠ $\frac{2}{5}+\frac{1}{2}$　㉡ $\frac{3}{7}+\frac{1}{4}$　㉢ $\frac{5}{6}+\frac{1}{3}$

(　　　　　　　　)

6 계산 결과를 비교하여 ○ 안에 >, =, <를 알맞게 써넣으세요.

$2\frac{4}{5}+2\frac{1}{4}$ ○ $7\frac{7}{15}-2\frac{3}{5}$

7 두 수의 합과 차를 구하세요.

$2\frac{7}{15}$　$1\frac{8}{9}$

합 (　　　　　　　　)

차 (　　　　　　　　)

8 빈 곳에 알맞은 수를 써넣으세요.

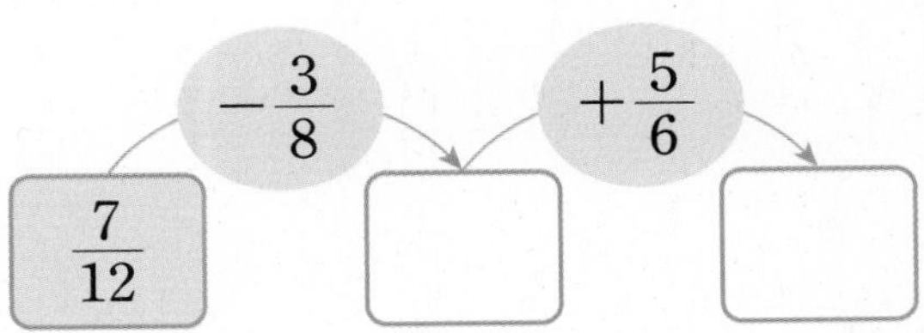

9 계산 결과가 큰 것부터 차례로 기호를 쓰세요.

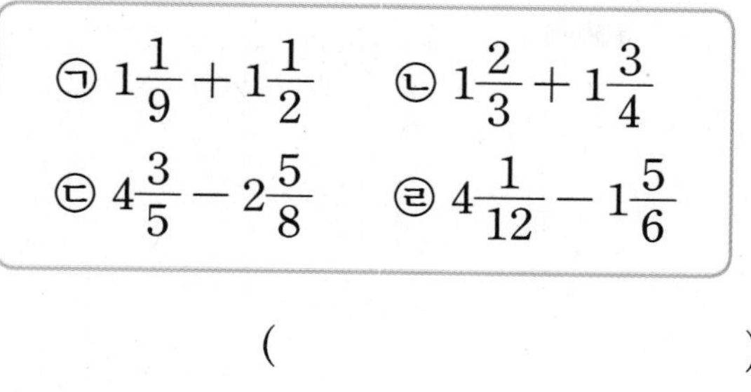
㉠ $1\frac{1}{9}+1\frac{1}{2}$　㉡ $1\frac{2}{3}+1\frac{3}{4}$
㉢ $4\frac{3}{5}-2\frac{5}{8}$　㉣ $4\frac{1}{12}-1\frac{5}{6}$

(　　　　　　　　)

10 정우는 끈을 $\frac{5}{8}$ m 가지고 있습니다. 이 중에서 $\frac{1}{6}$ m를 사용하였다면 남은 끈은 몇 m일까요?

(　　　　　　　　)

11 주현이는 세수를 하려고 더운물 $1\frac{5}{6}$ L와 찬물 $1\frac{4}{15}$ L를 섞었습니다. 물은 모두 몇 L가 되었을까요?

(　　　　　　　　)

12 직사각형의 가로와 세로의 합은 몇 cm일까요?

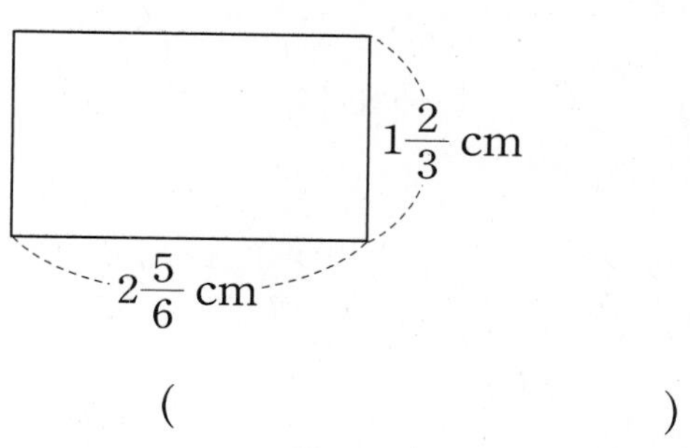

(　　　　　　　　)

13 □ 안에 알맞은 수를 써넣으세요.

$$\square+\frac{2}{9}=\frac{8}{15}$$

14 가장 큰 수와 가장 작은 수의 차를 구하세요.

$1\frac{2}{5}$　$3\frac{7}{10}$　$1\frac{5}{8}$　$3\frac{3}{4}$

(　　　　　　　　)

15 □ 안에 들어갈 수 있는 자연수 중에서 가장 작은 수를 구하세요.

$$1\frac{3}{5}+1\frac{2}{3}<3\frac{\square}{15}$$

(　　　　　　　　)

5

16 어떤 수에 $1\frac{3}{4}$을 더해야 할 것을 잘못하여 뺐더니 $2\frac{11}{36}$이 되었습니다. 바르게 계산한 값을 구하세요.

(　　　　　　　　　　)

17 집에서 공원까지 가는 가까운 길을 찾으려고 합니다. 서점과 마트 중에서 어느 곳을 거쳐서 가는 길이 더 가까울까요?

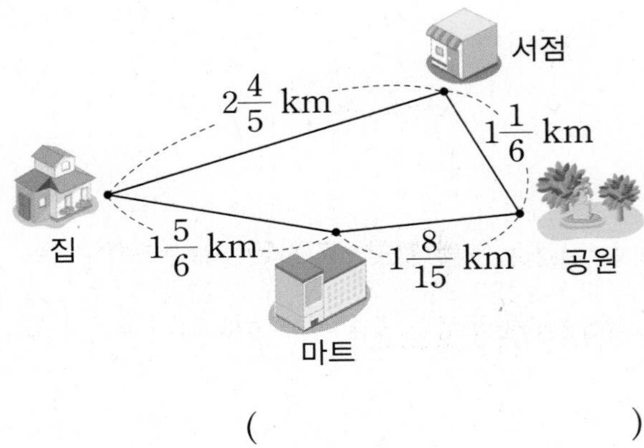

(　　　　　　　　　　)

18 □ 안에 들어갈 수 있는 자연수를 모두 구하세요.

$$3\frac{3}{20}-1\frac{5}{6}<\square<5\frac{1}{10}-1\frac{14}{15}$$

(　　　　　　　　　　)

술술 서술형

19 고구마를 진경이는 $1\frac{5}{6}$ kg 캤고, 연희는 진경이보다 $\frac{4}{5}$ kg 더 많이 캤습니다. 두 사람이 캔 고구마는 모두 몇 kg인지 풀이 과정을 쓰고 답을 구하세요.

풀이

답

20 ㉠에서 ㉣까지의 거리는 몇 km인지 풀이 과정을 쓰고 답을 구하세요.

$\frac{3}{4}$ km (㉠–㉢), $\frac{5}{6}$ km (㉡–㉣), $\frac{1}{3}$ km (㉡–㉢)

㉠　㉡　㉢　㉣

풀이

답

다시 점검하는 기출 단원 평가 Level 2

점수 | 확인

1 □ 안에 알맞은 수를 써넣으세요.

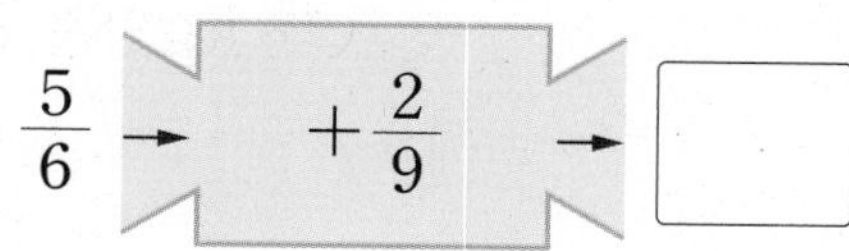

2 빈 곳에 알맞은 수를 써넣으세요.

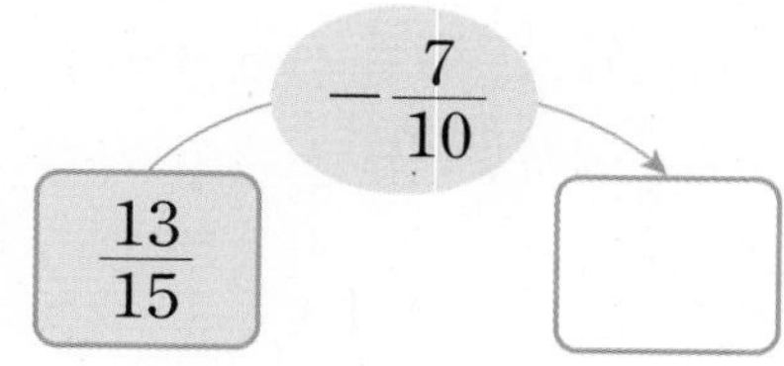

3 다음이 나타내는 수를 구하세요.

$3\frac{5}{12}$보다 $1\frac{7}{9}$ 큰 수

(　　　　　　　　)

4 □ 안에 알맞은 수를 써넣으세요.

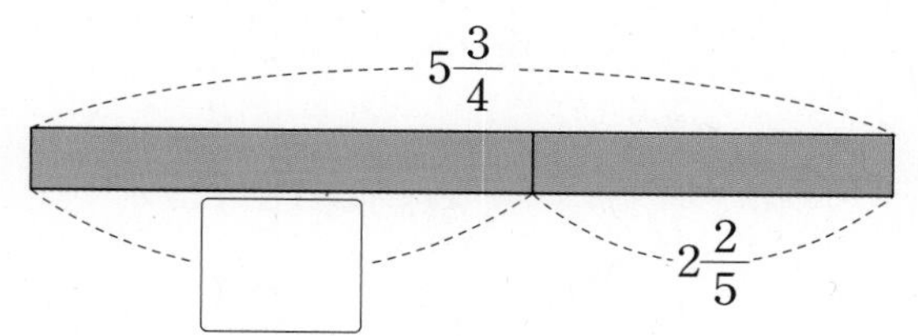

5 두 분수의 차를 구하세요.

$2\frac{11}{12}$　　$4\frac{5}{16}$

(　　　　　　　　)

6 계산 결과를 비교하여 ○ 안에 >, =, <를 알맞게 써넣으세요.

$2\frac{3}{4}+2\frac{2}{3}$ ○ $9\frac{5}{6}-4\frac{1}{4}$

7 가장 큰 수와 가장 작은 수의 합을 구하세요.

$2\frac{5}{6}$　　$\frac{7}{8}$　　$3\frac{2}{9}$　　$4\frac{13}{20}$

(　　　　　　　　)

8 어느 날 비가 온 양을 재었더니 오전에 $1\frac{2}{5}$ cm, 오후에 $2\frac{3}{4}$ cm였습니다. 이날 내린 비의 양은 모두 몇 cm일까요?

(　　　　　　　　)

9 오늘 설현이는 $\frac{5}{6}$시간 동안 수학 공부를 하였고, 병미는 $\frac{7}{10}$시간 동안 수학 공부를 하였습니다. 설현이는 병미보다 수학 공부를 몇 시간 더 오래 하였을까요?

(　　　　　　　　　　)

10 □ 안에 알맞은 수를 써넣으세요.

$$1\frac{5}{8}+\square=5\frac{13}{24}$$

11 삼각형의 세 변의 길이의 합을 구하세요.

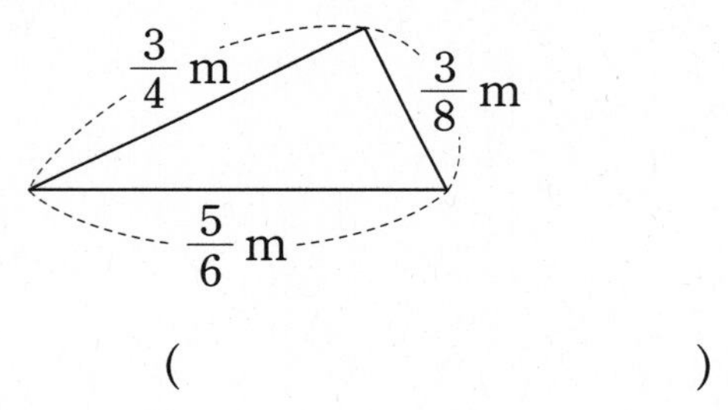

(　　　　　　　　　　)

12 ㉠★㉡＝㉠＋㉡＋㉡일 때 $\frac{5}{6}★\frac{3}{10}$을 계산하세요.

(　　　　　　　　　　)

13 ㉠에 들어갈 수를 구하세요.

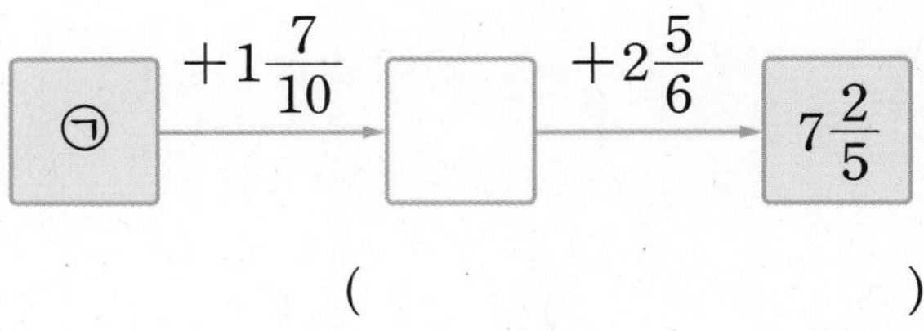

(　　　　　　　　　　)

14 수 카드를 한 번씩 사용하여 만들 수 있는 대분수 중에서 가장 큰 수와 가장 작은 수의 차를 구하세요.

3　5　7

(　　　　　　　　　　)

15 수연이는 이번 주에 3일 동안 피아노 연습을 했습니다. 월요일에 $1\frac{2}{3}$시간, 수요일에 1시간 15분, 금요일에 $1\frac{1}{2}$시간 동안 연습을 했다면 수연이가 이번 주에 피아노 연습을 한 시간은 모두 몇 시간일까요?

(　　　　　　　　　　)

16 길이가 $1\frac{3}{4}$ m인 종이테이프 3개를 그림과 같이 $\frac{1}{5}$ m씩 겹치게 이어 붙였습니다. 이어 붙인 종이테이프의 전체 길이는 몇 m일까요?

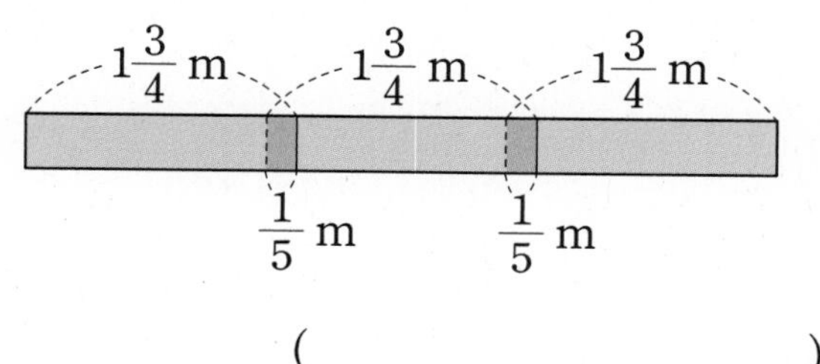

(　　　　　　　　)

17 어떤 수에서 $1\frac{5}{6}$를 빼야 할 것을 잘못하여 더했더니 $5\frac{5}{18}$가 되었습니다. 바르게 계산한 값을 구하세요.

(　　　　　　　　)

18 진영이는 오전 10시에 책을 읽기 시작하여 $\frac{1}{2}$시간 동안 읽고 20분 동안 쉬었습니다. 다시 책을 읽기 시작하여 $\frac{5}{6}$시간 후에 책 읽기를 마쳤습니다. 진영이가 책 읽기를 마친 시각은 오전 몇 시 몇 분일까요?

(　　　　　　　　)

술술 서술형

19 게시판을 꾸미는 데 기영이는 색종이를 $4\frac{9}{16}$장 사용했고, 교희는 $6\frac{3}{8}$장 사용했습니다. 누가 색종이를 얼마나 더 많이 사용했는지 풀이 과정을 쓰고 답을 구하세요.

풀이

답 　　　　,

20 지수네 반 학급 문고에는 위인전, 동화책, 시집이 있습니다. 위인전은 전체의 $\frac{11}{25}$, 동화책은 전체의 $\frac{1}{5}$입니다. 나머지는 모두 시집이라면 시집은 전체의 얼마인지 풀이 과정을 쓰고 답을 구하세요.

풀이

답

5

서술형 문제

1 두 정다각형의 둘레가 각각 60 cm일 때 ㉠과 ㉡의 합은 몇 cm인지 구하려고 합니다. 풀이 과정을 쓰고 답을 구하세요.

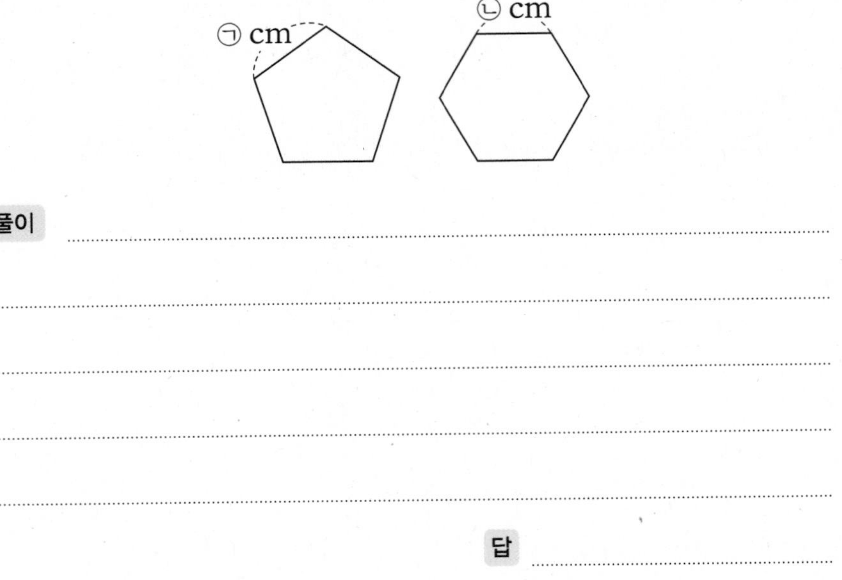

▶ 정다각형의 둘레를 변의 수로 나누면 정다각형의 한 변의 길이가 됩니다.

풀이

답

2 사다리꼴의 넓이를 두 개의 삼각형으로 나누어 구하려고 합니다. 풀이 과정을 쓰고 답을 구하세요.

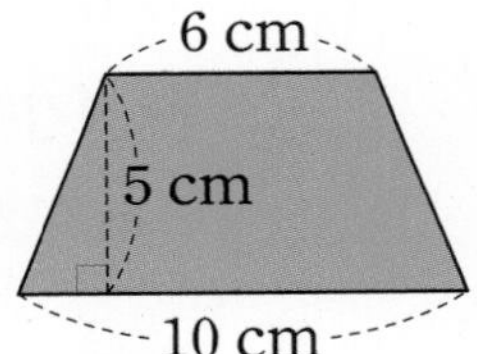

▶ 대각선으로 나누면 두 개의 삼각형으로 나누어집니다.

풀이

답

3

둘레가 40 cm이고 가로가 7 cm인 직사각형이 있습니다. 이 직사각형의 넓이는 몇 cm^2인지 풀이 과정을 쓰고 답을 구하세요.

풀이

답

▶ 직사각형의 둘레는 ((가로)+(세로))×2이므로 세로를 먼저 구합니다.

4

둘레가 48 cm인 정사각형의 넓이는 몇 cm^2인지 풀이 과정을 쓰고 답을 구하세요.

풀이

답

▶ 정사각형의 한 변의 길이를 □cm라 하고 식을 세웁니다.

5

평행사변형과 삼각형 중에서 어느 것의 넓이가 몇 cm^2 더 넓은지 구하려고 합니다. 풀이 과정을 쓰고 답을 구하세요.

8 cm
6 cm
9 cm
10 cm

풀이

답 ,

▶ (평행사변형의 넓이)
=(밑변)×(높이)
(삼각형의 넓이)
=(밑변)×(높이)÷2

6

사다리꼴의 넓이가 88 cm^2이고 아랫변의 길이가 12 cm입니다. 사다리꼴의 윗변의 길이는 몇 cm인지 풀이 과정을 쓰고 답을 구하세요.

8 cm
12 cm

풀이

답

▶ 윗변을 □라 하여 사다리꼴의 넓이를 구하는 식을 세우고 □의 값을 구합니다.

7 마름모와 삼각형의 넓이가 같을 때 삼각형의 높이는 몇 cm인지 구하려고 합니다. 풀이 과정을 쓰고 답을 구하세요.

8 cm
9 cm
12 cm

풀이

답

▶ 마름모의 넓이를 먼저 구합니다.

8 가로가 6 cm, 세로가 4 cm인 직사각형의 가로를 6배로 늘리고, 세로를 반으로 줄여서 만든 직사각형의 넓이는 처음 직사각형의 넓이의 몇 배인지 풀이 과정을 쓰고 답을 구하세요.

풀이

답

▶ 처음 직사각형의 넓이와 만든 직사각형의 넓이를 각각 구합니다.

다시 점검하는 기출 단원 평가 Level 1

점수 | 확인

1 두 정다각형의 둘레의 합은 몇 cm일까요?

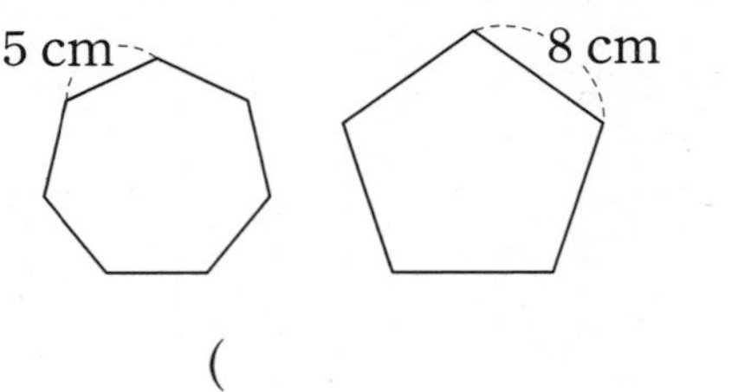

( )

2 마름모의 둘레는 몇 cm일까요?

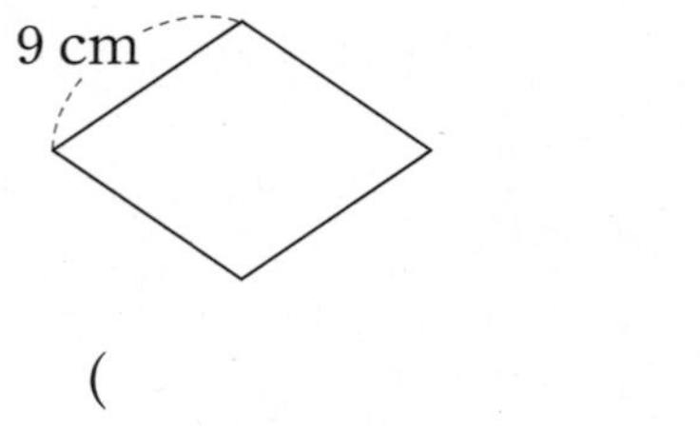

( )

3 밑변이 15 cm이고 높이가 7 cm인 평행사변형이 있습니다. 이 평행사변형의 넓이는 몇 cm^2일까요?

( )

4 평행사변형의 넓이가 <u>다른</u> 것을 찾아 기호를 쓰세요.

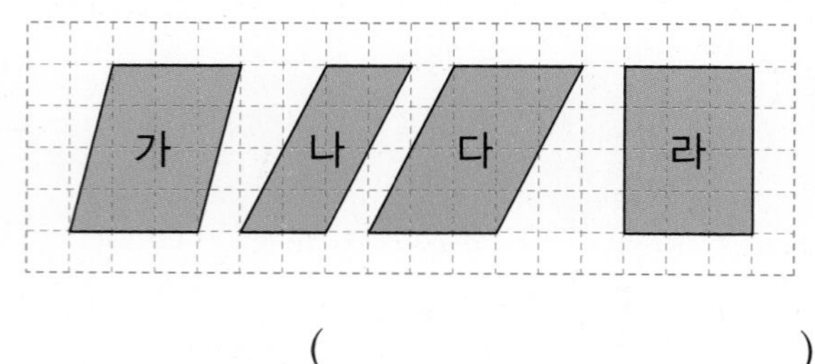

( )

5 직사각형의 넓이는 몇 km^2일까요?

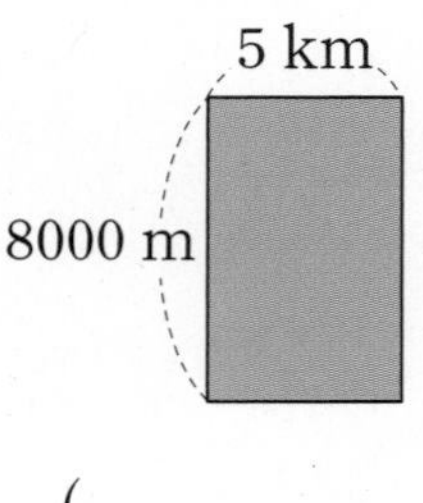

( )

6 삼각형의 넓이는 몇 cm^2일까요?

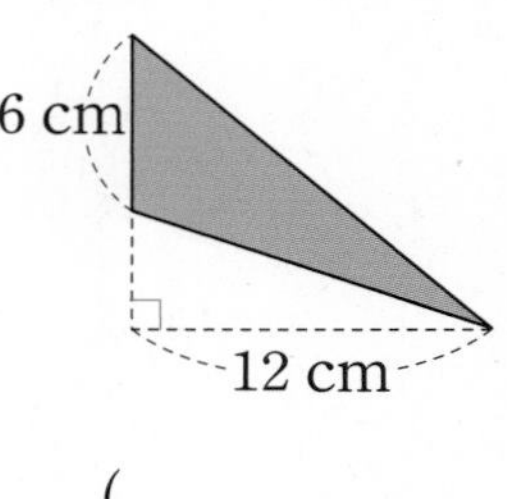

( )

7 사다리꼴의 넓이는 몇 cm^2일까요?

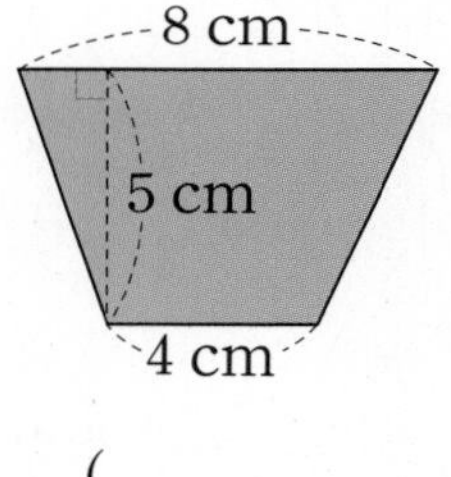

( )

8 마름모의 넓이는 몇 cm^2일까요?

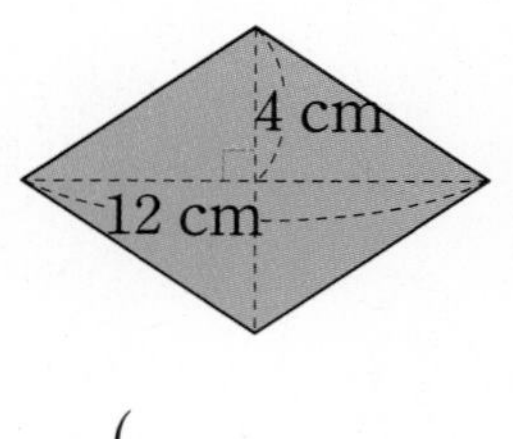

( )

9 넓이가 $6\ \mathrm{cm}^2$인 삼각형을 서로 다른 모양으로 2개 그려 보세요.

10 삼각형의 넓이가 $48\ \mathrm{cm}^2$이고 높이가 8 cm일 때 밑변은 몇 cm일까요?

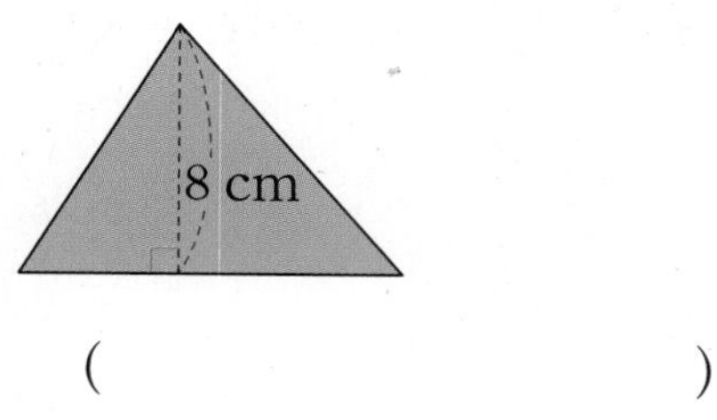

(　　　　　　　　)

11 넓이가 $60\ \mathrm{cm}^2$인 마름모가 있습니다. 이 마름모의 한 대각선이 6 cm라면 다른 대각선은 몇 cm일까요?

(　　　　　　　　)

12 태양광 발전을 위한 집열판은 가로가 80 cm, 세로가 60 cm인 직사각형입니다. 그림과 같이 집열판을 10개씩 5줄 설치했을 때 집열판이 설치된 전체 넓이는 몇 m^2일까요?

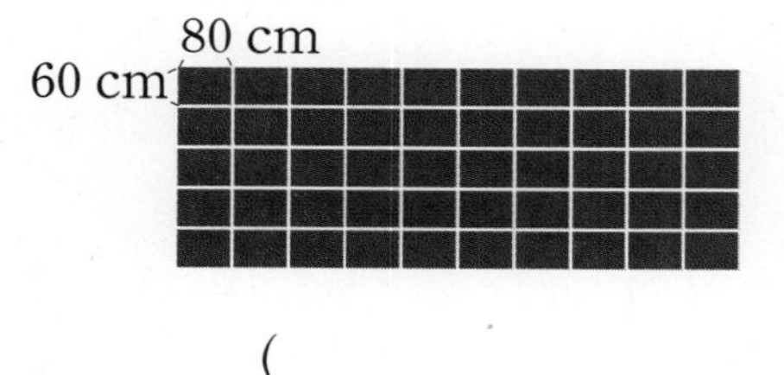

(　　　　　　　　)

13 직선 가와 나는 서로 평행합니다. 직사각형과 사다리꼴 중에서 넓이가 더 넓은 도형은 무엇일까요?

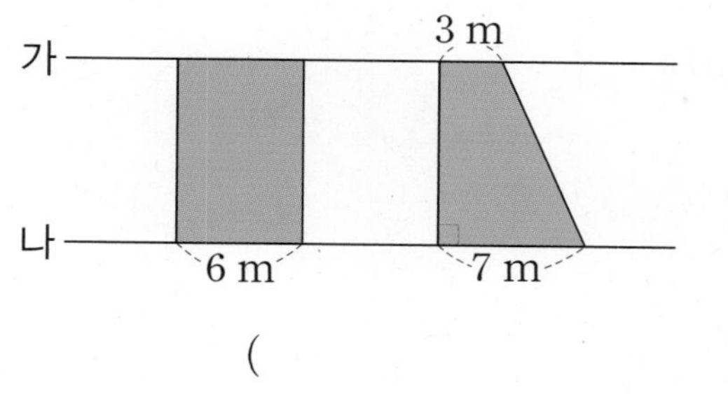

(　　　　　　　　)

14 사다리꼴의 넓이는 몇 cm^2일까요?

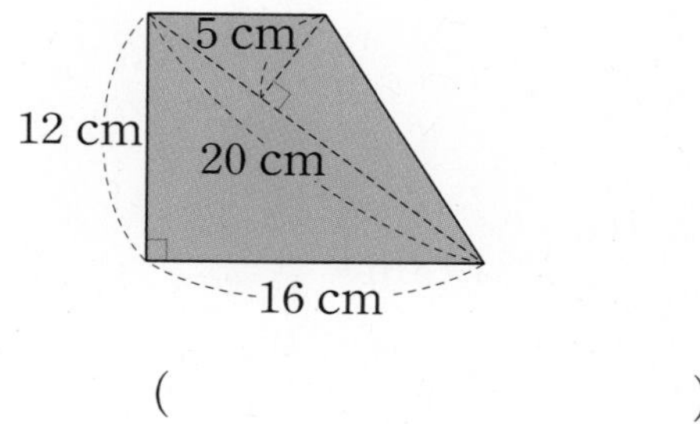

(　　　　　　　　)

15 성준이네 밭은 다음과 같은 직사각형 모양입니다. 이 밭의 테두리에 울타리를 쳤더니 울타리의 둘레가 50 m였습니다. 밭의 넓이는 몇 m^2일까요? (단, 울타리의 두께는 생각하지 않습니다.)

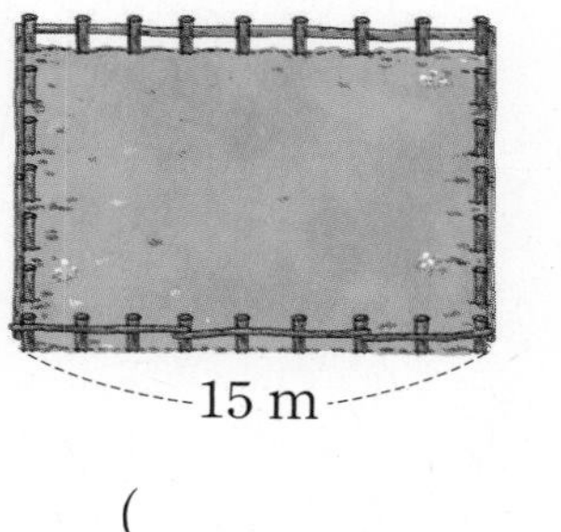

(　　　　　　　　)

16 사다리꼴의 넓이가 $100\ \mathrm{cm}^2$일 때 □ 안에 알맞은 수를 써넣으세요.

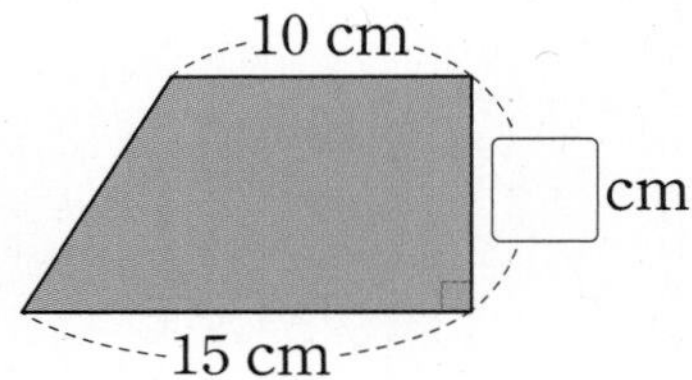

17 마름모와 사다리꼴 중에서 어느 것의 넓이가 몇 cm^2 더 넓을까요?

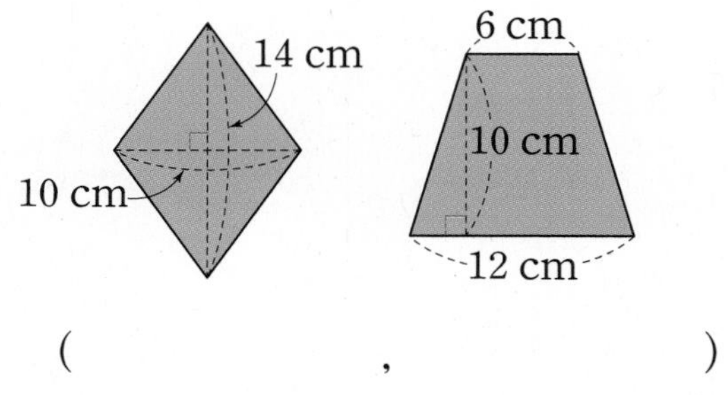

(,)

18 색칠한 부분의 넓이는 몇 cm^2일까요?

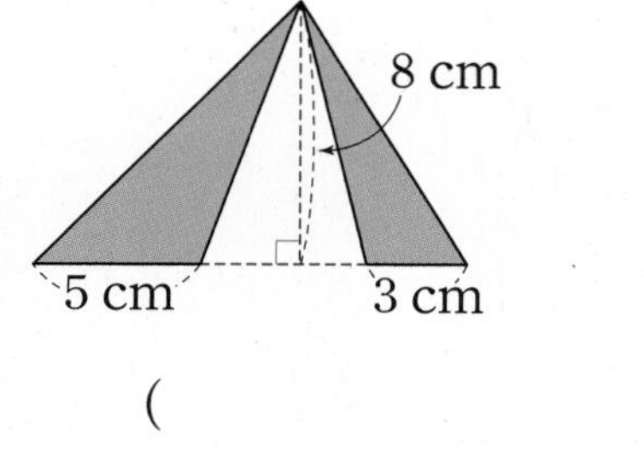

( )

술술 서술형

19 평행사변형의 넓이가 $54\ \mathrm{cm}^2$일 때 □ 안에 알맞은 수를 구하려고 합니다. 풀이 과정을 쓰고 답을 구하세요.

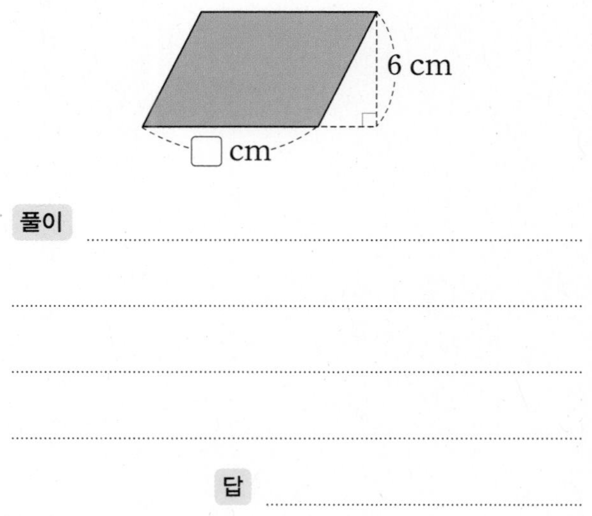

풀이

답

20 도형에서 색칠한 부분의 넓이는 몇 cm^2인지 풀이 과정을 쓰고 답을 구하세요.

6 cm
5 cm
7 cm
6 cm
10 cm

풀이

답

다시 점검하는 기출 단원 평가 Level 2

점수 | 확인

1 평행사변형의 둘레는 몇 cm일까요?

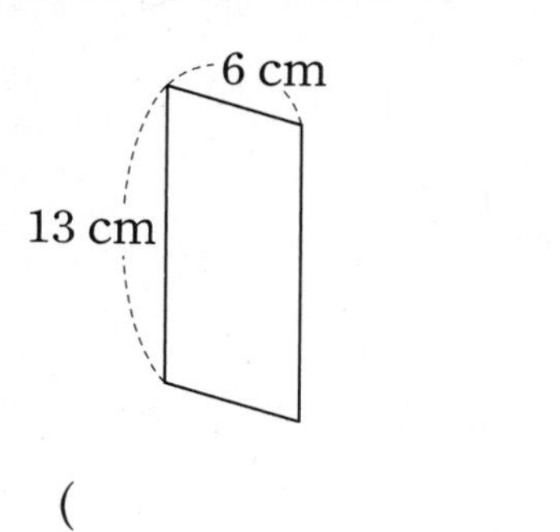

( )

2 □ 안에 알맞은 수를 써넣으세요.

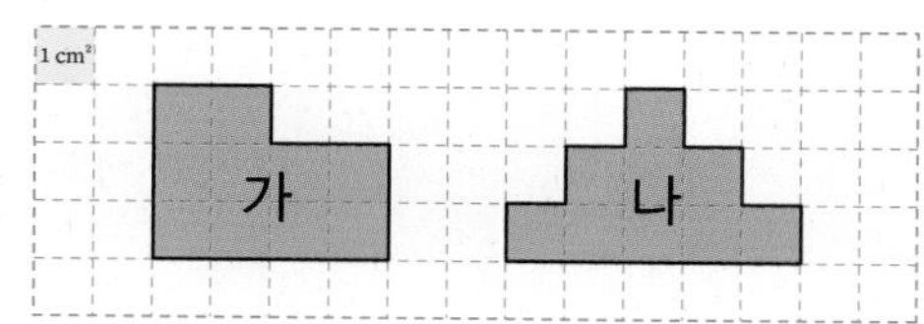

도형 가는 도형 나보다 넓이가 □ cm^2 더 넓습니다.

3 직사각형의 둘레가 20 cm일 때 가로는 몇 cm일까요?

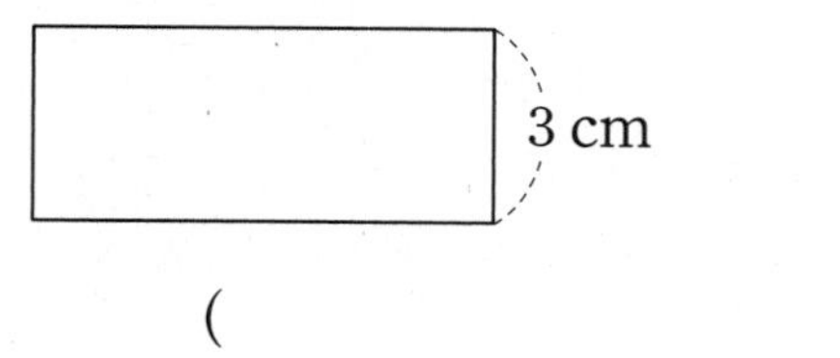

( )

4 직선 가와 나는 서로 평행합니다. 삼각형의 넓이가 다른 하나를 찾아 기호를 쓰세요.

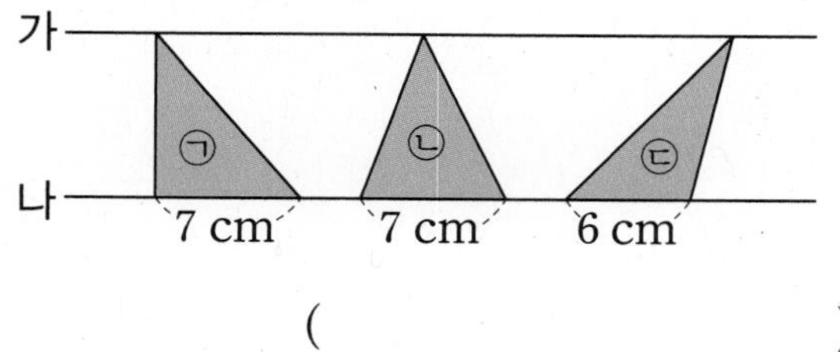

( )

5 직사각형의 넓이는 몇 m^2일까요?

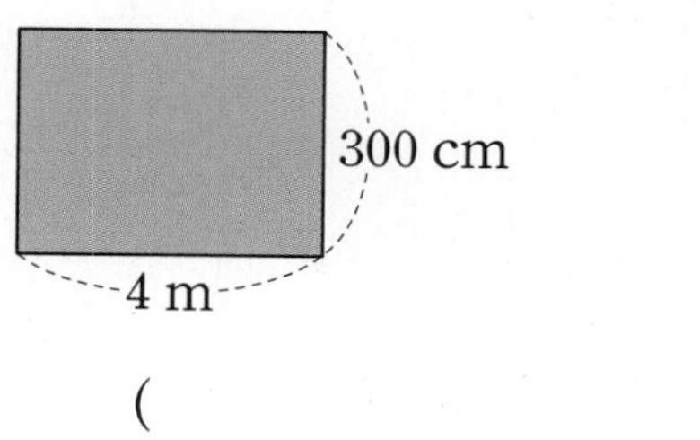

( )

6 평행사변형의 넓이가 96 cm^2일 때 □ 안에 알맞은 수를 써넣으세요.

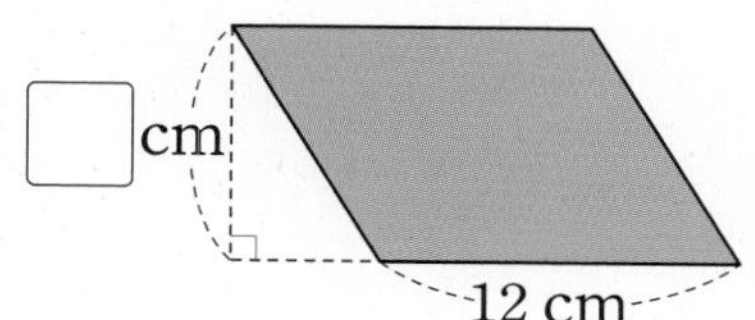

7 사다리꼴의 넓이가 64 cm^2이고 윗변의 길이가 5 cm일 때 아랫변의 길이는 몇 cm일까요?

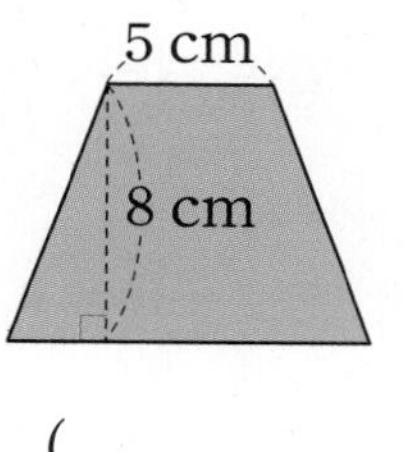

( )

8 넓이가 8 cm^2인 마름모를 서로 다른 모양으로 2개 그려 보세요.

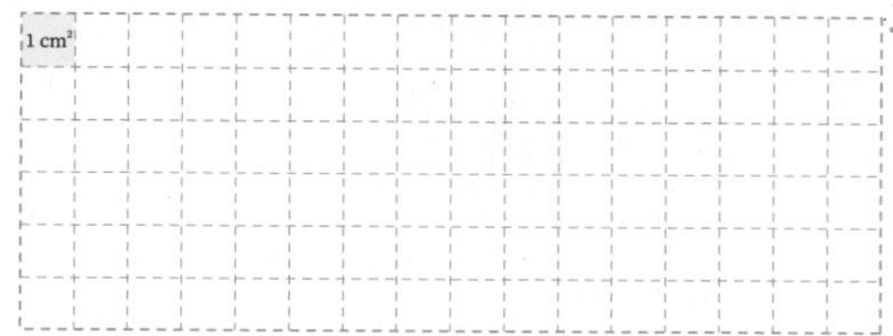

6

9 평행사변형 ㄱㄴㄷㄹ에서 변 ㄱㄴ을 밑변으로 했을 때의 높이는 몇 cm일까요?

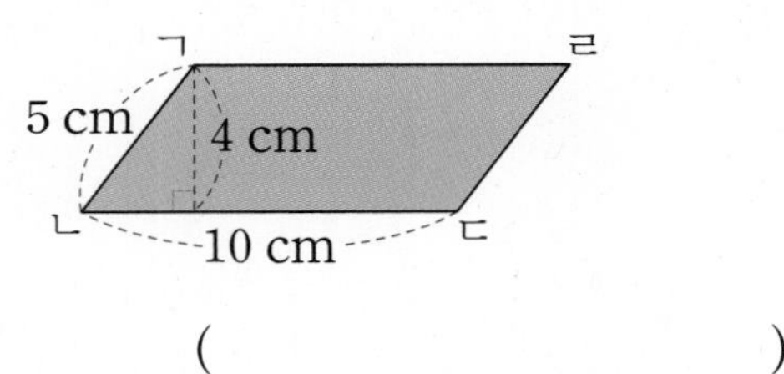

(　　　　　　　　　　)

10 직선 가와 나는 서로 평행합니다. 평행사변형 가와 사다리꼴 나의 넓이가 같을 때 평행사변형에서 □의 길이는 몇 cm일까요?

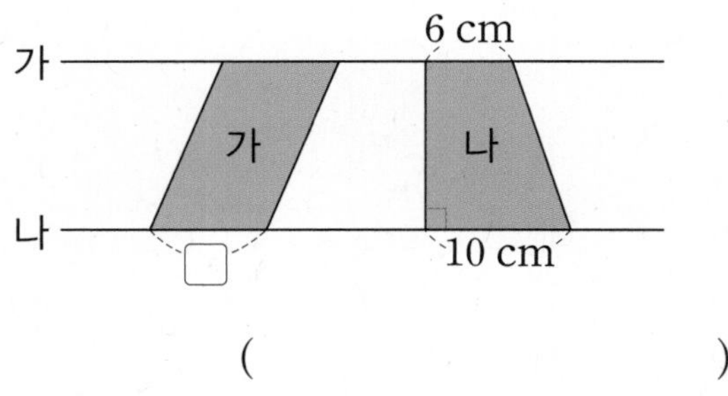

(　　　　　　　　　　)

11 직사각형과 정사각형의 둘레가 같을 때 정사각형의 한 변의 길이는 몇 m일까요?

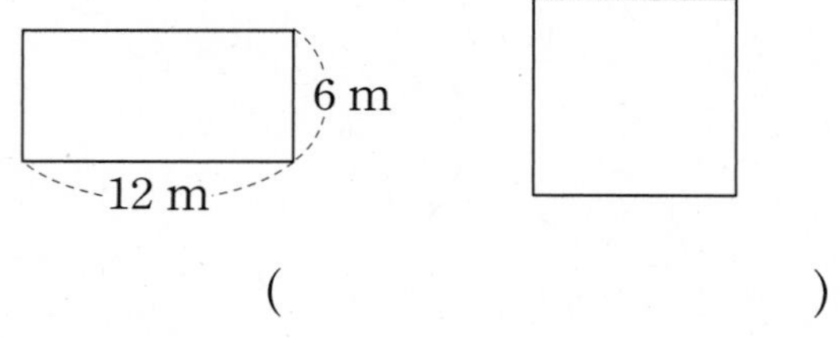

(　　　　　　　　　　)

12 두 도형의 넓이의 차는 몇 cm^2일까요?

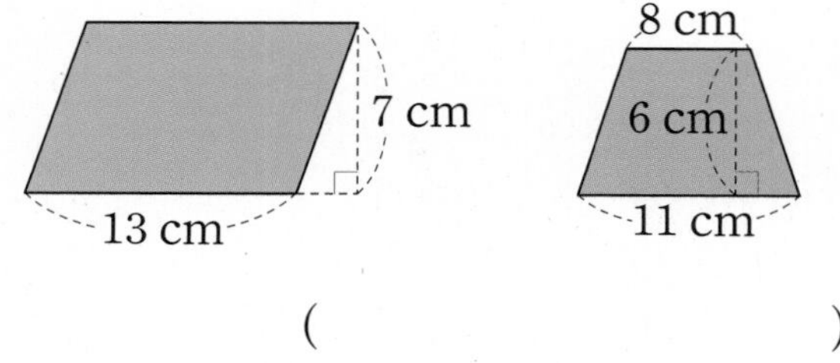

(　　　　　　　　　　)

13 색칠한 부분의 넓이는 몇 cm^2일까요?

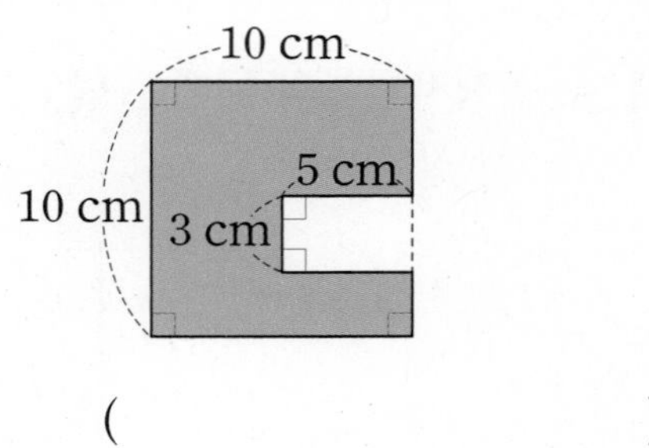

(　　　　　　　　　　)

14 큰 마름모의 대각선 길이의 반을 대각선의 길이로 하는 작은 마름모를 그렸습니다. 색칠한 부분의 넓이는 몇 cm^2일까요?

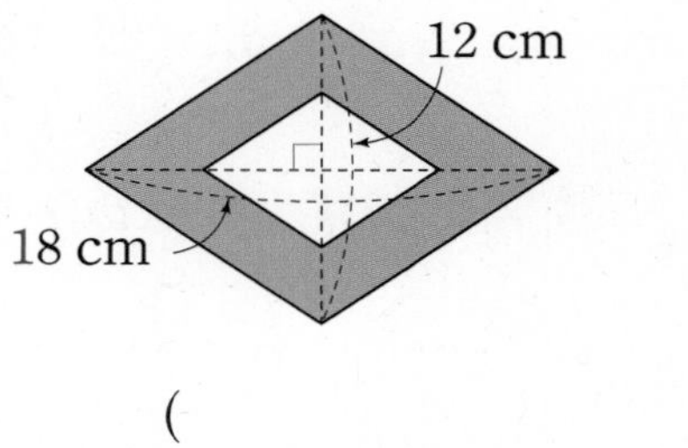

(　　　　　　　　　　)

15 그림과 같은 직사각형 모양의 텃밭에 너비가 2 m인 길을 내었습니다. 길을 제외한 텃밭의 넓이는 몇 m^2일까요?

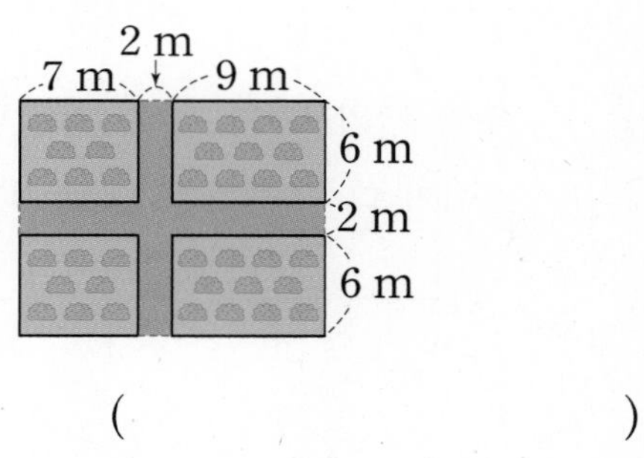

(　　　　　　　　　　)

16 □ 안에 알맞은 수를 써넣으세요.

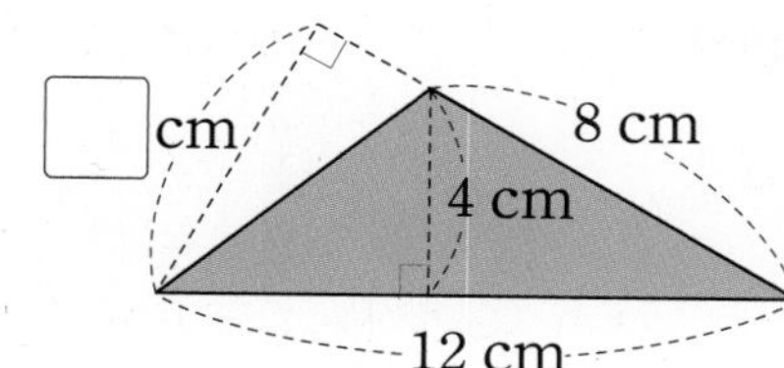

17 사다리꼴에서 삼각형 ㉮의 넓이가 60 cm^2일 때 사다리꼴의 넓이는 몇 cm^2일까요?

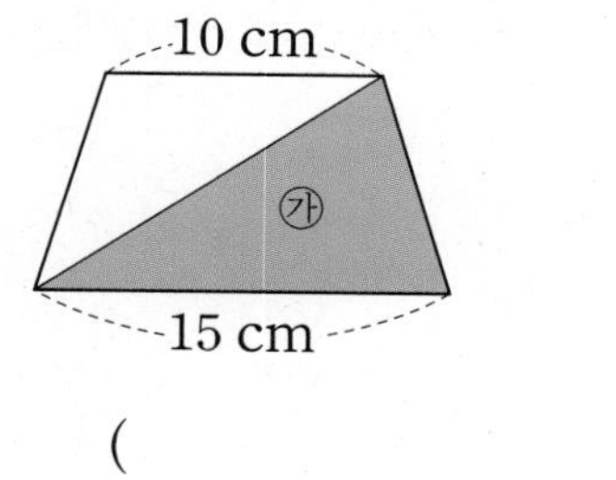

( )

18 사다리꼴의 넓이는 몇 cm^2일까요?

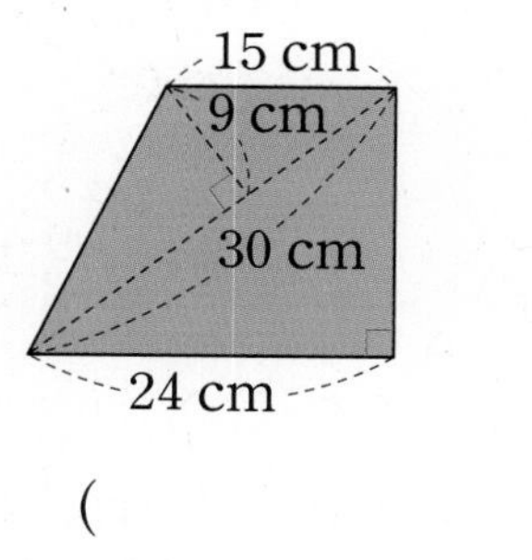

( )

술술 서술형

19 마름모의 넓이를 두 가지 방법으로 구하세요.

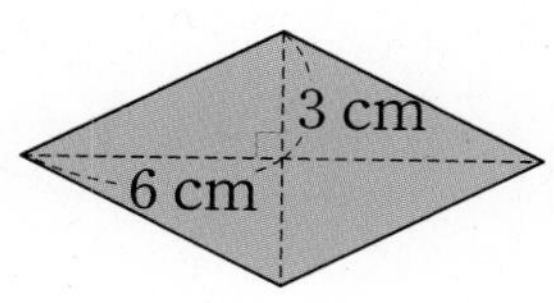

방법 1

방법 2

20 색칠한 부분의 넓이는 몇 cm^2인지 풀이 과정을 쓰고 답을 구하세요.

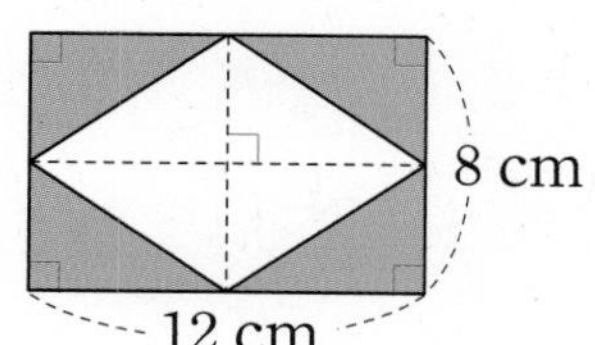

풀이

답

6

한걸음 한걸음 디딤돌을 걷다 보면
수학이 완성됩니다.

학습 능력과 목표에 따라
맞춤형이 가능한 디딤돌 초등 수학

상위권의 기준

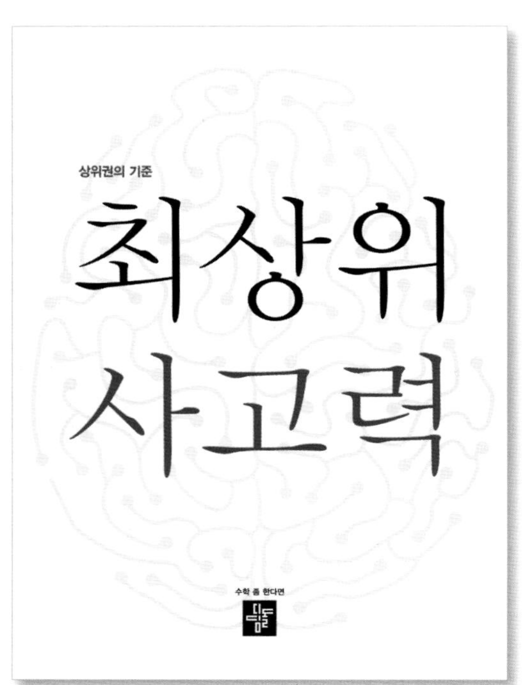

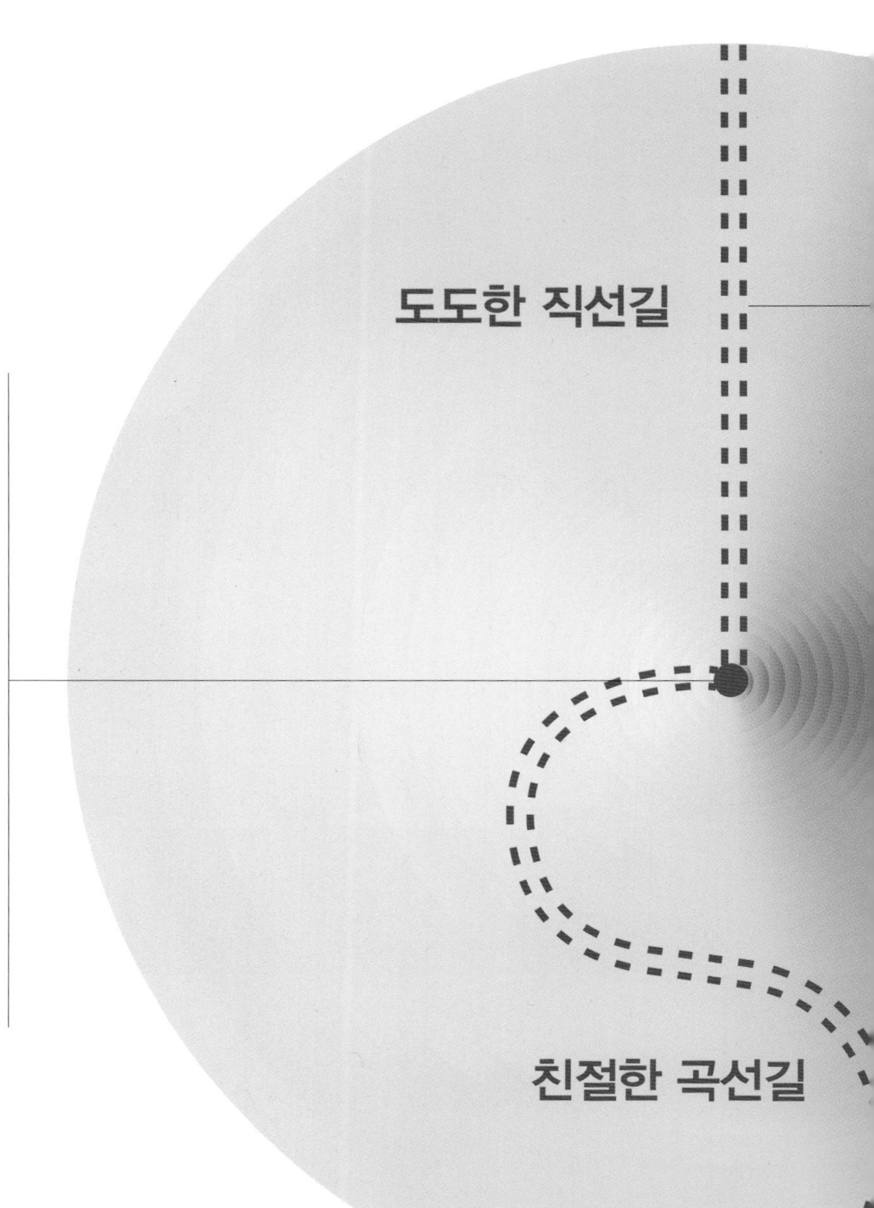

응용 | 정답과 풀이

5-1

수학 좀 한다면

디딤돌

1 자연수의 혼합 계산

혼합 계산은 물건을 여러 개 사고 난 후에 물건 값을 지불하고 거스름돈을 받아야 하는 상황이나, 물건을 여러 모둠에 똑같은 개수로 나누어 주고 남은 개수를 구하는 상황 등에서 이용됩니다. 따라서 학생들은 혼합 계산이 실생활 상황에서 활용된다는 것을 알고, 문제 상황을 혼합 계산식으로 표현할 수 있어야 합니다. 또 혼합 계산에서는 계산의 순서가 중요하다는 것과 계산 순서를 달리 하면 결과가 달라진다는 것을 알아야 합니다. 이 단원에서 학습한 혼합 계산은 중등 과정에서 정수와 유리수의 사칙 계산과 혼합 계산으로 이어지므로 계산이 이루어지는 순서에 대한 규약을 알고 이를 적절히 적용하여 문제를 해결할 수 있는 능력을 기르는 데 초점을 두도록 합니다. 또 계산 순서가 정해진 이유를 알고 계산하도록 지도하고, 기계적인 계산이 되지 않도록 유의합니다.

1 덧셈과 뺄셈이 섞여 있는 식 8쪽

1 (위에서부터) (1) 7, 19, 7 (2) 24, 8, 24

2 (1) $51-7+5=44+5=49$
①
②

(2) $27-(18-5)=27-13=14$
①
②

3 (1) 30 (2) 14

2 덧셈과 뺄셈이 섞여 있는 식은 앞에서부터 차례로 계산하고, ( )가 있으면 ( ) 안을 먼저 계산합니다.

3 (1) $19-4+15=30$
15
30

(2) $30-(12+4)=14$
16
14

2 곱셈과 나눗셈이 섞여 있는 식 9쪽

❶ ( )

4 (위에서부터) (1) 10, 30, 10 (2) 8, 3, 8

5 (1) $12\times6\div4=72\div4=18$
①
②

(2) $64\div(8\times2)=64\div16=4$
①
②

6 (1) 30 (2) 5

5 곱셈과 나눗셈이 섞여 있는 식은 앞에서부터 차례로 계산하고, ( )가 있으면 ( ) 안을 먼저 계산합니다.

6 (1) $54\div9\times5=30$
6
30

(2) $40\div(16\div2)=5$
8
5

3 덧셈, 뺄셈, 곱셈이 섞여 있는 식 10쪽

7 (1) 2×3에 ○표 (2) $5+3$에 ○표

8 ( )(○)

9 (1) $32-4\times6+8=32-24+8$
$=8+8$
$=16$
①
②
③

(2) $10+(8-5)\times4=10+3\times4$
$=10+12$
$=22$
①
②
③

7 (1) 덧셈, 뺄셈, 곱셈이 섞여 있는 식은 곱셈을 먼저 계산해야 하므로 2×3을 가장 먼저 계산합니다.
(2) 덧셈, 뺄셈, 곱셈이 섞여 있고 ( )가 있는 식에서는 ( ) 안을 먼저 계산해야 하므로 $5+3$을 가장 먼저 계산합니다.

8 덧셈, 뺄셈, 곱셈이 섞여 있는 식은 곱셈을 먼저 계산합니다.

4 덧셈, 뺄셈, 나눗셈이 섞여 있는 식 11쪽

10 (1) $36\div6$에 ○표 (2) $30-5$에 ○표

11 (○)( )

12 (1) $10-20\div5+9=10-4+9$
$=6+9$
$=15$
(① $20\div5$, ② $10-4$, ③ $6+9$)

(2) $50-36\div(3+9)=50-36\div12$
$=50-3$
$=47$
(① $3+9$, ② $36\div12$, ③ $50-3$)

10 (1) 덧셈, 뺄셈, 나눗셈이 섞여 있는 식은 나눗셈을 먼저 계산해야 하므로 $36\div6$을 가장 먼저 계산합니다.
(2) 덧셈, 뺄셈, 나눗셈이 섞여 있고 ( )가 있는 식에서는 ( ) 안을 먼저 계산해야 하므로 $30-5$를 가장 먼저 계산합니다.

11 덧셈, 뺄셈, 나눗셈이 섞여 있는 식은 나눗셈을 먼저 계산합니다.

5 덧셈, 뺄셈, 곱셈, 나눗셈이 섞여 있는 식 12쪽

13 (위에서부터) 17, 12, 5, 12, 17

14 (1) $5+25\div5\times8-42=5+5\times8-42$
$=5+40-42$
$=45-42$
$=3$
(① $25\div5$, ② 5×8, ③ $5+40$, ④ $45-42$)

(2) $15-3\times(2+6)\div4=15-3\times8\div4$
$=15-24\div4$
$=15-6$
$=9$
(① $2+6$, ② 3×8, ③ $24\div4$, ④ $15-6$)

13 덧셈, 뺄셈, 곱셈, 나눗셈이 섞여 있는 식은 곱셈과 나눗셈을 먼저 계산합니다.

기본에서 응용으로 13~17쪽

1 (1) 8 (2) 14

2 49, 25 / 예 ( )가 있는 식은 ( ) 안을 먼저 계산하기 때문에 두 식의 계산 결과가 다릅니다.

3 명현 **4** $26-17+9=18$ / 18명

5 43쪽 **6** 300원 **7** (1) 12 (2) 6

8 > **9** (1) ㉡ (2) ㉠ **10** ㉡

11 $12\times3\div4=9$ / 9자루

12 $80\div(4\times5)=4$ / 4시간

13 예 영훈이네 반 학생 30명을 5명씩 모둠으로 나누었습니다. 색종이를 한 모둠에 8장씩 나누어 주었다면 나누어 준 색종이는 모두 몇 장입니까? / 예 48장

14 (1) 23 (2) 50

15 예 곱셈을 먼저 계산해야 하는데 앞에서부터 계산하여 잘못되었습니다.
$15-4\times3+8=15-12+8=3+8=11$

16 $(12-3)\times5=45$

17 $40-(3+4)\times3=19$ / 19개

18 (1) 19 (2) 27 **19** ㉠

20 $1000+900\div3-1200=100$ / 100원

21 12살 **22** ㉡, ㉢, ㉠, ㉣ **23** 22

24 $50-(6+9)\times2\div6=50-15\times2\div6$
$=50-30\div6$
$=50-5=45$

25 ④ **26** 100개 **27** 3

28 40 **29** $11+4\times(6-4)=19$

30 $3\times21\div(7-4)+2=23$

31 3 **32** 7 **33** 21

1 (1) $19+4-15=23-15=8$
(2) $64-(27+23)=64-50=14$

서술형
2 $45-8+12=37+12=49$
$45-(8+12)=45-20=25$

단계	문제 해결 과정
①	두 식을 계산 순서에 맞게 계산했나요?
②	그 결과를 비교했나요?

3 $32-(10+5)=32-15=17$
따라서 바르게 계산한 사람은 명현입니다.

4 (지금 버스에 타고 있는 사람 수)
=(처음에 타고 있던 사람 수)−(내린 사람 수)
+(탄 사람 수)
$=26-17+9=9+9=18$(명)

서술형
5 예 (오늘까지 풀고 남은 쪽수)
=(전체 쪽수)−(어제까지 푼 쪽수)−(오늘 푼 쪽수)
$=84-27-14=57-14=43$(쪽)

단계	문제 해결 과정
①	오늘까지 풀고 남은 쪽수를 구하는 식을 세웠나요?
②	오늘까지 풀고 남은 쪽수를 구했나요?

6 소현이는 1500원을 내야 하고, 인수는 $(500+700)$원을 내야 합니다.
➡ $1500-(500+700)=1500-1200=300$(원)

7 (1) $9\times8\div6=72\div6=12$
(2) $48\div(2\times4)=48\div8=6$

8 $60\div4\times3=15\times3=45$
$60\div(4\times3)=60\div12=5$

9 (1) 사탕 (8×3)개를 6명에게 똑같이 나누어 주면 한 사람에게 $(8\times3\div6)$개씩 줄 수 있습니다.
(2) 사탕 48개를 (8×3)명에게 똑같이 나누어 주면 한 사람에게 $48\div(8\times3)$(개)씩 줄 수 있습니다.

10 ㉠ $3\times(20\div5)=3\times4=12$
$3\times20\div5=60\div5=12$
㉡ $42\div(2\times3)=42\div6=7$
$42\div2\times3=21\times3=63$
따라서 ( )가 없으면 계산 결과가 달라지는 것은 ㉡입니다.

11 연필 (12×3)자루를 4명에게 똑같이 나누어 주면 한 사람에게 $12\times3\div4=36\div4=9$(자루)씩 줄 수 있습니다.

12 4명이 한 시간에 선물 상자 (4×5)개를 포장할 수 있으므로 선물 상자 80개를 포장하려면
$80\div(4\times5)=80\div20=4$(시간)이 걸립니다.

서술형
13

단계	문제 해결 과정
①	식에 알맞은 문제를 만들었나요?
②	문제를 풀어 답을 구했나요?

14 (1) $32+12-7\times3=32+12-21$
$=44-21=23$
(2) $25+5\times(11-6)=25+5\times5$
$=25+25=50$

서술형
15

단계	문제 해결 과정
①	계산이 잘못된 곳을 찾아 이유를 썼나요?
②	바르게 고쳐 계산했나요?

16 두 식에서 공통인 수는 9이므로 왼쪽 식의 9 대신 $12-3$을 넣어 하나의 식으로 만듭니다.
➡ $(12-3)\times5=45$

17 사탕 40개를 학생 $(3+4)$명이 3개씩 먹었습니다.
(남은 사탕 수)$=40-(3+4)\times3$
$=40-7\times3$
$=40-21=19$(개)

18 (1) $15-56\div7+12=15-8+12$
$=7+12=19$
(2) $23+(38-14)\div6=23+24\div6$
$=23+4=27$

19 ㉠ $6+20-12\div4=6+20-3=26-3=23$
㉡ $6+(20-12)\div4=6+8\div4=6+2=8$
따라서 계산 결과가 더 큰 것은 ㉠입니다.

20 감 한 개는 1000원, 자두 한 개는 $(900\div3)$원, 사과 한 개는 1200원입니다.
➡ $1000+900\div3-1200=1000+300-1200$
$=1300-1200$
$=100$(원)

21 (주영이의 나이)$=(43+48)\div7-1$
$=91\div7-1$
$=13-1=12$(살)

22 덧셈, 뺄셈, 곱셈, 나눗셈이 섞여 있는 식은 곱셈과 나눗셈을 먼저 계산합니다.

23 $14+2\times6-16\div4=14+12-4$
$=26-4=22$

24 ( )가 있는 식에서는 ( ) 안을 먼저 계산합니다.

25 ④ ( )를 생략해도 $15\div5$를 가장 먼저 계산해야 하므로 계산 결과가 같습니다.

26 하루에 나누어 줄 수 있는 풍선은 $(800\div4)$개이고, 첫날 오전에 $(23+27)$명에게 풍선을 2개씩 나누어 주었습니다.
(첫날 오후에 나누어 줄 수 있는 풍선 수)
$=800\div4-(23+27)\times2$
$=800\div4-50\times2$
$=200-100=100$(개)

27 $135\div(9\times\square)=5$
$9\times\square=135\div5=27$
$\square=27\div9=3$

28 $12\times5+\square\div8=65$
$60+\square\div8=65$
$\square\div8=65-60=5$
$\square=5\times8=40$

29 4×6을 괄호로 묶으면 계산 순서가 바뀌지 않으므로 $11+4$와 $6-4$를 괄호로 묶어서 계산 결과를 비교해 봅니다.
$(11+4)\times6-4=15\times6-4=90-4=86$ (×)
$11+4\times(6-4)=11+4\times2=11+8=19$ (○)

30 3×21을 괄호로 묶으면 계산 순서가 바뀌지 않으므로 $21\div7$, $7-4$, $4+2$를 괄호로 묶어서 계산 결과를 비교해 봅니다.
$3\times(21\div7)-4+2=3\times3-4+2$
$=9-4+2$
$=5+2=7$ (×)
$3\times21\div(7-4)+2=3\times21\div3+2$
$=63\div3+2$
$=21+2=23$ (○)
$3\times21\div7-(4+2)=3\times21\div7-6$
$=63\div7-6$
$=9-6=3$ (×)

31 어떤 수를 □라고 하여 식을 세우면
$\square\times8\div6+19=23$
$\square\times8\div6=23-19=4$
$\square\times8=4\times6=24$
$\square=24\div8=3$

32 어떤 수를 □라고 하여 식을 세우면
$(\square+5)\times3\div4=9$
$(\square+5)\times3=9\times4=36$
$\square+5=36\div3=12$
$\square=12-5=7$

서술형
33 예 어떤 수를 □라고 하여 잘못 계산한 식을 세우면 $(\square+9)\div7=3$, $\square+9=3\times7=21$, $\square=21-9=12$입니다. 따라서 바르게 계산하면 $(12-9)\times7=3\times7=21$입니다.

단계	문제 해결 과정
①	어떤 수를 구했나요?
②	바르게 계산한 값을 구했나요?

응용에서 최상위로
18~21쪽

1 $8\bigstar7=8\times7-(8+7)=41$ / 41
1-1 $24♥8=24\div8+3\times(24-8)=51$ / 51
1-2 16　2 8개　2-1 7개
2-2 45, 48　3 ＋　3-1 ＋, ÷
3-2 예 ＋, ÷, ＋ / ÷, ＋, ÷ / ＋, ＋, ÷ / ＋, ＋, ÷ / ＋, −, ÷ / ＋, ＋, ÷
4 1단계 예 (남은 거리)$=87-30\times2-15$
2단계 예 (더 가야 하는 시간)
$=(87-30\times2-15)\div12$
$(87-30\times2-15)\div12=1$ / 1시간
4-1 $(416-90\times2-80)\div78=2$ / 2시간

1 $8\bigstar7=8\times7-(8+7)=8\times7-15$
$=56-15=41$

1-1 $24♥8=24\div8+3\times(24-8)$
$=24\div8+3\times16$
$=3+48=51$

1-2 ( )가 있는 식은 ( ) 안을 먼저 계산합니다.
$5●2=5\times5-3\times(5+2)$
$=5\times5-3\times7$
$=25-21=4$
➡ $7●4=7\times7-3\times(7+4)$
$=7\times7-3\times11$
$=49-33=16$

2 $\square+4\times6<21+96\div8$
$\square+24<21+12$
$\square+24<33$
$\square<9$
따라서 □ 안에는 1부터 8까지의 자연수가 들어갈 수 있습니다.

2-1 $37+91\div7>5+\square\times6$
$37+13>5+\square\times6$
$50>5+\square\times6$
$45>\square\times6$
$7\times6=42$, $8\times6=48$이므로 □ 안에는 1부터 7까지의 자연수가 들어갈 수 있습니다.

2-2 $41-36\div6\times2-15=41-6\times2-15$
$=41-12-15=14$
$12\times6\div3-7=72\div3-7$
$=24-7=17$
$14<\square\div3<17$에서 $\square\div3$은 15 또는 16이므로 □ 안에는 45, 48이 들어갈 수 있습니다.

3 ○ 안에 −를 넣어서는 계산이 되지 않으므로 +, ×, ÷를 넣어서 계산 결과를 비교해 봅니다.
$60\div5+2\times7-20=12+14-20$
$=26-20=6$ (○)
$60\div5\times2\times7-20=12\times2\times7-20$
$=24\times7-20$
$=168-20=148$ (×)
$60\div5\div2\times7-20=12\div2\times7-20$
$=6\times7-20$
$=42-20=22$ (×)

3-1 9○16○2−7=10이므로 9○16○2를 계산한 결과가 17이어야 합니다.
$9+16\div2-7=9+8-7=17-7=10$

3-2 4개의 4와 +, −, ×, ÷ 기호를 사용하여 0부터 10까지의 수를 만들 수 있습니다. 필요하면 ( )를 사용합니다.

$44-44=0$	$(4+4)\div(4+4)=1$
$4\div4+4\div4=2$	$(4+4+4)\div4=3$
$4\times4\div4=4$	$(4\times4+4)\div4=5$
$4+(4+4)\div4=6$	$4+4-4\div4=7$
$4\times(4+4)\div4=8$	$4+4+4\div4=9$
$(44-4)\div4=10$	

4 $(87-30\times2-15)\div12=(87-60-15)\div12$
$=12\div12$
$=1$(시간)

4-1 $(416-90\times2-80)\div78$
$=(416-180-80)\div78$
$=156\div78$
$=2$(시간)

기출 단원 평가 Level 1

22~24쪽

1 ②	2 (1) ㉡ (2) ㉢ (3) ㉠	
3 30	4 ㉠, ㉢	5 ④
6 ㉡	7 ㉢	
8 $(7-4)\times5+8=23$		9 18명
10 30일	11 6번	12 8
13 57	14 700번	15 3
16 44대	17 ÷, ×	
18 예 6, 9, 3 / 18		

19 예 ( ) 안을 먼저 계산해야 하는데 나눗셈부터 계산하여 잘못되었습니다.
$28\div(7-3)+13=28\div4+13=7+13=20$

20 780원

2 (1) $19+4-15=23-15=8$
(2) $27\times2\div6=54\div6=9$
(3) $30-27+4=3+4=7$

3 $(9+2)\times3-12\div4=11\times3-12\div4$
$=33-3$
$=30$

4 ㉠ $24+12-9=36-9=27$
㉡ $24-12+9=12+9=21$
㉢ $24+(12-9)=24+3=27$
㉣ $24-(12+9)=24-21=3$

5 덧셈, 뺄셈, 곱셈, 나눗셈이 섞여 있는 식은 곱셈과 나눗셈을 먼저 계산해야 하므로 앞에서부터 차례로 계산해야 하는 식은 ④ $6\times8\div12+9$입니다.

6 ㉠ $25-5\times3+10\div2=25-15+5$
$=10+5=15$
㉡ $(25-5)\times3+10\div2=20\times3+10\div2$
$=60+5=65$

7 500원짜리 초콜릿과 300원짜리 사탕을 2개씩 샀으므로 (500+300)원을 2배 해야 합니다.
➡ $(500+300)\times2$

8 7과 4의 차를 5배 한 수에 8을 더한 수
7−4 ×5 +8
➡ $(7-4)\times5+8=3\times5+8=15+8=23$

9 일현이네 반 학생은 $(15+17)$명이므로 제주도에 다녀온 학생이 14명이라면 제주도에 다녀오지 않은 학생은 $15+17-14=32-14=18$(명)입니다.

10 수학 문제집은 모두 (5×24)쪽이므로 세미가 하루에 4쪽씩 풀었다면 $5\times24\div4=120\div4=30$(일) 만에 모두 풀었습니다.

11 한 번에 (15×2)개씩 구울 수 있으므로 쿠키를 180개 구우려면 오븐에
$180\div(15\times2)=180\div30=6$(번) 구워야 합니다.

12 $42\div6\times\square=56$
$7\times\square=56$
$\square=56\div7=8$

13 $9◆3=9\times(9-3)+3=9\times6+3=54+3=57$

14 일주일 동안 줄넘기를 동희는 (7×50)번 했고, 영모는 $(7-2)\times70$(번) 했습니다.
➡ $7\times50+(7-2)\times70=7\times50+5\times70$
$=350+350$
$=700$(번)

15 어떤 수를 □라고 하여 식을 세우면
$(21-\square)\div3\times5=30$
$(21-\square)\div3=30\div5=6$
$21-\square=6\times3=18$
$\square=21-18=3$

16 주차장에 주차되어 있는 자동차는 $(8\times4-16)$대입니다.
(주차장에 더 주차할 수 있는 자동차 수)
$=60-(8\times4-16)=60-(32-16)$
$=60-16=44$(대)

17 ○ 안에 +, −, ×, ÷를 넣어서 계산해 봅니다.
$27+9+11=36+11=47$ (×)
$27+9-11=36-11=25$ (×)
$27+9\times11=27+99=126$ (×)
$27-9+11=18+11=29$ (×)
$27-9-11=18-11=7$ (×)
$27\times9+11=243+11=254$ (×)
$27\times9-11=243-11=232$ (×)
$27\times9\times11=243\times11=2673$ (×)
$27\div9+11=3+11=14$ (×)
$27\div9\times11=3\times11=33$ (○)

18 계산 결과가 가장 큰 수가 되려면 나누는 수를 가장 작게 해야 하므로 $6\times9\div3=54\div3=18$ 또는
$9\times6\div3=54\div3=18$입니다.

서술형
19

평가 기준	배점(5점)
계산이 잘못된 곳을 찾아 이유를 썼나요?	2점
바르게 고쳐 계산했나요?	3점

서술형
20 예 자두 한 개의 값은 $(960\div3)$원이고 사과 한 개의 값은 900원입니다.
(거스름돈)$=2000-960\div3-900$
$=2000-320-900$
$=1680-900=780$(원)

평가 기준	배점(5점)
거스름돈을 구하는 식을 세웠나요?	2점
거스름돈을 구했나요?	3점

기출 단원 평가 Level ❷ 25~27쪽

1 4, 1, 2, 3 **2** (1) 27 (2) 45
3 17 **4** ㉡ **5** ④
6 36 **7** ③
8 $48\div(20-12)=6$ **9** 15명
10 2100원 **11** 130마리 **12** 4
13 $5+20\div(5-3)=15$ **14** 7개
15 54 **16** 43 cm **17** 3100원
18 15, 3
19 예 한 개에 500원인 사탕 5개를 사고 3000원을 냈습니다. 거스름돈은 얼마를 받아야 합니까? / 예 500원
20 9장

1 덧셈, 뺄셈, 곱셈, 나눗셈이 섞여 있는 식은 곱셈과 나눗셈을 먼저 계산하고, ( )가 있으면 ( ) 안을 가장 먼저 계산합니다.

2 (1) $23+(38-14)\div6=23+24\div6$
$=23+4=27$
(2) $2+15\times4-34\div2=2+60-17$
$=62-17=45$

3 $8\times6\div4+5=48\div4+5$
$=12+5$
$=17$

4 ㉠ $27-9-5+4=18-5+4=13+4=17$
㉡ $27-(9-5)+4=27-4+4=23+4=27$
㉢ $27-9-(5+4)=27-9-9=18-9=9$

5 ( )가 있는 식에서는 ( ) 안을 먼저 계산해야 하므로 ①, ②, ③, ⑤는 ( )가 없으면 계산 결과가 달라집니다. ④는 ( )가 없어도 앞에서부터 차례로 계산해야 하므로 계산 결과가 같습니다.

6 ㉠ $25+5\times11-9=25+55-9$
$=80-9=71$
㉡ $25+5\times(11-9)=25+5\times2$
$=25+10=35$
➡ ㉠−㉡$=71-35=36$

7 나누어 준 사탕은 (5×3)개이므로 남은 사탕은 $(20-5\times3)$개입니다.

8 두 식에서 공통인 수는 8이므로 오른쪽 식의 8 대신 $20-12$를 넣어 하나의 식으로 만듭니다.
➡ $48\div(20-12)=6$

9 온유네 반 학생은 (6×5)명이므로 똑같이 2팀으로 나누면 한 팀은 $6\times5\div2=30\div2=15$(명)입니다.

10 (남은 금액)=(전체 금액)−(찾은 금액)+(맡긴 금액)
$=3000-1600+700$
$=1400+700$
$=2100$(원)

11 조기는 (20×6)마리, 고등어는 (2×5)마리이므로 모두 $20\times6+2\times5=120+10=130$(마리)입니다.

12 약속된 규칙에 따라 식을 세우면
7♥㉠$=7\times7-$㉠$\times$㉠$=33$이므로
$49-$㉠$\times$㉠$=33$, ㉠$\times$㉠$=49-33=16$입니다.
$4\times4=16$이므로 ㉠$=4$입니다.

13 $20\div5$를 ( )로 묶으면 계산 순서가 바뀌지 않으므로 $5+20$과 $5-3$을 ( )로 묶어서 계산 결과를 비교해 봅니다.
$(5+20)\div5-3=25\div5-3=5-3=2$ (×)
$5+20\div(5-3)=5+20\div2=5+10=15$ (○)

14 $\square+24\div2<48-7\times4$
$\square+12<48-28$
$\square+12<20$
$\square<8$
따라서 □ 안에는 1부터 7까지의 자연수가 들어갈 수 있습니다.

15 어떤 수를 □라고 하면 잘못 계산한 식은
$\square\times3-45=36$이므로 $\square\times3=36+45=81$,
$\square=81\div3=27$입니다.
따라서 바르게 계산하면 $27\div3+45=9+45=54$입니다.

16 $(75\div5)$ cm와 $(96\div3)$ cm인 종이테이프를 4 cm가 겹쳐지도록 이어 붙였습니다.
(이어 붙인 종이테이프의 전체 길이)
$=75\div5+96\div3-4$
$=15+32-4$
$=47-4=43$ (cm)

17 음식값 $(2500\times2+3500\times3)$원을 5명이 똑같이 나누어 내야 합니다.
(한 사람이 내야 할 돈)$=(2500\times2+3500\times3)\div5$
$=(5000+10500)\div5$
$=15500\div5=3100$(원)

18 계산 결과가 가장 클 때는 30을 나누는 수 □×□가 가장 작을 때입니다.
➡ $30\div(1\times3)+5=30\div3+5=10+5=15$
계산 결과가 가장 작을 때는 30을 나누는 수 □×□가 가장 클 때입니다.
➡ $30\div(3\times5)+1=30\div15+1=2+1=3$

서술형
19

평가 기준	배점(5점)
식에 알맞은 문제를 만들었나요?	3점
문제를 풀어 답을 구했나요?	2점

서술형
20 예 (12×6)장의 색종이를 (4×2)명의 학생들에게 똑같이 나누어 줍니다.
(한 사람에게 줄 수 있는 색종이 수)
$=12\times6\div(4\times2)=12\times6\div8$
$=72\div8=9$(장)

평가 기준	배점(5점)
한 사람에게 줄 수 있는 색종이 수를 구하는 식을 세웠나요?	2점
한 사람에게 줄 수 있는 색종이 수를 구했나요?	3점

2 약수와 배수

수는 수학의 여러 영역에서 가장 기본이 되고, 수에 대한 정확한 이해와 수를 이용한 연산 능력은 수학 학습을 하는 데 기초가 됩니다. 이에 본 단원에서는 수의 연산에서 중요한 요소인 약수와 배수를 자연수의 범위에서 알아봅니다. 약수와 배수는 학생들이 이미 학습한 곱셈과 나눗셈의 연산 개념을 바탕으로 정의됩니다. 약수와 배수, 최대공약수와 최소공배수를 학습한 뒤에는 일상 생활에서 약수와 배수와 관련된 문제를 해결하고 그 해결 과정을 설명하게 하며 주어진 수가 어떤 수의 배수인지 쉽게 판별하는 방법을 알아봅니다. 약수와 배수는 5학년의 약분과 통분, 분모가 다른 분수의 덧셈과 뺄셈으로 연결되며, 중등 과정에서 다항식의 약수와 배수 학습의 기초가 되므로 학생들이 정확하게 이해하고 문제를 해결하도록 지도합니다.

1 약수와 배수 30쪽

1 (위에서부터) 1, 2, 4, 8 / 1, 2, 4, 8

2 4, 8, 12, 16, 20

3 (1) 1, 2, 5, 10 (2) 1, 2, 3, 4, 6, 12

4 (1) 7, 14, 21, 28, 35
(2) 10, 20, 30, 40, 50

1 8을 나누어떨어지게 하는 수를 8의 약수라고 합니다.

2 4를 1배, 2배, 3배…… 한 수를 4의 배수라고 합니다.

3 (1) $10\div1=10$, $10\div2=5$, $10\div5=2$, $10\div10=1$
➡ 10의 약수는 1, 2, 5, 10입니다.
(2) $12\div1=12$, $12\div2=6$, $12\div3=4$, $12\div4=3$, $12\div6=2$, $12\div12=1$
➡ 12의 약수는 1, 2, 3, 4, 6, 12입니다.

4 (1) 7의 배수는 $7\times1=7$, $7\times2=14$, $7\times3=21$, $7\times4=28$, $7\times5=35$…… 입니다.
(2) 10의 배수는 $10\times1=10$, $10\times2=20$, $10\times3=30$, $10\times4=40$, $10\times5=50$…… 입니다.

2 약수와 배수의 관계 31쪽

5 (1) 배수 (2) 약수

6 1, 12 / 2, 6 / 3, 4 /
1, 2, 3, 4, 6, 12 / 1, 2, 3, 4, 6, 12

7 (위에서부터) 2, 6, 2 /
1, 2, 3, 6, 9, 18 / 1, 2, 3, 6, 9, 18

5 ■×▲=● ➡ ●는 ■와 ▲의 배수입니다.
■와 ▲는 ●의 약수입니다.

6 $1\times12=12$, $2\times6=12$, $3\times4=12$
➡ 12는 1, 2, 3, 4, 6, 12의 배수입니다.
➡ 1, 2, 3, 4, 6, 12는 12의 약수입니다.

7 $18=2\times3\times3$
➡ 18은 1, 2, 3, $2\times3=6$, $3\times3=9$, $2\times3\times3=18$의 배수입니다.
➡ 1, 2, 3, $2\times3=6$, $3\times3=9$, $2\times3\times3=18$은 18의 약수입니다.

3 공약수와 최대공약수 32쪽

8 1, 2, 4, 8 / 8

9 (1) 1, 2, 3, 6, 9, 18 / 1, 2, 3, 4, 6, 8, 12, 24
(2) 1, 2, 3, 6 / 6
(3) 1, 2, 3, 6
(4) 공약수에 ○표

8 32와 40의 공통된 약수 1, 2, 4, 8을 32와 40의 공약수라 하고, 공약수 중에서 가장 큰 수인 8을 32와 40의 최대공약수라고 합니다.

9 (1) $1\times18=18$, $2\times9=18$, $3\times6=18$
➡ 18의 약수 : 1, 2, 3, 6, 9, 18
$1\times24=24$, $2\times12=24$, $3\times8=24$, $4\times6=24$
➡ 24의 약수 : 1, 2, 3, 4, 6, 8, 12, 24
(3) $1\times6=6$, $2\times3=6$
➡ 6의 약수 : 1, 2, 3, 6

4 최대공약수 구하는 방법 33쪽

10 (1) 9 / 5, 9 (2) 3, 3 / 3, 3, 5 (3) 9

11 예
```
2) 24  30
3) 12  15
    4   5  / 2×3=6
```

10 곱셈식 중 공통으로 들어 있는 가장 큰 수는 9 또는 3×3이므로 최대공약수는 9입니다.

11 1 이외의 공약수가 없을 때까지 나눗셈을 계속 하였을 때 나눈 공약수들의 곱이 처음 두 수의 최대공약수가 됩니다.

5 공배수와 최소공배수 34쪽

12 예 20, 40…… / 20

13 (1) 12, 18, 24, 30, 36, 42, 48, 54 / 18, 27, 36, 45, 54, 63, 72, 81
(2) 18, 36, 54 / 18
(3) 18, 36, 54
(4) 공배수에 ○표

12 4와 5의 공통된 배수 20, 40……을 4와 5의 공배수라 하고, 공배수 중에서 가장 작은 수인 20을 4와 5의 최소공배수라고 합니다.

13 (1) 6의 배수 : $6 \times 1=6$, $6 \times 2=12$, $6 \times 3=18$, $6 \times 4=24$, $6 \times 5=30$, $6 \times 6=36$, $6 \times 7=42$, $6 \times 8=48$, $6 \times 9=54$ ……

9의 배수 : $9 \times 1=9$, $9 \times 2=18$, $9 \times 3=27$, $9 \times 4=36$, $9 \times 5=45$, $9 \times 6=54$, $9 \times 7=63$, $9 \times 8=72$, $9 \times 9=81$ ……

(3) 18의 배수 : $18 \times 1=18$, $18 \times 2=36$, $18 \times 3=54$……

6 최소공배수 구하는 방법 35쪽

14 (1) 6 / 3, 6 (2) 2, 3 / 2, 3, 3 (3) 36

15 예
```
2) 30  36
3) 15  18
    5   6  / 2×3×5×6=180
```

14 $6 \times 2 \times 3=36$ 또는 $2 \times 3 \times 2 \times 3=36$이므로 최소공배수는 36입니다.

15 1 이외의 공약수가 없을 때까지 나눗셈을 계속 하였을 때 나눈 공약수와 밑에 남은 몫을 모두 곱하면 처음 두 수의 최소공배수가 됩니다.

기본에서 응용으로 36~41쪽

1 (×)(○)
(○)(×)

2 8은 256의 약수입니다. /
예 256을 8로 나누면 $256 \div 8=32$로 나누어떨어지기 때문입니다.

3 6개

4

1	2	3	4	5(○)	6(△)	7	8	9	10(○)
11	12(△)	13	14	15(○)	16	17	18(△)	19	20(○)
21	22	23	24(△)	25(○)	26	27	28	29	30(○△)
31	32	33	34	35(○)	36(△)	37	38	39	40(○)
41	42(△)	43	44	45(○)	46	47	48(△)	49	50(○)

5 (1) 48 (2) 4, 16
6 28, 42
7 24
8 120

9 12의 배수는 모두 4의 배수입니다. /
예 12는 4의 배수이므로 12의 배수는 모두 4의 배수입니다.

10 99
11 213, 519
12 ③
13 7가지
14 3월 17일
15 9번

16 (○)(×)
(×)(○)

17 예 $6 \times 9=54$
18 ③, ④

19 3, 36 / 5, 25 / 9, 36 **20** 36, 6

21 1, 3, 9, 27 **22** 27

23 4개 **24** 6 **25** 1, 2, 7, 14

26 방법 1 예 $18=2\times3\times3$, $42=2\times3\times7$이므로 18과 42의 최대공약수는 $2\times3=6$입니다.

방법 2 예 2) 18 42
3) 9 21
3 7 ➡ 최대공약수 : $2\times3=6$

27 ㉠ **28** 30, 45 **29** ③

30 60, 90 **31** 12, 24, 36

32 방법 1 예 $30=2\times3\times5$, $45=3\times3\times5$이므로 30과 45의 최소공배수는 $2\times3\times5\times3=90$입니다.

방법 2 예 3) 30 45
5) 10 15
2 3
➡ 최소공배수 : $3\times5\times2\times3=90$

33 ㉠ **34** 12, 30 **35** 12명

36 6 cm **37** 3개, 4개

38 오전 10시 48분 **39** 4군데

40 15장

1 오른쪽 수를 왼쪽 수로 나누었을 때 나누어떨어지는 것을 찾습니다.
$19\div9=2\cdots1$, $77\div7=11$,
$56\div8=7$, $38\div5=7\cdots3$

서술형
2

단계	문제 해결 과정
①	8이 256의 약수인지 아닌지 답했나요?
②	그렇게 생각한 이유를 썼나요?

3 $20\div1=20$, $20\div2=10$, $20\div4=5$,
$20\div5=4$, $20\div10=2$, $20\div20=1$
따라서 20의 약수는 1, 2, 4, 5, 10, 20으로 모두 6개입니다.

5 (1) 약수 중에서 가장 큰 수가 48이므로 어떤 수는 48입니다.
(2) $48\div1=48$, $48\div2=24$, $48\div3=16$,
$48\div\boxed{4}=12$, $48\div6=8$, $48\div8=6$,
$48\div12=4$, $48\div\boxed{16}=3$, $48\div24=2$,
$48\div48=1$

6 7을 1배, 2배, 3배⋯⋯한 수이므로 7의 배수입니다. 7의 배수를 가장 작은 수부터 차례로 쓰면 7, 14, 21, 28, 35, 42, 49⋯⋯입니다.

7 4의 약수 : 1, 2, 4 ➡ 3개
10의 약수 : 1, 2, 5, 10 ➡ 4개
15의 약수 : 1, 3, 5, 15 ➡ 4개
24의 약수 : 1, 2, 3, 4, 6, 8, 12, 24 ➡ 8개
32의 약수 : 1, 2, 4, 8, 16, 32 ➡ 6개

8 8을 1배, 2배, 3배⋯⋯한 수이므로 8의 배수입니다. 따라서 15번째 수는 $8\times15=120$입니다.

서술형
9

단계	문제 해결 과정
①	12의 배수는 모두 4의 배수인지 아닌지 답했나요?
②	그렇게 생각한 이유를 썼나요?

10 9의 배수는 9, 18, 27⋯⋯90, 99, 108⋯⋯이고, 이 중에서 100에 가장 가까운 수는 99입니다.

11 213 ➡ $2+1+3=6$ ➡ 3의 배수
934 ➡ $9+3+4=16$
519 ➡ $5+1+9=15$ ➡ 3의 배수
782 ➡ $7+8+2=17$

12 사탕 18개를 각 친구 수로 나누어 봅니다.
① $18\div2=9$(개) ② $18\div3=6$(개)
③ $18\div5=3\cdots3$ ④ $18\div6=3$(개)
⑤ $18\div9=2$(개)

다른 풀이

18의 약수는 1, 2, 3, 6, 9, 18입니다. 5는 18의 약수가 아니므로 5명에게는 18개를 남김없이 똑같이 나누어 줄 수 없습니다.

참고 나누어 줄 수 있는 친구 수는 18의 약수와 같습니다.

13 $56\div2=28$, $56\div4=14$, $56\div7=8$, $56\div8=7$, $56\div14=4$, $56\div28=2$, $56\div56=1$
따라서 귤을 접시에 나누어 담는 방법은 모두 7가지입니다.

14 준석이가 다섯 번째로 바이올린을 배우는 날은 3월 5일에서 $3\times4=12$(일) 후이므로 3월 17일입니다.

15 6시부터 7분 간격으로 출발하므로 7의 배수가 출발 시각이 됩니다. 따라서 출발 시간은 6시, 6시 7분, 6시 14분, 6시 21분, 6시 28분, 6시 35분, 6시 42분, 6시 49분, 6시 56분이므로 7시까지 고속버스는 9번 출발합니다.

16 11×5=55, 4×20=80이므로 11과 55, 4와 80은 약수와 배수의 관계입니다.

17 ●는 ■의 약수이고 ■는 ●의 배수입니다.
➡ ●×▲=■

18 ① 30은 2의 배수입니다.
② 5는 30의 약수입니다.
⑤ 30의 약수는 1, 2, 3, 5, 2×3=6, 2×5=10, 3×5=15, 2×3×5=30입니다.

19 3×3=9, 3×12=36, 5×5=25, 9×4=36

20 12×3=36이므로 36은 12의 배수입니다.
6×2=12이므로 6은 12의 약수입니다.

21 27이 □의 배수이므로 □는 27의 약수입니다.
따라서 □ 안에 들어갈 수 있는 수는 1, 3, 9, 27입니다.

22 9의 배수는 9, 18, 27, 36⋯⋯입니다.
9의 약수 : 1, 3, 9
➡ 1+3+9=13 (×)
18의 약수 : 1, 2, 3, 6, 9, 18
➡ 1+2+3+6+9+18=39 (×)
27의 약수 : 1, 3, 9, 27
➡ 1+3+9+27=40 (○)

23 24의 약수 : 1, 2, 3, 4, 6, 8, 12, 24
40의 약수 : 1, 2, 4, 5, 8, 10, 20, 40
따라서 24와 40의 공약수는 1, 2, 4, 8로 모두 4개입니다.

24 두 수를 모두 나누어떨어지게 하는 수 중에서 가장 큰 수이므로 최대공약수를 구합니다.
18의 약수 : 1, 2, 3, 6, 9, 18
30의 약수 : 1, 2, 3, 5, 6, 10, 15, 30
따라서 18과 30의 공약수는 1, 2, 3, 6이고 최대공약수는 6입니다.

서술형
25 예 두 수의 최대공약수의 약수는 두 수의 공약수와 같습니다. 따라서 두 수의 공약수는 14의 약수인 1, 2, 7, 14입니다.

단계	문제 해결 과정
①	공약수와 최대공약수의 관계를 설명했나요?
②	두 수의 공약수를 모두 구했나요?

서술형
26

단계	문제 해결 과정
①	한 가지 방법으로 두 수의 최대공약수를 구했나요?
②	다른 방법으로 두 수의 최대공약수를 구했나요?

27 ㉠ 7) 21 35
3 5
➡ 최대공약수 : 7

㉡ 2) 30 48
3) 15 24
5 8
➡ 최대공약수 : 2×3=6

28 최대공약수가 15이므로 □×5=15, □=3입니다.
㉠÷3=10이므로 ㉠=10×3=30
㉡÷3=15이므로 ㉡=15×3=45

29 6의 배수이면서 8의 배수인 수는 6과 8의 공배수입니다.
6의 배수 : 6, 12, 18, 24, 30, 36, 42, 48, 54⋯⋯
8의 배수 : 8, 16, 24, 32, 40, 48, 56, 64, 72⋯⋯
➡ 6과 8의 공배수 : 24, 48⋯⋯

30 5의 배수 : 5, 10, 15, 20, 25, 30, 35, 40⋯⋯
6의 배수 : 6, 12, 18, 24, 30, 36, 42, 48, 54⋯⋯
5와 6의 최소공배수가 30이므로 공배수는 30의 배수인 30, 60, 90, 120⋯⋯입니다.
그중 50부터 100까지의 수는 60, 90입니다.

서술형
31 예 두 수의 최소공배수의 배수는 두 수의 공배수와 같습니다. 따라서 두 수의 공배수는 12의 배수인 12, 24, 36⋯⋯입니다.

단계	문제 해결 과정
①	공배수와 최소공배수의 관계를 설명했나요?
②	두 수의 공배수를 가장 작은 수부터 3개 구했나요?

서술형
32

단계	문제 해결 과정
①	한 가지 방법으로 두 수의 최소공배수를 구했나요?
②	다른 방법으로 두 수의 최소공배수를 구했나요?

33 ㉠ 2) 12 60
2) 6 30
3) 3 15
1 5
➡ 최소공배수 :
2×2×3×1×5=60

㉡ 3) 27 36
3) 9 12
3 4
➡ 최소공배수 :
3×3×3×4=108

34 최소공배수가 60이므로 □×3×2×5=60,
□×30=60, □=60÷30=2입니다.
㉠÷2=6이므로 ㉠=6×2=12
㉡÷2=15이므로 ㉡=15×2=30

35 2) 36　48
2) 18　24
3) 9　12
　　3　4 ➡ 최대공약수 : $2\times2\times3=12$
따라서 최대 12명에게 나누어 줄 수 있습니다.

36 2) 30　42
3) 15　21
　　5　7 ➡ 최대공약수 : $2\times3=6$
따라서 가장 큰 정사각형 모양 종이의 한 변은 6 cm입니다.

37 3) 45　60
5) 15　20
　　3　4 ➡ 최대공약수 : $3\times5=15$
45와 60의 최대공약수는 15이므로 15개의 주머니에 똑같이 나누어 담을 수 있습니다.
따라서 한 주머니에 빨간 사과는 $45\div15=3$(개), 초록 사과는 $60\div15=4$(개)씩 담아야 합니다.

38 2) 12　16
2) 6　8
　　3　4 ➡ 최소공배수 : $2\times2\times3\times4=48$
따라서 두 버스는 48분마다 동시에 출발하므로 다음번에 동시에 출발하는 시각은 오전 10시 48분입니다.

39 깃발과 물은 5 km와 2 km의 공배수인 지점마다 동시에 놓여 있습니다. 5와 2의 최소공배수는 10이므로 42.195까지 10의 배수를 세어 보면, $10\times1=10$, $10\times2=20$, $10\times3=30$, $10\times4=40$으로 모두 4군데입니다.

40 2) 18　30
3) 9　15
　　3　5 ➡ 최소공배수 : $2\times3\times3\times5=90$
18과 30의 최소공배수는 90이므로 한 변이 90 cm인 정사각형을 만들어야 합니다. 따라서 종이를 가로에 $90\div18=5$(장), 세로에 $90\div30=3$(장) 놓아야 하므로 모두 $5\times3=15$(장) 필요합니다.

응용에서 최상위로

42~45쪽

1 16	1-1 4	1-2 90
2 15	2-1 5	2-2 38
2-3 29	3 27	3-1 56
3-2 24, 40	3-3 60, 84	

4 1단계 예 태양, 금성, 지구는 금성과 지구의 공전주기인 225일과 365일의 최소공배수인 16425일마다 일직선을 이룹니다.
2단계 예 $16425=365\times45$이므로 4월 1일부터 45년이 지난 후의 4월 1일에 다시 일직선을 이룹니다.
/ 4월 1일

1 • 48의 약수 : 1, 2, 3, 4, 6, 8, 12, 16, 24, 48
• 60의 약수 : 1, 2, 3, 4, 5, 6, 10, 12, 15, 20, 30, 60
48의 약수 중에서 60의 약수가 아닌 수는 8, 16, 24, 48이고, 이 중에서 약수를 모두 더하면 31인 수는 16입니다.
➡ (16의 약수의 합)$=1+2+4+8+16=31$

1-1 • 36의 약수 : 1, 2, 3, 4, 6, 9, 12, 18, 36
• 18의 약수 : 1, 2, 3, 6, 9, 18
36의 약수 중에서 18의 약수가 아닌 수는 4, 12, 36이고, 이 중에서 약수를 모두 더하면 7인 수는 4입니다.
➡ (4의 약수의 합)$=1+2+4=7$

1-2 6의 배수 중 두 자리 수는 12, 18, 24, 30, 36, 42, 48, 54, 60, 66, 72, 78, 84, 90, 96이고, 이 중에서 4의 배수는 12, 24, 36, 48, 60, 72, 84, 96입니다.
따라서 6의 배수 중에서 4의 배수가 아닌 두 자리 수는 18, 30, 42, 54, 66, 78, 90이고 이 중에서 80보다 큰 수는 90입니다.

2 $33\div$(어떤 수)$=\square\cdots3$, $47\div$(어떤 수)$=\triangle\cdots2$이므로 $33-3=30$과 $47-2=45$는 어떤 수로 나누어 떨어집니다.
따라서 어떤 수는 30의 약수이면서 45의 약수인 수이므로 30과 45의 공약수이고, 어떤 수 중에서 가장 큰 수는 30과 45의 최대공약수입니다.
3) 30　45
5) 10　15
　　2　3 ➡ 최대공약수 : $3\times5=15$

2-1 $46\div$(어떤 수)$=\square\cdots1$, $53\div$(어떤 수)$=\triangle\cdots3$이므로 $46-1=45$와 $53-3=50$은 어떤 수로 나누어떨어집니다.

따라서 어떤 수는 45의 약수이면서 50의 약수인 수이므로 45와 50의 공약수이고, 어떤 수 중에서 가장 큰 수는 45와 50의 최대공약수입니다.

5) 45 50
   9 10 ➡ 최대공약수 : 5

2-2 (어떤 수)$\div5=\square\cdots3$, (어떤 수)$\div7=\triangle\cdots3$이므로 어떤 수는 5와 7의 공배수보다 3 큰 수이고, 어떤 수 중에서 가장 작은 수는 5와 7의 최소공배수보다 3 큰 수입니다.

5와 7의 최소공배수는 35이므로 어떤 수 중에서 가장 작은 수는 $35+3=38$입니다.

2-3 (어떤 수)$\div8=\square\cdots5$, (어떤 수)$\div12=\triangle\cdots5$이므로 어떤 수는 8과 12의 공배수보다 5 큰 수이고, 어떤 수 중에서 가장 작은 수는 8과 12의 최소공배수보다 5 큰 수입니다.

2) 8 12
2) 4 6
   2 3

8과 12의 최소공배수는 $2\times2\times2\times3=24$이므로 어떤 수 중에서 가장 작은 수는 $24+5=29$입니다.

3 다른 한 수를 □라 할 때 두 수의 최대공약수와 최소공배수를 구하는 식은 오른쪽과 같습니다.

9) 36 □
   4 ▲

최소공배수가 108이므로 $9\times4\times$▲$=108$, $36\times$▲$=108$, ▲$=108\div36=3$입니다.

따라서 다른 한 수 □는 $9\times$▲$=9\times3=27$입니다.

3-1 다른 한 수를 □라 할 때 두 수의 최대공약수와 최소공배수를 구하는 식은 오른쪽과 같습니다.

8) 64 □
   8 ▲

최소공배수가 448이므로 $8\times8\times$▲$=448$, $64\times$▲$=448$, ▲$=448\div64=7$입니다.

따라서 다른 한 수 □는 $8\times$▲$=8\times7=56$입니다.

3-2 두 수를 ㉠과 ㉡이라 할 때 두 수의 최대공약수와 최소공배수를 구하는 식은 오른쪽과 같습니다.

8) ㉠ ㉡
   ■ ▲

최소공배수가 120이므로 $8\times$■$\times$▲$=120$, ■$\times$▲$=120\div8=15$입니다.

■$\times$▲$=15$인 두 자연수는 (1, 15) 또는 (3, 5)입니다. 두 수는 $8\times1=8$과 $8\times15=120$ 또는 $8\times3=24$와 $8\times5=40$이 될 수 있는데 두 수는 모두 두 자리 수이므로 24와 40입니다.

3-3 두 수를 ㉠과 ㉡이라 할 때 두 수의 최대공약수와 최소공배수를 구하는 식은 오른쪽과 같습니다.

12) ㉠ ㉡
    ■ ▲

최소공배수가 420이므로 $12\times$■$\times$▲$=420$, ■$\times$▲$=420\div12=35$입니다.

■$\times$▲$=35$인 두 자연수는 (1, 35) 또는 (5, 7)입니다. 두 수는 $12\times1=12$와 $12\times35=420$ 또는 $12\times5=60$과 $12\times7=84$가 될 수 있는데 두 수의 차가 24이므로 60과 84입니다.

기출 단원 평가 Level ❶

46~48쪽

1 (1) 1, 2, 7, 14 (2) 1, 3, 5, 9, 15, 45
2 ㉡ **3** 10 **4** 98
5 1, 2, 3, 5, 6, 10, 15, 30 **6** 36, 10, 19
7 4개 **8** 14 **9** 6, 90
10 288 **11** 1, 2, 3, 4, 6
12 21 **13** 1, 2, 3, 6, 7, 14, 21, 42
14 84 **15** 12, 24, 48
16 3일 **17** 6 **18** 26개
19 5개 **20** 5가지

1 (1) $1\times14=14$, $2\times7=14$
➡ 14의 약수 : 1, 2, 7, 14
(2) $1\times45=45$, $3\times15=45$, $5\times9=45$
➡ 45의 약수 : 1, 3, 5, 9, 15, 45

2 ㉡ $5\times6=30$이므로 5와 30은 약수와 배수의 관계입니다.

3 9의 약수 : 1, 3, 9
25의 약수 : 1, 5, 25
➡ $9+1=10$

4 2의 배수 2, 4, 6, 8, …… 96, 98, 100, ……이고 이 중에서 가장 큰 두 자리 수는 98입니다.

5 30이 □의 배수이므로 □는 30의 약수입니다. 따라서 □ 안에 들어갈 수 있는 수는 30의 약수인 1, 2, 3, 5, 6, 10, 15, 30입니다.

6 10의 약수 : 1, 2, 5, 10 ➡ 4개
19의 약수 : 1, 19 ➡ 2개
36의 약수 : 1, 2, 3, 4, 6, 9, 12, 18, 36 ➡ 9개
따라서 약수의 수가 많은 수부터 차례로 쓰면 36, 10, 19입니다.

7 18의 약수 : 1, 2, 3, 6, 9, 18
42의 약수 : 1, 2, 3, 6, 7, 14, 21, 42
따라서 18과 42의 공약수는 1, 2, 3, 6으로 모두 4개입니다.

8 ㉠과 ㉡의 공약수 중에서 가장 큰 수는 ㉠과 ㉡의 최대공약수이므로 $2\times7=14$입니다.

9
```
2) 18  30
3)  9  15
    3   5
```
➡ 최대공약수 : $2\times3=6$
최소공배수 : $2\times3\times3\times5=90$

10 9를 1배, 2배, 3배……한 수이므로 9의 배수입니다. 따라서 32번째 수는 $9\times32=288$입니다.

11 12는 1, 2, 3, 4, 6, 12의 배수이므로 12의 배수는 모두 1, 2, 3, 4, 6, 12의 배수입니다. 따라서 □ 안에 들어갈 수 있는 수는 1, 2, 3, 4, 6입니다.

12 7의 배수는 7, 14, 21, 28……입니다.
7의 약수 : 1, 7 ➡ $1+7=8$ (×)
14의 약수 : 1, 2, 7, 14 ➡ $1+2+7+14=24$ (×)
21의 약수 : 1, 3, 7, 21 ➡ $1+3+7+21=32$ (○)

13 두 수의 공약수는 두 수의 최대공약수의 약수와 같으므로 42의 약수인 1, 2, 3, 6, 7, 14, 21, 42입니다.

14 두 수의 공배수는 최소공배수인 21의 배수와 같으므로 21, 42, 63, 84, 105……입니다.
이 중에서 70보다 큰 두 자리 수는 84입니다.

15 48의 약수 : 1, 2, 3, 4, 6, 8, 12, 16, 24, 48
48의 약수 중에서 3의 배수를 찾으면 3, 6, 12, 24, 48이고 이 중에서 두 자리 수는 12, 24, 48입니다.

16 4와 6의 최소공배수는 12이므로 12일마다 과일과 채소가 함께 배달됩니다. 따라서 3월에 과일과 채소가 함께 배달되는 날은 1일, 13일, 25일로 모두 3일입니다.

17 $26\div$(어떤 수)$=$□$\cdots2$, $44\div$(어떤 수)$=\triangle\cdots2$이므로 $26-2=24$와 $44-2=42$는 어떤 수로 나누어 떨어집니다. 따라서 어떤 수는 24와 42의 공약수이고, 어떤 수 중에서 가장 큰 수는 24와 42의 최대공약수입니다.
```
2) 24  42
3) 12  21
    4   7
```
➡ 최대공약수 : $2\times3=6$

18
```
2) 30  48
3) 15  24
    5   8
```
30과 48의 최대공약수는 $2\times3=6$이므로 말뚝을 6 m 간격으로 설치해야 합니다.
$30\div6=5$이므로 가로에 필요한 말뚝은 $5\times2=10$(개)이고 $48\div6=8$이므로 세로에 필요한 말뚝은 $8\times2=16$(개)이므로 필요한 말뚝은 모두 $10+16=26$(개)입니다.

서술형
19 예 50보다 크고 80보다 작은 6의 배수는 54, 60, 66, 72, 78이므로 모두 5개입니다.

평가 기준	배점(5점)
50보다 크고 80보다 작은 6의 배수를 모두 구했나요?	3점
50보다 크고 80보다 작은 6의 배수의 개수를 구했나요?	2점

서술형
20 예 20의 약수는 1, 2, 4, 5, 10, 20이므로 연필 20자루를 남김없이 똑같이 나누어 주려면 2명, 4명, 5명, 10명, 20명에게 나누어 줄 수 있습니다. 따라서 연필을 나누어 줄 수 있는 방법은 5가지입니다.

평가 기준	배점(5점)
연필을 나누어 줄 수 있는 방법을 모두 구했나요?	3점
연필을 나누어 줄 수 있는 방법은 몇 가지인지 구했나요?	2점

기출 단원 평가 Level ❷

49~51쪽

1 9개	**2** ⑤	**3** 30
4 24, 42	**5** ③, ⑤	**6** 1, 2, 4
7 ④	**8** 5, 90	**9** 420
10 12	**11** 미래	**12** 25, 50, 75
13 8개	**14** 8명	**15** 5번
16 45	**17** 15장	**18** 91
19 6개	**20** 7번	

1 36의 약수 : 1, 2, 3, 4, 6, 9, 12, 18, 36
➡ 9개

2 ⑤ 28의 약수는 1, 2, 4, 7, 14, 28입니다.

3 어떤 수의 약수 중에서 가장 큰 수는 자기 자신입니다. 따라서 30의 약수입니다.

4 6을 1배, 2배, 3배……한 수이므로 6의 배수입니다. 6의 배수를 가장 작은 수부터 차례로 쓰면 6, 12, 18, 24, 30, 36, 42……입니다.

5 ① 249 ➡ $2+4+9=15$
② 325 ➡ $3+2+5=10$
③ 477 ➡ $4+7+7=18$ ➡ 9의 배수
④ 581 ➡ $5+8+1=14$
⑤ 639 ➡ $6+3+9=18$ ➡ 9의 배수

6 색칠한 부분은 40의 약수와 36의 약수 중 공통인 부분이므로 40과 36의 공약수를 나타냅니다.
40의 약수 : 1, 2, 4, 5, 8, 10, 20, 40
36의 약수 : 1, 2, 3, 4, 6, 9, 12, 18, 36
따라서 40과 36의 공약수는 1, 2, 4입니다.

7 8과 12의 공배수는 8과 12의 최소공배수의 배수와 같습니다. 8과 12의 최소공배수는 24이므로 24의 배수가 아닌 수를 찾습니다.
① $24\times2=48$ ② $24\times3=72$
③ $24\times4=96$ ⑤ $24\times5=120$

8 $5\times2=10$이므로 5는 10의 약수입니다.
$10\times9=90$이므로 90은 10의 배수입니다.

9 ㉠과 ㉡에서 공통인 부분에 공통이 아닌 나머지 수를 곱하면 ㉠과 ㉡의 최소공배수는 $2\times3\times5\times7\times2=420$입니다.

10
2) 36 60
2) 18 30
3) 9 15
3 5 ➡ 최대공약수 : $2\times2\times3=12$

11
2) 12 18
3) 6 9 ➡ 최대공약수 : $2\times3=6$
2 3 최소공배수 : $2\times3\times2\times3=36$
두 수의 공약수 중 가장 작은 수는 항상 1이고,
두 수의 공배수 중 가장 큰 수는 구할 수 없습니다.

12 두 수의 공배수는 최소공배수인 25의 배수와 같으므로 25, 50, 75, 100……입니다.
이 중에서 100보다 작은 수는 25, 50, 75입니다.

13
2) 30 24
3) 15 12
5 4 ➡ 최소공배수 : $2\times3\times5\times4=120$
두 수의 공배수는 최소공배수인 120의 배수와 같으므로 120, 240, 360, 480, 600, 720, 840, 960, 1080 ……입니다. 이 중에서 세 자리 수는 모두 8개입니다.

14
2) 32 56
2) 16 28
2) 8 14
4 7 ➡ 최대공약수 : $2\times2\times2=8$
따라서 최대 8명에게 나누어 줄 수 있습니다.

15 검은 바둑돌을 소희는 2개마다 놓고 준호는 3개마다 놓으므로 2와 3의 공배수마다 같은 자리에 검은 바둑돌이 놓입니다. 2와 3의 최소공배수는 6이고 30까지의 공배수는 6, 12, 18, 24, 30이므로 같은 자리에 검은 바둑돌이 놓이는 경우는 모두 5번입니다.

16 (어떤 수)÷8=□…5, (어떤 수)÷20=△…5이므로 어떤 수는 8과 20의 공배수보다 5 큰 수이고 어떤 수 중에서 가장 작은 수는 8과 20의 최소공배수보다 5 큰 수입니다.
2) 8 20
2) 4 10
2 5
8과 20의 최소공배수는 $2\times2\times2\times5=40$이므로 어떤 수 중에서 가장 작은 수는 $40+5=45$입니다.

17 2) 30　50
5) 15　25
　　3　5

30과 50의 최대공약수는 $2 \times 5 = 10$이므로 가장 큰 정사각형 모양 종이의 한 변은 10 cm입니다.
$30 \div 10 = 3$, $50 \div 10 = 5$이므로 정사각형 모양의 종이를 $3 \times 5 = 15$(장) 만들 수 있습니다.

18 다른 한 수를 □라 할 때 두 수의 최대공약수와 최소공배수를 구하는 식은 오른쪽과 같습니다.

13) 39　□
　　3　▲

최소공배수가 273이므로 $13 \times 3 \times$ ▲ $= 273$, $39 \times$ ▲ $= 273$, ▲ $= 273 \div 39 = 7$입니다.
따라서 다른 한 수 □는 $13 \times$ ▲ $= 13 \times 7 = 91$입니다.

서술형
19 예 두 수의 공약수는 두 수의 최대공약수의 약수와 같으므로 28의 약수인 1, 2, 4, 7, 14, 28입니다.
따라서 두 수의 공약수는 모두 6개입니다.

평가 기준	배점(5점)
공약수와 최대공약수의 관계를 알고 있나요?	2점
두 수의 공약수의 개수를 구했나요?	3점

서술형
20 예 9시에 첫차가 출발하고 9분 간격으로 출발하므로 9의 배수가 출발 시각이 됩니다. 따라서 출발 시각은 9시, 9시 9분, 9시 18분, 9시 27분, 9시 36분, 9시 45분, 9시 54분이므로 10시까지 버스는 모두 7번 출발합니다.

평가 기준	배점(5점)
버스의 출발 시각을 구했나요?	3점
오전 10시까지 버스는 몇 번 출발하는지 구했나요?	2점

3 규칙과 대응

규칙과 대응은 함수 개념의 기초가 되는 중요한 아이디어이며, 주변의 다양한 현상을 탐구하고 관련 문제를 해결하는 데 유용합니다. 이에 본 단원에서는 학생들에게 친숙한 일상 생활 및 주변 현상을 통하여 대응 관계를 탐구해 볼 수 있도록 합니다. [수학 4-1]에서는 수 배열과 계산식의 배열 등을 중심으로 한 양의 규칙적인 변화를 알아본 반면, 이 단원에서는 두 양 사이의 대응 관계를 탐구하고 이를 기호를 사용하여 표현해 보는 데 초점을 둡니다. 이러한 대응 관계의 개념은 이후 중등 과정의 함수 학습과 직접적으로 연계되므로 학생들이 대응 관계에 대한 정확한 이해를 바탕으로 두 양 사이의 대응 관계를 파악하고 표현할 수 있도록 지도합니다.

1 두 양 사이의 관계 54쪽

1 2, 3, 4, 5
2 11개
3 예 노란색 사각형의 수에 1을 더하면 초록색 사각형의 수와 같습니다.

1 노란색 사각형은 1개, 2개, 3개, 4개로 1개씩 늘어나고, 초록색 사각형은 2개, 3개, 4개, 5개로 1개씩 늘어납니다. 따라서 초록색 사각형은 항상 노란색 사각형보다 1개 더 많습니다.

2 초록색 사각형은 항상 노란색 사각형보다 1개 더 많으므로 노란색 사각형이 10개일 때 초록색 사각형은 11개 필요합니다.

3 예 초록색 사각형의 수에서 1을 빼면 노란색 사각형의 수와 같습니다.

2 대응 관계를 식으로 나타내기 55쪽

4 6, 12, 18, 24, 30, 36
5 예 [의자의 수] [×] [6] [=] [학생의 수]
6 $\square \times 6 = ☆$(또는 $☆ \div 6 = \square$)

4 긴 의자에 6명씩 앉아 있으므로 학생의 수는 의자의 수의 6배입니다.

5 ㉑ (학생의 수)÷6=(의자의 수)

6 (의자의 수)×6=(학생의 수) ➡ □×6=☆
(학생의 수)÷6=(의자의 수) ➡ ☆÷6=□

3 생활 속에서 대응 관계 찾기 56쪽

7 ㉑ 사과의 수, 바구니의 수,
(바구니의 수)×5=(사과의 수)

8 ㉑ ① 상자의 수, ○×2=△
② 사과의 수, ☆×5=□

7 ① 수박이 한 상자에 2개씩 담겨 있습니다.
➡ (상자의 수)×2=(수박의 수)
② 사과가 한 바구니에 5개씩 담겨 있습니다.
➡ (바구니의 수)×5=(사과의 수)

8 ① (상자의 수)×2=(수박의 수) ➡ ○×2=△
(수박의 수)÷2=(상자의 수) ➡ △÷2=○
② (바구니의 수)×5=(사과의 수) ➡ ☆×5=□
(사과의 수)÷5=(바구니의 수) ➡ □÷5=☆

기본에서 응용으로 57~59쪽

1 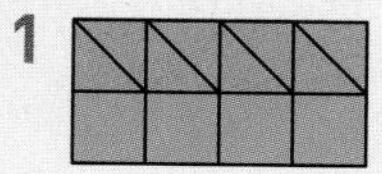　2 25개

3 ㉑ 사각형의 수를 2배 하면 삼각형의 수와 같습니다.
㉑ 삼각형의 수를 2로 나누면 사각형의 수와 같습니다.

4 5, 10, 15, 20 /
㉑ 셔츠의 수에 5를 곱하면 단추의 수와 같습니다.

5 55개

6 3, 4, 5, 6 /
㉑ 배열 순서에 2를 더하면 사각형 조각의 수와 같습니다.

7 12개

8 (위에서부터) 2018, 13, 14, 2022

9 ㉑ 준희의 나이에 2007을 더하면 연도와 같습니다.

10 ☆+2007=○(또는 ○−2007=☆)

11 ㉑ □, △, □×6=△

12 은혜 / ㉑ 개미의 수를 ◇, 다리의 수를 ○라고 하면 두 양 사이의 관계는 ◇=○÷6입니다.

13 ㉑ 모양 조각의 수를 □, 수 카드를 ○라고 하면 두 양 사이의 대응 관계는 □÷4=○(또는 ○×4=□)입니다.

14 (왼쪽에서부터) ㉑ 탁자의 수, △, 의자의 수, □ /
△×4=□(또는 □÷4=△)

15 (1) (위에서부터) 12 / 2
(2) ㉑ 수지가 말한 수를 ☆, 연우가 답한 수를 ◇라고 하면 두 양 사이의 대응 관계는 ☆−3=◇(또는 ◇+3=☆)입니다.

16 (1) ㉑ 출발 시각을 ○, 도착 시각을 △라고 하면 두 양 사이의 대응 관계는 ○+2=△(또는 △−2=○)입니다.
(2) 오후 3시

17 23살

18 ㉑ 병아리의 수를 2배 하면 병아리 다리의 수와 같습니다.

1 사각형이 1개 늘어날 때마다 삼각형은 2개씩 늘어나므로 다음에 이어질 모양은 사각형 4개에 삼각형 8개입니다.

2 삼각형 2개에 사각형이 1개 필요하므로 삼각형이 50개이면 사각형은 25개 필요합니다.

3 ㉑ 사각형의 수는 삼각형의 수의 반입니다.
삼각형의 수는 사각형의 수의 2배입니다.

4 ㉑ 단추의 수를 5로 나누면 셔츠의 수와 같습니다.

5 셔츠의 수에 5를 곱하면 단추의 수와 같으므로 셔츠가 11벌이면 단추는 11×5=55(개)입니다.

6 ㉑ 사각형 조각의 수에서 2를 빼면 배열 순서와 같습니다.

7 배열 순서에 2를 더하면 사각형 조각의 수와 같으므로 열째에는 사각형 조각이 10+2=12(개) 필요합니다.

9 예 연도에서 2007을 빼면 준희의 나이와 같습니다.

10 준희의 나이에 2007을 더하면 연도와 같습니다.
➡ ☆＋2007＝○
연도에서 2007을 빼면 준희의 나이와 같습니다.
➡ ○－2007＝☆

11 (개미의 수)×6＝(다리의 수) ➡ □×6＝△
(다리의 수)÷6＝(개미의 수) ➡ △÷6＝□

서술형
12

단계	문제 해결 과정
①	잘못 이야기한 친구를 찾았나요?
②	바르게 고쳐 썼나요?

13 (모양 조각의 수)÷4＝(수 카드) ➡ □÷4＝○
(수 카드)×4＝(모양 조각의 수) ➡ ○×4＝□

14 (탁자의 수)×4＝(의자의 수) ➡ △×4＝□
(의자의 수)÷4＝(탁자의 수) ➡ □÷4＝△

15 (수지가 말한 수)－3＝(연우가 답한 수)
➡ ☆－3＝◇
(연우가 답한 수)＋3＝(수지가 말한 수)
➡ ◇＋3＝☆

16 (2) 도착 시각에서 2를 빼면 출발 시각과 같으므로 대전에 오후 5시에 도착하려면 서울에서 오후 3시에 출발하는 고속버스를 타야 합니다.

서술형
17 예 언니의 나이는 윤주의 나이보다 3살 더 많습니다. 따라서 윤주가 20살이 되면 언니는 23살이 됩니다.

단계	문제 해결 과정
①	윤주의 나이와 언니의 나이 사이의 대응 관계를 구했나요?
②	윤주가 20살일 때 언니의 나이를 구했나요?

18 예 빵의 수는 봉지의 수의 2배입니다.
삼촌의 나이는 내 나이를 2배 한 수와 같습니다.

응용에서 최상위로

60~63쪽

1 예 □＝○×3＋1

1-1 예 ♡＝△×4－1

1-2 9, 11, 13 / 예 ◇＝☆×2＋1

2 (바둑돌의 수)＝(배열 순서)×3
또는 (배열 순서)＝(바둑돌의 수)÷3
/ 30개

2-1 (바둑돌의 수)＝(배열 순서)×4
또는 (배열 순서)＝(바둑돌의 수)÷4
/ 아홉째

2-2 49개

3 예 △＝☆×2＋1 / 23개

3-1 예 ○＝□×3＋1 / 28개

3-2 예 ○＝△×5＋1 / 10개

4 1단계 예 (서울의 시각)＝(로마의 시각)＋8이므로 ☆＝○＋8입니다.
2단계 예 ☆＝○＋8이고 11＋8＝19이므로 로마가 12월 1일 오후 11시일 때 서울은 12월 1일의 다음 날인 12월 2일 오전 7시입니다.
/ 12월 2일 오전 7시

4-1 2월 8일 오전 1시

1 1×3＋1＝4, 2×3＋1＝7, 3×3＋1＝10, 4×3＋1＝13, 5×3＋1＝16이므로 ○와 □ 사이의 대응 관계를 식으로 나타내면 □＝○×3＋1입니다.

주의 ○가 1씩 커질수록 □가 3씩 커지므로 □＝○×3이라고 생각할 수 있습니다. 그러나 ○가 1일 때 □가 4이므로 □＝○×3＋1입니다.

1-1 1×4－1＝3, 2×4－1＝7, 3×4－1＝11, 4×4－1＝15, 5×4－1＝19이므로 △와 ♡ 사이의 대응 관계를 식으로 나타내면 ♡＝△×4－1입니다.

1-2 1×2＋1＝3, 2×2＋1＝5, 3×2＋1＝7이므로 ☆과 ◇ 사이의 대응 관계를 식으로 나타내면 ◇＝☆×2＋1입니다.
☆＝4일 때 ◇＝4×2＋1＝9
☆＝5일 때 ◇＝5×2＋1＝11
☆＝6일 때 ◇＝6×2＋1＝13

2

배열 순서	1	2	3	4	……
바둑돌의 수(개)	3	6	9	12	……

배열 순서와 바둑돌의 수 사이의 대응 관계를 식으로 나타내면 (바둑돌의 수)＝(배열 순서)×3 또는 (배열 순서)＝(바둑돌의 수)÷3입니다.
따라서 열째에 놓을 바둑돌은 10×3＝30(개)입니다.

2-1

배열 순서	1	2	3	4	……
바둑돌의 수(개)	4	8	12	16	……

배열 순서와 바둑돌의 수 사이의 대응 관계를 식으로 나타내면 (바둑돌의 수)$=$(배열 순서)$\times 4$ 또는 (배열 순서)$=$(바둑돌의 수)$\div 4$입니다.
따라서 바둑돌 36개로 만든 모양은 $36 \div 4 = 9$(째) 모양입니다.

2-2

배열 순서	1	2	3	4	……
바둑돌의 수(개)	1×1	2×2	3×3	4×4	……

배열 순서와 바둑돌의 수 사이의 대응 관계를 식으로 나타내면 (바둑돌의 수)$=$(배열 순서)$\times$(배열 순서)입니다. 따라서 일곱째에 놓을 바둑돌은 $7\times7=49$(개)입니다.

3

☆	1	2	3	4	……
△	3	5	7	9	……

+2 +2 +2

☆과 △ 사이의 대응 관계를 식으로 나타내면
△$=$☆$\times2+1$입니다.
따라서 삼각형을 11개 만들 때 필요한 성냥개비는
$11\times2+1=23$(개)입니다.

3-1

□	1	2	3	4	……
○	4	7	10	13	……

+3 +3 +3

□와 ○ 사이의 대응 관계를 식으로 나타내면
○$=$□$\times3+1$입니다.
따라서 사각형을 9개 만들 때 필요한 성냥개비는
$9\times3+1=28$(개)입니다.

3-2

△	1	2	3	4	……
○	6	11	16	21	……

+5 +5 +5

△와 ○ 사이의 대응 관계를 식으로 나타내면
○$=$△$\times5+1$입니다.
$10\times5+1=51$이므로 성냥개비 51개로 만들 수 있는 육각형은 10개입니다.

4-1 (서울의 시각)$=$(소치의 시각)$+5$이고 $8+5=13$이므로 소치가 2월 7일 오후 8시일 때 서울은 2월 7일의 다음 날인 2월 8일 오전 1시입니다.

기출 단원 평가 Level ❶

64~66쪽

1 2, 3, 4, 5　**2** 13개
3 ㉠ 의자의 수에 1을 더하면 팔걸이의 수와 같습니다.
4 ㉠ 상자의 수에 6을 곱하면 도넛의 수와 같습니다.
5 600, 1200, 1800, 2400 /
㉠ 초콜릿의 수에 600을 곱하면 초콜릿의 값과 같습니다.
6 (위에서부터) 5 / 30, 70
7 ○$\times10=$☆(또는 ☆$\div10=$○)
8 □$\times8=$△(또는 △$\div8=$□)
9 20에 ○표
10 (위에서부터) 7 / 20 / ○$\times5=$☆(또는 ☆$\div5=$○)
11 △$+1=$○(또는 ○$-1=$△)
12 11개　**13** 12000원
14 20도막　**15** 14번
16 2034년　**17** ㉠ ○$=$△$\times6-2$
18 12월 5일 오후 6시　**19** ㉠ □$\times500=$△
20 11개

1 의자의 수에 1을 더하면 팔걸이의 수가 됩니다.

2 의자의 수에 1을 더하면 팔걸이의 수가 되므로 의자가 12개일 때 팔걸이는 13개입니다.

3 ㉠ 팔걸이의 수에서 1을 빼면 의자의 수와 같습니다.

4 ㉠ 도넛의 수를 6으로 나누면 상자의 수와 같습니다.

5 ㉠ 초콜릿의 값을 600으로 나누면 초콜릿의 수와 같습니다.

6 달걀팩의 수에 10을 곱하면 달걀의 수가 됩니다.

7 달걀팩의 수에 10을 곱하면 달걀의 수와 같습니다.
➡ ○$\times10=$☆
달걀의 수를 10으로 나누면 달걀팩의 수와 같습니다.
➡ ☆$\div10=$○

8 거미의 수에 8을 곱하면 거미 다리의 수와 같습니다.
➡ □$\times8=$△
거미 다리의 수를 8로 나누면 거미의 수와 같습니다.
➡ △$\div8=$□

9 변의 수는 사각형의 수의 4배이므로
사각형이 6개일 때 변은 $6 \times 4 = 24$(개)입니다.

10 색종이의 수는 종이꽃의 수의 5배이므로
종이꽃이 4개일 때 색종이는 $4 \times 5 = 20$(장)이고,
색종이가 35장일 때 종이꽃은 $35 \div 5 = 7$(개)입니다.

11 그림의 수에 1을 더하면 누름 못의 수와 같습니다.
➡ △+1=○
누름 못의 수에서 1을 빼면 그림의 수와 같습니다.
➡ ○−1=△

12 누름 못의 수는 그림의 수보다 1 크므로
그림 10장을 붙이려면 누름 못은 11개가 필요합니다.

13 기부금은 전화를 한 횟수의 2000배이므로 전화를 6통 걸면 기부금은 $6 \times 2000 = 12000$(원)이 됩니다.

14 철사를 1번 자르면 2도막, 2번 자르면 4도막, 3번 자르면 6도막이 됩니다. 도막의 수는 자른 횟수의 2배이므로 철사를 10번 자르면 $10 \times 2 = 20$(도막)으로 나누어집니다.

15 도막의 수는 자른 횟수의 2배이므로 철사를 28도막으로 나누기 위해서는 $28 \div 2 = 14$(번) 잘라야 합니다.

16 연도는 미연이의 나이보다 2004 큰 수이므로 미연이의 나이가 30살이 되는 해는 $30 + 2004 = 2034$(년)입니다.

17 $1 \times 6 - 2 = 4$, $2 \times 6 - 2 = 10$, $3 \times 6 - 2 = 16$, $4 \times 6 - 2 = 22$, $5 \times 6 - 2 = 28$이므로 △와 ○ 사이의 대응 관계를 식으로 나타내면 ○=△×6−2입니다.

18 (뉴욕의 시각)=(서울의 시각)−14
서울이 12월 6일 오전 8시일 때 뉴욕은 14시간 전이므로 12월 6일의 전날인 12월 5일 오후 6시입니다.

서술형
19 예 사탕의 수에 500을 곱하면 사탕의 값과 같습니다. 따라서 사탕의 수를 □, 사탕의 값을 △라고 하면 두 양 사이의 대응 관계는 □×500=△입니다.

평가 기준	배점(5점)
두 양 사이의 대응 관계를 구했나요?	2점
두 양 사이의 대응 관계를 기호를 사용하여 식으로 나타냈나요?	3점

서술형
20 예 배열 순서에 2를 더하면 사각형 조각의 수와 같습니다. 따라서 아홉째에는 사각형 조각이 $9 + 2 = 11$(개) 필요합니다.

평가 기준	배점(5점)
배열 순서와 사각형 조각의 수 사이의 대응 관계를 구했나요?	2점
아홉째에 필요한 사각형 조각의 수를 구했나요?	3점

기출 단원 평가 Level ❷

67~69쪽

1 14개 **2** 15개

3 예 사각형의 수에 2를 곱하면 삼각형의 수와 같습니다.

4 3, 6, 9, 12 /
예 봉지의 수에 3을 곱하면 빵의 수와 같습니다.

5 예 형의 나이에서 3을 빼면 동생의 나이와 같습니다.
예 동생의 나이에 3을 더하면 형의 나이와 같습니다.

6 □×6=○(또는 ○÷6=□)

7 (위에서부터) 4 / 1200, 2400

8 △×400=◇(또는 ◇÷400=△)

9 (위에서부터) 7, 20 / ☆×4=□(또는 □÷4=☆)

10 ◇+1=○(또는 ○−1=◇)

11 20번

12 ♡×300=○(또는 ○÷300=♡)

13 35 km **14** 11개

15 19개

16 (위에서부터) 오후 9시, 오후 8시

17 81개 **18** 15개

19 진성 / 예 대응 관계를 나타낸 식 △÷4=○에서 △는 다리의 수, ○는 강아지의 수를 나타냅니다.

20 9개

1 삼각형의 수는 사각형의 수의 2배이므로 사각형이 7개일 때 삼각형은 $7 \times 2 = 14$(개) 필요합니다.

2 사각형의 수는 삼각형의 수의 반이므로 삼각형이 30개일 때 사각형은 $30 \div 2 = 15$(개) 필요합니다.

3 예 삼각형의 수를 2로 나누면 사각형의 수와 같습니다.

4 예 빵의 수를 3으로 나누면 봉지의 수와 같습니다.

5 ㉠ 형의 나이는 동생의 나이보다 3살 많습니다.
동생의 나이는 형의 나이보다 3살 적습니다.

6 트럭의 수에 6을 곱하면 바퀴의 수와 같습니다.
➡ □×6=○
바퀴의 수를 6으로 나누면 트럭의 수와 같습니다.
➡ ○÷6=□

7 지우개의 수에 400을 곱하면 지우개의 값이 됩니다.

8 지우개의 수에 400을 곱하면 지우개의 값과 같습니다.
➡ △×400=◇
지우개의 값을 400으로 나누면 지우개의 수와 같습니다.
➡ ◇÷400=△

9 바퀴의 수는 승용차의 수의 4배이므로
승용차가 5대일 때 바퀴는 5×4=20(개)이고,
바퀴가 28개일 때 승용차는 28÷4=7(대)입니다.

10 자른 횟수에 1을 더하면 도막의 수와 같습니다.
➡ ◇+1=○
도막의 수에서 1을 빼면 자른 횟수와 같습니다.
➡ ○−1=◇

11 자른 횟수는 도막의 수보다 1 작으므로 색 테이프를 21도막으로 나누기 위해서는 20번을 잘라야 합니다.

12 사탕 3개의 값이 900원이므로 사탕 한 개의 값은 900÷3=300(원)입니다. 따라서 사탕의 값은 사탕의 수의 300배이므로 두 양 사이의 대응 관계를 식으로 나타내면 ♡×300=○ 또는 ○÷300=♡입니다.

13 달린 거리는 날수의 5배이므로 일주일 동안 달린 거리는 7×5=35 (km)입니다.

14 삼각형의 수는 사각형의 수보다 1 크므로 사각형이 10개일 때 삼각형은 10+1=11(개) 필요합니다.

15 사각형의 수는 삼각형의 수보다 1 작으므로 삼각형이 20개일 때 사각형은 20−1=19(개) 필요합니다.

16 끝난 시각은 시작 시각보다 2시간 후이므로
시작 시각이 오후 6시이면 끝난 시각은 오후 8시이고,
끝난 시각이 오후 11시이면 시작 시각은 오후 9시입니다.

17 (사각형 조각의 수)=(수 카드)×(수 카드)이므로
아홉째에는 사각형 조각이 9×9=81(개) 필요합니다.

18

삼각형의 수(개)	1	2	3	4	5	……
성냥개비의 수(개)	3	5	7	9	11	……

(성냥개비의 수)=(삼각형의 수)×2+1이므로 삼각형을 7개 만들려면 성냥개비는 7×2+1=15(개) 필요합니다.

서술형
19

평가 기준	배점(5점)
잘못 이야기한 친구를 찾았나요?	2점
바르게 고쳐 썼나요?	3점

서술형
20 ㉠ 꽃잎의 수를 6으로 나누면 꽃의 수와 같습니다.
따라서 꽃잎이 54장이면 꽃을 모두 54÷6=9(개) 만들 수 있습니다.

평가 기준	배점(5점)
꽃잎의 수와 꽃의 수 사이의 대응 관계를 구했나요?	2점
꽃잎이 54장일 때 만들 수 있는 꽃의 수를 구했나요?	3점

4 약분과 통분

크기가 같은 분수를 만드는 활동인 약분과 통분은 여러 가지 분모로 표현되는 다양한 분수를 비교하고 나아가 연산을 할 때 필요한 중요한 개념입니다. 약분은 분수가 나타내는 양을 변화시키지 않고 단순화함으로써 감각적으로 쉽게 그 양을 파악할 수 있게 해 주며, 분수의 곱셈 및 나눗셈에서 계산을 효과적으로 수행할 수 있게 해 줍니다. 또한 통분은 분모가 다른 분수의 덧셈과 뺄셈을 할 때 분모를 같게 만든 것으로 통분을 해야 덧셈과 뺄셈을 할 수 있습니다. 일상 생활에서 분수의 약분과 통분이 활용되는 수학적 상황은 찾아보기 어렵습니다. 그 이유는 분수의 약분과 통분이 분수가 가지고 있는 자료 값에 초점을 두기보다는 계산의 편리성을 위해 조작된 형태이기 때문입니다. 그러나 약분과 통분은 후속 학습인 분수의 덧셈과 뺄셈을 위한 선행 학습 개념으로 중요한 의미를 가지므로 크기가 같은 분수를 통해 약분과 통분의 필요성을 이해하게 합니다.

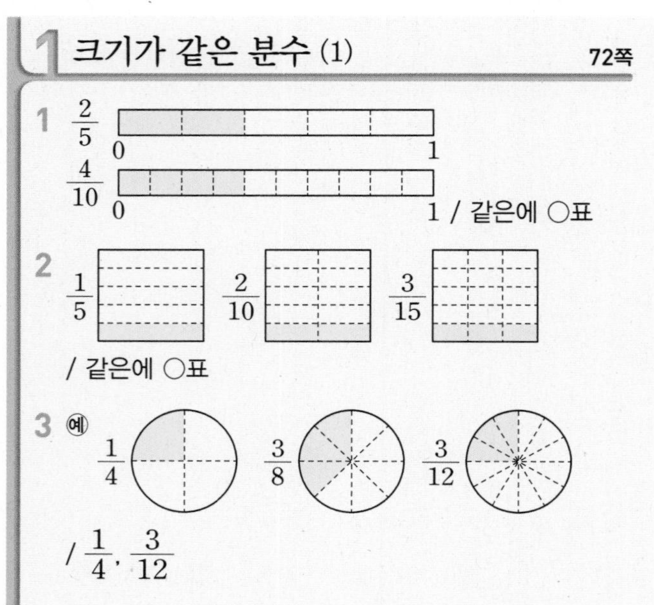

1 $\frac{2}{5}$는 전체를 똑같이 5로 나눈 것 중의 2이고, $\frac{4}{10}$는 전체를 똑같이 10으로 나눈 것 중의 4입니다.
$\frac{2}{5}$와 $\frac{4}{10}$는 색칠한 부분의 크기가 같으므로 크기가 같은 분수입니다.

2 $\frac{1}{5}$, $\frac{2}{10}$, $\frac{3}{15}$은 색칠한 부분의 크기가 서로 같으므로 크기가 같은 분수입니다.

3 색칠한 부분의 크기를 비교해 보면 $\frac{1}{4}$과 $\frac{3}{12}$이 크기가 같은 분수입니다.

2 크기가 같은 분수 (2) 73쪽

4 2, 2, $\frac{4}{10}$ / 3, 3, $\frac{6}{15}$

5 2, 2, $\frac{3}{6}$ / 3, 3, $\frac{2}{4}$

6 (왼쪽에서부터) (1) 4, 9, 8 (2) 6, 12, 3

4 분모와 분자에 각각 0이 아닌 같은 수를 곱하면 크기가 같은 분수가 됩니다.

5 분모와 분자를 각각 0이 아닌 같은 수로 나누면 크기가 같은 분수가 됩니다.

6 (1) $\frac{2}{3}=\frac{2\times2}{3\times2}=\frac{2\times3}{3\times3}=\frac{2\times4}{3\times4}$
➡ $\frac{2}{3}=\frac{4}{6}=\frac{6}{9}=\frac{8}{12}$
(2) $\frac{12}{36}=\frac{12\div2}{36\div2}=\frac{12\div3}{36\div3}=\frac{12\div4}{36\div4}$
➡ $\frac{12}{36}=\frac{6}{18}=\frac{4}{12}=\frac{3}{9}$

3 약분 74쪽

7 (1) 2, $\frac{16}{24}$ (2) 4, $\frac{8}{12}$ (3) 8, $\frac{4}{6}$ (4) 16, $\frac{2}{3}$

8 (1) 9, 9, $\frac{2}{3}$ (2) 15, 15, $\frac{1}{2}$

9 $\frac{7}{11}$, $\frac{13}{33}$에 ○표

7 48과 32의 공약수는 1, 2, 4, 8, 16이므로 2, 4, 8, 16으로 약분할 수 있습니다.

8 (1) 27과 18의 최대공약수는 9입니다.
$\frac{18}{27}=\frac{18\div9}{27\div9}=\frac{2}{3}$
(2) 30과 15의 최대공약수는 15입니다.
$\frac{15}{30}=\frac{15\div15}{30\div15}=\frac{1}{2}$

9 $\frac{6}{8}$, $\frac{9}{15}$, $\frac{12}{26}$는 분모와 분자의 공약수가 1 외에도 더 있으므로 기약분수가 아닙니다.

4 통분 75쪽

10 (1) 8, $\frac{40}{48}$ / 6, $\frac{18}{48}$ (2) 4, $\frac{20}{24}$ / 3, $\frac{9}{24}$

11 (1) $\frac{21}{35}$, $\frac{20}{35}$ (2) $\frac{30}{40}$, $\frac{12}{40}$

12 (1) $\frac{3}{18}$, $\frac{10}{18}$ (2) $\frac{6}{21}$, $\frac{10}{21}$

11 (1) $(\frac{3}{5}, \frac{4}{7})=(\frac{3\times7}{5\times7}, \frac{4\times5}{7\times5})=(\frac{21}{35}, \frac{20}{35})$

(2) $(\frac{3}{4}, \frac{3}{10})=(\frac{3\times10}{4\times10}, \frac{3\times4}{10\times4})=(\frac{30}{40}, \frac{12}{40})$

12 (1) $(\frac{1}{6}, \frac{5}{9})=(\frac{1\times3}{6\times3}, \frac{5\times2}{9\times2})=(\frac{3}{18}, \frac{10}{18})$

(2) $(\frac{2}{7}, \frac{10}{21})=(\frac{2\times3}{7\times3}, \frac{10}{21})=(\frac{6}{21}, \frac{10}{21})$

5 분수의 크기 비교 76쪽

13 25, 28, $<$

14 (1) 8, 3, $>$ / 2, 7, $<$ / 예 $\frac{16}{24}$, $\frac{21}{24}$, $<$

(2) $\frac{7}{8}$, $\frac{2}{3}$, $\frac{1}{4}$

13 8과 10의 최소공배수인 40을 공통분모로 하여 통분한 후 크기를 비교합니다.

14 다른 풀이

$(\frac{2}{3}, \frac{1}{4}, \frac{7}{8}) \Rightarrow (\frac{16}{24}, \frac{6}{24}, \frac{21}{24}) \Rightarrow \frac{7}{8}>\frac{2}{3}>\frac{1}{4}$

6 분수와 소수의 크기 비교 77쪽

15 (1) 7, 9 / 7, $<$, 9 / $<$
(2) 7, 9 / 0.7, 0.9 / 0.7, $<$, 0.9 / $<$

16 (1) 8, 0.8 / $>$ (2) $>$ / 7

16 (1) $\frac{4}{5}=\frac{8}{10}=0.8$이고 $0.8>0.7$이므로 $\frac{4}{5}>0.7$

(2) $\frac{4}{5}=\frac{8}{10}$, $0.7=\frac{7}{10}$이고 $\frac{8}{10}>\frac{7}{10}$이므로 $\frac{4}{5}>0.7$

기본에서 응용으로 78~83쪽

1 예 $\frac{3}{4}$, $\frac{6}{8}$, $\frac{8}{12}$

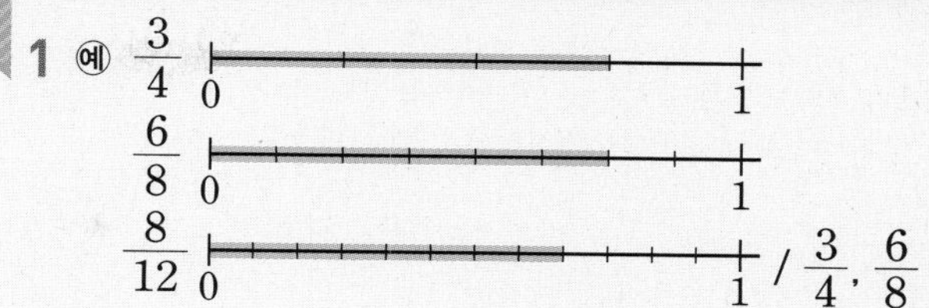

/ $\frac{3}{4}$, $\frac{6}{8}$

2 예 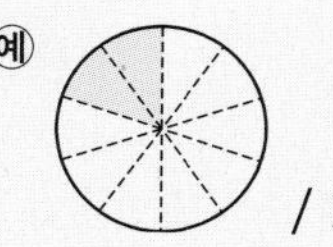 / 2

3 $\frac{8}{12}$, $\frac{6}{9}$에 ○표

4 $\frac{14}{18}$, $\frac{21}{27}$, $\frac{28}{36}$

5 $\frac{2}{9}$, $\frac{4}{18}$, $\frac{8}{36}$

6 (1) 10, 45 (2) 9, 16

7 $\frac{24}{64}$, $\frac{3}{8}$에 ○표

8 $\frac{25}{35}$

9 영미, 시우 / 예 분모와 분자를 각각 0이 아닌 같은 수로 나누어 크기가 같은 분수를 만들었습니다.

10 3, 9에 ○표

11 $\frac{6}{10}$, $\frac{3}{5}$

12 21, $\frac{2}{3}$

13 (1) $\frac{3}{5}$ (2) $\frac{5}{7}$

14 1, 3, 5, 7

15 상욱 / 예 $\frac{16}{40}$을 약분하여 만들 수 있는 분수는 $\frac{8}{20}$, $\frac{4}{10}$, $\frac{2}{5}$로 모두 3개입니다.

16 $\frac{56}{63}$

17 $\frac{2}{7}$

18 12, 24, 36

19 방법 1 예 분모의 곱을 공통분모로 하여 통분하면
$(\frac{4}{9}, \frac{5}{6}) \Rightarrow (\frac{4\times6}{9\times6}, \frac{5\times9}{6\times9}) \Rightarrow (\frac{24}{54}, \frac{45}{54})$

방법 2 예 분모의 최소공배수를 공통분모로 하여 통분하면
$(\frac{4}{9}, \frac{5}{6}) \Rightarrow (\frac{4\times2}{9\times2}, \frac{5\times3}{6\times3}) \Rightarrow (\frac{8}{18}, \frac{15}{18})$

20 $\frac{25}{40}$, $\frac{28}{40}$

21 $\frac{42}{48}$, $\frac{32}{48}$

22 (1) $>$ (2) $>$

23 (1) $\frac{7}{9}$에 ○표 (2) $\frac{7}{15}$에 ○표

24 (위에서부터) $\frac{3}{4}$ / $\frac{3}{4}$, $\frac{13}{20}$

25 $\frac{3}{10}$, $\frac{2}{5}$, $\frac{5}{12}$

26 $\frac{9}{10}$에 ○표, $\frac{4}{5}$에 △표

27 1, 2

28 윤지

29 $\frac{7}{12}$

30 (1) 6, 0.6 (2) 36, 0.36

31 (1) 8, $\frac{4}{5}$ (2) 75, $\frac{3}{4}$

32 방법 1 예 분수를 소수로 나타내어 크기를 비교하면 $\frac{2}{5}=\frac{4}{10}=0.4$이고 $0.4<0.5$이므로 $\frac{2}{5}<0.5$

방법 2 예 소수를 분수로 나타내어 크기를 비교하면 $\frac{2}{5}=\frac{4}{10}$, $0.5=\frac{5}{10}$이고 $\frac{4}{10}<\frac{5}{10}$이므로 $\frac{2}{5}<0.5$

33 (1) > (2) <

34 1.5, $1\frac{1}{5}$, $\frac{3}{4}$, 0.7

35 수하

36 0.8

37 $\frac{5}{40}$

38 $\frac{20}{25}$

39 $\frac{6}{15}$, $\frac{8}{20}$, $\frac{10}{25}$

40 $\frac{20}{24}$

41 12

42 5

43 5, 8

44 $\frac{4}{27}$, $\frac{5}{18}$

1 수직선에 나타낸 길이를 비교해 보면 $\frac{3}{4}$과 $\frac{6}{8}$이 크기가 같은 분수입니다.

2 $\frac{1}{5}$과 같은 크기만큼 색칠하려면 10칸 중 2칸을 색칠해야 합니다. 따라서 $\frac{1}{5}$과 크기가 같은 분수는 $\frac{2}{10}$입니다.

3

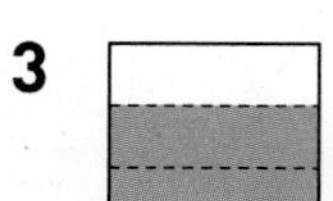 $\frac{2}{3}$ 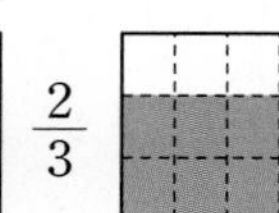 $\frac{8}{12}$ 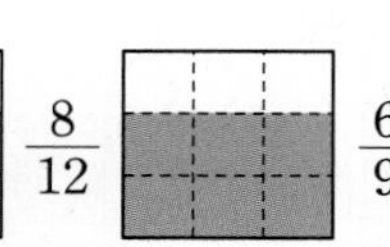 $\frac{6}{9}$

4 $\frac{7}{9}=\frac{7\times2}{9\times2}=\frac{7\times3}{9\times3}=\frac{7\times4}{9\times4}$

➡ $\frac{7}{9}=\frac{14}{18}=\frac{21}{27}=\frac{28}{36}$

5 72와 16의 공약수는 1, 2, 4, 8입니다.

$\frac{16}{72}=\frac{16\div8}{72\div8}=\frac{16\div4}{72\div4}=\frac{16\div2}{72\div2}$

➡ $\frac{16}{72}=\frac{2}{9}=\frac{4}{18}=\frac{8}{36}$

6 (1) $\frac{2}{5}=\frac{2\times5}{5\times5}=\frac{10}{25}$, $\frac{2}{5}=\frac{2\times9}{5\times9}=\frac{18}{45}$

(2) $\frac{36}{96}=\frac{36\div4}{96\div4}=\frac{9}{24}$, $\frac{36}{96}=\frac{36\div6}{96\div6}=\frac{6}{16}$

7 $\frac{12}{32}=\frac{12\times2}{32\times2}=\frac{24}{64}$, $\frac{12}{32}=\frac{12\div4}{32\div4}=\frac{3}{8}$

8 분모와 분자에 각각 0이 아닌 같은 수를 곱하여 크기가 같은 분수를 만들어야 합니다. ➡ $\frac{5}{7}=\frac{5\times5}{7\times5}=\frac{25}{35}$

서술형
9

단계	문제 해결 과정
①	크기가 같은 분수를 같은 방법으로 구한 두 사람을 찾았나요?
②	어떤 방법으로 구했는지 썼나요?

10 분수를 약분할 때 분모와 분자를 나눌 수 있는 수는 두 수의 공약수입니다. 27과 18의 공약수는 1, 3, 9이므로 3과 9로 나누어 약분할 수 있습니다.

11 20과 12의 공약수는 1, 2, 4이므로 $\frac{12}{20}$는 2와 4로 약분할 수 있습니다.

$\frac{12}{20}=\frac{12\div2}{20\div2}=\frac{6}{10}$, $\frac{12}{20}=\frac{12\div4}{20\div4}=\frac{3}{5}$

12 기약분수로 나타내려면 분모와 분자를 두 수의 최대공약수로 나누어야 합니다.
63과 42의 최대공약수는 21이므로
$\frac{42}{63}=\frac{42\div21}{63\div21}=\frac{2}{3}$입니다.

13 (1) $\frac{18}{30}=\frac{18\div6}{30\div6}=\frac{3}{5}$

(2) $\frac{60}{84}=\frac{60\div12}{84\div12}=\frac{5}{7}$

14 $\frac{\square}{8}$는 진분수이므로 □ 안에는 1에서 7까지의 수가 들어갈 수 있습니다. □ 안의 수가 2, 4, 6이면 $\frac{\square}{8}$는 기약분수가 아니므로 □ 안에 들어갈 수 있는 수는 1, 3, 5, 7입니다.

서술형
15

단계	문제 해결 과정
①	틀리게 말한 사람을 찾았나요?
②	그 이유를 썼나요?

16 $\frac{\square}{63}=\frac{\square\div7}{63\div7}=\frac{8}{9}$

$\square\div7=8$이므로 $\square=8\times7=56$이고 분수는 $\frac{56}{63}$입니다.

17 $\frac{(\text{사과의 수})}{(\text{전체 과일의 수})}=\frac{10}{35}=\frac{10\div5}{35\div5}=\frac{2}{7}$

18 공통분모가 될 수 있는 수는 두 분모의 공배수입니다. 4와 6의 공배수는 12, 24, 36…… 입니다.

서술형
19

단계	문제 해결 과정
①	한 가지 방법으로 분수를 통분했나요?
②	다른 방법으로 분수를 통분했나요?

20 가장 작은 공통분모는 8과 10의 최소공배수인 40입니다. $(\frac{5}{8}, \frac{7}{10}) \Rightarrow (\frac{5\times5}{8\times5}, \frac{7\times4}{10\times4}) \Rightarrow (\frac{25}{40}, \frac{28}{40})$

21 공통분모가 될 수 있는 수는 8과 3의 공배수이므로 24, 48, 72……이고, 이 중에서 50에 가장 가까운 수는 48입니다. 따라서 48을 공통분모로 하여 통분하면 $(\frac{7}{8}, \frac{2}{3}) \Rightarrow (\frac{7\times6}{8\times6}, \frac{2\times16}{3\times16}) \Rightarrow (\frac{42}{48}, \frac{32}{48})$ 입니다.

22 (1) $(\frac{5}{12}, \frac{3}{8}) \Rightarrow (\frac{10}{24}, \frac{9}{24}) \Rightarrow \frac{5}{12}>\frac{3}{8}$

(2) $(\frac{5}{6}, \frac{7}{10}) \Rightarrow (\frac{25}{30}, \frac{21}{30}) \Rightarrow \frac{5}{6}>\frac{7}{10}$

23 (1) $(\frac{3}{4}, \frac{7}{9}) \Rightarrow (\frac{27}{36}, \frac{28}{36}) \Rightarrow \frac{3}{4}<\frac{7}{9}$

(2) $(\frac{7}{15}, \frac{11}{25}) \Rightarrow (\frac{35}{75}, \frac{33}{75}) \Rightarrow \frac{7}{15}>\frac{11}{25}$

24 $(\frac{3}{4}, \frac{7}{10}) \Rightarrow (\frac{15}{20}, \frac{14}{20}) \Rightarrow \frac{3}{4}>\frac{7}{10}$

$(\frac{8}{15}, \frac{13}{20}) \Rightarrow (\frac{32}{60}, \frac{39}{60}) \Rightarrow \frac{8}{15}<\frac{13}{20}$

$(\frac{3}{4}, \frac{13}{20}) \Rightarrow (\frac{15}{20}, \frac{13}{20}) \Rightarrow \frac{3}{4}>\frac{13}{20}$

25 $(\frac{5}{12}, \frac{3}{10}, \frac{2}{5}) \Rightarrow (\frac{25}{60}, \frac{18}{60}, \frac{24}{60})$

$\frac{18}{60}<\frac{24}{60}<\frac{25}{60}$이므로 $\frac{3}{10}<\frac{2}{5}<\frac{5}{12}$

26 $(\frac{7}{8}, \frac{9}{10}, \frac{4}{5}) \Rightarrow (\frac{35}{40}, \frac{36}{40}, \frac{32}{40})$

$\frac{36}{40}>\frac{35}{40}>\frac{32}{40}$이므로 $\frac{9}{10}>\frac{7}{8}>\frac{4}{5}$

27 $\frac{\square}{3}=\frac{\square\times4}{3\times4}=\frac{\square\times4}{12}$이므로 $\frac{\square\times4}{12}<\frac{11}{12}$에서 $\square\times4<11$입니다.

$1\times4=4$, $2\times4=8$, $3\times4=12$이므로 $\square$ 안에 들어갈 수 있는 자연수는 1, 2입니다.

28 $(\frac{2}{5}, \frac{1}{4}) \Rightarrow (\frac{8}{20}, \frac{5}{20}) \Rightarrow \frac{2}{5}>\frac{1}{4}$

따라서 우유를 더 많이 마신 사람은 윤지입니다.

29 $\frac{1}{2}$보다 큰 분수는 분자를 2배 한 수가 분모보다 커야 하므로 $\frac{7}{12}$, $\frac{7}{8}$입니다. $\frac{7}{12}<\frac{3}{4}$이고 $\frac{7}{8}>\frac{3}{4}$이므로 조건을 모두 만족하는 분수는 $\frac{7}{12}$입니다.

30 분모가 10인 분수는 소수 한 자리 수로, 분모가 100인 분수는 소수 두 자리 수로 나타낼 수 있습니다.

31 소수 한 자리 수는 분모가 10인 분수로, 소수 두 자리 수는 분모가 100인 분수로 나타낼 수 있습니다.

서술형
32

단계	문제 해결 과정
①	한 가지 방법으로 크기를 비교했나요?
②	다른 방법으로 크기를 비교했나요?

33 (1) $\frac{4}{5}=\frac{8}{10}=0.8$이고 $0.9>0.8$이므로 $0.9>\frac{4}{5}$

(2) $\frac{1}{4}=\frac{25}{100}=0.25$이고 $0.25<0.3$이므로 $\frac{1}{4}<0.3$

34 분수를 소수로 나타내어 크기를 비교해 봅니다.

$1\frac{1}{5}=1\frac{2}{10}=1.2$, $\frac{3}{4}=\frac{75}{100}=0.75$이므로 $1.5>1\frac{1}{5}>\frac{3}{4}>0.7$입니다.

35 $\frac{9}{20}=\frac{45}{100}=0.45$이고 $0.45<0.5$이므로 $\frac{9}{20}<0.5$입니다.

따라서 딸기를 더 많이 딴 사람은 수하입니다.

36 주어진 수 카드로 만들 수 있는 진분수는 $\frac{1}{2}$, $\frac{1}{4}$, $\frac{2}{4}$, $\frac{1}{5}$, $\frac{2}{5}$, $\frac{4}{5}$이고, 이 중 가장 큰 수는 $\frac{4}{5}$입니다.
따라서 $\frac{4}{5}$를 소수로 나타내면 $\frac{4}{5}=\frac{8}{10}=0.8$입니다.

37 $\frac{1}{8}$과 크기가 같은 분수 $\frac{2}{16}$, $\frac{3}{24}$, $\frac{4}{32}$, $\frac{5}{40}$ …… 중에서 분모와 분자의 합이 45인 분수를 찾으면 $\frac{5}{40}$입니다.

38 $\frac{4}{5}$와 크기가 같은 분수 $\frac{8}{10}$, $\frac{12}{15}$, $\frac{16}{20}$, $\frac{20}{25}$ …… 중에서 분모와 분자의 차가 5인 분수를 찾으면 $\frac{20}{25}$입니다.

39 $\frac{2}{5}$와 크기가 같은 분수는 $\frac{4}{10}$, $\frac{6}{15}$, $\frac{8}{20}$, $\frac{10}{25}$, $\frac{12}{30}$ ……이고, 이 중 분모와 분자의 합이 20보다 크고 40보다 작은 분수는 $\frac{6}{15}$, $\frac{8}{20}$, $\frac{10}{25}$입니다.

40 주어진 수 카드로 만들 수 있는 진분수는 $\frac{2}{3}$, $\frac{2}{4}$, $\frac{3}{4}$, $\frac{2}{5}$, $\frac{3}{5}$, $\frac{4}{5}$, $\frac{2}{6}$, $\frac{3}{6}$, $\frac{4}{6}$, $\frac{5}{6}$이고, 이 중 가장 큰 수는 $\frac{5}{6}$입니다. $\frac{5}{6}$와 크기가 같은 분수는 $\frac{10}{12}$, $\frac{15}{18}$, $\frac{20}{24}$ ……이고, 이 중 분모와 분자의 차가 4인 분수는 $\frac{20}{24}$입니다.

41 $4+16=20$이므로 $\frac{3}{4}$과 크기가 같은 분수 중에서 분모가 20인 수를 구하면 $\frac{3}{4}=\frac{15}{20}$입니다.
따라서 분자에 더해야 할 수를 □라 하면
$\frac{3+\square}{4+16}=\frac{15}{20}$이므로 $3+\square=15$, $\square=12$입니다.

42 $\frac{5}{6}=\frac{10}{12}=\frac{15}{18}=\frac{20}{24}=\frac{25}{30}=\frac{30}{36}=\cdots\cdots$
$\frac{25}{31}$의 분모와 분자에 5를 더하면 $\frac{30}{36}$이 되므로 5를 더해야 합니다.

43 $\frac{\square}{6}=\frac{20}{24}$에서 $24\div4=6$이므로
$\square=20\div4=5$입니다.
$\frac{3}{\square}=\frac{9}{24}$에서 $9\div3=3$이므로
$\square=24\div3=8$입니다.
다른 풀이
$\frac{20}{24}=\frac{20\div4}{24\div4}=\frac{5}{6}$, $\frac{9}{24}=\frac{9\div3}{24\div3}=\frac{3}{8}$

44 통분한 두 분수를 각각 약분하여 기약분수로 나타냅니다.
$\frac{8}{54}=\frac{8\div2}{54\div2}=\frac{4}{27}$, $\frac{15}{54}=\frac{15\div3}{54\div3}=\frac{5}{18}$

응용에서 최상위로

84~87쪽

1 15, 16, 17, 18, 19
1-1 13개
1-2 17
2 6개
2-1 $\frac{17}{24}$, $\frac{19}{24}$
2-2 4개
2-3 $\frac{9}{15}$
3 $\frac{17}{31}$
3-1 $\frac{8}{33}$
3-2 $\frac{22}{41}$
3-3 $\frac{2}{12}$, $\frac{5}{17}$, $\frac{8}{22}$
4 1단계 예 원유 1 L로 만들 수 있는 에멘탈 치즈는 $\frac{1}{12}$ kg이고 그뤼에르 치즈는 $\frac{35}{400}=\frac{7}{80}$ (kg)입니다.
2단계 예 $(\frac{1}{12}, \frac{7}{80})$ ➡ $(\frac{20}{240}, \frac{21}{240})$
➡ $\frac{1}{12}<\frac{7}{80}$이므로 원유 1 L로 더 많이 만들 수 있는 치즈는 그뤼에르 치즈입니다.
/ 그뤼에르 치즈
4-1 스트링 치즈

1 $\frac{7}{12}$과 $\frac{5}{6}$의 분모를 □가 있는 분수의 분모인 24로 통분하면 $\frac{14}{24}<\frac{\square}{24}<\frac{20}{24}$입니다. 분자의 크기를 비교하면 $14<\square<20$이므로 □ 안에 들어갈 수 있는 자연수는 15, 16, 17, 18, 19입니다.

1-1 $\frac{11}{24}$과 $\frac{3}{4}$의 분모를 □가 있는 분수의 분모인 48로 통분하면 $\frac{22}{48}<\frac{□}{48}<\frac{36}{48}$입니다. 분자의 크기를 비교하면 22<□<36이므로 □ 안에 들어갈 수 있는 자연수는 23, 24……34, 35입니다. 따라서 □ 안에 들어갈 수 있는 자연수는 모두 13개입니다.

1-2 □가 분모에 있으므로 분자를 같게 하여 크기를 비교합니다.

$\frac{1}{5}<\frac{2}{□}<\frac{4}{15}$ ➡ $\frac{4}{20}<\frac{4}{□\times2}<\frac{4}{15}$

➡ 15<□×2<20

따라서 □ 안에 들어갈 수 있는 자연수는 8, 9이므로 합은 8+9=17입니다.

2 $\frac{2}{9}$와 $\frac{7}{15}$을 45를 공통분모로 하여 통분하면

$\frac{2}{9}=\frac{2\times5}{9\times5}=\frac{10}{45}$, $\frac{7}{15}=\frac{7\times3}{15\times3}=\frac{21}{45}$입니다.

$\frac{10}{45}$과 $\frac{21}{45}$ 사이의 분수 중 분모가 45인 기약분수는

$\frac{11}{45}$, $\frac{13}{45}$, $\frac{14}{45}$, $\frac{16}{45}$, $\frac{17}{45}$, $\frac{19}{45}$로 모두 6개입니다.

2-1 $\frac{5}{8}$와 $\frac{11}{12}$을 24를 공통분모로 하여 통분하면

$\frac{5}{8}=\frac{5\times3}{8\times3}=\frac{15}{24}$, $\frac{11}{12}=\frac{11\times2}{12\times2}=\frac{22}{24}$입니다.

$\frac{15}{24}$와 $\frac{22}{24}$ 사이의 분수 중 분모가 24인 기약분수는

$\frac{17}{24}$, $\frac{19}{24}$입니다.

2-2 $\frac{5}{12}$와 $\frac{13}{18}$을 36을 공통분모로 하여 통분하면

$\frac{5}{12}=\frac{5\times3}{12\times3}=\frac{15}{36}$, $\frac{13}{18}=\frac{13\times2}{18\times2}=\frac{26}{36}$입니다.

$\frac{15}{36}$와 $\frac{26}{36}$ 사이의 분수 중 분모가 36인 기약분수는

$\frac{17}{36}$, $\frac{19}{36}$, $\frac{23}{36}$, $\frac{25}{36}$로 모두 4개입니다.

2-3 $\frac{2}{5}$와 $\frac{10}{15}$을 15를 공통분모로 하여 통분하면

$\frac{2}{5}=\frac{2\times3}{5\times3}=\frac{6}{15}$, $\frac{10}{15}$입니다. $\frac{6}{15}$과 $\frac{10}{15}$ 사이의 분수 중 분모가 15인 분수는 $\frac{7}{15}$, $\frac{8}{15}$, $\frac{9}{15}$이므로 이 중 기약분수가 아닌 수는 $\frac{9}{15}$입니다.

3 분수를 5로 약분하기 전의 분수는 $\frac{4\times5}{7\times5}=\frac{20}{35}$입니다.

어떤 분수를 $\frac{▲}{■}$라 하면 $\frac{▲+3}{■+4}=\frac{20}{35}$이므로

▲+3=20, ▲=20−3=17이고

■+4=35, ■=35−4=31입니다.

따라서 어떤 분수는 $\frac{17}{31}$입니다.

3-1 분수를 7로 약분하기 전의 분수는 $\frac{1\times7}{4\times7}=\frac{7}{28}$입니다. 어떤 분수를 $\frac{▲}{■}$라 하면 $\frac{▲-1}{■-5}=\frac{7}{28}$이므로

▲−1=7, ▲=7+1=8이고

■−5=28, ■=28+5=33입니다.

따라서 어떤 분수는 $\frac{8}{33}$입니다.

3-2 분수를 5로 약분하기 전의 분수는 $\frac{4\times5}{9\times5}=\frac{20}{45}$입니다. 어떤 분수를 $\frac{▲}{■}$라 하면 $\frac{▲-2}{■+4}=\frac{20}{45}$이므로

▲−2=20, ▲=20+2=22이고

■+4=45, ■=45−4=41입니다.

따라서 어떤 분수는 $\frac{22}{41}$입니다.

3-3 분수를 약분하기 전의 분수는 $\frac{3}{5}$과 크기가 같은

$\frac{6}{10}$, $\frac{9}{15}$, $\frac{12}{20}$, $\frac{15}{25}$……가 될 수 있습니다.

어떤 분수는 약분하기 전의 분수의 분자에서 4를 빼고 분모에 2를 더한 수와 같으므로 $\frac{2}{12}$, $\frac{5}{17}$, $\frac{8}{22}$…… 입니다.

4-1 1 g을 먹었을 때 낼 수 있는 열량은

체다 치즈가 $\frac{65}{20}=\frac{13}{4}=3\frac{1}{4}$ (kcal)이고

스트링 치즈가 $\frac{87}{24}=\frac{29}{8}=3\frac{5}{8}$ (kcal)입니다.

$(3\frac{1}{4}, 3\frac{5}{8})$ ➡ $(3\frac{2}{8}, 3\frac{5}{8})$ ➡ $3\frac{1}{4}<3\frac{5}{8}$이므로 치즈 1 g을 먹었을 때 더 많은 열량을 낼 수 있는 치즈는 스트링 치즈입니다.

기출 단원 평가 Level ❶ 88~90 쪽

1 6, 15

2 2

3 $\frac{4}{18}$, $\frac{16}{72}$에 ○표

4 $\frac{2}{5}$, $\frac{4}{10}$, $\frac{6}{15}$

5 ④

6 (1) $\frac{3}{8}$ (2) $\frac{5}{6}$

7 $\frac{1}{12}$, $\frac{5}{12}$, $\frac{7}{12}$, $\frac{11}{12}$

8 72

9 $\frac{21}{36}$, $\frac{10}{36}$

10 $\frac{5}{7}$에 ○표

11 $>$

12 $\frac{7}{9}$, $\frac{11}{15}$, $\frac{3}{5}$

13 빨간색

14 $\frac{20}{45}$

15 $\frac{3}{8}$

16 $\frac{5}{12}$, $\frac{3}{8}$

17 $\frac{33}{56}$

18 4, 5

19 방법 1 예 분모와 분자에 각각 0이 아닌 같은 수를 곱하면 크기가 같은 분수가 되므로 $\frac{2}{7}=\frac{2\times3}{7\times3}=\frac{6}{21}$입니다.

방법 2 예 분모와 분자를 각각 0이 아닌 같은 수로 나누면 크기가 같은 분수가 되므로 $\frac{6}{21}=\frac{6\div3}{21\div3}=\frac{2}{7}$입니다.

20 $\frac{5}{9}$

1 $\frac{3}{5}=\frac{3\times2}{5\times2}=\frac{3\times3}{5\times3}$
➡ $\frac{3}{5}=\frac{6}{10}=\frac{9}{15}$

2 $3=45\div15$이므로 ㉠$=30\div15=2$입니다.

3 $\frac{8}{36}=\frac{8\div2}{36\div2}=\frac{4}{18}$
$\frac{8}{36}=\frac{8\times2}{36\times2}=\frac{16}{72}$

4 90과 36의 공약수는 1, 2, 3, 6, 9, 18입니다.
$\frac{36}{90}=\frac{36\div18}{90\div18}=\frac{2}{5}$
$\frac{36}{90}=\frac{36\div9}{90\div9}=\frac{4}{10}$
$\frac{36}{90}=\frac{36\div6}{90\div6}=\frac{6}{15}$

5 ① $\frac{36}{60}=\frac{36\div12}{60\div12}=\frac{3}{5}$
② $\frac{36}{60}=\frac{36\div6}{60\div6}=\frac{6}{10}$
③ $\frac{36}{60}=\frac{36\div4}{60\div4}=\frac{9}{15}$
④ $\frac{36}{60}=\frac{36\div3}{60\div3}=\frac{12}{20}$
⑤ $\frac{36}{60}=\frac{36\div2}{60\div2}=\frac{18}{30}$

6 (1) 56과 21의 최대공약수 : 7
$\frac{21}{56}=\frac{21\div7}{56\div7}=\frac{3}{8}$
(2) 90과 75의 최대공약수 : 15
$\frac{75}{90}=\frac{75\div15}{90\div15}=\frac{5}{6}$

7 분모가 12인 진분수는 $\frac{1}{12}$, $\frac{2}{12}$, $\frac{3}{12}$, $\frac{4}{12}$, $\frac{5}{12}$, $\frac{6}{12}$, $\frac{7}{12}$, $\frac{8}{12}$, $\frac{9}{12}$, $\frac{10}{12}$, $\frac{11}{12}$이고 이 중에서 기약분수는 $\frac{1}{12}$, $\frac{5}{12}$, $\frac{7}{12}$, $\frac{11}{12}$입니다.

8 공통분모 중 가장 작은 수는 두 분모 18과 24의 최소공배수입니다.
2) 18 24
3) 9 12
3 4 ➡ 최소공배수 : $2\times3\times3\times4=72$

9 12와 18의 최소공배수 : 36
$(\frac{7}{12}, \frac{5}{18})$ ➡ $(\frac{7\times3}{12\times3}, \frac{5\times2}{18\times2})$ ➡ $(\frac{21}{36}, \frac{10}{36})$

10 $(\frac{5}{7}, \frac{2}{3})$ ➡ $(\frac{15}{21}, \frac{14}{21})$ ➡ $\frac{5}{7}>\frac{2}{3}$

11 $\frac{3}{4}=\frac{75}{100}=0.75$이고 $0.8>0.75$이므로 $0.8>\frac{3}{4}$

12 $(\frac{7}{9}, \frac{11}{15}, \frac{3}{5})$ ➡ $(\frac{35}{45}, \frac{33}{45}, \frac{27}{45})$
➡ $\frac{7}{9}>\frac{11}{15}>\frac{3}{5}$

13 $(\frac{3}{4}, \frac{7}{10})$ ➡ $(\frac{15}{20}, \frac{14}{20})$ ➡ $\frac{3}{4}>\frac{7}{10}$
따라서 더 긴 색 테이프는 빨간색입니다.

14 $\frac{4}{9}$와 크기가 같은 분수 $\frac{8}{18}$, $\frac{12}{27}$, $\frac{16}{36}$, $\frac{20}{45}$ …… 중에서 분모와 분자의 합이 65인 분수를 찾으면 $\frac{20}{45}$입니다.

15 만들 수 있는 진분수는 $\frac{3}{6}$, $\frac{3}{8}$, $\frac{6}{8}$이고 이 중에서 기약분수는 $\frac{3}{8}$입니다.

16 통분한 두 분수를 각각 약분하여 기약분수로 나타냅니다.
$\frac{10}{24}=\frac{10\div2}{24\div2}=\frac{5}{12}$
$\frac{9}{24}=\frac{9\div3}{24\div3}=\frac{3}{8}$

17 $\frac{4}{7}$와 $\frac{5}{8}$를 56을 공통분모로 하여 통분하면
$\frac{4}{7}=\frac{4\times8}{7\times8}=\frac{32}{56}$, $\frac{5}{8}=\frac{5\times7}{8\times7}=\frac{35}{56}$입니다.
$\frac{32}{56}$와 $\frac{35}{56}$ 사이의 분수 중 분모가 56인 기약분수는 $\frac{33}{56}$입니다.

18 □가 분모에 있으므로 분자를 같게 하여 크기를 비교합니다.
$\frac{1}{2}<\frac{3}{\square}<\frac{9}{10}$ ➡ $\frac{9}{18}<\frac{9}{\square\times3}<\frac{9}{10}$
➡ $10<\square\times3<18$
따라서 □ 안에 들어갈 수 있는 자연수는 4, 5입니다.

서술형
19

평가 기준	배점(5점)
이유를 한 가지 방법으로 설명했나요?	3점
이유를 다른 방법으로 설명했나요?	2점

서술형
20 예 여학생 수는 소연이네 반 학생 수의 $\frac{20}{36}$이므로 기약분수로 나타내면 $\frac{20}{36}=\frac{20\div4}{36\div4}=\frac{5}{9}$입니다.

평가 기준	배점(5점)
여학생 수는 소연이네 반 학생 수의 몇 분의 몇인지 구했나요?	2점
분수를 기약분수로 나타냈나요?	3점

기출 단원 평가 Level ❷

91~93쪽

1 $\frac{6}{8}$, $\frac{9}{12}$에 ○표	**2** $\frac{32}{72}$
3 $\frac{6}{8}$, $\frac{14}{20}$에 ○표	**4** $\frac{10}{18}$, $\frac{15}{27}$, $\frac{20}{36}$
5 ④	**6** $\frac{10}{14}$, $\frac{5}{7}$
7 $\frac{1}{3}$	**8** $\frac{21}{30}$, $\frac{22}{30}$
9 $<$	**10** $\frac{5}{6}$
11 0.72, $\frac{3}{5}$, $\frac{11}{20}$, 0.5	**12** 포도 주스
13 3개	**14** $\frac{36}{90}$, $\frac{75}{90}$
15 승희네 집	**16** $\frac{4}{9}$
17 0.8	**18** $\frac{17}{50}$
19 8개	**20** $\frac{2}{9}$, $\frac{2}{3}$

1 $\frac{3}{4}$과 크기가 같은 분수는 $\frac{6}{8}$, $\frac{9}{12}$입니다.

2 분모가 72인 분수를 만들려면 분모와 분자에 각각 8을 곱해야 합니다. ➡ $\frac{4}{9}=\frac{4\times8}{9\times8}=\frac{32}{72}$

3 $\frac{6}{8}$, $\frac{14}{20}$는 분모와 분자의 공약수가 1 외에도 더 있으므로 기약분수가 아닙니다.

4 $\frac{5}{9}=\frac{5\times2}{9\times2}=\frac{5\times3}{9\times3}=\frac{5\times4}{9\times4}$
➡ $\frac{5}{9}=\frac{10}{18}=\frac{15}{27}=\frac{20}{36}$

5 $\frac{24}{60}$는 60과 24의 공약수로 약분할 수 있습니다.
60과 24의 공약수 : 1, 2, 3, 4, 6, 12
④ 5는 60과 24의 공약수가 아니므로 나눌 수 없습니다.

6 28과 20의 공약수는 1, 2, 4이므로 $\frac{20}{28}$은 2와 4로 약분할 수 있습니다.
$\frac{20}{28}=\frac{20\div2}{28\div2}=\frac{10}{14}$, $\frac{20}{28}=\frac{20\div4}{28\div4}=\frac{5}{7}$

7 54와 18의 최대공약수인 18로 약분합니다.
$\frac{18}{54}=\frac{18\div18}{54\div18}=\frac{1}{3}$

8 가장 작은 공통분모는 10과 15의 최소공배수인 30입니다.
$(\frac{7}{10}, \frac{11}{15}) \Rightarrow (\frac{7\times3}{10\times3}, \frac{11\times2}{15\times2}) \Rightarrow (\frac{21}{30}, \frac{22}{30})$

9 $(\frac{11}{15}, \frac{7}{9}) \Rightarrow (\frac{33}{45}, \frac{35}{45}) \Rightarrow \frac{11}{15}<\frac{7}{9}$

10 $(\frac{2}{3}, \frac{3}{5}) \Rightarrow (\frac{10}{15}, \frac{9}{15}) \Rightarrow \frac{2}{3}>\frac{3}{5} \Rightarrow$ ㉡$=\frac{2}{3}$
$(\frac{7}{10}, \frac{5}{6}) \Rightarrow (\frac{21}{30}, \frac{25}{30}) \Rightarrow \frac{7}{10}<\frac{5}{6} \Rightarrow$ ㉢$=\frac{5}{6}$
$(\frac{2}{3}, \frac{5}{6}) \Rightarrow (\frac{4}{6}, \frac{5}{6}) \Rightarrow \frac{2}{3}<\frac{5}{6} \Rightarrow$ ㉠$=\frac{5}{6}$

11 분수를 소수로 나타내어 크기를 비교해 봅니다.
$\frac{3}{5}=\frac{6}{10}=0.6$, $\frac{11}{20}=\frac{55}{100}=0.55$이므로
$0.72>\frac{3}{5}>\frac{11}{20}>0.5$입니다.

12 $\frac{4}{5}=\frac{8}{10}=0.8$이고 $0.7<0.8$이므로 $0.7<\frac{4}{5}$입니다. 따라서 더 많은 주스는 포도 주스입니다.

13 $\frac{5}{8}=\frac{10}{16}=\frac{15}{24}=\frac{20}{32}=\frac{25}{40}=\frac{30}{48}=\frac{35}{56}=\cdots\cdots$
$\frac{5}{8}$와 크기가 같은 분수 중에서 분모가 30보다 크고 50보다 작은 분수는 $\frac{20}{32}$, $\frac{25}{40}$, $\frac{30}{48}$으로 모두 3개입니다.

14 공통분모가 될 수 있는 수는 5와 6의 공배수이므로 30, 60, 90, 120……이고, 이 중 100에 가장 가까운 수는 90입니다. 따라서 90을 공통분모로 하여 통분하면 $(\frac{2}{5}, \frac{5}{6}) \Rightarrow (\frac{2\times18}{5\times18}, \frac{5\times15}{6\times15}) \Rightarrow (\frac{36}{90}, \frac{75}{90})$입니다.

15 $(\frac{3}{4}, \frac{7}{10}, \frac{3}{5}) \Rightarrow (\frac{15}{20}, \frac{14}{20}, \frac{12}{20})$
$\Rightarrow \frac{3}{5}<\frac{7}{10}<\frac{3}{4}$
따라서 학교에서 가장 가까운 곳은 승희네 집입니다.

16 학생들이 빌려간 책의 수는 도서관에 있던 책의 수의 $\frac{240}{540}$이므로 기약분수로 나타내면
$\frac{240}{540}=\frac{240\div60}{540\div60}=\frac{4}{9}$입니다.

17 주어진 수 카드로 만들 수 있는 진분수는 $\frac{3}{4}$, $\frac{3}{5}$, $\frac{4}{5}$이고, 이 중 가장 큰 수는 $\frac{4}{5}$입니다.
따라서 $\frac{4}{5}$를 소수로 나타내면 $\frac{4}{5}=\frac{8}{10}=0.8$입니다.

18 분수를 3으로 약분하기 전의 분수는 $\frac{4\times3}{15\times3}=\frac{12}{45}$입니다. 어떤 분수를 $\frac{▲}{■}$라 하면 $\frac{▲-5}{■-5}=\frac{12}{45}$이므로
$▲-5=12$, $▲=12+5=17$이고
$■-5=45$, $■=45+5=50$입니다.
따라서 어떤 분수는 $\frac{17}{50}$입니다.

서술형
19 예 분모가 15인 진분수 중에서 기약분수는 $\frac{1}{15}$, $\frac{2}{15}$, $\frac{4}{15}$, $\frac{7}{15}$, $\frac{8}{15}$, $\frac{11}{15}$, $\frac{13}{15}$, $\frac{14}{15}$이므로 모두 8개입니다.

평가 기준	배점(5점)
분모가 15인 진분수 중 기약분수를 모두 구했나요?	3점
기약분수의 개수를 구했나요?	2점

서술형
20 예 통분한 두 분수를 기약분수로 나타내면
$\frac{6}{27}=\frac{6\div3}{27\div3}=\frac{2}{9}$, $\frac{18}{27}=\frac{18\div9}{27\div9}=\frac{2}{3}$이므로 통분하기 전의 두 분수는 $\frac{2}{9}$와 $\frac{2}{3}$입니다.

평가 기준	배점(5점)
$\frac{6}{27}$과 $\frac{18}{27}$을 약분했나요?	3점
통분하기 전의 두 분수를 구했나요?	2점

5 분수의 덧셈과 뺄셈

분모가 다른 분수의 덧셈과 뺄셈은 자연수 연산과 같은 맥락으로 그 수가 분수로 확장된 것입니다. [수학 4-2]에서 학습한 분모가 같은 분수의 덧셈과 뺄셈은 기준이 되는 단위가 같으므로 분자끼리의 덧셈과 뺄셈으로 자연수 연산의 연장선에서 문제를 해결할 수 있었습니다. 그러나 분모가 다른 분수의 덧셈과 뺄셈에서는 공통분모 도입의 필요에 따라 분수 연산에 대한 보다 깊은 이해가 필요합니다. 따라서 다양한 분수 모델과 교구 활동을 통해 분모가 다른 분수의 덧셈과 뺄셈의 개념 이해 및 원리를 탐구할 수 있도록 합니다. 이러한 학습은 이후 6학년 1학기 분수의 곱셈과 나눗셈과 연계되므로 분모가 다른 분수의 덧셈과 뺄셈의 개념 및 원리에 대한 정확한 이해를 바탕으로 분수 연산의 기본 개념이 잘 형성될 수 있도록 지도합니다.

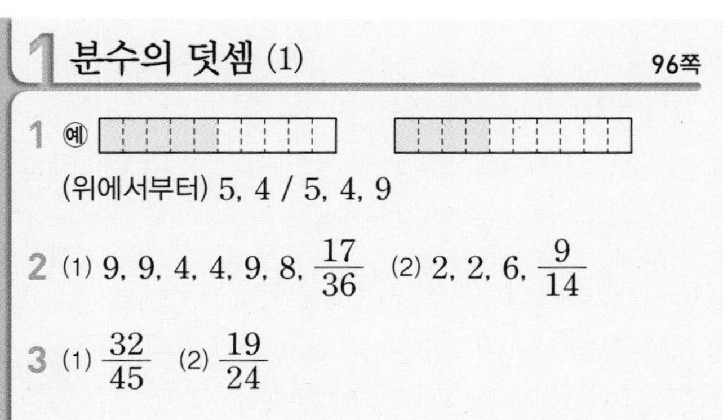

1 분수의 덧셈 (1) 96쪽

1 예 (위에서부터) 5, 4 / 5, 4, 9

2 (1) 9, 9, 4, 4, 9, 8, $\frac{17}{36}$ (2) 2, 2, 6, $\frac{9}{14}$

3 (1) $\frac{32}{45}$ (2) $\frac{19}{24}$

2 (1) 분모의 곱을 이용하여 통분한 후 계산합니다.
(2) 7과 14의 최소공배수인 14를 이용하여 통분한 후 계산합니다.

3 (1) $\frac{3}{5}+\frac{1}{9}=\frac{27}{45}+\frac{5}{45}=\frac{32}{45}$
(2) $\frac{3}{8}+\frac{5}{12}=\frac{9}{24}+\frac{10}{24}=\frac{19}{24}$

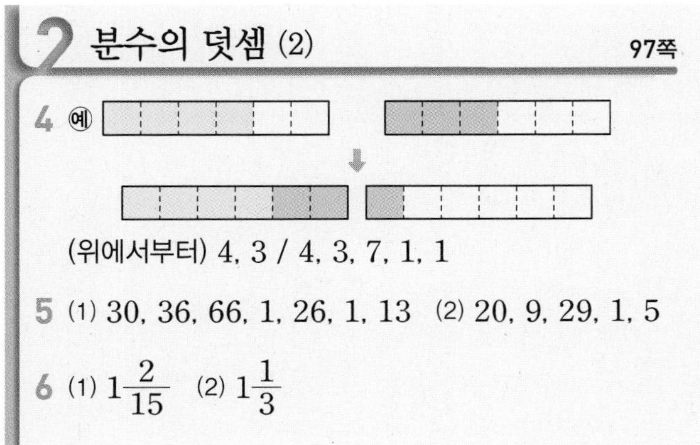

2 분수의 덧셈 (2) 97쪽

4 예 (위에서부터) 4, 3 / 4, 3, 7, 1, 1

5 (1) 30, 36, 66, 1, 26, 1, 13 (2) 20, 9, 29, 1, 5

6 (1) $1\frac{2}{15}$ (2) $1\frac{1}{3}$

4 두 분수를 통분하여 계산한 후 계산 결과가 가분수이면 대분수로 바꾸어 나타냅니다.

5 (1) 분모의 곱을 이용하여 통분한 후 계산합니다.
(2) 6과 8의 최소공배수인 24를 이용하여 통분한 후 계산합니다.

6 (1) $\frac{1}{3}+\frac{4}{5}=\frac{5}{15}+\frac{12}{15}=\frac{17}{15}=1\frac{2}{15}$
(2) $\frac{7}{12}+\frac{3}{4}=\frac{7}{12}+\frac{9}{12}=\frac{16}{12}=1\frac{4}{12}=1\frac{1}{3}$

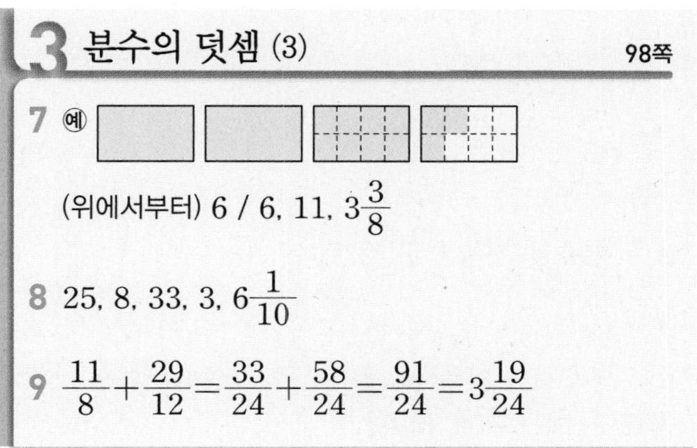

3 분수의 덧셈 (3) 98쪽

7 예 (위에서부터) 6 / 6, 11, $3\frac{3}{8}$

8 25, 8, 33, 3, $6\frac{1}{10}$

9 $\frac{11}{8}+\frac{29}{12}=\frac{33}{24}+\frac{58}{24}=\frac{91}{24}=3\frac{19}{24}$

7 두 분수를 통분한 후 자연수는 자연수끼리, 분수는 분수끼리 더합니다.

8 6과 15의 최소공배수인 30을 이용하여 통분한 후 자연수는 자연수끼리, 분수는 분수끼리 더합니다.

9 대분수를 가분수로 나타낸 후 통분하여 계산하고, 계산 결과를 다시 대분수로 나타냅니다.

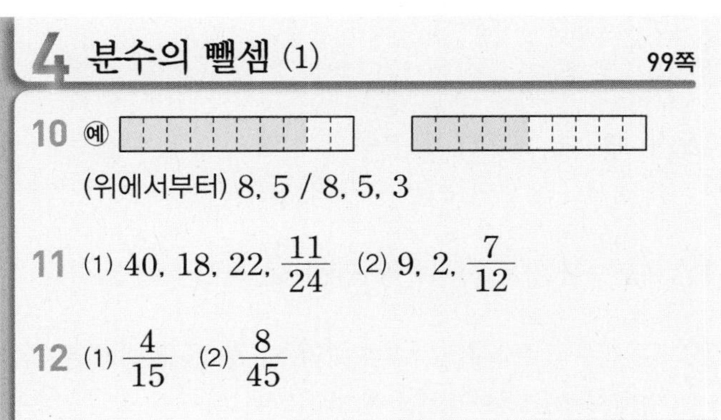

4 분수의 뺄셈 (1) 99쪽

10 예 (위에서부터) 8, 5 / 8, 5, 3

11 (1) 40, 18, 22, $\frac{11}{24}$ (2) 9, 2, $\frac{7}{12}$

12 (1) $\frac{4}{15}$ (2) $\frac{8}{45}$

11 (1) 분모의 곱을 이용하여 통분한 후 계산합니다.
(2) 4와 6의 최소공배수인 12를 이용하여 통분한 후 계산합니다.

12 (1) $\frac{3}{5}-\frac{1}{3}=\frac{9}{15}-\frac{5}{15}=\frac{4}{15}$
(2) $\frac{11}{15}-\frac{5}{9}=\frac{33}{45}-\frac{25}{45}=\frac{8}{45}$

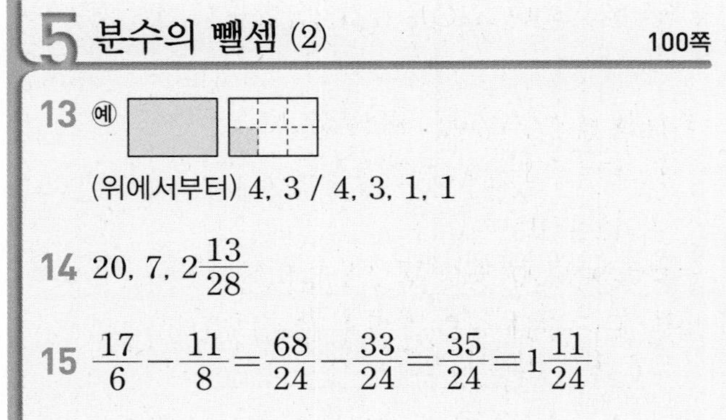

5 분수의 뺄셈 (2) 100쪽

13 예 (위에서부터) 4, 3 / 4, 3, 1, 1

14 20, 7, $2\frac{13}{28}$

15 $\frac{17}{6}-\frac{11}{8}=\frac{68}{24}-\frac{33}{24}=\frac{35}{24}=1\frac{11}{24}$

13 두 분수를 통분한 후 자연수는 자연수끼리, 분수는 분수끼리 뺍니다.

14 분모의 곱을 이용하여 통분한 후 자연수는 자연수끼리, 분수는 분수끼리 뺍니다.

15 대분수를 가분수로 나타낸 후 통분하여 계산하고, 계산 결과가 가분수이면 다시 대분수로 나타냅니다.

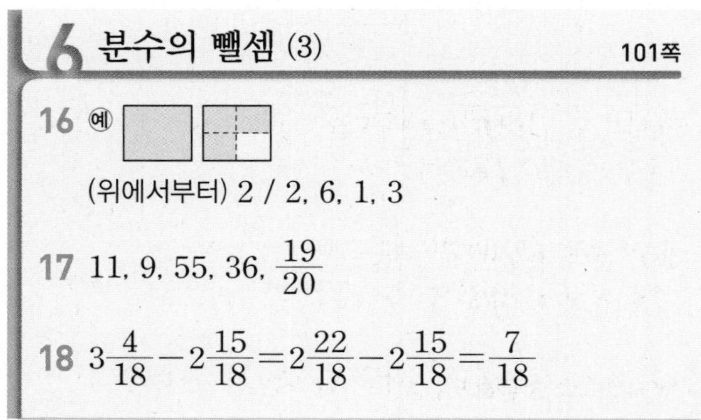

6 분수의 뺄셈 (3) 101쪽

16 예 (위에서부터) 2 / 2, 6, 1, 3

17 11, 9, 55, 36, $\frac{19}{20}$

18 $3\frac{4}{18}-2\frac{15}{18}=2\frac{22}{18}-2\frac{15}{18}=\frac{7}{18}$

16 두 분수를 통분한 후 분수끼리 뺄 수 없을 때에는 자연수에서 1을 받아내림하여 계산합니다.

17 대분수를 가분수로 나타낸 후 통분하여 계산합니다.

18 두 분수를 통분한 후 분수끼리 뺄 수 없을 때에는 자연수에서 1을 받아내림하여 계산합니다.

기본에서 응용으로 102~109쪽

1 예 / $\frac{5}{6}$

2 $\frac{3\times6}{4\times6}+\frac{1\times4}{6\times4}=\frac{18}{24}+\frac{4}{24}=\frac{22}{24}=\frac{11}{12}$

3 $\frac{37}{45}$, $\frac{7}{18}$

4 ①, ④

5 $\frac{1\times1}{8\times3}$에 ○표 /
$\frac{5\times4}{6\times4}+\frac{1\times3}{8\times3}=\frac{20}{24}+\frac{3}{24}=\frac{23}{24}$

6 >

7 $\frac{13}{15}$시간

8 (1) $\frac{1}{12}$ 분수 막대 (2) 17개 (3) $\frac{17}{12}$, $1\frac{5}{12}$

9 $1\frac{5}{14}$

10 방법 1 예 분모의 곱을 이용하여 통분한 후 계산하면
$\frac{5}{6}+\frac{4}{9}=\frac{45}{54}+\frac{24}{54}=\frac{69}{54}=1\frac{15}{54}=1\frac{5}{18}$
방법 2 예 분모의 최소공배수를 이용하여 통분한 후 계산하면 $\frac{5}{6}+\frac{4}{9}=\frac{15}{18}+\frac{8}{18}=\frac{23}{18}=1\frac{5}{18}$

11 ㉡

12 $1\frac{5}{24}$

13 $1\frac{9}{20}$ km

14 (1) $7\frac{9}{44}$ (2) $4\frac{1}{36}$

15 방법 1 예 자연수는 자연수끼리, 분수는 분수끼리 계산했습니다.
방법 2 예 대분수를 가분수로 나타내어 계산했습니다.

16 $4\frac{7}{36}$

17 $5\frac{5}{12}$ L

18 $4\frac{2}{5}$ km

19 $6\frac{7}{30}$

20 예 / $\frac{3}{8}$

21 $\frac{3\times5}{4\times5}-\frac{7\times2}{10\times2}=\frac{15}{20}-\frac{14}{20}=\frac{1}{20}$

22 (1) ㉢ (2) ㉡

23 (위에서부터) $\frac{3}{8}$, $\frac{11}{24}$

24 $\frac{13}{28}$

25 $\frac{3}{10}$ kg

26 $\frac{11}{72}$ km

27 (1) $2\frac{5}{12}$ (2) $3\frac{13}{36}$

28 $4\frac{1}{6}$

29 방법 1 예 자연수는 자연수끼리, 분수는 분수끼리 계산하면 $2\frac{3}{5}-1\frac{1}{4}=2\frac{12}{20}-1\frac{5}{20}=1\frac{7}{20}$

방법 2 예 대분수를 가분수로 나타내어 계산하면

$2\frac{3}{5}-1\frac{1}{4}=\frac{13}{5}-\frac{5}{4}=\frac{52}{20}-\frac{25}{20}$

$=\frac{27}{20}=1\frac{7}{20}$

30 $2\frac{17}{60}$

31 $1\frac{9}{20}$ cm

32 $3\frac{11}{35}$

33 $2\frac{1}{5}$ m

34 (1) $\frac{14}{15}$ (2) $3\frac{7}{12}$

35 $3\frac{32}{45}$

36 $2\frac{3}{4}$

37 $>$

38 예 자연수에서 1을 받아내림하였는데 4에서 1을 빼지 않아서 잘못 계산했습니다.

$4\frac{2}{5}-2\frac{2}{3}=4\frac{6}{15}-2\frac{10}{15}=3\frac{21}{15}-2\frac{10}{15}=1\frac{11}{15}$

39 $1\frac{19}{24}$, $3\frac{5}{12}$

40 $\frac{9}{10}$ L

41 4, 5, 6

42 $2\frac{13}{45}$

43 $\frac{17}{18}$ m

44 $1\frac{7}{18}$

45 ㉠

46 $3\frac{1}{15}$

47 예 $1\frac{2}{5}$, $\frac{7}{8}$, $\frac{3}{4}$ / $1\frac{21}{40}$

48 $\frac{23}{45}$

49 $3\frac{19}{60}$ m

50 $4\frac{3}{5}$ m

51 $13\frac{5}{14}$ m

52 (1) $4\frac{7}{10}$ (2) $8\frac{1}{10}$

53 $3\frac{13}{15}$

54 $7\frac{5}{14}$

1 $\frac{1}{6}+\frac{2}{3}=\frac{1}{6}+\frac{4}{6}=\frac{5}{6}$

2 분모의 곱을 이용하여 통분한 후 계산합니다.

3 $\frac{2}{9}+\frac{3}{5}=\frac{10}{45}+\frac{27}{45}=\frac{37}{45}$

$\frac{2}{9}+\frac{1}{6}=\frac{4}{18}+\frac{3}{18}=\frac{7}{18}$

4 4와 8의 최소공배수가 8이므로 8의 배수를 공통분모로 하여 통분할 수 있습니다.

5 통분하는 과정에서 분수의 분모와 분자에 같은 수를 곱해야 하는데 $\frac{1}{8}$의 분모에는 3을, 분자에는 1을 곱하여 잘못 계산했습니다.

6 $\frac{1}{4}+\frac{3}{5}=\frac{5}{20}+\frac{12}{20}=\frac{17}{20}$

$\frac{2}{5}+\frac{3}{10}=\frac{4}{10}+\frac{3}{10}=\frac{7}{10}(=\frac{14}{20})$

➡ $\frac{1}{4}+\frac{3}{5}>\frac{2}{5}+\frac{3}{10}$

7 (준희가 숙제를 한 시간)

$=\frac{7}{10}+\frac{1}{6}=\frac{21}{30}+\frac{5}{30}=\frac{26}{30}=\frac{13}{15}$(시간)

8 $\frac{2}{3}+\frac{3}{4}=\frac{8}{12}+\frac{9}{12}=\frac{17}{12}=1\frac{5}{12}$

9 $\frac{5}{7}+\frac{9}{14}=\frac{10}{14}+\frac{9}{14}=\frac{19}{14}=1\frac{5}{14}$

서술형
10

단계	문제 해결 과정
①	한 가지 방법으로 계산했나요?
②	다른 방법으로 계산했나요?

11 ㉠ $\frac{3}{8}+\frac{7}{12}=\frac{9}{24}+\frac{14}{24}=\frac{23}{24}$

㉡ $\frac{2}{3}+\frac{3}{5}=\frac{10}{15}+\frac{9}{15}=\frac{19}{15}=1\frac{4}{15}$

12 세 분수를 통분하면 $(\frac{3}{4}, \frac{5}{6}, \frac{3}{8})$ ➡ $(\frac{18}{24}, \frac{20}{24}, \frac{9}{24})$ 이므로 가장 큰 수는 $\frac{5}{6}$, 가장 작은 수는 $\frac{3}{8}$입니다.

➡ $\frac{5}{6}+\frac{3}{8}=\frac{20}{24}+\frac{9}{24}=\frac{29}{24}=1\frac{5}{24}$

13 (오늘 하루 동안 달린 거리)

$=\frac{3}{4}+\frac{7}{10}=\frac{15}{20}+\frac{14}{20}=\frac{29}{20}=1\frac{9}{20}$ (km)

14 (1) $3\frac{5}{11}+3\frac{3}{4}=3\frac{20}{44}+3\frac{33}{44}=6\frac{53}{44}=7\frac{9}{44}$

(2) $2\frac{4}{9}+1\frac{7}{12}=2\frac{16}{36}+1\frac{21}{36}=3\frac{37}{36}=4\frac{1}{36}$

서술형
15

단계	문제 해결 과정
①	방법 1에서 어떤 방법으로 계산했는지 설명했나요?
②	방법 2에서 어떤 방법으로 계산했는지 설명했나요?

16 $\square=2\frac{4}{9}+1\frac{3}{4}=2\frac{16}{36}+1\frac{27}{36}=3\frac{43}{36}=4\frac{7}{36}$

17 (세수할 때 사용한 물의 양)

=(더운물의 양)+(찬물의 양)

$=1\frac{3}{4}+3\frac{2}{3}=1\frac{9}{12}+3\frac{8}{12}=4\frac{17}{12}=5\frac{5}{12}$ (L)

18 (집~가게)+(가게~버스 정류장)

$=2\frac{9}{10}+1\frac{1}{2}=2\frac{9}{10}+1\frac{5}{10}$

$=3\frac{14}{10}=4\frac{4}{10}=4\frac{2}{5}$ (km)

19 어떤 수를 □라 하면 $\square-3\frac{2}{5}=2\frac{5}{6}$이므로

$\square=2\frac{5}{6}+3\frac{2}{5}=2\frac{25}{30}+3\frac{12}{30}=5\frac{37}{30}=6\frac{7}{30}$입니다.

20 $\frac{5}{8}-\frac{1}{4}=\frac{5}{8}-\frac{2}{8}=\frac{3}{8}$

21 분모의 최소공배수를 이용하여 통분한 후 계산합니다.

22 (1) $\frac{5}{6}-\frac{2}{5}=\frac{25}{30}-\frac{12}{30}=\frac{13}{30}$

(2) $\frac{7}{10}-\frac{2}{15}=\frac{21}{30}-\frac{4}{30}=\frac{17}{30}$

23 $\frac{7}{8}-\frac{1}{2}=\frac{7}{8}-\frac{4}{8}=\frac{3}{8}$

$\frac{7}{8}-\frac{5}{12}=\frac{21}{24}-\frac{10}{24}=\frac{11}{24}$

24 $\frac{3}{4}-\frac{2}{7}=\frac{21}{28}-\frac{8}{28}=\frac{13}{28}$

25 (정연이가 딴 딸기의 무게)−(상철이가 딴 딸기의 무게)

$=\frac{9}{10}-\frac{3}{5}=\frac{9}{10}-\frac{6}{10}=\frac{3}{10}$ (kg)

26 (집~공원)−(집~학교)

$=\frac{7}{9}-\frac{5}{8}=\frac{56}{72}-\frac{45}{72}=\frac{11}{72}$ (km)

27 (1) $3\frac{3}{4}-1\frac{1}{3}=3\frac{9}{12}-1\frac{4}{12}=2\frac{5}{12}$

(2) $5\frac{7}{9}-2\frac{5}{12}=5\frac{28}{36}-2\frac{15}{36}=3\frac{13}{36}$

28 $6\frac{7}{15}-2\frac{3}{10}=6\frac{14}{30}-2\frac{9}{30}=4\frac{5}{30}=4\frac{1}{6}$

서술형
29

단계	문제 해결 과정
①	한 가지 방법으로 계산했나요?
②	다른 방법으로 계산했나요?

30 가장 큰 수는 $6\frac{3}{4}$이고 가장 작은 수는 $4\frac{7}{15}$입니다.

➡ $6\frac{3}{4}-4\frac{7}{15}=6\frac{45}{60}-4\frac{28}{60}=2\frac{17}{60}$

31 (가로의 길이)−(세로의 길이)

$=2\frac{3}{4}-1\frac{3}{10}=2\frac{15}{20}-1\frac{6}{20}=1\frac{9}{20}$ (cm)

32 $\square+4\frac{2}{5}=7\frac{5}{7}$

➡ $\square=7\frac{5}{7}-4\frac{2}{5}=7\frac{25}{35}-4\frac{14}{35}=3\frac{11}{35}$

33 (노란색 테이프의 길이)

$=3\frac{7}{10}-1\frac{1}{2}=3\frac{7}{10}-1\frac{5}{10}=2\frac{2}{10}=2\frac{1}{5}$ (m)

34 (1) $2\frac{2}{5}-1\frac{7}{15}=2\frac{6}{15}-1\frac{7}{15}$

$=1\frac{21}{15}-1\frac{7}{15}=\frac{14}{15}$

(2) $6\frac{1}{3}-2\frac{3}{4}=6\frac{4}{12}-2\frac{9}{12}$

$=5\frac{16}{12}-2\frac{9}{12}=3\frac{7}{12}$

35 $5\frac{4}{15}-1\frac{5}{9}=5\frac{12}{45}-1\frac{25}{45}$

$=4\frac{57}{45}-1\frac{25}{45}=3\frac{32}{45}$

36 $\square=7\frac{1}{6}-4\frac{5}{12}=7\frac{2}{12}-4\frac{5}{12}$

$=6\frac{14}{12}-4\frac{5}{12}=2\frac{9}{12}=2\frac{3}{4}$

37 $3\frac{1}{3}-1\frac{5}{9}=3\frac{3}{9}-1\frac{5}{9}=2\frac{12}{9}-1\frac{5}{9}$

$=1\frac{7}{9}(=1\frac{14}{18})$

$8\frac{2}{9}-6\frac{5}{6}=8\frac{4}{18}-6\frac{15}{18}$

$=7\frac{22}{18}-6\frac{15}{18}=1\frac{7}{18}$

서술형
38

단계	문제 해결 과정
①	계산이 잘못된 곳을 찾아 이유를 썼나요?
②	바르게 계산했나요?

39 ㉠ $\xrightarrow{+1\frac{5}{8}}$ ㉡ $\xrightarrow{+1\frac{3}{4}}$ $5\frac{1}{6}$

㉡$=5\frac{1}{6}-1\frac{3}{4}=5\frac{2}{12}-1\frac{9}{12}$

$=4\frac{14}{12}-1\frac{9}{12}=3\frac{5}{12}$

㉠$=3\frac{5}{12}-1\frac{5}{8}=3\frac{10}{24}-1\frac{15}{24}$

$=2\frac{34}{24}-1\frac{15}{24}=1\frac{19}{24}$

40 (오렌지 주스의 양)－(사과 주스의 양)

$=2\frac{1}{2}-1\frac{3}{5}=2\frac{5}{10}-1\frac{6}{10}$

$=1\frac{15}{10}-1\frac{6}{10}=\frac{9}{10}$ (L)

41 $5\frac{3}{10}-1\frac{3}{4}=5\frac{6}{20}-1\frac{15}{20}$

$=4\frac{26}{20}-1\frac{15}{20}=3\frac{11}{20}$

$9\frac{5}{6}-3\frac{5}{7}=9\frac{35}{42}-3\frac{30}{42}=6\frac{5}{42}$

$3\frac{11}{20}<\square<6\frac{5}{42}$이므로 □ 안에 들어갈 수 있는 자연수는 4, 5, 6입니다.

42 $1\frac{1}{5}+2\frac{5}{9}-1\frac{7}{15}=(1\frac{9}{45}+2\frac{25}{45})-1\frac{7}{15}$

$=3\frac{34}{45}-1\frac{21}{45}=2\frac{13}{45}$

43 (삼각형의 세 변의 길이의 합)

$=\frac{1}{3}+\frac{4}{9}+\frac{1}{6}=(\frac{3}{9}+\frac{4}{9})+\frac{1}{6}$

$=\frac{7}{9}+\frac{1}{6}=\frac{14}{18}+\frac{3}{18}=\frac{17}{18}$ (m)

44 $\square=7\frac{5}{9}-2\frac{1}{2}-3\frac{2}{3}=(7\frac{10}{18}-2\frac{9}{18})-3\frac{2}{3}$

$=5\frac{1}{18}-3\frac{12}{18}=4\frac{19}{18}-3\frac{12}{18}=1\frac{7}{18}$

45 ㉠ $1\frac{3}{8}+1\frac{13}{20}+1\frac{2}{5}=(1\frac{15}{40}+1\frac{26}{40})+1\frac{2}{5}$

$=3\frac{1}{40}+1\frac{16}{40}=4\frac{17}{40}$

㉡ $1\frac{1}{6}+\frac{3}{8}+2\frac{1}{4}=(1\frac{4}{24}+\frac{9}{24})+2\frac{1}{4}$

$=1\frac{13}{24}+2\frac{6}{24}=3\frac{19}{24}$

46 $4\frac{2}{5}◆\frac{2}{3}=4\frac{2}{5}-\frac{2}{3}-\frac{2}{3}=(4\frac{6}{15}-\frac{10}{15})-\frac{2}{3}$

$=3\frac{11}{15}-\frac{10}{15}=3\frac{1}{15}$

47 계산 결과가 가장 크려면 가장 큰 수와 두 번째로 큰 수를 더한 값에서 가장 작은 수를 뺍니다.

$1\frac{2}{5}>\frac{7}{8}>\frac{3}{4}$이므로 계산 결과가 가장 큰 경우는

$1\frac{2}{5}+\frac{7}{8}-\frac{3}{4}=(1\frac{16}{40}+\frac{35}{40})-\frac{3}{4}$

$=1\frac{51}{40}-\frac{30}{40}=1\frac{21}{40}$

48 밭 전체를 1이라 하면 아무것도 심지 않은 부분은 밭 전체의

$1-\frac{4}{15}-\frac{2}{9}=(\frac{15}{15}-\frac{4}{15})-\frac{2}{9}=\frac{11}{15}-\frac{2}{9}$

$=\frac{33}{45}-\frac{10}{45}=\frac{23}{45}$

49 (색칠한 부분의 길이)

$=4\frac{3}{4}+7\frac{2}{5}-8\frac{5}{6}=(4\frac{15}{20}+7\frac{8}{20})-8\frac{5}{6}$

$=11\frac{23}{20}-8\frac{5}{6}=11\frac{69}{60}-8\frac{50}{60}=3\frac{19}{60}$ (m)

50 (이어 붙인 색 테이프의 전체 길이)

$=2\frac{7}{15}+2\frac{7}{15}-\frac{1}{3}$

$=4\frac{14}{15}-\frac{5}{15}=4\frac{9}{15}=4\frac{3}{5}$ (m)

51 (이어 붙인 종이테이프의 전체 길이)

$=(5\frac{1}{2}+5\frac{1}{2}+5\frac{1}{2})-(1\frac{4}{7}+1\frac{4}{7})$

$=16\frac{1}{2}-3\frac{1}{7}=16\frac{7}{14}-3\frac{2}{14}=13\frac{5}{14}$ (m)

52 (1) 어떤 수를 □라 하면 잘못 계산한 식은

$\square-3\frac{2}{5}=1\frac{3}{10}$이므로

$\square=1\frac{3}{10}+3\frac{2}{5}=1\frac{3}{10}+3\frac{4}{10}=4\frac{7}{10}$입니다.

(2) $4\frac{7}{10}+3\frac{2}{5}=4\frac{7}{10}+3\frac{4}{10}=7\frac{11}{10}=8\frac{1}{10}$

53 어떤 수를 □라 하면 잘못 계산한 식은

$\square+\frac{7}{10}=5\frac{4}{15}$이므로

$\square=5\frac{4}{15}-\frac{7}{10}=5\frac{8}{30}-\frac{21}{30}$

$=4\frac{38}{30}-\frac{21}{30}=4\frac{17}{30}$

따라서 바르게 계산하면

$4\frac{17}{30}-\frac{7}{10}=4\frac{17}{30}-\frac{21}{30}=3\frac{47}{30}-\frac{21}{30}$

$=3\frac{26}{30}=3\frac{13}{15}$

54 어떤 수를 □라 하면 잘못 계산한 식은

$4\frac{3}{7}-\square=1\frac{1}{2}$이므로

$\square=4\frac{3}{7}-1\frac{1}{2}=4\frac{6}{14}-1\frac{7}{14}$

$=3\frac{20}{14}-1\frac{7}{14}=2\frac{13}{14}$

따라서 바르게 계산하면

$4\frac{3}{7}+2\frac{13}{14}=4\frac{6}{14}+2\frac{13}{14}=6\frac{19}{14}=7\frac{5}{14}$입니다.

응용에서 최상위로

110~113쪽

1 $11\frac{19}{30}$ **1-1** $12\frac{17}{56}$

1-2 $6\frac{38}{45}$ **2** 오후 12시 55분

2-1 오후 1시 40분 **2-2** 오후 5시 48분

3 $\frac{1}{2}$, $\frac{1}{8}$ **3-1** $\frac{1}{2}$, $\frac{1}{3}$

3-2 예 [그림] + [그림] + [그림]

/ $\frac{1}{4}$, $\frac{1}{6}$

4 1단계 예 $36\text{ cm}=\frac{36}{100}\text{ m}=\frac{9}{25}\text{ m}$이므로

2012년 런던올림픽 기록은

$5\frac{3}{50}-\frac{9}{25}=4\frac{53}{50}-\frac{18}{50}=4\frac{35}{50}=4\frac{7}{10}$ (m)

2단계 예 (두 기록의 차)$=4\frac{3}{4}-4\frac{7}{10}$

$=4\frac{15}{20}-4\frac{14}{20}=\frac{1}{20}$ (m)

/ $\frac{1}{20}$ m

4-1 $\frac{7}{20}$ m

1 가장 큰 대분수는 자연수 부분이 가장 큰 $6\frac{4}{5}$이고 가장 작은 대분수는 자연수 부분이 가장 작은 $4\frac{5}{6}$입니다.

따라서 두 수의 합은

$6\frac{4}{5}+4\frac{5}{6}=6\frac{24}{30}+4\frac{25}{30}=10\frac{49}{30}=11\frac{19}{30}$입니다.

1-1 가장 큰 대분수는 자연수 부분이 가장 큰 $8\frac{3}{7}$이고 가장 작은 대분수는 자연수 부분이 가장 작은 $3\frac{7}{8}$입니다.

따라서 두 수의 합은

$8\frac{3}{7}+3\frac{7}{8}=8\frac{24}{56}+3\frac{49}{56}=11\frac{73}{56}=12\frac{17}{56}$입니다.

1-2 가장 큰 대분수는 자연수 부분이 가장 큰 $9\frac{2}{5}$이고 가장 작은 대분수는 자연수 부분이 가장 작은 $2\frac{5}{9}$입니다.

따라서 두 수의 차는

$9\frac{2}{5}-2\frac{5}{9}=9\frac{18}{45}-2\frac{25}{45}=8\frac{63}{45}-2\frac{25}{45}=6\frac{38}{45}$

2 $20분=\frac{20}{60}시간=\frac{1}{3}$시간이므로 축구 연습을 시작할 때부터 끝날 때까지 걸린 시간은 모두

$1\frac{1}{12}+\frac{1}{3}+1\frac{1}{2}=(1\frac{1}{12}+\frac{4}{12})+1\frac{1}{2}$

$=1\frac{5}{12}+1\frac{6}{12}=2\frac{11}{12}$(시간)입니다.

$2\frac{11}{12}$시간$=2\frac{55}{60}$시간$=$2시간 55분이므로

축구 연습이 끝난 시각은

오전 10시+2시간 55분=오후 12시 55분입니다.

2-1 $30분=\frac{30}{60}시간=\frac{1}{2}$ 시간이므로

동화책을 읽기 시작하여 끝날 때까지 걸린 시간은 모두

$2\frac{5}{12}+\frac{1}{2}+1\frac{3}{4}=(2\frac{5}{12}+\frac{6}{12})+1\frac{3}{4}$

$=2\frac{11}{12}+1\frac{9}{12}=3\frac{20}{12}=4\frac{8}{12}=4\frac{2}{3}$ (시간)입니다.

$4\frac{2}{3}시간=4\frac{40}{60}시간$=4시간 40분이므로

동화책을 다 읽은 시각은

오전 9시+4시간 40분=오후 1시 40분입니다.

2-2 $45분=\frac{45}{60}시간=\frac{3}{4}$시간이므로

숙제를 시작할 때부터 마칠 때까지 걸린 시간은 모두

$1\frac{2}{15}+\frac{3}{4}+\frac{5}{12}=(1\frac{8}{60}+\frac{45}{60})+\frac{5}{12}$

$=1\frac{53}{60}+\frac{25}{60}=1\frac{78}{60}=2\frac{18}{60}=2\frac{3}{10}$ (시간)입니다.

$2\frac{3}{10}시간=2\frac{18}{60}시간$=2시간 18분이므로

숙제를 마친 시각은

오후 3시 30분+2시간 18분=오후 5시 48분입니다.

3 $\frac{5}{8}$를 $\frac{4}{8}$와 $\frac{1}{8}$로 나누어 나타낸 것입니다.

따라서 $\frac{5}{8}=\frac{4}{8}+\frac{1}{8}=\frac{1}{2}+\frac{1}{8}$ 입니다.

참고 8의 약수는 1, 2, 4, 8이고 이 중에서 합이 5가 되는 두 수는 1과 4이므로 $\frac{5}{8}=\frac{4}{8}+\frac{1}{8}=\frac{1}{2}+\frac{1}{8}$로 나타낼 수 있습니다.

3-1 $\frac{5}{6}$를 $\frac{3}{6}$과 $\frac{2}{6}$로 나누어 나타낸 것입니다.

따라서 $\frac{5}{6}=\frac{3}{6}+\frac{2}{6}=\frac{1}{2}+\frac{1}{3}$ 입니다.

참고 6의 약수는 1, 2, 3, 6이고 이 중에서 합이 5가 되는 두 수는 2와 3이므로 $\frac{5}{6}=\frac{3}{6}+\frac{2}{6}=\frac{1}{2}+\frac{1}{3}$로 나타낼 수 있습니다.

3-2 $\frac{1}{2}$만큼 먼저 색칠한 다음 나머지 칸 중 몇 칸을 색칠하면 단위분수로 나타낼 수 있는지 생각해 봅니다.

$\frac{11}{12}=\frac{6}{12}+\frac{3}{12}+\frac{2}{12}=\frac{1}{2}+\frac{1}{4}+\frac{1}{6}$

$\frac{11}{12}=\frac{6}{12}+\frac{4}{12}+\frac{1}{12}=\frac{1}{2}+\frac{1}{3}+\frac{1}{12}$

4-1 5 cm$=\frac{5}{100}$ m$=\frac{1}{20}$ m이므로

제니퍼 슈어가 실패한 기록은

$4\frac{3}{4}+\frac{1}{20}=4\frac{15}{20}+\frac{1}{20}=4\frac{16}{20}=4\frac{4}{5}$ (m)입니다.

따라서 제니퍼 슈어가 실패한 기록은 야리슬리 실바가 실패한 기록보다

$4\frac{4}{5}-4\frac{9}{20}=4\frac{16}{20}-4\frac{9}{20}=\frac{7}{20}$ (m) 더 높습니다.

기출 단원 평가 Level ❶ 114~116쪽

1 $\frac{11}{15}$
2 (1) $4\frac{7}{12}$ (2) $1\frac{7}{18}$
3 ①, ③
4 $\frac{7}{10}$, $1\frac{4}{35}$
5 $\frac{20}{63}$
6 $1\frac{9}{20}$
7 $4\frac{7}{8}$
8 >
9 ㉡
10 $\frac{5}{18}$
11 $\frac{29}{63}$
12 $\frac{11}{20}$
13 $\frac{7}{10}$ m
14 $3\frac{5}{24}$ L
15 $\frac{19}{24}$ m
16 우체국, $\frac{1}{8}$ km
17 2, 3, 4, 5
18 오후 7시 45분
19 예 분수의 분모와 분자에 같은 수를 곱하여 통분해야 하는데 $\frac{1}{3}$의 분모에는 3을, 분자에는 1을 곱하여 잘못 계산했습니다.
$\frac{4}{9}+\frac{1}{3}=\frac{4}{9}+\frac{1\times3}{3\times3}=\frac{4}{9}+\frac{3}{9}=\frac{7}{9}$
20 $\frac{7}{15}$

1 $\frac{2}{5}+\frac{1}{3}=\frac{6}{15}+\frac{5}{15}=\frac{11}{15}$

2 (1) $2\frac{5}{6}+1\frac{3}{4}=2\frac{10}{12}+1\frac{9}{12}=3\frac{19}{12}=4\frac{7}{12}$

(2) $5\frac{2}{9}-3\frac{5}{6}=5\frac{4}{18}-3\frac{15}{18}$

$=4\frac{22}{18}-3\frac{15}{18}=1\frac{7}{18}$

3 6과 3의 최소공배수가 6이므로 6의 배수를 공통분모로 하여 통분할 수 있습니다.

4 $\frac{2}{5}+\frac{3}{10}=\frac{4}{10}+\frac{3}{10}=\frac{7}{10}$

$\frac{2}{5}+\frac{5}{7}=\frac{14}{35}+\frac{25}{35}=\frac{39}{35}=1\frac{4}{35}$

5 $\frac{8}{9}-\frac{4}{7}=\frac{56}{63}-\frac{36}{63}=\frac{20}{63}$

6 $2\frac{3}{4}-1\frac{3}{10}=2\frac{15}{20}-1\frac{6}{20}=1\frac{9}{20}$

7 $2\frac{1}{2}+2\frac{3}{8}=2\frac{4}{8}+2\frac{3}{8}=4\frac{7}{8}$

8 $\frac{5}{8}+\frac{7}{10}=\frac{25}{40}+\frac{28}{40}=\frac{53}{40}=1\frac{13}{40}$

$1\frac{3}{5}-\frac{5}{8}=1\frac{24}{40}-\frac{25}{40}=\frac{64}{40}-\frac{25}{40}=\frac{39}{40}$

9 ㉠ $\frac{1}{6}+\frac{3}{5}=\frac{5}{30}+\frac{18}{30}=\frac{23}{30}$

㉡ $\frac{7}{10}+\frac{8}{15}=\frac{21}{30}+\frac{16}{30}=\frac{37}{30}=1\frac{7}{30}$

10 세 분수를 통분하면 $(\frac{5}{6}, \frac{5}{9}, \frac{7}{12}) \Rightarrow (\frac{30}{36}, \frac{20}{36}, \frac{21}{36})$

이므로 가장 큰 수는 $\frac{5}{6}$, 가장 작은 수는 $\frac{5}{9}$입니다.

$\Rightarrow \frac{5}{6}-\frac{5}{9}=\frac{30}{36}-\frac{20}{36}=\frac{10}{36}=\frac{5}{18}$

11 $\square+\frac{3}{7}=\frac{8}{9}$

$\Rightarrow \square=\frac{8}{9}-\frac{3}{7}=\frac{56}{63}-\frac{27}{63}=\frac{29}{63}$

12 $\frac{1}{4}+\frac{3}{10}=\frac{5}{20}+\frac{6}{20}=\frac{11}{20}$

13 (세로의 길이)$-$(가로의 길이)

$=1\frac{1}{2}-\frac{4}{5}=1\frac{5}{10}-\frac{8}{10}=\frac{15}{10}-\frac{8}{10}=\frac{7}{10}$ (m)

14 (보라색 페인트의 양)

$=$(빨간색 페인트의 양)$+$(파란색 페인트의 양)

$=1\frac{3}{8}+1\frac{5}{6}=1\frac{9}{24}+1\frac{20}{24}=2\frac{29}{24}=3\frac{5}{24}$ (L)

15 (노란색 테이프의 길이)

$=\frac{3}{4}+\frac{3}{8}=\frac{6}{8}+\frac{3}{8}=\frac{9}{8}=1\frac{1}{8}$ (m)

(파란색 테이프의 길이)

$=1\frac{1}{8}-\frac{1}{3}=1\frac{3}{24}-\frac{8}{24}=\frac{27}{24}-\frac{8}{24}=\frac{19}{24}$ (m)

16 (집 ~ 도서관 ~ 학교)$=1\frac{2}{3}+2\frac{1}{8}$

$=1\frac{16}{24}+2\frac{3}{24}=3\frac{19}{24}$ (km)

(집 ~ 우체국 ~ 학교)$=\frac{11}{12}+2\frac{3}{4}=\frac{11}{12}+2\frac{9}{12}$

$=2\frac{20}{12}=3\frac{8}{12}=3\frac{2}{3}$ (km)

$3\frac{2}{3}=3\frac{16}{24}$이므로 우체국을 거쳐 가는 길이

$3\frac{19}{24}-3\frac{2}{3}=3\frac{19}{24}-3\frac{16}{24}=\frac{3}{24}=\frac{1}{8}$ (km) 더 가깝습니다.

17 $3\frac{1}{4}-1\frac{3}{5}=3\frac{5}{20}-1\frac{12}{20}=2\frac{25}{20}-1\frac{12}{20}=1\frac{13}{20}$

$2\frac{1}{2}+2\frac{5}{6}=2\frac{3}{6}+2\frac{5}{6}=4\frac{8}{6}=5\frac{2}{6}=5\frac{1}{3}$

$1\frac{13}{20}<\square<5\frac{1}{3}$이므로 □ 안에 들어갈 수 있는 자연수는 2, 3, 4, 5입니다.

18 40분$=\frac{40}{60}$시간$=\frac{2}{3}$시간이므로

공부와 숙제를 하는 데 걸린 시간은

$1\frac{5}{6}+\frac{2}{3}+1\frac{1}{4}=(1\frac{5}{6}+\frac{4}{6})+1\frac{1}{4}=2\frac{1}{2}+1\frac{1}{4}$

$=3\frac{3}{4}$(시간)입니다.

$3\frac{3}{4}$시간$=3\frac{45}{60}$시간$=$3시간 45분이므로

정민이가 영어 공부를 끝낸 시각은

오후 4시$+$3시간 45분$=$오후 7시 45분입니다.

서술형

19

평가 기준	배점(5점)
계산이 잘못된 곳을 찾아 이유를 썼나요?	2점
바르게 계산했나요?	3점

서술형

20 예 케이크 전체를 1이라 하면 건형이가 먹은 케이크는 전체의 $1-\frac{1}{3}-\frac{1}{5}=(\frac{3}{3}-\frac{1}{3})-\frac{1}{5}$

$=\frac{2}{3}-\frac{1}{5}=\frac{10}{15}-\frac{3}{15}=\frac{7}{15}$입니다.

평가 기준	배점(5점)
건형이가 먹은 케이크는 전체의 얼마인지 구하는 식을 세웠나요?	2점
건형이가 먹은 케이크는 전체의 얼마인지 구했나요?	3점

기출 단원 평가 Level ❷ 117~119쪽

1 3, 1, $\frac{7}{10}$ **2** (1) ㉢ (2) ㉠ **3** $\frac{2}{15}$

4 $4\frac{5}{12}$ **5** (위에서부터) $\frac{23}{24}$, $1\frac{5}{12}$

6 $1\frac{7}{24}$

7 $5\frac{8}{12}-1\frac{9}{12}=4\frac{20}{12}-1\frac{9}{12}=3\frac{11}{12}$

8 $1\frac{11}{18}$ **9** ㉢, ㉡, ㉠ **10** $1\frac{3}{10}$ kg

11 $\frac{5}{24}$ m **12** $1\frac{23}{30}$ kg **13** $7\frac{2}{45}$, $3\frac{23}{45}$

14 $\frac{1}{20}$ **15** $2\frac{5}{12}$ **16** $2\frac{13}{36}$ m

17 $4\frac{39}{40}$ **18** $5\frac{17}{24}$ km

19 방법 1 예 자연수는 자연수끼리, 분수는 분수끼리 계산하면

$2\frac{2}{5}-1\frac{7}{10}=2\frac{4}{10}-1\frac{7}{10}$

$=1\frac{14}{10}-1\frac{7}{10}=\frac{7}{10}$ (m)

방법 2 예 대분수를 가분수로 나타내어 계산하면

$2\frac{2}{5}-1\frac{7}{10}=\frac{12}{5}-\frac{17}{10}$

$=\frac{24}{10}-\frac{17}{10}=\frac{7}{10}$ (m)

20 $13\frac{5}{18}$

1 $\frac{3}{5}+\frac{1}{10}=\frac{6}{10}+\frac{1}{10}=\frac{7}{10}$

2 (1) $\frac{7}{9}-\frac{2}{5}=\frac{35}{45}-\frac{18}{45}=\frac{17}{45}$

(2) $\frac{11}{15}-\frac{5}{9}=\frac{33}{45}-\frac{25}{45}=\frac{8}{45}$

3 $\frac{8}{15}-\frac{2}{5}=\frac{8}{15}-\frac{6}{15}=\frac{2}{15}$

4 $2\frac{1}{4}+2\frac{1}{6}=2\frac{3}{12}+2\frac{2}{12}=4\frac{5}{12}$

5 $\frac{7}{12}+\frac{3}{8}=\frac{14}{24}+\frac{9}{24}=\frac{23}{24}$

$\frac{7}{12}+\frac{5}{6}=\frac{7}{12}+\frac{10}{12}=\frac{17}{12}=1\frac{5}{12}$

6 $\square=4\frac{1}{8}-2\frac{5}{6}=4\frac{3}{24}-2\frac{20}{24}$

$=3\frac{27}{24}-2\frac{20}{24}=1\frac{7}{24}$

7 자연수에서 1을 받아내림하였는데 5에서 1을 빼지 않아서 잘못 계산했습니다.

8 ㉠은 $\frac{5}{6}$, ㉡은 $\frac{7}{9}$이므로

㉠+㉡$=\frac{5}{6}+\frac{7}{9}=\frac{15}{18}+\frac{14}{18}=\frac{29}{18}=1\frac{11}{18}$

9 ㉠ $\frac{3}{4}-\frac{1}{3}=\frac{9}{12}-\frac{4}{12}=\frac{5}{12}$

㉡ $\frac{5}{8}-\frac{1}{6}=\frac{15}{24}-\frac{4}{24}=\frac{11}{24}$

㉢ $\frac{5}{6}-\frac{1}{4}=\frac{10}{12}-\frac{3}{12}=\frac{7}{12}$

$(\frac{5}{12}, \frac{11}{24}, \frac{7}{12})$ ➡ $(\frac{10}{24}, \frac{11}{24}, \frac{14}{24})$이므로

㉢>㉡>㉠입니다.

10 (고구마의 무게)+(감자의 무게)

$=\frac{3}{5}+\frac{7}{10}=\frac{6}{10}+\frac{7}{10}=\frac{13}{10}=1\frac{3}{10}$ (kg)

11 (긴 막대의 길이)−(짧은 막대의 길이)

$=\frac{5}{8}-\frac{5}{12}=\frac{15}{24}-\frac{10}{24}=\frac{5}{24}$ (m)

12 (남은 밀가루의 양)

=(전체 밀가루의 양)

−(식빵을 만드는 데 사용한 밀가루의 양)

$=3\frac{3}{10}-1\frac{8}{15}=3\frac{9}{30}-1\frac{16}{30}$

$=2\frac{39}{30}-1\frac{16}{30}=1\frac{23}{30}$ (kg)

13 $4\frac{3}{5}+2\frac{4}{9}=4\frac{27}{45}+2\frac{20}{45}=6\frac{47}{45}=7\frac{2}{45}$

$7\frac{2}{45}-3\frac{8}{15}=6\frac{47}{45}-3\frac{24}{45}=3\frac{23}{45}$

14 $(\frac{2}{5}, \frac{3}{10}, \frac{3}{4})$ ➡ $(\frac{8}{20}, \frac{6}{20}, \frac{15}{20})$이므로

$\frac{3}{4}>\frac{2}{5}>\frac{3}{10}$입니다.

➡ $\frac{3}{4}-\frac{2}{5}-\frac{3}{10}=\frac{15}{20}-\frac{8}{20}-\frac{6}{20}$

$=\frac{7}{20}-\frac{6}{20}=\frac{1}{20}$

15 ㉠ $\xrightarrow{+1\frac{3}{4}}$ ㉡ $\xrightarrow{-2\frac{1}{3}}$ $1\frac{5}{6}$

㉡$=1\frac{5}{6}+2\frac{1}{3}=1\frac{5}{6}+2\frac{2}{6}=3\frac{7}{6}=4\frac{1}{6}$

㉠$=4\frac{1}{6}-1\frac{3}{4}=4\frac{2}{12}-1\frac{9}{12}$

$=3\frac{14}{12}-1\frac{9}{12}=2\frac{5}{12}$

16 (삼각형의 세 변의 길이의 합)

$=\frac{2}{3}+\frac{11}{12}+\frac{7}{9}=(\frac{8}{12}+\frac{11}{12})+\frac{7}{9}$

$=1\frac{7}{12}+\frac{7}{9}=1\frac{21}{36}+\frac{28}{36}=1\frac{49}{36}=2\frac{13}{36}$ (m)

17 가장 큰 대분수는 $8\frac{3}{5}$이고 가장 작은 대분수는 $3\frac{5}{8}$입니다.

➡ $8\frac{3}{5}-3\frac{5}{8}=8\frac{24}{40}-3\frac{25}{40}$

$=7\frac{64}{40}-3\frac{25}{40}=4\frac{39}{40}$

18 (㉠~㉣)=(㉠~㉢)+(㉡~㉣)−(㉡~㉢)

$=3\frac{3}{4}+2\frac{7}{8}-\frac{11}{12}=(3\frac{6}{8}+2\frac{7}{8})-\frac{11}{12}$

$=5\frac{13}{8}-\frac{11}{12}=5\frac{39}{24}-\frac{22}{24}=5\frac{17}{24}$ (km)

서술형
19

평가 기준	배점(5점)
소나무의 키는 은행나무의 키보다 몇 m 더 큰지 한 가지 방법으로 구했나요?	3점
소나무의 키는 은행나무의 키보다 몇 m 더 큰지 다른 방법으로 구했나요?	2점

서술형
20 예 어떤 수를 □라 하면 $□-2\frac{3}{4}=7\frac{7}{9}$이므로

$□=7\frac{7}{9}+2\frac{3}{4}=7\frac{28}{36}+2\frac{27}{36}=9\frac{55}{36}=10\frac{19}{36}$

입니다. 따라서 바르게 계산하면

$10\frac{19}{36}+2\frac{3}{4}=10\frac{19}{36}+2\frac{27}{36}$

$=12\frac{46}{36}=13\frac{10}{36}=13\frac{5}{18}$

평가 기준	배점(5점)
어떤 수를 구했나요?	2점
바르게 계산한 값을 구했나요?	3점

6 다각형의 둘레와 넓이

다각형의 둘레와 넓이는 공간 추론, 형식화, 일반화, 논리적 사고를 훈련할 수 있는 주제이며, 양감을 기르고 주변의 다양한 문제를 해결하는 데 유용합니다. 학생들은 [수학 1-1], [수학 2-1], [수학 2-2]에서 길이에 대해 충분히 학습하였고, 넓이에 대해서는 [수학 1-1] 4단원에서 학습하였습니다. 이 단원에서는 길이를 둘레의 개념으로 발전시키고, 넓이의 개념을 형성하고 측정 과정을 학습합니다. 다각형의 둘레와 넓이는 이후 원의 둘레와 넓이 및 입체도형의 겉넓이와 부피 학습과 직접 연계되므로 이 단원에서는 다각형의 성질을 바탕으로 공식을 유추하고 문제를 해결하며 이를 표현하는 과정에 초점을 두어 지도해야 합니다.

1 정다각형의 둘레

122쪽

❶ 3, 6

1 6, 30

2 (1) 24 cm (2) 28 cm

3 9 cm

1 (정육각형의 둘레)=(한 변의 길이)×6
=5×6=30 (cm)

2 (1) 한 변이 6 cm인 정사각형의 둘레는 6×4=24 (cm)입니다.
(2) 한 변이 4 cm인 정칠각형의 둘레는 4×7=28 (cm)입니다.

3 (정삼각형의 둘레)=(한 변의 길이)×3이므로 정삼각형의 한 변은 27÷3=9 (cm)입니다.

2 사각형의 둘레

123쪽

4 7, 5 / 24

5 (1) 20 cm (2) 24 cm

6 (1) 32 cm (2) 24 cm

4 (직사각형의 둘레)=((가로)+(세로))×2
=(7+5)×2=24 (cm)

5 (평행사변형의 둘레)
=((한 변의 길이)+(다른 한 변의 길이))×2
(1) $(4+6)\times 2=20$ (cm)
(2) $(9+3)\times 2=24$ (cm)

6 (마름모의 둘레)=(한 변의 길이)×4
(1) $8\times 4=32$ (cm)
(2) $6\times 4=24$ (cm)

3 넓이의 단위 1 cm² 124쪽

7 가, 다
8 (1) 11 cm^2 (2) 9 cm^2
9 3

7 가는 [1 cm²]가 6개이므로 6 cm^2, 나는 [1 cm²]가 4개이므로 4 cm^2, 다는 [1 cm²]가 6개이므로 6 cm^2, 라는 [1 cm²]가 5개이므로 5 cm^2입니다.

8 (1) [1 cm²]가 11개이므로 11 cm^2입니다.
(2) [1 cm²]가 9개이므로 9 cm^2입니다.

9 도형 가의 넓이는 8 cm^2, 도형 나의 넓이는 5 cm^2이므로 도형 가는 도형 나보다 넓이가 3 cm^2 더 넓습니다.

4 직사각형의 넓이 125쪽

10 (1) 4, 2 (2) 4, 2, 8
11 (1) 40 cm^2 (2) 40 cm^2
12 (1) 81 cm^2 (2) 144 cm^2

10 (직사각형의 넓이)=(가로)×(세로)
$=4\times 2=8$ (cm^2)

11 (직사각형의 넓이)=(가로)×(세로)
(1) $8\times 5=40$ (cm^2)
(2) $10\times 4=40$ (cm^2)

12 (정사각형의 넓이)=(한 변의 길이)×(한 변의 길이)
(1) $9\times 9=81$ (cm^2)
(2) $12\times 12=144$ (cm^2)

5 1 cm²보다 더 큰 넓이의 단위 126쪽

13 (1) 1 (2) 50000 (3) 1000000 (4) 8
14 15, 15 **15** (1) 21 (2) 20

13 (2) 1 m^2=10000 cm^2이므로 5 m^2=50000 cm^2
(4) 1000000 m^2=1 km^2이므로
8000000 m^2=8 km^2

14 왼쪽 직사각형의 넓이는
$5000\times 3000=15000000$ (m^2) ➡ 15 km^2이고,
오른쪽 직사각형의 넓이는 $5\times 3=15$ (km^2)입니다.

15 (1) 700 cm=7 m이므로
직사각형의 넓이는 $7\times 3=21$ (m^2)입니다.
(2) 5000 m=5 km이므로
직사각형의 넓이는 $4\times 5=20$ (km^2)입니다.

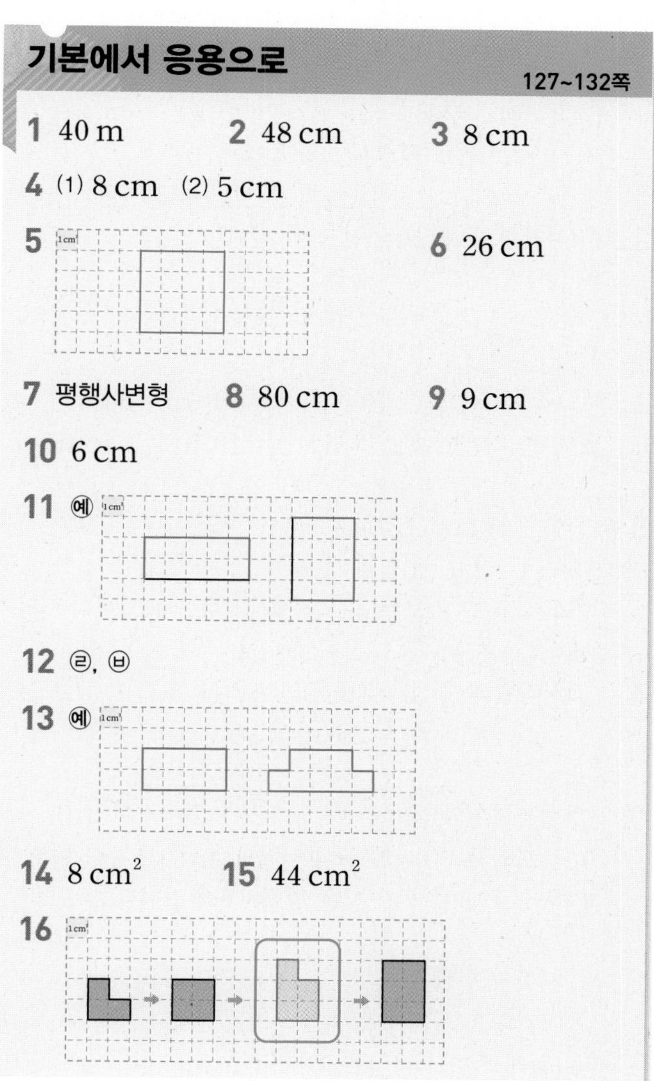

기본에서 응용으로 127~132쪽

1 40 m **2** 48 cm **3** 8 cm
4 (1) 8 cm (2) 5 cm
5
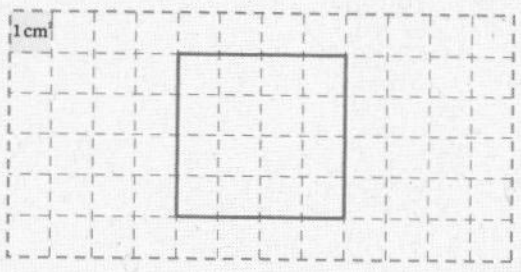
6 26 cm
7 평행사변형 **8** 80 cm **9** 9 cm
10 6 cm
11 예
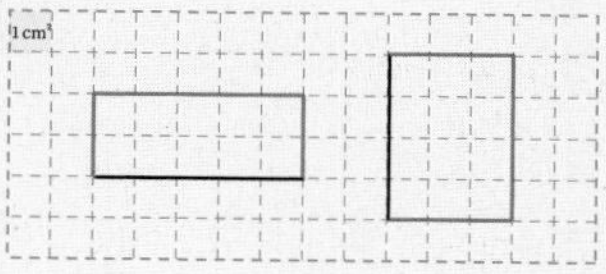
12 ㉣, ㉥
13 예
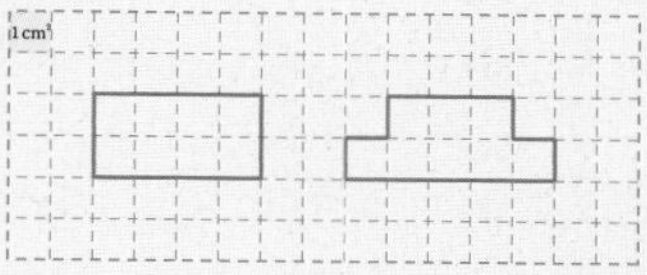
14 8 cm^2 **15** 44 cm^2
16
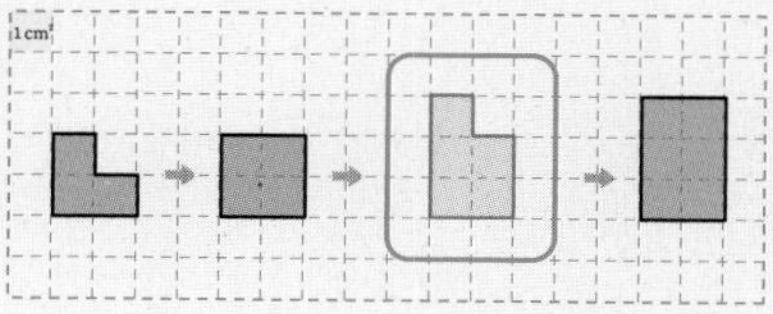

17 나 18 $700\ cm^2$

19 (위에서부터) 2, 2 / 2, 3 / 2, 4, 6

20 (1) ○ (2) × 21 $10\ cm^2$

22 4 cm 23 9 24 $49\ cm^2$

25 16 cm 26 4배

27 (위에서부터) 4, 9000000, 20, 65000000

28 50000, 5 29 64, 64000000

30 (1) < (2) >

31 (1) cm^2 (2) km^2 (3) m^2 32 $4\ km^2$

33 $6\ m^2$ 34 80 cm 35 36 cm

36 40 cm 37 $96\ cm^2$ 38 $63\ cm^2$

39 $48\ m^2$

1 한 변이 10 m인 정사각형의 둘레는 $10 \times 4 = 40$ (m)입니다.

2 (정삼각형의 둘레)$= 8 \times 3 = 24$ (cm)
(정육각형의 둘레)$= 4 \times 6 = 24$ (cm)
➡ (둘레의 합)$= 24 + 24 = 48$ (cm)

3 (정사각형의 둘레)=(한 변의 길이)$\times 4$
➡ (한 변의 길이)=(둘레)$\div 4$
$= 32 \div 4 = 8$ (cm)

4 (1) (정오각형의 한 변의 길이)$= 40 \div 5 = 8$ (cm)
(2) (정팔각형의 한 변의 길이)$= 40 \div 8 = 5$ (cm)

5 둘레가 16 cm인 정사각형의 한 변은 $16 \div 4 = 4$ (cm)입니다.
따라서 한 변이 모눈 4칸인 정사각형을 그립니다.

6 (직사각형의 둘레)$= (8+5) \times 2$
$= 26$ (cm)

7 (평행사변형의 둘레)$= (9+12) \times 2 = 42$ (cm)
(마름모의 둘레)$= 10 \times 4 = 40$ (cm)
따라서 둘레가 더 긴 것은 평행사변형입니다.

8 (직사각형의 둘레)$= (12+10) \times 2 = 44$ (cm)
(정사각형의 둘레)$= 9 \times 4 = 36$ (cm)
➡ (둘레의 합)$= 44 + 36 = 80$ (cm)

서술형
9 예 직사각형의 세로를 □cm라 하면
$(15+□) \times 2 = 48$, $15+□ = 24$, $□ = 9$입니다.
따라서 직사각형의 세로는 9 cm입니다.

단계	문제 해결 과정
①	직사각형의 둘레 구하는 식을 세웠나요?
②	직사각형의 세로를 구했나요?

10 (직사각형의 둘레)$= (7+5) \times 2 = 24$ (cm)
(마름모의 한 변의 길이)$= 24 \div 4 = 6$ (cm)

11 둘레가 14 cm인 직사각형의 가로와 세로의 길이의 합은 7 cm입니다.
따라서 가로가 5 cm인 직사각형의 세로는 2 cm이고, 세로가 4 cm인 직사각형의 가로는 3 cm입니다.

12 ㉠ $5\ cm^2$, ㉡ $6\ cm^2$, ㉢ $6\ cm^2$,
㉣ $5\ cm^2$, ㉤ $4\ cm^2$, ㉥ $5\ cm^2$
따라서 도형 ㉠과 넓이가 같은 도형은 ㉣, ㉥입니다.

13 모눈 한 칸의 넓이가 $1\ cm^2$이므로 모눈 8칸으로 이루어진 도형을 그립니다.

14 (도형) 한 개의 넓이는 $4\ cm^2$입니다.
그림에서 (도형)이 2개이므로 (도형)로 채워진 부분의 넓이는 모두 $8\ cm^2$입니다.

15 모양 조각이 차지하는 부분은 $1\ cm^2$가 44개이므로 $44\ cm^2$입니다.

16 도형을 그리는 규칙은 가로 두 칸을 기준으로 왼쪽 위와 오른쪽 위에 한 칸씩 늘어나는 것이고, 빈칸에 알맞은 도형의 넓이는 $5\ cm^2$입니다.
따라서 빈칸에 알맞은 도형은 두 번째 도형의 왼쪽 위에 한 칸이 늘어나야 합니다.

17 (직사각형 가의 넓이)$= 5 \times 7 = 35$ (cm^2)
(직사각형 나의 넓이)$= 9 \times 4 = 36$ (cm^2)

서술형
18 예 액자의 넓이는 $30 \times 30 = 900$ (cm^2),
달력의 넓이는 $40 \times 40 = 1600$ (cm^2)이므로
넓이의 차는 $1600 - 900 = 700$ (cm^2)입니다.

단계	문제 해결 과정
①	액자의 넓이를 구했나요?
②	달력의 넓이를 구했나요?
③	두 물건의 넓이의 차를 구했나요?

19 첫째 직사각형 : $2\times1=2\ (cm^2)$
둘째 직사각형 : $2\times2=4\ (cm^2)$
셋째 직사각형 : $2\times3=6\ (cm^2)$

20 (1) 직사각형의 가로는 2 cm로 모두 같고, 세로는 첫째 1 cm, 둘째 2 cm, 셋째 3 cm로 1 cm씩 커집니다.
(2) 직사각형의 세로가 1 cm씩 커지면 넓이는 $2\ cm^2$씩 커집니다.

21 다섯째 직사각형의 가로는 2 cm, 세로는 5 cm이므로 넓이는 $2\times5=10\ (cm^2)$입니다.

22 (직사각형의 넓이)=(가로)×(세로)
➡ (세로)=(직사각형의 넓이)÷(가로)
=32÷8=4 (cm)

23 정사각형의 한 변을 □cm라 하면 □×□=81이고 9×9=81이므로 □=9입니다.

서술형
24 예 둘레가 28 cm인 정사각형의 한 변은 28÷4=7 (cm)이므로 이 정사각형의 넓이는 $7\times7=49\ (cm^2)$입니다.

단계	문제 해결 과정
①	정사각형의 한 변의 길이를 구했나요?
②	정사각형의 넓이를 구했나요?

25 정사각형의 넓이는 $8\times8=64\ (cm^2)$이므로 직사각형의 가로는 64÷4=16 (cm)입니다.

26 (늘이기 전의 정사각형의 넓이)$=5\times5=25\ (cm^2)$
(늘인 후의 정사각형의 한 변의 길이)=5×2
=10 (cm)
(늘인 후의 정사각형의 넓이)$=10\times10=100\ (cm^2)$
➡ 100÷25=4(배)

주의 정사각형의 한 변의 길이가 ■배가 되면 정사각형의 넓이는 (■×■)배가 됩니다.

27 $1\ km^2=1000000\ m^2$임을 이용합니다.

28 (직사각형의 넓이)$=250\times200=50000\ (cm^2)$
➡ $5\ m^2$

29 (정사각형의 넓이)$=8\times8=64\ (km^2)$
➡ $64000000\ m^2$

30 (1) $700000\ cm^2=70\ m^2<77\ m^2$
(2) $3\ km^2=3000000\ m^2>900000\ m^2$

31 $10000\ cm^2=1\ m^2$, $1000000\ m^2=1\ km^2$임을 생각하며 각각의 넓이에 알맞은 단위를 찾아봅니다.

서술형
32 예 $800\times5000=4000000\ (m^2)$
$1000000\ m^2=1\ km^2$이므로 승주네 도시의 넓이는 $4000000\ m^2=4\ km^2$입니다.

단계	문제 해결 과정
①	승주네 도시의 넓이는 몇 m^2인지 구했나요?
②	승주네 도시의 넓이는 몇 km^2인지 구했나요?

33 가로가 50 cm, 세로가 40 cm인 널빤지가 10개씩 3줄 있으므로 전체의 가로는 500 cm, 세로는 120 cm입니다. 따라서 전체 넓이는
$500\times120=60000\ (cm^2)$ ➡ $6\ m^2$입니다.

34
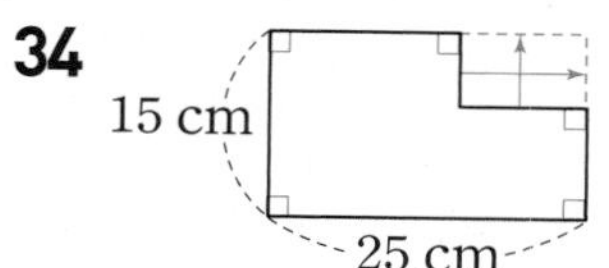

도형의 둘레는 가로가 25 cm, 세로가 15 cm인 직사각형의 둘레와 같습니다.
➡ (도형의 둘레)=(25+15)×2=80 (cm)

35
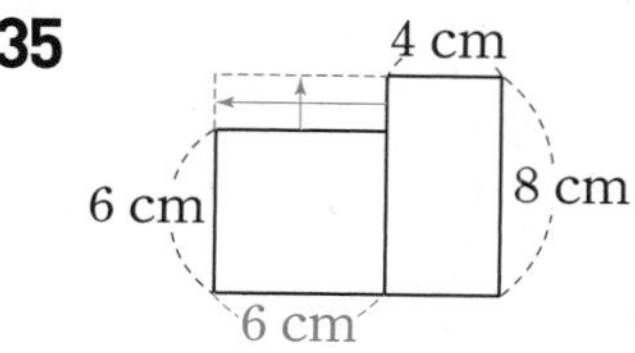

도형의 둘레는 가로가 6+4=10 (cm), 세로가 8 cm인 직사각형의 둘레와 같습니다.
➡ (도형의 둘레)=(10+8)×2=36 (cm)

36
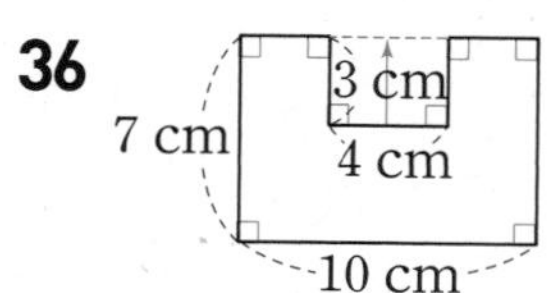

도형의 둘레는 가로가 10 cm, 세로가 7 cm인 직사각형의 둘레에 3 cm인 변 2개를 더한 것과 같습니다.
➡ (도형의 둘레)=(10+7)×2+(3×2)
=34+6=40 (cm)

37
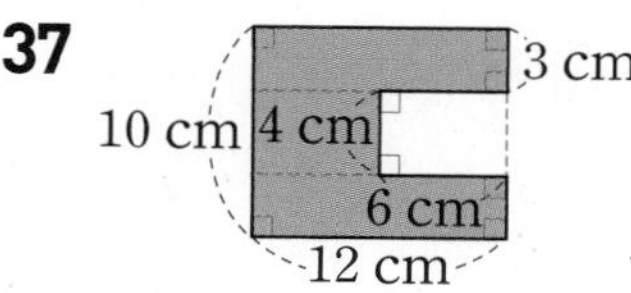

도형을 가로로 나누어 알아보면
$12\times3+6\times4+12\times3=96\ (cm^2)$입니다.

다른 풀이
큰 직사각형의 넓이에서 작은 직사각형의 넓이를 빼면
$12\times10-6\times4=120-24=96\ (cm^2)$입니다.

38 큰 정사각형의 넓이에서 작은 직사각형의 넓이를 빼면 $9\times9-6\times3=81-18=63\ (\text{cm}^2)$입니다.

39 색칠한 부분을 모으면 가로가 $3+5=8\ (\text{m})$, 세로가 $2+4=6\ (\text{m})$인 직사각형이 됩니다.
➡ (색칠한 부분의 넓이)$=8\times6=48\ (\text{m}^2)$

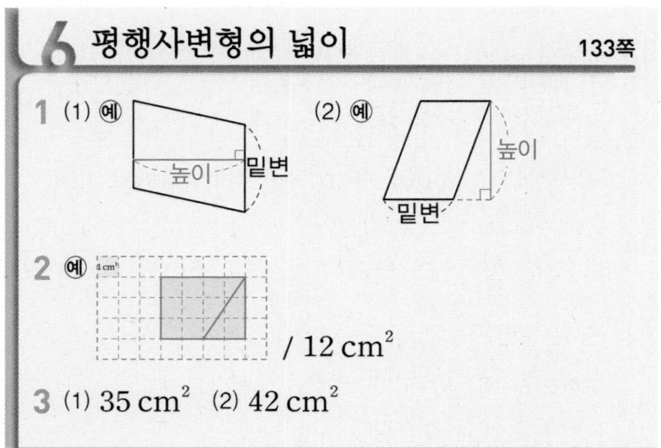

6 평행사변형의 넓이 133쪽

1 (1) 예 (2) 예

2 예 / $12\ \text{cm}^2$

3 (1) $35\ \text{cm}^2$ (2) $42\ \text{cm}^2$

1 평행사변형의 높이는 두 밑변 사이의 거리입니다.

2 평행사변형의 높이를 따라 한 번만 잘라 직사각형을 만들 수 있습니다.
(평행사변형의 넓이)$=$(직사각형의 넓이)
$=4\times3=12\ (\text{cm}^2)$

3 (평행사변형의 넓이)$=$(밑변의 길이)$\times$(높이)
(1) $7\times5=35\ (\text{cm}^2)$
(2) $6\times7=42\ (\text{cm}^2)$

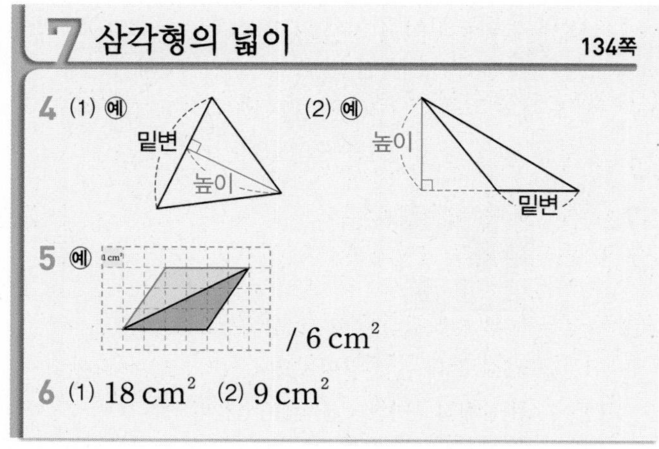

7 삼각형의 넓이 134쪽

4 (1) 예 (2) 예

5 예 / $6\ \text{cm}^2$

6 (1) $18\ \text{cm}^2$ (2) $9\ \text{cm}^2$

4 삼각형의 높이는 밑변과 마주 보는 꼭짓점에서 밑변에 수직으로 그은 선분의 길이입니다.

5 삼각형 2개를 붙여서 평행사변형을 만들 수 있습니다.
(삼각형의 넓이)$=$(평행사변형의 넓이)$\div2$
$=4\times3\div2=6\ (\text{cm}^2)$

6 (삼각형의 넓이)$=$(밑변의 길이)$\times$(높이)$\div2$
(1) $9\times4\div2=18\ (\text{cm}^2)$
(2) $3\times6\div2=9\ (\text{cm}^2)$

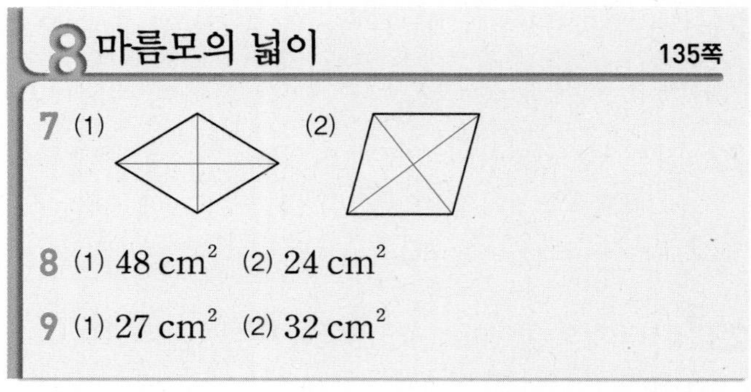

8 마름모의 넓이 135쪽

7 (1) (2)

8 (1) $48\ \text{cm}^2$ (2) $24\ \text{cm}^2$

9 (1) $27\ \text{cm}^2$ (2) $32\ \text{cm}^2$

7 마름모의 두 대각선은 서로 수직입니다.

8 (1) (직사각형의 넓이)$=8\times6=48\ (\text{cm}^2)$
(2) (마름모의 넓이)$=$(직사각형의 넓이)$\div2$
$=48\div2=24\ (\text{cm}^2)$

9 (마름모의 넓이)
$=$(한 대각선의 길이)$\times$(다른 대각선의 길이)$\div2$
(1) $9\times6\div2=27\ (\text{cm}^2)$
(2) $8\times8\div2=32\ (\text{cm}^2)$

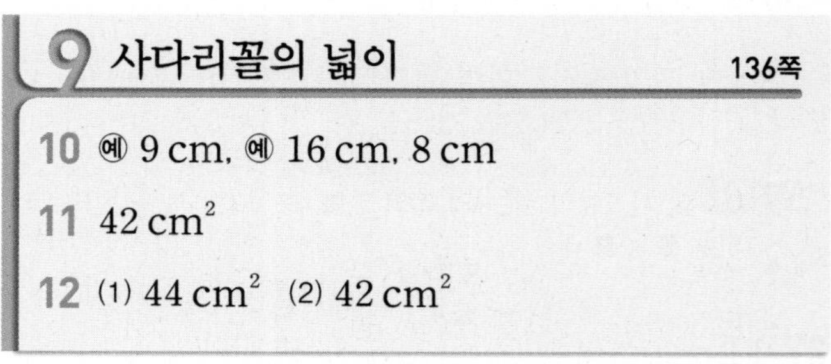

9 사다리꼴의 넓이 136쪽

10 예 9 cm, 예 16 cm, 8 cm

11 $42\ \text{cm}^2$

12 (1) $44\ \text{cm}^2$ (2) $42\ \text{cm}^2$

10 사다리꼴에서 평행한 두 변을 밑변이라 하고, 두 밑변 사이의 거리를 높이라고 합니다.

11 평행사변형의 밑변의 길이는 사다리꼴의 윗변과 아랫변의 길이의 합과 같습니다.
(사다리꼴 한 개의 넓이)$=$(평행사변형의 넓이)$\div2$
$=(6+8)\times6\div2$
$=42\ (\text{cm}^2)$

12 (사다리꼴의 넓이)

$=$((윗변의 길이)$+$(아랫변의 길이))$\times$(높이)$\div 2$

(1) $(4+7)\times 8\div 2=44\ (\text{cm}^2)$

(2) $(5+9)\times 6\div 2=42\ (\text{cm}^2)$

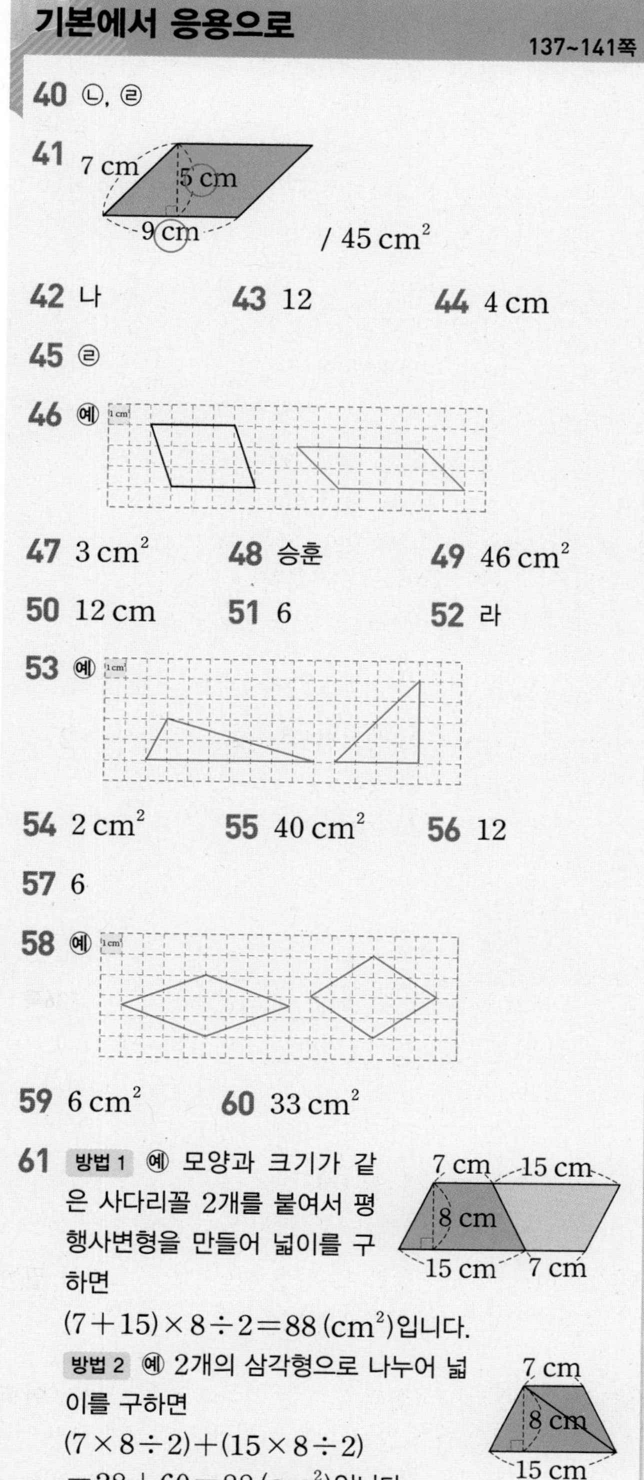

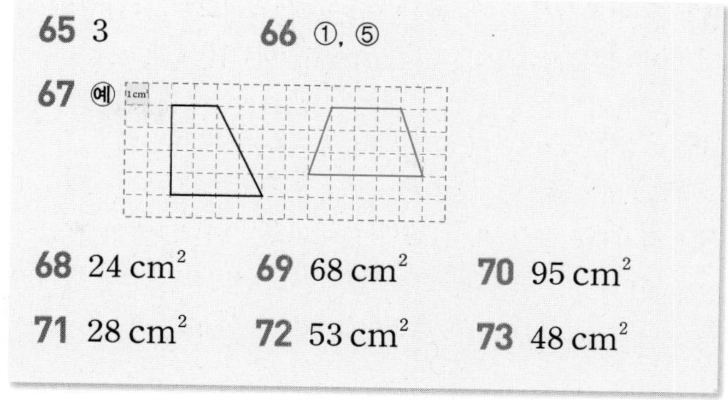

40 평행사변형에서 높이는 두 밑변 사이의 거리이므로 평행한 두 변에 수직인 선분을 찾습니다.

41 평행사변형의 넓이를 구하기 위해서는 밑변의 길이 9 cm와 높이 5 cm가 필요합니다.
(평행사변형의 넓이)$=9\times 5=45\ (\text{cm}^2)$

42 (평행사변형 가의 넓이)$=10\times 6=60\ (\text{cm}^2)$
(평행사변형 나의 넓이)$=9\times 7=63\ (\text{cm}^2)$

43 $\square\times 7=84$, $\square=84\div 7=12$

44 (평행사변형의 넓이)$=6\times 10=60\ (\text{cm}^2)$
(높이)$=$(평행사변형의 넓이)$\div$(밑변)
$=60\div 15=4\ (\text{cm})$

45 평행사변형의 밑변의 길이와 높이가 같으면 모양이 달라도 넓이는 같습니다. 도형 ㉣은 높이는 같지만 밑변의 길이가 다르므로 나머지 도형과 넓이가 다릅니다.

46 주어진 평행사변형의 넓이는 $4\times 3=12\ (\text{cm}^2)$입니다. 따라서 밑변의 길이와 높이의 곱이 12가 되는 평행사변형을 그립니다.

47 자로 재어 보면 밑변의 길이는 3 cm, 높이는 2 cm이므로 삼각형의 넓이는 $3\times 2\div 2=3\ (\text{cm}^2)$입니다.

48 승훈 : 평행사변형의 높이는 삼각형의 높이의 반입니다.

49 (삼각형 가의 넓이)$=6\times 6\div 2=18\ (\text{cm}^2)$
(삼각형 나의 넓이)$=7\times 8\div 2=28\ (\text{cm}^2)$
➡ 두 삼각형의 넓이의 합 : $18+28=46\ (\text{cm}^2)$

서술형
50 예 삼각형의 높이를 $\square$ cm라 하면
$6\times\square\div 2=36$, $\square=36\times 2\div 6=12$입니다.
따라서 삼각형의 높이는 12 cm입니다.

단계	문제 해결 과정
①	삼각형의 넓이 구하는 식을 세웠나요?
②	삼각형의 높이를 구했나요?

51 밑변이 12 cm일 때 높이는 4 cm이므로 삼각형의 넓이는 $12\times4\div2=24$ (cm^2)입니다.
밑변이 8 cm일 때 높이는 □cm이므로
$8\times\square\div2=24$, $\square=24\times2\div8=6$입니다.

52 삼각형의 밑변의 길이와 높이가 같으면 모양이 달라도 넓이는 같습니다. 라는 높이는 같지만 밑변의 길이가 다르므로 나머지 도형과 넓이가 다릅니다.

53 넓이가 8 cm^{2}이므로 밑변의 길이와 높이의 곱이 16이 되는 삼각형을 그립니다.

54 (마름모 가의 넓이)$=8\times5\div2=20$ (cm^2)
(마름모 나의 넓이)$=4\times9\div2=18$ (cm^2)
➡ 두 마름모의 넓이의 차 : $20-18=2$ (cm^2)

55 만들어진 마름모의 두 대각선은 각각 10 cm와 8 cm입니다.
(마름모의 넓이)$=10\times8\div2$
$=40$ (cm^2)

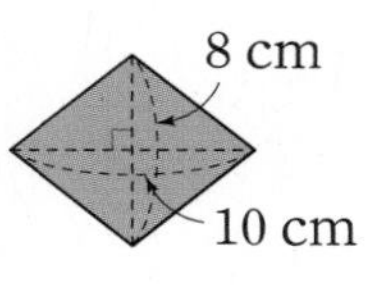

56 $\square\times9\div2=54$, $\square=54\times2\div9=12$

57 가의 넓이가 $6\times4\div2=12$ (cm^2)이므로
나의 넓이는 $12\times2=24$ (cm^2)입니다.
따라서 $8\times\square\div2=24$, $\square=24\times2\div8=6$입니다.

58 넓이가 12 cm^{2}이므로 한 대각선의 길이와 다른 대각선의 길이의 곱이 24가 되는 마름모를 그립니다.

59 자로 재어 보면 윗변은 4 cm, 아랫변은 2 cm, 높이는 2 cm이므로 사다리꼴의 넓이는
$(4+2)\times2\div2=6$ (cm^2)입니다.

60 사다리꼴의 윗변이 $7-3=4$ (cm), 아랫변이 7 cm, 높이가 6 cm이므로 넓이는
$(4+7)\times6\div2=33$ (cm^2)입니다.

서술형
61

단계	문제 해결 과정
①	한 가지 방법으로 사다리꼴의 넓이를 구했나요?
②	다른 방법으로 사다리꼴의 넓이를 구했나요?

62 밑변의 길이가 10 cm, 높이가 4 cm인 삼각형과 밑변의 길이가 10 cm, 높이가 8 cm인 삼각형의 넓이의 합을 구합니다.
$(10\times4\div2)+(10\times8\div2)=20+40=60$ (cm^2)

63 (윗변의 길이)+(아랫변의 길이)$=40-9-7$
$=24$ (cm)
(사다리꼴의 넓이)$=24\times7\div2=84$ (cm^2)

64 $(7+3)\times\square\div2=40$, $10\times\square\div2=40$,
$\square=40\times2\div10=8$

65 (평행사변형의 넓이)$=6\times4=24$ (cm^2)
$(6+10)\times\square\div2=24$, $16\times\square\div2=24$,
$\square=24\times2\div16=3$

66 윗변과 아랫변의 길이의 합이 같고 높이가 같으면 사다리꼴의 넓이는 모두 같습니다.

67 주어진 사다리꼴의 넓이는 $(2+4)\times4\div2=12$ (cm^2)입니다. 따라서 윗변과 아랫변의 길이의 합에 높이를 곱한 값이 24가 되는 사다리꼴을 그립니다.

68 삼각형 2개로 나누어 넓이를 구합니다.
➡ $(8\times3\div2)+(8\times3\div2)=12+12$
$=24$ (cm^2)

69 삼각형과 사다리꼴로 나누어 넓이를 구합니다.
➡ $(13\times4\div2)+(13+8)\times4\div2=26+42$
$=68$ (cm^2)

70

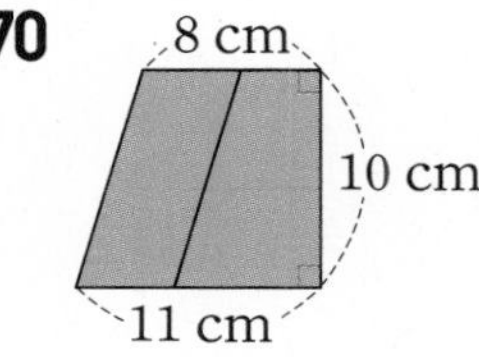

색칠한 부분을 이어 붙이면 윗변이 $13-5=8$ (cm), 아랫변이 $16-5=11$ (cm)인 사다리꼴이 됩니다.
➡ $(8+11)\times10\div2=95$ (cm^2)

71 큰 삼각형의 넓이에서 색칠하지 않은 작은 삼각형의 넓이를 뺍니다.
➡ $(8\times11\div2)-(8\times4\div2)=44-16$
$=28$ (cm^2)

다른 풀이
밑변이 7 cm, 높이가 4 cm인 삼각형 2개의 넓이를 더합니다.
➡ $(7\times4\div2)+(7\times4\div2)=14+14$
$=28$ (cm^2)

서술형

72 예 (색칠한 부분의 넓이)

=(사다리꼴의 넓이)−(삼각형의 넓이)

$=(8+13)\times6\div2-5\times4\div2$

$=63-10=53\ (cm^2)$

단계	문제 해결 과정
①	색칠한 부분의 넓이를 구하는 식을 세웠나요?
②	색칠한 부분의 넓이를 구했나요?

73 (집 모양의 넓이)

=(전체 사각형의 넓이)−(파란색 평행사변형의 넓이)

−(노란색 마름모의 넓이)

$=8\times8-4\times2-4\times4\div2$

$=64-8-8$

$=48\ (cm^2)$

응용에서 최상위로

142~145쪽

1 $81\ cm^2$	1-1 $104\ cm^2$
1-2 $92\ cm^2$	2 $156\ cm^2$
2-1 $185\ cm^2$	2-2 30 cm
3 18	3-1 26
3-2 54	

4 1단계 예 시의 길이가 사다리꼴의 윗변의 길이와 같으므로 사다리꼴의 윗변은 8 cm, 아랫변은 22 cm, 높이는 8 cm입니다.

2단계 예 만든 사다리꼴의 넓이는 $(8+22)\times8\div2=120\ (cm^2)$이므로 도형의 넓이는 약 $120\ cm^2$입니다.

/ 약 $120\ cm^2$

4-1 약 $66\ cm^2$

1 삼각형 ㉠에서 10 cm인 변을 밑변으로 하면 높이는 $45\times2\div10=9\ (cm)$입니다.

사다리꼴의 높이도 9 cm이므로 사다리꼴의 넓이는 $(10+8)\times9\div2=81\ (cm^2)$입니다.

1-1 삼각형 ㄱㄴㅁ에서 변 ㄴㅁ을 밑변으로 하면 높이는 $24\times2\div6=8\ (cm)$입니다.

사다리꼴 ㄱㅁㄷㄹ의 높이도 8 cm이고 변 ㄱㄹ은 $6+10=16\ (cm)$이므로 사다리꼴 ㄱㅁㄷㄹ의 넓이는 $(16+10)\times8\div2=104\ (cm^2)$입니다.

1-2 삼각형 ㄱㄴㅁ의 넓이가 $24\ cm^2$이므로

(선분 ㄴㅁ)$=24\times2\div8=6\ (cm)$이고

(선분 ㅁㄷ)$=20-6=14\ (cm)$입니다.

(색칠한 부분의 넓이)

=(사다리꼴 ㄱㄴㄷㄹ의 넓이)−(삼각형 ㄱㄴㅁ의 넓이)

−(삼각형 ㄹㅁㄷ의 넓이)

$=(8+12)\times20\div2-24-14\times12\div2$

$=200-24-84=92\ (cm^2)$

2 삼각형 ㄱㄴㄹ에서 변 ㄴㄹ을 밑변으로 하면 높이는 6 cm이므로

(삼각형 ㄱㄴㄹ의 넓이)$=20\times6\div2=60\ (cm^2)$이고 변 ㄱㄹ을 밑변으로 하면 높이는 변 ㄹㄷ이므로

(변 ㄹㄷ)$=60\times2\div10=12\ (cm)$입니다.

➡ (사다리꼴 ㄱㄴㄷㄹ의 넓이)

$=(10+16)\times12\div2=156\ (cm^2)$

2-1 삼각형 ㄱㄷㄹ에서 변 ㄱㄷ을 밑변으로 하면 높이는 5 cm이므로

(삼각형 ㄱㄷㄹ의 넓이)$=26\times5\div2=65\ (cm^2)$이고 변 ㄱㄹ을 밑변으로 하면 높이는 변 ㄱㄴ이므로

(변 ㄱㄴ)$=65\times2\div13=10\ (cm)$입니다.

➡ (사다리꼴 ㄱㄴㄷㄹ의 넓이)

$=(13+24)\times10\div2=185\ (cm^2)$

2-2 $(15+24)\times$(변 ㄹㄷ)$\div2=351\ (cm^2)$이므로

(변 ㄹㄷ)$=351\times2\div39=18\ (cm)$입니다.

삼각형 ㄱㄴㄹ에서 변 ㄱㄹ을 밑변으로 하면 높이는 변 ㄹㄷ이므로

(삼각형 ㄱㄴㄹ의 넓이)$=15\times18\div2=135\ (cm^2)$이고 변 ㄴㄹ을 밑변으로 하면 높이는 9 cm이므로

(선분 ㄴㄹ)$=135\times2\div9=30\ (cm)$입니다.

3 삼각형 ㉡에서 10 cm인 변을 밑변이라 하면

(㉡의 넓이)$=10\times$(높이)$\div2$이고,

(㉠의 넓이)$=(\square+12)\times$(높이)$\div2$입니다.

(㉠의 넓이)=(㉡의 넓이)$\times3$이므로

$(\square+12)\times$(높이)$\div2=10\times$(높이)$\div2\times3$,

$\square+12=10\times3$, $\square=30-12=18$입니다.

3-1 (㉠의 넓이)$=(8+5)\times$(높이)$\div2$,

(㉡의 넓이)$=\square\times$(높이)$\div2$입니다.

(㉡의 넓이)=(㉠의 넓이)$\times2$이므로

$\square\times$(높이)$\div2=(8+5)\times$(높이)$\div2\times2$,

$\square=(8+5)\times2$, $\square=26$입니다.

3-2 평행사변형 ㉡에서 14 cm인 변을 밑변이라 하면
(㉡의 넓이)$=14\times$(높이)이고,
(㉠의 넓이)$=(30+\square)\times$(높이)$\div 2$입니다.
(㉠의 넓이)$=$(㉡의 넓이)$\times 3$이므로
$(30+\square)\times$(높이)$\div 2=14\times$(높이)$\times 3$,
$(30+\square)\div 2=14\times 3$, $30+\square=42\times 2=84$,
$\square=84-30=54$입니다.

4 주어진 도형을 보기 와 같은 방법으로 사다리꼴로 만들면 다음과 같습니다.

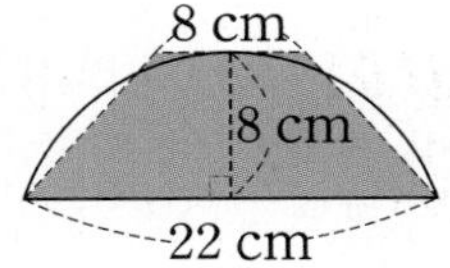

4-1 도형을 보기 와 같은 방법으로 이등변삼각형으로 만들면 다음과 같습니다. 따라서 만든 이등변삼각형의 넓이는 $(3+16+3)\times 6\div 2=66\ (cm^2)$이므로 도형의 넓이는 약 $66\ cm^2$입니다.

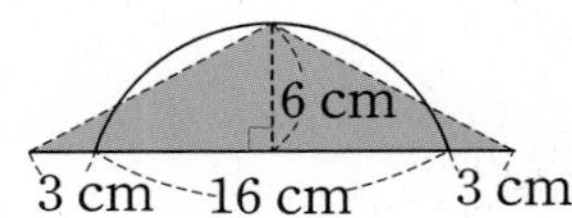

기출 단원 평가 Level ❶ 146~148쪽

1 예 (밑변, 높이 표시한 평행사변형)

2 가, $12\ cm^2$

3 50 cm

4 6 cm

5 $63\ cm^2$

6 15 **7** $68\ cm^2$ **8** 34 cm

9 예 (넓이가 $18\ cm^2$인 평행사변형 그림)

10 5 cm **11** 14 cm **12** $205\ cm^2$

13 6 cm **14** $104\ cm^2$ **15** $102\ cm^2$

16 $12\ cm^2$ **17** 4 **18** 10 cm

19 $13\ cm^2$ **20** $152\ cm^2$

1 평행사변형의 높이는 두 밑변 사이의 거리입니다.

2 가 $12\ cm^2$, 나 $8\ cm^2$, 다 $10\ cm^2$이므로 가장 넓은 도형은 가입니다.

3 (직사각형의 둘레)$=(16+9)\times 2=50$ (cm)

4 (정팔각형의 둘레)$=$(한 변의 길이)$\times 8$이므로
정팔각형의 한 변은 $48\div 8=6$ (cm)입니다.

5 (평행사변형의 넓이)$=9\times 7=63\ (cm^2)$

6 300 cm$=$3 m이므로
직사각형의 넓이는 $5\times 3=15\ (m^2)$입니다.

7 (사다리꼴의 넓이)$=(11+6)\times 8\div 2=68\ (cm^2)$

8 (그림: 7 cm, 10 cm) 도형의 둘레는 가로가 10 cm, 세로가 7 cm인 직사각형의 둘레와 같습니다.
➡ (도형의 둘레)$=(10+7)\times 2=34$ (cm)

9 주어진 평행사변형의 넓이는 $3\times 6=18\ (cm^2)$입니다. 따라서 밑변의 길이와 높이의 곱이 18이 되는 평행사변형을 그립니다.

10 다른 대각선의 길이를 $\square$cm라 하면
$8\times\square\div 2=20$, $\square=20\times 2\div 8=5$입니다.

11 ((윗변)$+$(아랫변))$\times 5\div 2=35\ (cm^2)$이므로
(윗변)$+$(아랫변)$=35\times 2\div 5=14$ (cm)입니다.

12 (그림: 6 cm, 6 cm, 15 cm, 5 cm, 5 cm, 5 cm)
도형을 세로로 나누어 넓이의 합을 구합니다.
$6\times 15+5\times 5+6\times 15=90+25+90$
$=205\ (cm^2)$

다른 풀이
큰 직사각형의 넓이에서 작은 정사각형 2개의 넓이를 뺍니다.
$(6+5+6)\times 15-5\times 5\times 2=255-50$
$=205\ (cm^2)$

13 (삼각형 ㄱㄴㄷ의 넓이)$=8\times 6\div 2=24\ (cm^2)$
(변 ㅁㅂ)$\times 4=24\ (cm^2)$이므로
(변 ㅁㅂ)$=24\div 4=6$ (cm)입니다.

14 직사각형의 가로를 □cm라 하면
(□+8)×2=42, □+8=21, □=13입니다.
➡ (직사각형의 넓이)=13×8=104 (cm^2)

15 삼각형 2개의 넓이를 더합니다.
➡ (9×12÷2)+(8×12÷2)=54+48
=102 (cm^2)

다른 풀이
큰 삼각형의 넓이에서 색칠하지 않은 삼각형의 넓이를 뺍니다.
➡ (9+6+8)×12÷2−6×12÷2
=138−36=102 (cm^2)

16 정사각형 안에 그려지는 정사각형의 넓이는 반씩 줄어듭니다.
따라서 두 번째 정사각형은 96÷2=48 (cm^2),
세 번째 정사각형은 48÷2=24 (cm^2)이므로
정사각형 ㉠의 넓이는 24÷2=12 (cm^2)입니다.

17 전체 사다리꼴의 넓이가 (11+8)×8÷2=76 (cm^2)이므로 색칠하지 않은 삼각형의 넓이는
76−54=22 (cm^2)입니다.
➡ 11×□÷2=22, □=22×2÷11=4

18 (사다리꼴의 넓이)=(6+14)×(높이)÷2
(평행사변형의 넓이)=□×(높이)
(6+14)×(높이)÷2=□×(높이)이므로
(6+14)÷2=□, □=10입니다.

서술형
19 예 (정사각형의 넓이)=7×7=49 (cm^2)
(삼각형의 넓이)=9×8÷2=36 (cm^2)
따라서 정사각형은 삼각형보다 49−36=13 (cm^2) 더 넓습니다.

평가 기준	배점(5점)
정사각형과 삼각형의 넓이를 각각 구했나요?	4점
정사각형은 삼각형보다 몇 cm^2 더 넓은지 구했나요?	1점

서술형
20 예 사다리꼴의 넓이는 밑변의 길이가 16 cm, 높이가 7 cm인 삼각형과 밑변의 길이가 16 cm, 높이가 12 cm인 삼각형의 넓이의 합과 같습니다.
(16×7÷2)+(16×12÷2)=56+96
=152 (cm^2)

평가 기준	배점(5점)
사다리꼴의 넓이를 구하는 방법을 찾았나요?	2점
사다리꼴의 넓이를 구했나요?	3점

기출 단원 평가 Level ❷ 149~151쪽

1 다	**2** 66 cm^2	**3** 20 cm^2
4 5 cm	**5** 100 cm^2	**6** 2 km^2
7 38 cm	**8** 72 cm^2	**9** 7 cm
10 8 cm	**11** 6	**12** 45 cm^2
13 56 cm^2		

14 예 (1 cm 모눈 위의 그림)

15 16 cm^2	**16** 35 cm^2	**17** 64 cm^2
18 20 cm	**19** 4 cm	**20** 8 cm^2

1 다는 가, 나, 라와 높이는 같지만 밑변의 길이가 다르므로 넓이가 다릅니다.

2 (직사각형의 넓이)=11×6=66 (cm^2)

3 (삼각형의 넓이)=5×8÷2=20 (cm^2)

4 (직사각형의 둘레)=(9+6)×2=30 (cm)
정육각형의 둘레도 30 cm이므로
한 변은 30÷6=5 (cm)입니다.

5 (정사각형의 넓이)=7×7=49 (cm^2)
(사다리꼴의 넓이)=(7+10)×6÷2=51 (cm^2)
➡ (넓이의 합)=49+51=100 (cm^2)

6 (직사각형의 넓이)=500×4000
=2000000 (m^2)
➡ 2 km^2

7
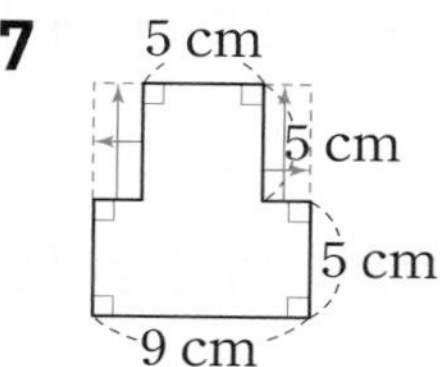

도형의 둘레는 가로가 9 cm, 세로가 5+5=10 (cm)인 직사각형의 둘레와 같습니다.
➡ (도형의 둘레)=(9+10)×2=38 (cm)

8 마름모의 두 대각선의 길이는 각각 원의 지름과 같으므로 $6\times2=12$ (cm)입니다.
(마름모의 넓이)$=12\times12\div2=72$ (cm^2)

9 직사각형의 둘레가 20 cm이므로
가로와 세로의 길이의 합은 $20\div2=10$ (cm)입니다.
따라서 직사각형의 세로는 $10-3=7$ (cm)입니다.

10 $11\times\square=88$, $\square=88\div11=8$

11 $8\times\square\div2=24$, $\square=24\times2\div8=6$

12

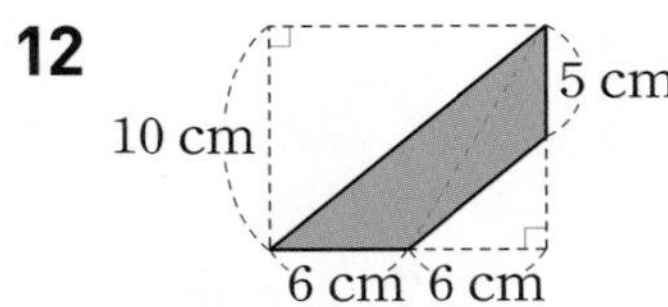

밑변의 길이가 6 cm, 높이가 10 cm인 삼각형과 밑변의 길이가 5 cm, 높이가 6 cm인 삼각형으로 나누어 넓이를 구합니다.
➡ $(6\times10\div2)+(5\times6\div2)=30+15$
$=45$ (cm^2)

13 전체 사다리꼴의 넓이에서 색칠하지 않은 마름모의 넓이를 뺍니다.
➡ $(8+(3+8+3))\times8\div2-8\times8\div2$
$=88-32=56$ (cm^2)

14 둘레가 16 cm이므로 가로와 세로의 길이의 합이 8이 되는 직사각형을 그립니다.

15 직사각형의 넓이는 $7\times1=7$ (cm^2),
$6\times2=12$ (cm^2), $5\times3=15$ (cm^2),
$4\times4=16$ (cm^2)이므로 가장 넓은 직사각형의 넓이는 16 cm^{2}입니다.

주의 둘레가 같은 직사각형은 가로, 세로가 비슷해질수록 넓이가 커집니다.

16 직사각형 ㄱㄴㄷㄹ의 가로는 $60\div6=10$ (cm)이므로 삼각형 ㅁㄴㄷ의 넓이는 $10\times7\div2=35$ (cm^2)입니다.

17 삼각형 ㄱㄷㄹ에서 변 ㄱㄷ을 밑변으로 하면 높이는 4 cm이므로
(삼각형 ㄱㄷㄹ의 넓이)$=12\times4\div2=24$ (cm^2)이고 변 ㄱㄹ을 밑변이라 하면 높이는 변 ㄱㄴ이므로
(변 ㄱㄴ)$=24\times2\div6=8$ (cm)입니다.
➡ (사다리꼴 ㄱㄴㄷㄹ의 넓이)
$=(6+10)\times8\div2=64$ (cm^2)

18 삼각형 ㄹㅁㄷ에서 8 cm인 변을 밑변이라 하면
(삼각형 ㄹㅁㄷ의 넓이)$=8\times$(높이)$\div2$이고,
(평행사변형 ㄱㄴㅁㄹ의 넓이)$=$(선분 ㄴㅁ)$\times$(높이)입니다.
평행사변형의 넓이는 삼각형의 넓이의 3배이므로
(선분 ㄴㅁ)$\times$(높이)$=8\times$(높이)$\div2\times3$,
(선분 ㄴㅁ)$=8\div2\times3=12$ (cm)입니다.
➡ (선분 ㄴㄷ)$=$(선분 ㄴㅁ)$+8$
$=12+8=20$ (cm)

서술형
19 예 (마름모의 넓이)$=6\times4\div2=12$ (cm^2)
직사각형의 넓이도 12 cm^{2}이므로 가로를 $\square$cm라 하면 $\square\times3=12$, $\square=12\div3=4$입니다.

평가 기준	배점(5점)
마름모의 넓이를 구했나요?	2점
직사각형의 가로를 구했나요?	3점

서술형
20 예

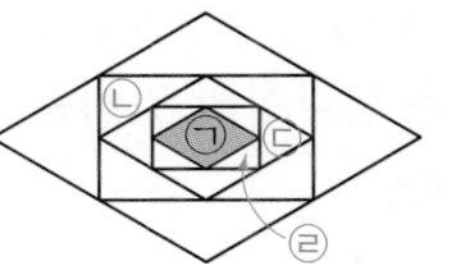

마름모 안에 그려지는 직사각형과 마름모의 넓이는 반씩 줄어듭니다.
따라서 (㉡의 넓이)$=128\div2=64$ (cm^2),
(㉢의 넓이)$=64\div2=32$ (cm^2),
(㉣의 넓이)$=32\div2=16$ (cm^2)이므로
㉠의 넓이는 $16\div2=8$ (cm^2)입니다.

평가 기준	배점(5점)
㉠의 넓이를 구하는 방법을 알고 있나요?	2점
㉠의 넓이를 구했나요?	3점

1 자연수의 혼합 계산

서술형 문제

2~5쪽

1 예 두 식을 각각 계산하면
$32-15+7=17+7=24$,
$32-(15+7)=32-22=10$입니다.
따라서 오른쪽 식은 ( )가 있어서 ( ) 안을 먼저 계산했기 때문에 두 식의 계산 결과가 다릅니다.

2 18 3 10 4 $+$
5 90쪽 6 1 km 7 36 cm
8 650 g

1

단계	문제 해결 과정
①	두 식을 각각 계산 순서에 맞게 계산했나요?
②	두 식의 계산 결과를 비교하여 설명했나요?

2 예 ㉠ $5\times18-9\times2=90-18=72$
㉡ $5\times(18-9)\times2=5\times9\times2=45\times2=90$
따라서 두 식의 계산 결과의 차는 $90-72=18$입니다.

단계	문제 해결 과정
①	㉠과 ㉡을 각각 계산했나요?
②	㉠과 ㉡의 계산 결과의 차를 구했나요?

3 예 어떤 수를 □라 하여 식을 세웁니다.
$(24-\square)\times4=56\div7+48$
$(24-\square)\times4=8+48$
$(24-\square)\times4=56$
$24-\square=56\div4=14$
$\square=24-14=10$

단계	문제 해결 과정
①	어떤 수를 포함한 식을 세웠나요?
②	어떤 수를 구했나요?

4 예 오른쪽 식을 먼저 계산하면
$6\times(8-5)+5=6\times3+5=18+5=23$입니다.
4×5 ○ $3=23$에서 $4\times5+3=23$이므로 ○ 안에 알맞은 연산 기호는 $+$입니다.

단계	문제 해결 과정
①	$6\times(8-5)+5$의 값을 구했나요?
②	○ 안에 알맞은 연산 기호를 구했나요?

5 예 (3일 동안 읽은 양)$=(24\times3)$쪽
오늘 읽은 양 : 30쪽
(오늘까지 읽고 남은 쪽수)
$=192-24\times3-30$
$=192-72-30$
$=90$(쪽)

단계	문제 해결 과정
①	오늘까지 읽고 남은 쪽수를 구하는 식을 세웠나요?
②	오늘까지 읽고 남은 쪽수를 구했나요?

6 예 시언이가 1시간 동안 간 거리와 기안이가 1시간 동안 간 거리의 합에서 나래가 1시간 동안 간 거리를 빼면 되므로 $2+6\div2-4$를 계산합니다.
따라서 시언이와 기안이가 1시간 동안 간 거리의 합은 나래가 1시간 동안 간 거리보다
$2+6\div2-4=2+3-4=5-4=1$ (km) 더 멉니다.

단계	문제 해결 과정
①	문제에 알맞은 식을 만들었나요?
②	시언이와 기안이가 간 거리의 합과 나래가 간 거리의 차를 구했나요?

7 예 96 cm를 4등분 한 것 중 한 도막은 $(96\div4)$ cm이고, 75 cm를 5등분 한 것 중 한 도막은 $(75\div5)$ cm입니다. 두 도막을 3 cm가 겹쳐지도록 이어 붙였으므로 종이테이프의 전체 길이는
$96\div4+75\div5-3=24+15-3=36$ (cm)
입니다.

단계	문제 해결 과정
①	이어 붙인 종이테이프의 전체 길이를 구하는 식을 세웠나요?
②	이어 붙인 종이테이프의 전체 길이를 구했나요?

8 예 (지우개 한 개의 무게)$=(420\div6)$ g
(연필 1자루의 무게)$=(600\div12)$ g
(지우개 5개와 연필 6자루의 무게)
$=(420\div6)\times5+(600\div12)\times6$
$=70\times5+50\times6$
$=350+300$
$=650$ (g)

단계	문제 해결 과정
①	지우개 5개와 연필 6자루의 무게를 구하는 식을 세웠나요?
②	지우개 5개와 연필 6자루의 무게를 구했나요?

다시 점검하는 기출 단원 평가 Level ❶ 6~8쪽

1 ㉢

2 $15+34-4\times6=15+34-24$
$=49-24$
$=25$
(① 4×6, ② $15+34$, ③ 뺄셈)

3 (선 잇기)

4 >

5 12

6 ⑤

7 ㉠, ㉡, ㉢

8 $40-(3+5)\times4=8$ / 8개

9 38살

10 ②

11 약 1 kg

12 1400원

13 $40-25\div(2+3)\times4=20$

14 ×

15 예 4, 6, 2 / 12

16 8♥5$=8\times5+(8-5)\times5=55$ / 55

17 64개

18 4개

19 24대

20 2730 g

1 덧셈, 뺄셈, 곱셈, 나눗셈이 섞여 있는 식은 곱셈과 나눗셈을 먼저 계산합니다.

2 덧셈, 뺄셈, 곱셈이 섞여 있는 식은 곱셈을 먼저 계산합니다.

3 $27+7\times5-3=27+35-3=62-3=59$
$(27+7)\times5-3=34\times5-3=170-3=167$
$27+7\times(5-3)=27+7\times2=27+14=41$

4 $72\div3-4\times2=24-8=16$
$3\times(16-11)=3\times5=15$

5 ㉠ $4\times9+3\times(16-8)$
$=4\times9+3\times8=36+24=60$
㉡ $125\div5\times3-45\div15$
$=25\times3-45\div15=75-3=72$
따라서 두 식의 계산 결과의 차는 $72-60=12$입니다.

6 ① $17-3\times4+5$ ② $(5+7)\div4+3\times2-6$
③ $5\times6-12\div3+7$ ④ $(6+2)\times4-12\div3$
⑤ $8\div4\times3+7-2$

7 ㉠ $36\div4+2\times3-7=9+6-7=15-7=8$
㉡ $8+45\div9-6\div2=8+5-3=13-3=10$
㉢ $2+(9-5)\times3\div6+8=2+4\times3\div6+8$
$=2+12\div6+8$
$=2+2+8=12$
➡ ㉠<㉡<㉢

8 $40-(3+5)\times4=40-8\times4=40-32=8$(개)

9 $(12+9)\times2-4=21\times2-4=42-4=38$(살)

10 ② 덧셈, 뺄셈, 나눗셈이 섞여 있는 식은 나눗셈을 먼저 계산해야 하므로 ( )를 생략해도 계산 결과가 같습니다.

11 $(44+40-78)\div6=(84-78)\div6$
$=6\div6=1$ (kg)

12 (거스름돈)$=5000-1650\div3\times5-850$
$=5000-550\times5-850$
$=5000-2750-850$
$=2250-850=1400$(원)

13 $40-25\div(2+3)\times4=40-25\div5\times4$
$=40-5\times4$
$=40-20=20$

14 $(30-6)\times2=24\times2=48$이므로
$5+5$ ○ $9-2=48$입니다.
$5+5\times9-2=5+45-2=48$이므로 ○ 안에 알맞은 기호는 × 입니다.

15 계산 결과가 가장 큰 수가 되려면 나누는 수를 가장 작게 해야 하므로 $4\times6\div2=24\div2=12$ 또는 $6\times4\div2=24\div2=12$입니다.

16 8♥5$=8\times5+(8-5)\times5$
$=8\times5+3\times5=40+15=55$

17 하루에 나누어 줄 수 있는 기념품은 $(950\div5)$개이고, 첫날 오전에 $(19+23)$명에게 기념품을 3개씩 나누어 주었습니다.
(첫날 오후에 나누어 줄 수 있는 기념품 수)
$=950\div5-(19+23)\times3$
$=950\div5-42\times3$
$=190-126=64$(개)

18 $19+72\div9=19+8=27$이므로 $60-8\times\square>27$에서 $8\times\square$의 값은 $60-27=33$보다 작습니다. $8\times4=32$이므로 □ 안에는 1부터 4까지의 수가 들어갈 수 있습니다.

서술형
19 예 (더 주차할 수 있는 자동차 수)
=(전체 주차할 수 있는 자동차 수)
－(주차되어 있는 자동차 수)
$=70-(12\times5-14)=70-(60-14)$
$=70-46=24$(대)

평가 기준	배점(5점)
더 주차할 수 있는 자동차 수를 구하는 식을 세웠나요?	2점
더 주차할 수 있는 자동차 수를 구했나요?	3점

서술형
20 예 복숭아 4개의 무게는 (320×4) g이고, 참외 5개의 무게는 $(870\div3\times5)$ g입니다.
따라서 복숭아 4개와 참외 5개의 무게의 합은
$320\times4+870\div3\times5=1280+1450=2730$ (g)
입니다.

평가 기준	배점(5점)
복숭아 4개와 참외 5개의 무게의 합을 구하는 식을 세웠나요?	2점
복숭아 4개와 참외 5개의 무게의 합을 구했나요?	3점

다시 점검하는 기출 단원 평가 Level ❷ 9~11쪽

1 ④ **2** 24 **3** 96
4 ② **5** ㉢
6 $45\div(9-4)+7=16$
7 $(3+4)\times6-5=37$ **8** 12
9 $42-21+13=34$ / 34명 **10** 4개
11 $(30+34)\div8-3=5$ **12** 5
13 ÷ **14** 27 **15** 32대
16 39 **17** 7개 **18** 25개
19 64개 **20** 6

1 ( )가 있는 식에서는 ( ) 안을 가장 먼저 계산합니다.

2 $26+16\div(4\times2)-4=26+16\div8-4$
$=26+2-4$
$=28-4=24$

3 $67-36\div6+(2+3)\times7=67-36\div6+5\times7$
$=67-6+35$
$=61+35=96$

4 ② $5+(7-5)=5+2=7$
$5+7-5=12-5=7$

5 ㉠ $(2+3)\times4-5=5\times4-5=20-5=15$
㉡ $2+3\times4-5=2+12-5=14-5=9$
㉢ $4\div2+5\times3=2+15=17$

6 $45\div5+7=16$에서 5 대신에 $9-4$를 넣습니다.

7 $(3+4)\times6-5=7\times6-5=42-5=37$

8 $45\div(8-3)+27=45\div5+27=9+27=36$
$32-72\div(2+7)=32-72\div9=32-8=24$
➡ $36-24=12$

9 (버스에 타고 있는 사람 수)
=(처음에 타고 있던 사람 수)－(내린 사람 수)
＋(탄 사람 수)
$=42-21+13=21+13=34$(명)

10 (한 사람에게 줄 수 있는 사탕 수)
$=8\times3\div(3+3)=8\times3\div6=24\div6=4$(개)

11 $(30+34)\div8-3=64\div8-3=8-3=5$

12 $64\div8\times\square=40$
$8\times\square=40$
$\square=40\div8=5$

13 $(18-16)\times2=2\times2=4$이므로 $5\times4○5=4$입니다. $5\times4\div5=4$이므로 ○ 안에 알맞은 기호는 ÷입니다.

14 $18▲12=(18-12)\times2+(18+12)\div2$
$=6\times2+30\div2=12+15=27$

15 (4월에 판 자동차 수)$=25$대
(5월에 판 자동차 수)$=$(4월에 판 자동차 수)-7
(6월에 판 자동차 수)
$=$(4월에 판 자동차 수-7)$\times 2-4$
$=(25-7)\times 2-4$
$=18\times 2-4=36-4=32$(대)

16 어떤 수를 □라고 하면 잘못 계산한 식은 $□\times 3-34=11$이므로 $□\times 3=11+34=45$, $□=45\div 3=15$입니다. 따라서 바르게 계산하면 $15\div 3+34=5+34=39$입니다.

17 $30+64\div 8=30+8=38$이므로 $□+5\times 6<38$, $□+30<38$, $□<8$입니다. 따라서 □ 안에 들어갈 수 있는 자연수는 1부터 7까지 7개입니다.

18 $52+144\div 3-300\div 4=52+48-75$
$=100-75=25$

서술형
19 예 (막대 사탕의 수)$=(24\times 5)$개
(판 막대 사탕의 수)$=(7\times 8)$개
(남은 막대 사탕의 수)$=24\times 5-7\times 8$
$=120-56=64$(개)

평가 기준	배점(5점)
남은 막대 사탕의 수를 구하는 식을 세웠나요?	2점
남은 막대 사탕의 수를 구했나요?	3점

서술형
20 예 9 ◎ $□=9\times 3+(9-□)\times 2$이므로
$9\times 3+(9-□)\times 2=33$에서
$(9-□)\times 2=33-27=6$, $9-□=6\div 2=3$,
$□=9-3=6$입니다.

평가 기준	배점(5점)
□를 포함한 식을 세웠나요?	2점
□ 안에 알맞은 수를 구했나요?	3점

2 약수와 배수

서술형 문제

12~15쪽

1 6은 204의 약수입니다. / 예 204를 6으로 나누면 $204\div 6=34$로 나누어떨어지기 때문입니다.

2 90

3 방법 1 예 8의 약수는 1, 2, 4, 8이고 20의 약수는 1, 2, 4, 5, 10, 20이므로 8과 20의 공약수는 1, 2, 4이고 최대공약수는 4입니다.

방법 2 예
$$\begin{array}{r|rr} 2 & 8 & 20 \\ \hline 2 & 4 & 10 \\ \hline & 2 & 5 \end{array}$$
8과 20의 최대공약수는 $2\times 2=4$입니다.

4 1, 2, 4, 8, 16 **5** 4번

6 15, 30, 45 **7** 18명

8 24일 후

1

단계	문제 해결 과정
①	6이 204의 약수인지 아닌지 답했나요?
②	그렇게 생각한 이유를 설명했나요?

2 예 18의 배수는 18, 36, 54, 72, 90, 108……입니다. 따라서 18의 배수 중 가장 큰 두 자리 수는 90입니다.

단계	문제 해결 과정
①	18의 배수를 구했나요?
②	18의 배수 중에서 가장 큰 두 자리 수를 구했나요?

3

단계	문제 해결 과정
①	한 가지 방법으로 최대공약수를 구했나요?
②	다른 한 가지 방법으로 최대공약수를 구했나요?

4 예 두 수의 공약수는 두 수의 최대공약수의 약수와 같습니다. 따라서 두 수의 공약수는 16의 약수인 1, 2, 4, 8, 16입니다.

단계	문제 해결 과정
①	최대공약수와 공약수의 관계를 알고 있나요?
②	두 수의 공약수를 모두 구했나요?

5 예 검은 바둑돌을 재희는 3개마다 놓고 정희는 2개마다 놓으므로 3과 2의 공배수마다 같은 자리에 검은 바둑돌이 놓입니다. 3과 2의 최소공배수는 6이고 25까지의 공배수는 6, 12, 18, 24이므로 같은 자리에 검은

바둑돌이 놓이는 경우는 모두 4번입니다.

단계	문제 해결 과정
①	두 사람이 바둑돌을 놓은 규칙을 보고 검은 바둑돌이 처음으로 같은 자리에 놓이는 경우를 구했나요?
②	바둑돌 25개를 놓았을 때 같은 자리에 검은 바둑돌이 놓이는 경우는 모두 몇 번인지 구했나요?

6 예 두 수의 공배수는 두 수의 최소공배수의 배수와 같습니다. 따라서 두 수의 공배수는 15의 배수인 15, 30, 45…… 입니다.

단계	문제 해결 과정
①	최소공배수와 공배수의 관계를 알고 있나요?
②	두 수의 공배수를 3개 구했나요?

7 예
$$\begin{array}{r|rr} 2 & 36 & 54 \\ \hline 3 & 18 & 27 \\ \hline 3 & 6 & 9 \\ \hline & 2 & 3 \end{array}$$

36과 54의 최대공약수는 $2\times3\times3=18$입니다.
따라서 최대 18명에게 나누어 줄 수 있습니다.

단계	문제 해결 과정
①	두 수 36과 54의 최대공약수를 구했나요?
②	최대 몇 명에게 나누어 줄 수 있는지 구했나요?

8 예
$$\begin{array}{r|rr} 2 & 6 & 8 \\ \hline & 3 & 4 \end{array}$$

6과 8의 최소공배수는 $2\times3\times4=24$입니다.
따라서 두 기계를 24일마다 함께 청소하므로 다음번에 함께 청소하는 날은 24일 후입니다.

단계	문제 해결 과정
①	두 수 6과 8의 최소공배수를 구했나요?
②	다음번에 두 기계를 함께 청소하는 날은 며칠 후인지 구했나요?

다시 점검하는 기출 단원 평가 Level ❶ 16~18쪽

1 1, 2, 13, 26	**2** ⑤	**3** 36
4 ㉠, ㉣	**5** 105	**6** 3개
7 15, 90	**8** 1, 2, 3, 5, 6, 10, 15, 30	
9 21, 42, 63	**10** ①, ④	**11** 13개
12 9명	**13** 2일	**14** 30장
15 20	**16** 6	**17** 41
18 40	**19** 32	**20** 18 cm

1 $26\div1=26$, $26\div2=13$, $26\div13=2$, $26\div26=1$이므로 26의 약수는 1, 2, 13, 26입니다.

2 ① 12의 약수 : 1, 2, 3, 4, 6, 12 → 6개
② 18의 약수 : 1, 2, 3, 6, 9, 18 → 6개
③ 24의 약수 : 1, 2, 3, 4, 6, 8, 12, 24 → 8개
④ 30의 약수 : 1, 2, 3, 5, 6, 10, 15, 30 → 8개
⑤ 48의 약수 : 1, 2, 3, 4, 6, 8, 12, 16, 24, 48 → 10개

3 어떤 수의 약수 중 가장 작은 수는 1이고 가장 큰 수는 어떤 수 자신입니다. 어떤 수는 $2\times18=36$, $3\times12=36$, $4\times9=36$, $6\times6=36$이므로 □=36입니다.

4 큰 수를 작은 수로 나누었을 때 나누어떨어지는 것을 찾습니다.
㉠ $35\div7=5$
㉡ $46\div6=7\cdots4$
㉢ $50\div4=12\cdots2$
㉣ $63\div3=21$

5 15의 배수는 15, 30, 45, 60, 75, 90, 105……이므로 가장 작은 세 자리 수는 105입니다.

6 정사각형 20개로 직사각형을 만드는 것은 20을 두 수의 곱으로 나타내는 것과 같습니다.
$1\times20=20$, $2\times10=20$, $4\times5=20$이므로 직사각형을 모두 3개 만들 수 있습니다.

7
$$\begin{array}{r|rr} 3 & 30 & 45 \\ \hline 5 & 10 & 15 \\ \hline & 2 & 3 \end{array}$$

➡ 최대공약수 : $3\times5=15$
최소공배수 : $3\times5\times2\times3=90$

8 두 수의 공약수는 두 수의 최대공약수의 약수와 같습니다. 따라서 두 수의 공약수는 30의 약수인 1, 2, 3, 5, 6, 10, 15, 30입니다.

9 두 수의 공배수는 두 수의 최소공배수의 배수와 같습니다. 따라서 두 수의 공배수는 21의 배수인 21, 42, 63…… 입니다.

10 ① 522 ➡ $5+2+2=9$ ➡ 3의 배수
② 725 ➡ $7+2+5=14$
③ 193 ➡ $1+9+3=13$
④ 873 ➡ $8+7+3=18$ ➡ 3의 배수
⑤ 407 ➡ $4+0+7=11$

11 7의 배수는 $7\times1=7$, $7\times2=14$, $7\times3=21$……, $7\times13=91$, $7\times14=98$, $7\times15=105$……이므로 이 중에서 두 자리 수는 14, 21……91, 98입니다. 따라서 두 자리 수는 모두 13개입니다.

12 3) 36 45
3) 12 15
4 5 ➡ 최대공약수 : $3\times3=9$
따라서 최대 9명에게 나누어 줄 수 있습니다.

13 9와 6의 최소공배수는 18이므로 두 사람은 18일마다 도서관에 함께 갑니다. 따라서 5월에는 1일과 19일에 도서관에 함께 갑니다.

14 45와 54의 최대공약수는 9이므로 가장 큰 정사각형 모양 종이의 한 변은 9 cm입니다.
따라서 정사각형 모양의 종이는 가로에 $45\div9=5$(장), 세로에 $54\div9=6$(장) 만들어지므로 모두 $5\times6=30$(장)이 됩니다.

15 40의 약수 : 1, 2, 4, 5, 8, 10, 20, 40
16의 약수 : 1, 2, 4, 8, 16
40의 약수 중에서 16의 약수가 아닌 수는 5, 10, 20, 40이고, 이 중에서 십의 자리 숫자가 2인 수는 20입니다.

16 $34-4=30$, $50-2=48$을 어떤 수로 나누면 나누어떨어집니다. 따라서 어떤 수는 30과 48의 공약수 1, 2, 3, 6 중에서 4보다 큰 수인 6입니다.

17 (어떤 수)$\div9=\square\cdots5$, (어떤 수)$\div12=\triangle\cdots5$이므로 어떤 수는 9와 12의 공배수보다 5 큰 수입니다.
따라서 어떤 수 중에서 가장 작은 수는 9와 12의 최소공배수 36보다 5 큰 수인 41입니다.

18 8) 24 □ 최소공배수가 120이므로
3 △ $8\times3\times\triangle=120$, $24\times\triangle=120$,
$\triangle=120\div24=5$입니다.
따라서 다른 한 수는 $8\times\triangle=8\times5=40$입니다.

서술형
19 예 8의 배수는 8, 16, 24, 32, 40……이고 이 중에서 약수의 합이 63인 수를 찾으면 32입니다.
(32의 약수의 합)$=1+2+4+8+16+32=63$

평가 기준	배점(5점)
8의 배수를 구했나요?	2점
약수의 합이 63인 수를 찾았나요?	3점

서술형
20 예 3) 6 9
2 3
6과 9의 최소공배수는 $3\times2\times3=18$입니다.
따라서 가장 작은 정사각형의 한 변은 18 cm입니다.

평가 기준	배점(5점)
6과 9의 최소공배수를 구했나요?	3점
가장 작은 정사각형의 한 변의 길이를 구했나요?	2점

다시 점검하는 기출 단원 평가 Level ❷ 19~21쪽

1 ㉡ **2** 10 **3** 117
4 ③ **5** ②, ⑤ **6** 42
7 9, 135 **8** 6개 **9** 48
10 8개 **11** 180 **12** 15명
13 30장 **14** 2번 **15** 16번
16 21 **17** 12 **18** 32개
19 혜진 / 예 24와 36의 공약수 중에서 가장 큰 수는 최대공약수인 12입니다.
20 96

1 ㉠ 45의 약수 : 1, 3, 5, 9, 15, 45 → 6개
㉡ 30의 약수 : 1, 2, 3, 5, 6, 10, 15, 30 → 8개
㉢ 64의 약수 : 1, 2, 4, 8, 16, 32, 64 → 7개

2 어떤 수의 약수 중 가장 작은 수는 1이고, 가장 큰 수는 어떤 수 자신이므로 40의 약수를 쓴 것입니다.
$40\div1=40$, $40\div2=20$, $40\div4=10$,
$40\div5=8$, $40\div8=5$, $40\div\boxed{10}=4$,
$40\div20=2$, $40\div40=1$

3 9를 1배, 2배, 3배⋯⋯한 수이므로 9의 배수입니다. 따라서 13번째의 수는 $9 \times 13 = 117$입니다.

4 ① 1, ② 8은 16의 약수이고 ④ 32, ⑤ 64는 16의 배수입니다.

5 9의 배수도 되고 15의 배수도 되는 수는 9와 15의 공배수입니다. 9와 15의 최소공배수는 45이므로 공배수는 45, 90, 135⋯⋯입니다.

6 ㉠과 ㉡의 공약수 중에서 가장 큰 수는 ㉠과 ㉡의 최대공약수이므로 $2 \times 3 \times 7 = 42$입니다.

7 $\begin{array}{r|rr} 3 & 27 & 45 \\ 3 & 9 & 15 \\ & 3 & 5 \end{array}$ ➡ 최대공약수 : $3 \times 3 = 9$
최소공배수 : $3 \times 3 \times 3 \times 5 = 135$

8 두 수의 공약수는 두 수의 최대공약수의 약수와 같습니다. 따라서 두 수의 공약수는 32의 약수인 1, 2, 4, 8, 16, 32로 모두 6개입니다.

9 6과 8의 최소공배수는 24이므로 공배수는 24, 48, 72⋯⋯입니다. 그중 30보다 크고 50보다 작은 수는 48입니다.

10 3과 4의 최소공배수는 12이므로 공배수 중에서 두 자리 수는 12, 24, 36, 48⋯⋯96으로 모두 8개입니다.

11 6과 20의 최소공배수는 60이고 공배수는 60, 120, 180, 240⋯⋯이므로 200에 가장 가까운 수는 180입니다.

12 $\begin{array}{r|rr} 3 & 60 & 45 \\ 5 & 20 & 15 \\ & 4 & 3 \end{array}$ ➡ 최대공약수 : $3 \times 5 = 15$
따라서 최대 15명에게 나누어 줄 수 있습니다.

13 6과 5의 최소공배수는 30이므로 한 변이 30 cm인 정사각형을 만들어야 합니다. 따라서 색종이를 가로에 $30 \div 6 = 5$(장), 세로에 $30 \div 5 = 6$(장) 놓아야 하므로 모두 $5 \times 6 = 30$(장) 필요합니다.

14 7과 5의 최소공배수는 35이므로 35분에 한 번씩 만나게 됩니다. 따라서 35분, 70분으로 2번 다시 만납니다.

15 검은색 바둑돌을 연아는 3의 배수 자리마다, 주희는 2의 배수 자리마다 놓아야 하므로 같은 자리에 검은색 바둑돌이 놓일 때는 3과 2의 최소공배수인 6의 배수 자리입니다. $100 \div 6 = 16 \cdots 4$로 100까지의 수에는 6의 배수가 16번 있으므로 같은 자리에 검은색 바둑돌이 놓이는 경우는 모두 16번입니다.

16 다른 한 수를 □라 할 때 두 수의 최대공약수와 최소공배수를 구하는 식은 오른쪽과 같습니다. 최소공배수가 105이므로

$\begin{array}{r|rr} 7 & 35 & \square \\ & 5 & \triangle \end{array}$

$7 \times 5 \times \triangle = 105$, $35 \times \triangle = 105$,
$\triangle = 105 \div 35 = 3$입니다.
따라서 다른 한 수 □는 $7 \times \triangle = 7 \times 3 = 21$입니다.

17 $26 - 2 = 24$, $39 - 3 = 36$을 어떤 수로 나누면 나누어떨어집니다. 따라서 어떤 수는 24와 36의 공약수이고, 어떤 수 중에서 가장 큰 수는 24와 36의 최대공약수입니다.

$\begin{array}{r|rr} 2 & 24 & 36 \\ 2 & 12 & 18 \\ 3 & 6 & 9 \\ & 2 & 3 \end{array}$ ➡ 최대공약수 : $2 \times 2 \times 3 = 12$

18 $\begin{array}{r|rr} 2 & 56 & 72 \\ 2 & 28 & 36 \\ 2 & 14 & 18 \\ & 7 & 9 \end{array}$ ➡ 최대공약수 : $2 \times 2 \times 2 = 8$

$56 \div 8 = 7$이므로 가로에 필요한 말뚝은
$7 \times 2 = 14$(개)이고, $72 \div 8 = 9$이므로 세로에 필요한 말뚝은 $9 \times 2 = 18$(개)입니다.
따라서 울타리를 설치하는 데 필요한 말뚝은 모두
$14 + 18 = 32$(개)입니다.

서술형
19

평가 기준	배점(5점)
잘못 말한 사람을 찾았나요?	3점
이유를 바르게 설명했나요?	2점

서술형
20 예 두 수의 공배수는 두 수의 최소공배수인 32의 배수와 같으므로 32, 64, 96, 128⋯⋯입니다. 따라서 두 수의 공배수 중에서 가장 큰 두 자리 수는 96입니다.

평가 기준	배점(5점)
최소공배수와 공배수의 관계를 알고 어떤 두 수의 공배수를 구했나요?	3점
두 수의 공배수 중에서 가장 큰 두 자리 수를 구했나요?	2점

3 규칙과 대응

서술형 문제

22~25쪽

1 예 민혁이의 나이는 어머니의 나이보다 28살 적습니다.
또는 어머니의 나이는 민혁이의 나이보다 28살 많습니다.

2 □=△×12(또는 △=□÷12)

3 예 (주차 요금)=500×(주차 시간)+1000

4 ☆=△−13(또는 △=☆+13)

5 20자루 6 40컵

7 30개 8 7, 4

1

단계	문제 해결 과정
①	민혁이의 나이와 어머니의 나이 사이의 규칙을 찾았나요?
②	민혁이의 나이와 어머니의 나이 사이의 대응 관계를 설명했나요?

2 예

△	1	2	3	4	……
□	12	24	36	48	……

귤이 한 상자씩 늘어날 때마다 귤의 수는 12개씩 늘어나므로 □는 △의 12배입니다. ➡ □=△×12
또는 △는 □를 12로 나눈 몫입니다. ➡ △=□÷12

단계	문제 해결 과정
①	□와 △ 사이의 대응 관계를 찾았나요?
②	□와 △ 사이의 대응 관계를 식으로 나타냈나요?

3 예

주차 시간(시간)	1	2	3	4	5
주차 요금(원)	1500	2000	2500	3000	3500

1시간마다 주차 요금은 500원씩 늘어납니다.
(주차 요금)=500×(주차 시간)+1000

단계	문제 해결 과정
①	주차 시간과 주차 요금 사이의 대응 관계를 찾았나요?
②	주차 시간과 주차 요금 사이의 대응 관계를 식으로 나타냈나요?

4 예 오후 2시−오전 1시=14시−1시=13시간,
오후 3시−오전 2시=15시−2시=13시간이므로 서울의 시각은 워싱턴 D.C의 시각보다 13시간 빠릅니다.
➡ △=☆+13
또는 워싱턴 D.C의 시각은 서울의 시각보다 13시간 늦습니다. ➡ ☆=△−13

단계	문제 해결 과정
①	△와 ☆ 사이의 대응 관계를 찾았나요?
②	△와 ☆ 사이의 대응 관계를 식으로 나타냈나요?

5 예 쌀 자루의 수와 쌀의 무게 사이의 대응 관계를 식으로 나타내면
(쌀 자루의 수)×15=(쌀의 무게) 또는
(쌀의 무게)÷15=(쌀 자루의 수)입니다.
따라서 사야 하는 쌀은 300÷15=20(자루)입니다.

단계	문제 해결 과정
①	쌀 자루의 수와 쌀의 무게 사이의 대응 관계를 식으로 나타냈나요?
②	사야 하는 쌀 자루의 수를 구했나요?

6 예 6상자에 들어 있는 키위는 6×20=120(개)입니다.
키위 주스의 수와 키위의 수 사이의 대응 관계를 식으로 나타내면
(키위 주스의 수)×3=(키위의 수) 또는
(키위의 수)÷3=(키위 주스의 수)입니다.
따라서 키위 120개로 만들 수 있는 키위 주스는 최대 120÷3=40(컵)입니다.

단계	문제 해결 과정
①	6상자에 들어 있는 키위의 수를 구했나요?
②	키위 주스의 수와 키위의 수 사이의 대응 관계를 알고 있나요?
③	6상자에 있는 키위로 만들 수 있는 키위 주스의 수를 구했나요?

7 예

배열 순서	1	2	3	4	……
바둑돌의 수(개)	3	6	9	12	……

배열 순서와 바둑돌의 수 사이의 대응 관계를 식으로 나타내면 (배열 순서)×3=(바둑돌의 수)입니다.
따라서 열째에 놓을 바둑돌은 10×3=30(개)입니다.

단계	문제 해결 과정
①	배열 순서와 바둑돌의 수 사이의 대응 관계를 찾았나요?
②	열째에 놓을 바둑돌의 수를 구했나요?

8 예 1+11=12, 2+10=12, 3+9=12이므로
○+△=12입니다.
따라서 ㉠=12−5=7, ㉡=12−8=4입니다.

단계	문제 해결 과정
①	○와 △ 사이의 대응 관계를 구했나요?
②	㉠과 ㉡에 알맞은 수를 구했나요?

다시 점검하는 기출 단원 평가 Level ❶ 26~28쪽

1 6, 8

2 예 사각형 조각의 수는 배열 순서의 2배입니다.
또는 배열 순서는 사각형 조각의 수를 2로 나눈 몫입니다.

3 12, 16, 20 /
예 날개의 수는 잠자리의 수의 4배입니다.
또는 잠자리의 수는 날개의 수를 4로 나눈 몫입니다.

4 예 꼭짓점의 수는 삼각형의 수의 3배입니다.
또는 삼각형의 수는 꼭짓점의 수를 3으로 나눈 몫입니다.

5 예 (택배 요금)$=$(물건 수)$\times 2500$

6 37500원 **7** 30개

8 ◎$=$○$\times 6$(또는 ○$=$◎$\div 6$)

9 예 (유로)$\times 1400=$(원화)

10 △$=$□$\times 5$(또는 □$=$△$\div 5$) / 45개

11 13번 **12** 예 □$=$○$\times 4+1$

13 2살

14 30000, 45000, 60000, 75000

15 80마리 **16** 130 **17** 60장

18 33개 **19** △$=$□$\times 5$(또는 □$=$△$\div 5$)

20 5시간

3 잠자리가 한 마리씩 늘어날 때마다 잠자리의 날개는 4개씩 늘어납니다. 등 여러 가지 방법으로 쓸 수 있습니다.

4 삼각형은 3개의 꼭짓점이 있습니다. 삼각형의 수가 1개씩 늘어날 때마다 꼭짓점의 수는 3개씩 늘어납니다. 등 여러 가지 방법으로 쓸 수 있습니다.

5

물건 수(개)	1	2	3	4	……
택배 요금(원)	2500	5000	7500	10000	……

➡ (택배 요금)$=$(물건 수)$\times 2500$
또는 (물건 수)$=$(택배 요금)$\div 2500$

6 (택배 요금)$=$(물건 수)$\times 2500$이므로
$15\times 2500=37500$(원)입니다.

7 (물건 수)$=$(택배 요금)$\div 2500$이므로
$75000\div 2500=30$(개)입니다.

8

○	1	2	3	4	5
◎	6	12	18	24	30

따라서 ○와 ◎ 사이의 대응 관계를 식으로 나타내면
◎$=$○$\times 6$ 또는 ○$=$◎$\div 6$입니다.

9 1유로가 늘어날 때마다 원화는 1400원씩 늘어납니다.
따라서 원화와 유로 사이의 대응 관계를 식으로 나타내면
(유로)$\times 1400=$(원화) 또는 (원화)$\div 1400=$(유로)
입니다.

10

□	1	2	3	4	……
△	5	10	15	20	……

□와 △ 사이의 대응 관계를 식으로 나타내면
□$\times 5=$△ 또는 △$\div 5=$□입니다.
따라서 아홉째에 놓을 바둑돌은 $9\times 5=45$(개)입니다.

11

자른 횟수(번)	1	2	3	……
도막의 수(도막)	2	4	6	……

(도막 수)$\div 2=$(자른 횟수)이므로 $26\div 2=13$(번)
잘라야 합니다.

12 $1\rightarrow 5$, $2\rightarrow 9$, $3\rightarrow 13$……이므로 □는 ○의 4배보다 1 큰 수입니다.
따라서 식으로 나타내면 □$=$○$\times 4+1$입니다.

13 수연이의 나이는 아버지의 나이보다
$45-11=34$(살) 적습니다.
따라서 아버지의 나이가 36살이었을 때 수연이는
$36-34=2$(살)이었습니다.

14 굴비가 20마리씩 늘어날 때마다 가격은 15000원씩 늘어납니다.

15 표에서 100마리를 사려면 75000원이 필요하므로
70000원으로는 80마리까지 살 수 있습니다.

16 □$=3$일 때 △$=39$이므로
□$+36=$△ 또는 □$\times 13=$△입니다.
□$=5$일 때 △$=65$이므로
□$+60=$△ 또는 □$\times 13=$△입니다.
두 대응 관계를 모두 만족하는 식은 □$\times 13=$△입니다.
따라서 □가 10일 때 △$=$□$\times 13=10\times 13=130$
입니다.

17 배열 순서와 색종이의 수 사이의 대응 관계는 (색종이의 수)=(배열 순서)×2 또는 (배열 순서)=(색종이의 수)÷2입니다.
따라서 서른째에 놓이는 색종이는 30×2=60(장)입니다.

18

삼각형의 수(□)	1	2	3	4	5	……
성냥개비의 수(△)	3	5	7	9	11	……

+2 +2 +2 +2

삼각형을 1개 만드는 데 성냥개비를 3개 사용했고 삼각형을 1개 더 만들 때마다 성냥개비를 2개씩 사용했으므로 삼각형의 수와 성냥개비의 수 사이의 대응 관계는 (성냥개비의 수)=(삼각형의 수)×2+1입니다.
따라서 삼각형이 16개일 때 성냥개비는 16×2+1=33(개) 사용했습니다.

서술형
19 예 오각형의 변은 5개이므로 오각형의 변의 수는 오각형의 수의 5배입니다. ➡ △=□×5
또는 오각형의 수는 변의 수를 5로 나눈 몫입니다.
➡ □=△÷5

평가 기준	배점(5점)
오각형의 수와 변의 수 사이의 대응 관계를 찾았나요?	2점
□와 △의 대응 관계를 식으로 나타냈나요?	3점

서술형
20 예 1시간에 80 km를 달리므로 달린 거리는 달린 시간의 80배입니다. ➡ (달린 거리)=(달린 시간)×80
또는 (달린 거리)÷80=(달린 시간)
따라서 400 km를 달리는 데 걸린 시간은 400÷80=5(시간)입니다.

평가 기준	배점(5점)
달린 거리와 달린 시간의 대응 관계를 찾았나요?	2점
400 km를 달리는 데 걸린 시간을 구했나요?	3점

다시 점검하는 기출 단원 평가 Level ❷ 29~31쪽

1 90, 120, 150
2 예 그림의 수는 상영 시간의 30배와 같습니다. 또는 상영 시간은 그림의 수를 30으로 나눈 몫과 같습니다.
3 4, 6, 9
4 예 누름 못의 수는 색 도화지의 수보다 하나 더 많습니다. 또는 색 도화지의 수는 누름 못의 수보다 하나 더 적습니다.
5 오후 5시, 오후 8시
6 예 끝난 시각은 시작 시각보다 2시간 후입니다. 또는 시작 시각은 끝난 시각보다 2시간 전입니다.
7 ◇=○+2(또는 ○=◇−2)
8 ☆=○×13(또는 ○=☆÷13)
9 2700, 3600, 4500
10 ○=□×900(또는 □=○÷900)
11 81000원
12 예 (바둑돌의 수)=(배열 순서)×(배열 순서)
13 100개 **14** 예 ○=☆×2−1
15 15개 **16** (위에서부터) 2, 11
17 예 ○=△×2+1 **18** 9월 14일 오후 1시
19 2114년 **20** 예 □=180°×(△−2)

2 상영 시간이 1초씩 늘어날 때마다 그림은 30장씩 늘어납니다.

6 오전 11시=오전 9시+2시간이므로 끝난 시각은 시작 시각보다 2시간 후입니다.

11 솜사탕이 90개 팔렸다면 판매 금액은 90×900=81000(원)입니다.

12

배열 순서	1	2	3	4	……
바둑돌의 수(개)	1	4	9	16	……

배열 순서와 바둑돌의 수 사이의 대응 관계를 식으로 나타내면 (배열 순서)×(배열 순서)=(바둑돌의 수)입니다.

13 열째에 놓을 바둑돌은 10×10=100(개)입니다.

14

☆	1	2	3	……
○	1	3	5	……

☆과 ○ 사이의 대응 관계를 식으로 나타내면
○=☆×2−1입니다.

15 ○=☆×2−1이므로 ☆=8일 때
○=8×2−1=15입니다.

17 재우가 말한 수에 2를 곱한 수에 1을 더하면 노을이가 답한 수가 됩니다.

18 (오타와의 시각)=(서울의 시각)−13
서울이 9월 15일 오전 2시이면 오타와의 시각은 13시간 전인 9월 14일 오후 1시입니다.

서술형
19 예 2018년에 혜교 동생의 나이는 4살이므로 연도와 나이 사이의 대응 관계를 식으로 나타내면
(나이)+2014=(연도)입니다.
따라서 혜교의 동생이 100살일 때는
100+2014=2114(년)입니다.

평가 기준	배점(5점)
연도와 나이 사이의 대응 관계를 찾았나요?	2점
혜교 동생이 100살일 때의 연도를 구했나요?	3점

서술형
20 예 (사각형의 모든 각의 크기의 합)
$=180^\circ\times2=180^\circ\times(4-2)$
(오각형의 모든 각의 크기의 합)
$=180^\circ\times3=180^\circ\times(5-2)$
(육각형의 모든 각의 크기의 합)
$=180^\circ\times4=180^\circ\times(6-2)$
➡ $\square=180^\circ\times(\triangle-2)$

평가 기준	배점(5점)
□와 △ 사이의 대응 관계를 찾았나요?	2점
□와 △ 사이의 대응 관계를 식으로 나타내었나요?	3점

4 약분과 통분

서술형 문제

32~35쪽

1 $\frac{15}{21}$, $\frac{10}{14}$, $\frac{5}{7}$

2 $\frac{15}{20}$, $\frac{6}{20}$

3 방법 1 예 $\frac{7}{9}=\frac{7\times6}{9\times6}=\frac{42}{54}$, $\frac{5}{6}=\frac{5\times9}{6\times9}=\frac{45}{54}$
$\frac{42}{54}<\frac{45}{54}$이므로 $\frac{7}{9}<\frac{5}{6}$입니다.
방법 2 예 $\frac{7}{9}=\frac{7\times2}{9\times2}=\frac{14}{18}$, $\frac{5}{6}=\frac{5\times3}{6\times3}=\frac{15}{18}$
$\frac{14}{18}<\frac{15}{18}$이므로 $\frac{7}{9}<\frac{5}{6}$입니다.

4 감자

5 $\frac{3}{7}$, $\frac{5}{8}$

6 희수

7 0.8

8 56

1 예 30과 42의 공약수는 1, 2, 3, 6이므로 분수를 2, 3, 6으로 약분합니다.
$\frac{30}{42}=\frac{30\div2}{42\div2}=\frac{15}{21}$
$\frac{30}{42}=\frac{30\div3}{42\div3}=\frac{10}{14}$
$\frac{30}{42}=\frac{30\div6}{42\div6}=\frac{5}{7}$

단계	문제 해결 과정
①	분모와 분자의 공약수를 구했나요?
②	분수를 약분하여 나타낼 수 있는 분수를 모두 구했나요?

2 예 가장 작은 공통분모로 통분하려면 두 분모 4와 10의 최소공배수인 20으로 통분해야 합니다.
$\frac{3}{4}=\frac{3\times5}{4\times5}=\frac{15}{20}$, $\frac{3}{10}=\frac{3\times2}{10\times2}=\frac{6}{20}$

단계	문제 해결 과정
①	가장 작은 공통분모는 얼마인지 구했나요?
②	두 분수를 가장 작은 공통분모로 통분했나요?

3

단계	문제 해결 과정
①	한 가지 방법으로 통분하여 크기를 비교했나요?
②	다른 방법으로 통분하여 크기를 비교했나요?

4 예 $2\frac{5}{7}=2\frac{25}{35}$, $2\frac{4}{5}=2\frac{28}{35}$이므로
$2\frac{28}{35}>2\frac{25}{35}$ ➡ $2\frac{4}{5}>2\frac{5}{7}$입니다.
따라서 감자가 더 무겁습니다.

단계	문제 해결 과정
①	두 분수를 공통분모로 통분했나요?
②	고구마와 감자 중 어느 것이 더 무거운지 구했나요?

5 예 통분한 두 분수를 각각 기약분수로 나타냅니다.
$\frac{24}{56}=\frac{24\div8}{56\div8}=\frac{3}{7}$, $\frac{35}{56}=\frac{35\div7}{56\div7}=\frac{5}{8}$
따라서 통분하기 전의 두 기약분수는 $\frac{3}{7}$, $\frac{5}{8}$입니다.

단계	문제 해결 과정
①	통분한 두 분수를 각각 기약분수로 나타냈나요?
②	통분하기 전의 두 기약분수를 구했나요?

6 예 $\frac{4}{5}$를 소수로 나타내면 $\frac{4}{5}=\frac{8}{10}=0.8$입니다.
따라서 $0.5<0.8$이므로 달리기를 더 오래 한 사람은 희수입니다.

단계	문제 해결 과정
①	두 수의 크기를 비교했나요?
②	달리기를 더 오래 한 사람을 구했나요?

7 예 만들 수 있는 진분수는 $\frac{2}{3}$, $\frac{2}{4}$, $\frac{3}{4}$, $\frac{2}{5}$, $\frac{3}{5}$, $\frac{4}{5}$입니다.
$\frac{4}{5}>\frac{3}{4}>\frac{2}{3}>\frac{3}{5}>\frac{2}{4}>\frac{2}{5}$이므로 가장 큰 수를 소수로 나타내면 $\frac{4}{5}=\frac{8}{10}=0.8$입니다.

단계	문제 해결 과정
①	만들 수 있는 진분수를 구했나요?
②	만들 수 있는 진분수 중에서 가장 큰 수를 소수로 나타냈나요?

8 예 $3+12=15$이므로 $\frac{3}{14}$과 크기가 같은 분수 중에서 분자가 15인 분수는 $\frac{3}{14}=\frac{3\times5}{14\times5}=\frac{15}{70}$입니다.
따라서 분모에 $70-14=56$을 더해야 합니다.

단계	문제 해결 과정
①	$\frac{3}{14}$과 크기가 같은 분수 중에서 분자가 15인 분수를 구했나요?
②	분모에 얼마를 더해야 하는지 구했나요?

다시 점검하는 기출 단원 평가 Level ❶ 36~38쪽

1 $\frac{8}{14}$, $\frac{12}{21}$, $\frac{16}{28}$ **2** ②, ⑤
3 ④ **4** $\frac{20}{28}$, $\frac{10}{14}$, $\frac{5}{7}$
5 $\frac{4}{7}$, $\frac{9}{20}$ **6** (1) ㉢ (2) ㉠ (3) ㉡
7 $\frac{21}{45}$, $\frac{40}{45}$ **8** 24, 48, 72 **9** ㉣
10 < **11** < **12** $\frac{32}{56}$
13 $\frac{2}{9}$, $\frac{5}{6}$ **14** 오렌지주스
15 $\frac{3}{5}$에 △표, $\frac{7}{10}$에 ○표 **16** $\frac{42}{48}$
17 17, 18, 19, 20 **18** $\frac{17}{33}$
19 장훈 **20** 6개

1 $\frac{4\times2}{7\times2}=\frac{8}{14}$, $\frac{4\times3}{7\times3}=\frac{12}{21}$, $\frac{4\times4}{7\times4}=\frac{16}{28}$

2 ② $\frac{12}{18}=\frac{12\div6}{18\div6}=\frac{2}{3}$ ⑤ $\frac{12}{18}=\frac{12\times3}{18\times3}=\frac{36}{54}$

3 $\frac{48}{80}$은 48과 80의 공약수로만 약분할 수 있습니다.

4 40과 56의 공약수는 1, 2, 4, 8이므로 2, 4, 8로 약분할 수 있습니다.
$\frac{40\div2}{56\div2}=\frac{20}{28}$, $\frac{40\div4}{56\div4}=\frac{10}{14}$, $\frac{40\div8}{56\div8}=\frac{5}{7}$

5 분모와 분자의 공약수가 1뿐인 기약분수는 $\frac{4}{7}$, $\frac{9}{20}$입니다.

6 분모와 분자의 최대공약수로 약분합니다.
(1) $\frac{25}{60}=\frac{25\div5}{60\div5}=\frac{5}{12}$
(2) $\frac{18}{27}=\frac{18\div9}{27\div9}=\frac{2}{3}$
(3) $\frac{56}{72}=\frac{56\div8}{72\div8}=\frac{7}{9}$

7 두 분모의 최소공배수인 45로 통분합니다.
$\frac{7}{15}=\frac{7\times3}{15\times3}=\frac{21}{45}$, $\frac{8}{9}=\frac{8\times5}{9\times5}=\frac{40}{45}$

8 공통분모가 될 수 있는 수는 두 분모의 공배수입니다. 8과 6의 최소공배수는 24이므로 공통분모가 될 수 있는 수는 24, 48, 72⋯⋯ 입니다.

9 ㉣ $(\frac{3}{4}, \frac{5}{6})$를 48을 공통분모로 하여 통분하면 $(\frac{3\times12}{4\times12}, \frac{5\times8}{6\times8})$ ➡ $(\frac{36}{48}, \frac{40}{48})$입니다.

10 $\frac{7}{10}=\frac{21}{30}$ ⓒ $\frac{11}{15}=\frac{22}{30}$

11 $3\frac{3}{4}=3\frac{75}{100}=3.75$이므로 $3.24<3.75$입니다.

12 어떤 분수를 $\frac{\triangle}{\square}$라고 하면 $\frac{\triangle\div8}{\square\div8}=\frac{4}{7}$이므로 어떤 분수는 $\frac{4\times8}{7\times8}=\frac{32}{56}$입니다.

13 두 분수를 기약분수로 나타냅니다.
$\frac{8}{36}=\frac{8\div4}{36\div4}=\frac{2}{9}$, $\frac{30}{36}=\frac{30\div6}{36\div6}=\frac{5}{6}$

14 $\frac{3}{4}=\frac{15}{20}$ ⓓ $\frac{3}{5}=\frac{12}{20}$
따라서 오렌지주스가 더 많습니다.

15 $(\frac{3}{5}, \frac{5}{8}, \frac{7}{10})$ ➡ $(\frac{24}{40}, \frac{25}{40}, \frac{28}{40})$
$\frac{28}{40}>\frac{25}{40}>\frac{24}{40}$이므로 $\frac{7}{10}>\frac{5}{8}>\frac{3}{5}$입니다.

16 $\frac{7}{8}$과 크기가 같은 분수는 $\frac{7}{8}, \frac{14}{16}, \frac{21}{24}, \frac{28}{32}, \frac{35}{40}, \frac{42}{48}$⋯⋯ 입니다. 이 중에서 분모와 분자의 합이 90인 분수는 $\frac{42}{48}$입니다.

다른 풀이
$\frac{7}{8}$에서 분모와 분자의 합은 $8+7=15$이므로 분모와 분자의 합이 90이 되려면 분모와 분자에 6을 곱해야 합니다.
$\frac{7}{8}=\frac{7\times6}{8\times6}=\frac{42}{48}$

17 분자를 같게 하여 크기를 비교합니다.
$\frac{2}{7}<\frac{6}{\square}<\frac{3}{8}$ ➡ $\frac{6}{21}<\frac{6}{\square}<\frac{6}{16}$ ➡ $16<\square<21$
따라서 □ 안에 들어갈 수 있는 자연수는 17, 18, 19, 20입니다.

18 분수를 4로 약분하기 전의 분수는 $\frac{5\times4}{9\times4}=\frac{20}{36}$입니다. 어떤 분수를 $\frac{\triangle}{\square}$라 하면 $\frac{\triangle+3}{\square+3}=\frac{20}{36}$이므로 어떤 분수는 $\frac{17}{33}$입니다.

서술형
19 예 세 수를 소수로 나타내면
$\frac{1}{2}=\frac{5}{10}=0.5$, $\frac{3}{5}=\frac{6}{10}=0.6$이므로
$0.8>\frac{3}{5}>\frac{1}{2}$입니다.
따라서 물을 가장 많이 마신 사람은 장훈입니다.

평가 기준	배점(5점)
세 수의 크기를 비교했나요?	3점
물을 가장 많이 마신 사람을 찾았나요?	2점

서술형
20 예 $\frac{3}{5}$과 $\frac{5}{6}$를 분모가 30인 분수로 통분하면 $\frac{18}{30}$과 $\frac{25}{30}$입니다. 따라서 $\frac{18}{30}$과 $\frac{25}{30}$ 사이의 분수는 $\frac{19}{30}, \frac{20}{30}, \frac{21}{30}, \frac{22}{30}, \frac{23}{30}, \frac{24}{30}$로 모두 6개입니다.

평가 기준	배점(5점)
두 분수를 분모가 30인 분수로 통분했나요?	3점
두 분수 사이의 분수 중 분모가 30인 분수의 개수를 구했나요?	2점

다시 점검하는 기출 단원 평가 Level ❷ 39~41쪽

1 $\frac{4}{14}, \frac{24}{84}, \frac{2}{7}$
2 $\frac{12}{20}, \frac{6}{10}, \frac{3}{5}$
3 ②
4 $\frac{25}{30}, \frac{8}{30}$
5 8개
6 14, $\frac{3}{5}$
7 $\frac{5}{6}, \frac{3}{4}, \frac{5}{8}$
8 선영
9 $\frac{11}{36}, \frac{13}{36}$
10 $\frac{4}{9}, \frac{5}{12}$
11 파란색
12 1.3, 0.9, $\frac{3}{5}, \frac{1}{2}$
13 $\frac{24}{30}$
14 0.6
15 $\frac{10}{24}, \frac{15}{36}$
16 5개
17 $\frac{20}{21}$
18 $\frac{4}{9}$
19 $(\frac{15}{40}, \frac{14}{40})$
20 4개

1 $\frac{12}{42}=\frac{12\div3}{42\div3}=\frac{4}{14}$, $\frac{12}{42}=\frac{12\times2}{42\times2}=\frac{24}{84}$,
$\frac{12}{42}=\frac{12\div6}{42\div6}=\frac{2}{7}$

2 24와 40의 공약수는 1, 2, 4, 8입니다.
$\frac{24}{40}=\frac{24\div2}{40\div2}=\frac{12}{20}$
$\frac{24}{40}=\frac{24\div4}{40\div4}=\frac{6}{10}$
$\frac{24}{40}=\frac{24\div8}{40\div8}=\frac{3}{5}$

3 공통분모가 될 수 있는 수는 두 분모의 공배수입니다. 9와 6의 최소공배수가 18이므로 공통분모가 될 수 있는 수는 18, 36, 54, 72, 90…… 입니다.

4 가장 작은 공통분모로 통분하려면 6과 15의 최소공배수인 30으로 통분해야 합니다.
$\frac{5}{6}=\frac{5\times5}{6\times5}=\frac{25}{30}$, $\frac{4}{15}=\frac{4\times2}{15\times2}=\frac{8}{30}$

5 분모가 16인 진분수는 $\frac{1}{16}$, $\frac{2}{16}$, $\frac{3}{16}$, $\frac{4}{16}$, $\frac{5}{16}$, $\frac{6}{16}$, $\frac{7}{16}$, $\frac{8}{16}$, $\frac{9}{16}$, $\frac{10}{16}$, $\frac{11}{16}$, $\frac{12}{16}$, $\frac{13}{16}$, $\frac{14}{16}$, $\frac{15}{16}$입니다. 이 중에서 기약분수는 $\frac{1}{16}$, $\frac{3}{16}$, $\frac{5}{16}$, $\frac{7}{16}$, $\frac{9}{16}$, $\frac{11}{16}$, $\frac{13}{16}$, $\frac{15}{16}$로 8개입니다.

6 기약분수로 나타내려면 분모와 분자를 그들의 최대공약수로 나누어야 합니다. 42와 70의 최대공약수는 14이므로 $\frac{42}{70}=\frac{42\div14}{70\div14}=\frac{3}{5}$입니다.

7 $\frac{5}{6}=\frac{20}{24}$, $\frac{5}{8}=\frac{15}{24}$, $\frac{3}{4}=\frac{18}{24}$이므로
$\frac{5}{6}>\frac{3}{4}>\frac{5}{8}$ 입니다.

8 $43\frac{2}{5}=43\frac{4}{10}$ ⦾> $43\frac{3}{10}$
따라서 몸무게가 더 무거운 사람은 선영입니다.

9 분모를 36으로 통분하면 $\frac{2}{9}=\frac{8}{36}$, $\frac{5}{12}=\frac{15}{36}$입니다.
$\frac{8}{36}$과 $\frac{15}{36}$ 사이의 분수 중에서 기약분수는 $\frac{11}{36}$, $\frac{13}{36}$ 입니다.

10 $\frac{16}{36}=\frac{16\div4}{36\div4}=\frac{4}{9}$, $\frac{15}{36}=\frac{15\div3}{36\div3}=\frac{5}{12}$

11 $\frac{27}{50}=\frac{54}{100}=0.54$ ➡ $0.54>0.5$
따라서 파란색 끈의 길이가 더 짧습니다.

12 모두 소수로 나타내어 크기를 비교합니다.
$\frac{3}{5}=\frac{6}{10}=0.6$, $\frac{1}{2}=\frac{5}{10}=0.5$
➡ $1.3>0.9>\frac{3}{5}>\frac{1}{2}$

13 어떤 분수를 $\frac{\triangle}{\square}$라고 하면 $\frac{\triangle\div6}{\square\div6}=\frac{4}{5}$입니다.
$\triangle\div6=4$이므로 $\triangle=4\times6=24$이고, $\square\div6=5$이므로 $\square=5\times6=30$입니다.
따라서 어떤 분수는 $\frac{24}{30}$입니다.

14 만들 수 있는 진분수는 $\frac{1}{3}$, $\frac{1}{5}$, $\frac{3}{5}$, $\frac{1}{9}$, $\frac{3}{9}$, $\frac{5}{9}$입니다.
크기를 비교해 보면 $\frac{1}{9}<\frac{1}{5}<\frac{1}{3}(=\frac{3}{9})<\frac{5}{9}<\frac{3}{5}$이므로 가장 큰 수는 $\frac{3}{5}$입니다. ➡ $\frac{3}{5}=\frac{6}{10}=0.6$

15 $\frac{5}{12}=\frac{10}{24}=\frac{15}{36}=\frac{20}{48}=\cdots\cdots$
각 분수의 분모와 분자의 차를 구해 보면
$12-5=7$, $24-10=14$, $36-15=21$,
$48-20=28$……이므로 분모와 분자의 차가 10보다 크고 25보다 작은 분수는 $\frac{10}{24}$, $\frac{15}{36}$입니다.

16 $\frac{3}{8}$과 $\frac{9}{16}$를 분모가 32인 분수로 통분하면
$\frac{12}{32}<\frac{\square}{32}<\frac{18}{32}$이므로 $12<\square<18$입니다.
따라서 □ 안에 들어갈 수 있는 자연수는 13, 14, 15, 16, 17로 모두 5개입니다.

17 분수를 6으로 약분한 것이 $\frac{3}{4}$이므로 약분하기 전의 분수는 $\frac{3\times6}{4\times6}=\frac{18}{24}$입니다. 어떤 분수를 $\frac{\triangle}{\square}$라 하면 $\frac{\triangle-2}{\square+3}=\frac{18}{24}$이므로 어떤 분수는 $\frac{20}{21}$입니다.

18 • $\frac{1}{2}$ 보다 작은 분수는 분자를 2배 한 수가 분모보다 작아야 하므로 첫 번째 조건을 만족하는 수는 $\frac{1}{12}$, $\frac{1}{3}$, $\frac{4}{9}$입니다.

• $\frac{1}{12}<\frac{7}{18}$, $\frac{1}{3}<\frac{7}{18}$, $\frac{4}{9}>\frac{7}{18}$ 이므로 두 조건을 모두 만족하는 수는 $\frac{4}{9}$입니다.

서술형
19 예 8과 20의 최소공배수는 40인데 분모의 곱을 공통 분모로 하여 통분했으므로 틀렸습니다.

$(\frac{3}{8}, \frac{7}{20}) \Rightarrow (\frac{3\times5}{8\times5}, \frac{7\times2}{20\times2}) \Rightarrow (\frac{15}{40}, \frac{14}{40})$

평가 기준	배점(5점)
계산이 틀린 이유를 썼나요?	2점
바르게 통분한 값을 구했나요?	3점

서술형
20 예 $\frac{\square}{6}=\frac{\square\times4}{24}$이므로 $\square\times4<17$입니다.

따라서 □ 안에 들어갈 수 있는 자연수는 1, 2, 3, 4로 모두 4개입니다.

평가 기준	배점(5점)
$\frac{\square}{6}$를 분모가 24인 분수로 나타냈나요?	2점
□ 안에 들어갈 수 있는 자연수는 모두 몇 개인지 구했나요?	3점

5 분수의 덧셈과 뺄셈

서술형 문제

42~45쪽

1 $2\frac{9}{10}$ L
2 $1\frac{26}{45}$ cm
3 $\frac{11}{21}$컵
4 $1\frac{19}{20}$
5 $1\frac{5}{24}$
6 $4\frac{13}{20}$ m
7 $1\frac{23}{40}$
8 $\frac{13}{24}$ kg

1 예 (냉장고 안에 있는 주스의 양)

=(오렌지주스의 양)+(포도주스의 양)

$=1\frac{2}{5}+1\frac{1}{2}=1\frac{4}{10}+1\frac{5}{10}=2\frac{9}{10}$ (L)

단계	문제 해결 과정
①	냉장고 안에 있는 주스의 양을 구하는 식을 세웠나요?
②	냉장고 안에 있는 주스의 양을 구했나요?

2 예 (직사각형의 가로와 세로의 차)=(가로)−(세로)

$=4\frac{2}{15}-2\frac{5}{9}=4\frac{6}{45}-2\frac{25}{45}$

$=3\frac{51}{45}-2\frac{25}{45}=1\frac{26}{45}$ (cm)

단계	문제 해결 과정
①	가로와 세로의 차를 구하는 식을 세웠나요?
②	가로와 세로의 차를 구했나요?

3 예 (㉯ 비커에 넣은 소금의 양)

=(㉮ 비커에 넣은 소금의 양)$-\frac{4}{21}=\frac{5}{7}-\frac{4}{21}$

$=\frac{15}{21}-\frac{4}{21}=\frac{11}{21}$ (컵)

단계	문제 해결 과정
①	㉯ 비커에 넣은 소금의 양을 구하는 식을 세웠나요?
②	㉯ 비커에 넣은 소금의 양을 구했나요?

4 예 가장 큰 대분수는 자연수 부분이 가장 큰 $5\frac{3}{4}$이고, 가장 작은 대분수는 자연수 부분이 가장 작은 $3\frac{4}{5}$입니다.

$\Rightarrow 5\frac{3}{4}-3\frac{4}{5}=5\frac{15}{20}-3\frac{16}{20}$

$=4\frac{35}{20}-3\frac{16}{20}=1\frac{19}{20}$

단계	문제 해결 과정
①	가장 큰 대분수와 가장 작은 대분수를 만들었나요?
②	가장 큰 대분수와 가장 작은 대분수의 차를 구했나요?

5 예 $\frac{3}{8}=\frac{9}{24}$, $\frac{5}{12}=\frac{10}{24}$, $\frac{5}{6}=\frac{20}{24}$, $\frac{3}{4}=\frac{18}{24}$이므로 $\frac{5}{6}>\frac{3}{4}>\frac{5}{12}>\frac{3}{8}$입니다.
따라서 가장 큰 수와 가장 작은 수의 합은
$\frac{5}{6}+\frac{3}{8}=\frac{20}{24}+\frac{9}{24}=\frac{29}{24}=1\frac{5}{24}$입니다.

단계	문제 해결 과정
①	가장 큰 수와 가장 작은 수를 찾았나요?
②	가장 큰 수와 가장 작은 수의 합을 구했나요?

6 예 색 테이프 2개의 길이의 합은
$2\frac{7}{10}+2\frac{7}{10}=4\frac{14}{10}=5\frac{4}{10}=5\frac{2}{5}$ (m)입니다.
따라서 이어 붙인 색 테이프의 전체 길이는
$5\frac{2}{5}-\frac{3}{4}=5\frac{8}{20}-\frac{15}{20}=4\frac{28}{20}-\frac{15}{20}=4\frac{13}{20}$ (m)입니다.

단계	문제 해결 과정
①	색 테이프 2개의 길이의 합을 구했나요?
②	이어 붙인 색 테이프의 전체 길이를 구했나요?

7 예 어떤 수를 □라고 하면 $□+\frac{2}{5}=2\frac{3}{8}$이므로
$□=2\frac{3}{8}-\frac{2}{5}=2\frac{15}{40}-\frac{16}{40}=1\frac{55}{40}-\frac{16}{40}=1\frac{39}{40}$
입니다. 따라서 바르게 계산하면
$1\frac{39}{40}-\frac{2}{5}=1\frac{39}{40}-\frac{16}{40}=1\frac{23}{40}$입니다.

단계	문제 해결 과정
①	어떤 수를 구했나요?
②	바르게 계산한 값을 구했나요?

8 예 (어항 물의 반의 무게)
$=4\frac{5}{6}-2\frac{11}{16}=4\frac{40}{48}-2\frac{33}{48}=2\frac{7}{48}$(kg)
따라서 빈 어항의 무게는
$2\frac{11}{16}-2\frac{7}{48}=2\frac{33}{48}-2\frac{7}{48}=\frac{26}{48}=\frac{13}{24}$(kg)입니다.

단계	문제 해결 과정
①	어항 물의 반의 무게를 구했나요?
②	빈 어항의 무게를 구했나요?

다시 점검하는 기출 단원 평가 Level ❶ 46~48쪽

1 $\frac{22}{45}$	**2** $\frac{4}{21}$	**3** $4\frac{7}{12}$
4 $3\frac{7}{10}$	**5** ㉢	**6** >
7 $4\frac{16}{45}$, $\frac{26}{45}$	**8** $\frac{5}{24}$, $1\frac{1}{24}$	**9** ㉡, ㉠, ㉣, ㉢
10 $\frac{11}{24}$ m	**11** $3\frac{1}{10}$ L	**12** $4\frac{1}{2}$ cm
13 $\frac{14}{45}$	**14** $2\frac{7}{20}$	**15** 5
16 $5\frac{29}{36}$	**17** 마트	**18** 2, 3
19 $4\frac{7}{15}$ kg	**20** $1\frac{1}{4}$ km	

1 $\frac{2}{9}+\frac{4}{15}=\frac{10}{45}+\frac{12}{45}=\frac{22}{45}$

2 $\frac{6}{7}-\frac{2}{3}=\frac{18}{21}-\frac{14}{21}=\frac{4}{21}$

3 $1\frac{5}{6}+2\frac{3}{4}=1\frac{10}{12}+2\frac{9}{12}=3\frac{19}{12}=4\frac{7}{12}$

4 $5\frac{3}{10}-1\frac{3}{5}=5\frac{3}{10}-1\frac{6}{10}=4\frac{13}{10}-1\frac{6}{10}=3\frac{7}{10}$

5 ㉠ $\frac{2}{5}+\frac{1}{2}=\frac{4}{10}+\frac{5}{10}=\frac{9}{10}$
㉡ $\frac{3}{7}+\frac{1}{4}=\frac{12}{28}+\frac{7}{28}=\frac{19}{28}$
㉢ $\frac{5}{6}+\frac{1}{3}=\frac{5}{6}+\frac{2}{6}=\frac{7}{6}=1\frac{1}{6}$

6 $2\frac{4}{5}+2\frac{1}{4}=2\frac{16}{20}+2\frac{5}{20}=4\frac{21}{20}=5\frac{1}{20}$
$7\frac{7}{15}-2\frac{3}{5}=7\frac{7}{15}-2\frac{9}{15}=6\frac{22}{15}-2\frac{9}{15}=4\frac{13}{15}$

7 합 : $2\frac{7}{15}+1\frac{8}{9}=2\frac{21}{45}+1\frac{40}{45}=3\frac{61}{45}=4\frac{16}{45}$
차 : $2\frac{7}{15}-1\frac{8}{9}=2\frac{21}{45}-1\frac{40}{45}$
$=1\frac{66}{45}-1\frac{40}{45}=\frac{26}{45}$

8 $\frac{7}{12}-\frac{3}{8}=\frac{14}{24}-\frac{9}{24}=\frac{5}{24}$
$\frac{5}{24}+\frac{5}{6}=\frac{5}{24}+\frac{20}{24}=\frac{25}{24}=1\frac{1}{24}$

9 ㉠ $1\frac{1}{9}+1\frac{1}{2}=1\frac{2}{18}+1\frac{9}{18}=2\frac{11}{18}$

㉡ $1\frac{2}{3}+1\frac{3}{4}=1\frac{8}{12}+1\frac{9}{12}=2\frac{17}{12}=3\frac{5}{12}$

㉢ $4\frac{3}{5}-2\frac{5}{8}=4\frac{24}{40}-2\frac{25}{40}$

$=3\frac{64}{40}-2\frac{25}{40}=1\frac{39}{40}$

㉣ $4\frac{1}{12}-1\frac{5}{6}=4\frac{1}{12}-1\frac{10}{12}$

$=3\frac{13}{12}-1\frac{10}{12}=2\frac{3}{12}=2\frac{1}{4}$

㉡이 가장 크고 ㉢이 가장 작습니다.

㉠과 ㉣의 값을 비교하면

$2\frac{11}{18}=2\frac{22}{36}$, $2\frac{1}{4}=2\frac{9}{36}$ 이므로 ㉠>㉣입니다.

따라서 계산 결과가 큰 것부터 차례로 기호를 쓰면 ㉡, ㉠, ㉣, ㉢입니다.

10 $\frac{5}{8}-\frac{1}{6}=\frac{15}{24}-\frac{4}{24}=\frac{11}{24}$ (m)

11 $1\frac{5}{6}+1\frac{4}{15}=1\frac{25}{30}+1\frac{8}{30}$

$=2\frac{33}{30}=3\frac{3}{30}=3\frac{1}{10}$ (L)

12 $2\frac{5}{6}+1\frac{2}{3}=2\frac{5}{6}+1\frac{4}{6}=3\frac{9}{6}=4\frac{3}{6}=4\frac{1}{2}$ (cm)

13 $\square=\frac{8}{15}-\frac{2}{9}=\frac{24}{45}-\frac{10}{45}=\frac{14}{45}$

14 $1\frac{2}{5}=1\frac{16}{40}$, $3\frac{7}{10}=3\frac{28}{40}$, $1\frac{5}{8}=1\frac{25}{40}$,

$3\frac{3}{4}=3\frac{30}{40}$이므로 가장 큰 수는 $3\frac{3}{4}$이고 가장 작은 수는 $1\frac{2}{5}$입니다. 따라서 두 수의 차는

$3\frac{3}{4}-1\frac{2}{5}=3\frac{15}{20}-1\frac{8}{20}=2\frac{7}{20}$입니다.

15 $1\frac{3}{5}+1\frac{2}{3}=1\frac{9}{15}+1\frac{10}{15}=2\frac{19}{15}=3\frac{4}{15}$

$3\frac{4}{15}<3\frac{\square}{15}$이므로 □ 안에 들어갈 수 있는 가장 작은 자연수는 5입니다.

16 (어떤 수)$-1\frac{3}{4}=2\frac{11}{36}$이므로

(어떤 수)$=2\frac{11}{36}+1\frac{3}{4}=2\frac{11}{36}+1\frac{27}{36}$

$=3\frac{38}{36}=4\frac{2}{36}=4\frac{1}{18}$입니다.

따라서 바르게 계산한 값은

$4\frac{1}{18}+1\frac{3}{4}=4\frac{2}{36}+1\frac{27}{36}=5\frac{29}{36}$입니다.

17 (집 ~ 서점 ~ 공원)

$=2\frac{4}{5}+1\frac{1}{6}=2\frac{24}{30}+1\frac{5}{30}=3\frac{29}{30}$ (km)

(집 ~ 마트 ~ 공원)

$=1\frac{5}{6}+1\frac{8}{15}=1\frac{25}{30}+1\frac{16}{30}=2\frac{41}{30}=3\frac{11}{30}$ (km)

$3\frac{11}{30}<3\frac{29}{30}$ 이므로 마트를 거쳐서 가는 길이 더 가깝습니다.

18 $3\frac{3}{20}-1\frac{5}{6}=3\frac{9}{60}-1\frac{50}{60}=2\frac{69}{60}-1\frac{50}{60}=1\frac{19}{60}$

$5\frac{1}{10}-1\frac{14}{15}=5\frac{3}{30}-1\frac{28}{30}$

$=4\frac{33}{30}-1\frac{28}{30}=3\frac{5}{30}=3\frac{1}{6}$

$1\frac{19}{60}<\square<3\frac{1}{6}$이므로 □ 안에 들어갈 수 있는 자연수는 2와 3입니다.

서술형

19 예 (연희가 캔 고구마의 무게)

$=1\frac{5}{6}+\frac{4}{5}=1\frac{25}{30}+\frac{24}{30}=1\frac{49}{30}=2\frac{19}{30}$ (kg)

(두 사람이 캔 고구마의 무게의 합)

$=1\frac{5}{6}+2\frac{19}{30}=1\frac{25}{30}+2\frac{19}{30}$

$=3\frac{44}{30}=4\frac{14}{30}=4\frac{7}{15}$ (kg)

평가 기준	배점(5점)
연희가 캔 고구마의 무게를 구했나요?	2점
두 사람이 캔 고구마의 무게의 합을 구했나요?	3점

서술형

20 예 (㉠~㉣)=(㉠~㉢)+(㉡~㉣)−(㉡~㉢)

$=\frac{3}{4}+\frac{5}{6}-\frac{1}{3}=\frac{9}{12}+\frac{10}{12}-\frac{4}{12}$

$=\frac{15}{12}=1\frac{3}{12}=1\frac{1}{4}$ (km)

평가 기준	배점(5점)
㉠에서 ㉣까지의 거리를 구하는 식을 세웠나요?	2점
㉠에서 ㉣까지의 거리를 구했나요?	3점

다시 점검하는 **기출 단원 평가** Level ❷ 49~51쪽

1 $1\frac{1}{18}$ **2** $\frac{1}{6}$ **3** $5\frac{7}{36}$
4 $3\frac{7}{20}$ **5** $1\frac{19}{48}$ **6** $<$
7 $5\frac{21}{40}$ **8** $4\frac{3}{20}$ cm **9** $\frac{2}{15}$시간
10 $3\frac{11}{12}$ **11** $1\frac{23}{24}$ m **12** $1\frac{13}{30}$
13 $2\frac{13}{15}$ **14** $3\frac{31}{35}$ **15** $4\frac{5}{12}$시간
16 $4\frac{17}{20}$ m **17** $1\frac{11}{18}$
18 오전 11시 40분 **19** 교희, $1\frac{13}{16}$장
20 $\frac{9}{25}$

1 $\frac{5}{6}+\frac{2}{9}=\frac{15}{18}+\frac{4}{18}=\frac{19}{18}=1\frac{1}{18}$

2 $\frac{13}{15}-\frac{7}{10}=\frac{26}{30}-\frac{21}{30}=\frac{5}{30}=\frac{1}{6}$

3 $3\frac{5}{12}+1\frac{7}{9}=3\frac{15}{36}+1\frac{28}{36}=4\frac{43}{36}=5\frac{7}{36}$

4 $\square=5\frac{3}{4}-2\frac{2}{5}=5\frac{15}{20}-2\frac{8}{20}=3\frac{7}{20}$

5 $4\frac{5}{16}-2\frac{11}{12}=4\frac{15}{48}-2\frac{44}{48}$
$=3\frac{63}{48}-2\frac{44}{48}=1\frac{19}{48}$

6 $2\frac{3}{4}+2\frac{2}{3}=2\frac{9}{12}+2\frac{8}{12}=4\frac{17}{12}=5\frac{5}{12}$
$9\frac{5}{6}-4\frac{1}{4}=9\frac{10}{12}-4\frac{3}{12}=5\frac{7}{12}$
➡ $2\frac{3}{4}+2\frac{2}{3}<9\frac{5}{6}-4\frac{1}{4}$

7 가장 큰 수는 $4\frac{13}{20}$이고 가장 작은 수는 $\frac{7}{8}$입니다.
➡ $4\frac{13}{20}+\frac{7}{8}=4\frac{26}{40}+\frac{35}{40}=4\frac{61}{40}=5\frac{21}{40}$

8 $1\frac{2}{5}+2\frac{3}{4}=1\frac{8}{20}+2\frac{15}{20}=3\frac{23}{20}=4\frac{3}{20}$ (cm)

9 $\frac{5}{6}-\frac{7}{10}=\frac{25}{30}-\frac{21}{30}=\frac{4}{30}=\frac{2}{15}$ (시간)

10 $\square=5\frac{13}{24}-1\frac{5}{8}=5\frac{13}{24}-1\frac{15}{24}=4\frac{37}{24}-1\frac{15}{24}$
$=3\frac{22}{24}=3\frac{11}{12}$

11 $\frac{3}{4}+\frac{5}{6}+\frac{3}{8}=\frac{18}{24}+\frac{20}{24}+\frac{9}{24}=\frac{47}{24}=1\frac{23}{24}$ (m)

12 $\frac{5}{6}\star\frac{3}{10}=\frac{5}{6}+\frac{3}{10}+\frac{3}{10}=\frac{25}{30}+\frac{9}{30}+\frac{9}{30}$
$=\frac{43}{30}=1\frac{13}{30}$

13 ㉠ $\xrightarrow{+1\frac{7}{10}}$ ㉡ $\xrightarrow{+2\frac{5}{6}}$ $7\frac{2}{5}$

㉡$=7\frac{2}{5}-2\frac{5}{6}=7\frac{12}{30}-2\frac{25}{30}$
$=6\frac{42}{30}-2\frac{25}{30}=4\frac{17}{30}$
㉠$=4\frac{17}{30}-1\frac{7}{10}=4\frac{17}{30}-1\frac{21}{30}=3\frac{47}{30}-1\frac{21}{30}$
$=2\frac{26}{30}=2\frac{13}{15}$

14 가장 큰 대분수는 $7\frac{3}{5}$이고 가장 작은 대분수는 $3\frac{5}{7}$이므로 두 분수의 차는
$7\frac{3}{5}-3\frac{5}{7}=7\frac{21}{35}-3\frac{25}{35}=6\frac{56}{35}-3\frac{25}{35}=3\frac{31}{35}$
입니다.

15 1시간 15분$=1\frac{15}{60}$시간$=1\frac{1}{4}$시간
따라서 이번 주에 피아노 연습을 한 시간은 모두
$1\frac{2}{3}+1\frac{1}{4}+1\frac{1}{2}=1\frac{8}{12}+1\frac{3}{12}+1\frac{6}{12}$
$=3\frac{17}{12}=4\frac{5}{12}$(시간)입니다.

16 (이어 붙인 종이테이프의 전체 길이)
=(종이테이프 3개의 길이의 합)−(겹쳐진 부분의 길이)
$=(1\frac{3}{4}+1\frac{3}{4}+1\frac{3}{4})-(\frac{1}{5}+\frac{1}{5})$
$=5\frac{1}{4}-\frac{2}{5}=5\frac{5}{20}-\frac{8}{20}$
$=4\frac{25}{20}-\frac{8}{20}=4\frac{17}{20}$ (m)

17 (어떤 수)$+1\frac{5}{6}=5\frac{5}{18}$이므로

(어떤 수)$=5\frac{5}{18}-1\frac{5}{6}=5\frac{5}{18}-1\frac{15}{18}$

$=4\frac{23}{18}-1\frac{15}{18}=3\frac{8}{18}=3\frac{4}{9}$입니다.

➡ $3\frac{4}{9}-1\frac{5}{6}=3\frac{8}{18}-1\frac{15}{18}$

$=2\frac{26}{18}-1\frac{15}{18}=1\frac{11}{18}$

18 20분$=\frac{20}{60}$시간$=\frac{1}{3}$시간

$\frac{1}{2}+\frac{1}{3}+\frac{5}{6}=\frac{3}{6}+\frac{2}{6}+\frac{5}{6}=\frac{10}{6}$

$=1\frac{4}{6}=1\frac{2}{3}$(시간)

$1\frac{2}{3}$시간$=1\frac{40}{60}$시간$=$1시간 40분

따라서 책 읽기를 마친 시각은

오전 10시+1시간 40분=오전 11시 40분입니다.

서술형
19 예 $6\frac{3}{8}>4\frac{9}{16}$이므로 교희가 색종이를 더 많이 사용했습니다.

➡ $6\frac{3}{8}-4\frac{9}{16}=6\frac{12}{32}-4\frac{18}{32}=5\frac{44}{32}-4\frac{18}{32}$

$=1\frac{26}{32}=1\frac{13}{16}$ (장)

평가 기준	배점(5점)
두 분수의 차를 구했나요?	3점
누가 색종이를 얼마나 더 많이 사용했는지 구했나요?	2점

서술형
20 예 책 전체를 1이라 하면

$1-\frac{11}{25}-\frac{1}{5}=\frac{25}{25}-\frac{11}{25}-\frac{5}{25}=\frac{9}{25}$입니다.

따라서 시집은 전체의 $\frac{9}{25}$입니다.

평가 기준	배점(5점)
시집은 전체의 얼마인지 구하는 식을 세웠나요?	2점
시집은 전체의 얼마인지 구했나요?	3점

6 다각형의 둘레와 넓이

서술형 문제

52~55쪽

1 22 cm **2** 40 cm^2
3 91 cm^2 **4** 144 cm^2
5 평행사변형, 3 cm^2 **6** 10 cm
7 6 cm **8** 3배

1 예 정오각형의 한 변의 길이는 $60\div5=12$ (cm), 정육각형의 한 변의 길이는 $60\div6=10$ (cm)입니다. 따라서 ㉠+㉡=12+10=22 (cm)입니다.

단계	문제 해결 과정
①	㉠과 ㉡을 각각 구했나요?
②	㉠과 ㉡의 합을 구했나요?

2 예

(사다리꼴의 넓이)
=(삼각형 ㉠의 넓이)
+(삼각형 ㉡의 넓이)
$=(10\times5\div2)+(6\times5\div2)$
$=25+15=40$ (cm^2)

단계	문제 해결 과정
①	사다리꼴을 두 개의 삼각형으로 나누었나요?
②	사다리꼴의 넓이를 두 개의 삼각형의 넓이의 합으로 구했나요?

3 예 직사각형의 둘레가 40 cm이므로
$(7+(세로))\times2=40$, $7+(세로)=20$,
$(세로)=20-7=13$ (cm)입니다.
따라서 직사각형의 넓이는 $7\times13=91$ (cm^2)입니다.

단계	문제 해결 과정
①	직사각형의 세로를 구했나요?
②	직사각형의 넓이를 구했나요?

4 예 정사각형의 한 변의 길이를 □cm라 하면 □×4=48이므로 □=48÷4=12입니다.
따라서 정사각형의 넓이는 $12\times12=144$ (cm^2)입니다.

단계	문제 해결 과정
①	정사각형의 한 변의 길이를 구했나요?
②	정사각형의 넓이를 구했나요?

5 예 (평행사변형의 넓이)$=6\times8=48$ (cm^2)
(삼각형의 넓이)$=10\times9\div2=45$ (cm^2)
따라서 평행사변형의 넓이가 $48-45=3$ (cm^2) 더 넓습니다.

단계	문제 해결 과정
①	평행사변형의 넓이를 구했나요?
②	삼각형의 넓이를 구했나요?
③	어느 도형의 넓이가 몇 cm^2 더 넓은지 구했나요?

6 예 사다리꼴의 윗변을 □cm라 하면
$(\square+12)\times8\div2=88$이므로
$(\square+12)\times8=88\times2=176$,
$\square+12=176\div8=22$, $\square=22-12=10$입니다.

단계	문제 해결 과정
①	사다리꼴의 윗변의 길이를 구하는 식을 세웠나요?
②	사다리꼴의 윗변의 길이를 구했나요?

7 예 (마름모의 넓이)$=9\times8\div2=36$ (cm^2)
삼각형의 높이를 □cm라 하면 $12\times\square\div2=36$이므로 $\square=36\times2\div12=6$입니다.

단계	문제 해결 과정
①	마름모의 넓이를 구했나요?
②	삼각형의 높이를 구했나요?

8 예 처음 직사각형의 넓이는 $6\times4=24$ (cm^2)입니다. 만든 직사각형의 가로는 $6\times6=36$ (cm)이고, 세로는 $4\div2=2$ (cm)이므로 만든 직사각형의 넓이는 $36\times2=72$ (cm^2)입니다. 따라서 만든 직사각형의 넓이는 처음 직사각형의 넓이의 $72\div24=3$(배)가 됩니다.

단계	문제 해결 과정
①	처음 직사각형의 넓이를 구했나요?
②	만든 직사각형의 넓이를 구했나요?
③	만든 직사각형의 넓이는 처음 직사각형의 넓이의 몇 배가 되는지 구했나요?

다시 점검하는 기출 단원 평가 Level ❶ 56~58쪽

1 75 cm **2** 36 cm **3** 105 cm^2
4 나 **5** 40 km^2 **6** 36 cm^2
7 30 cm^2 **8** 48 cm^2
9 예

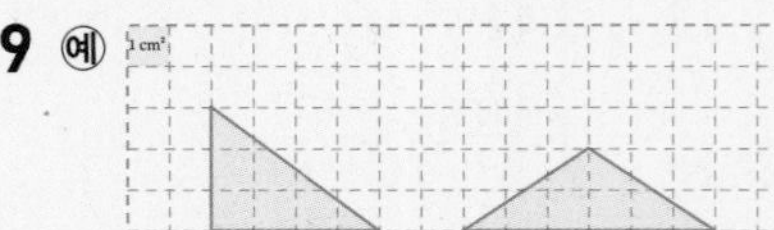

10 12 cm **11** 20 cm **12** 24 m^2
13 직사각형 **14** 146 cm^2 **15** 150 m^2
16 8 **17** 사다리꼴, 20 cm^2
18 32 cm^2 **19** 9 **20** 41 cm^2

1 (정칠각형의 둘레)$=5\times7=35$ (cm)
(정오각형의 둘레)$=8\times5=40$ (cm)
➡ $35+40=75$ (cm)

2 (마름모의 둘레)$=9\times4=36$ (cm)

3 $15\times7=105$ (cm^2)

5 8000 m$=$8 km이므로
(직사각형의 넓이)$=5\times8=40$ (km^2)

6 $6\times12\div2=36$ (cm^2)

7 $(8+4)\times5\div2=30$ (cm^2)

8 마름모의 두 대각선은 12 cm, $4\times2=8$ (cm)이므로 넓이는 $12\times8\div2=48$ (cm^2)입니다.

9 삼각형의 넓이가 6 cm^{2}가 되려면 밑변과 높이의 곱이 $6\times2=12$가 되어야 합니다. 곱이 12가 되는 두 수는 (1, 12), (2, 6), (3, 4)이므로 이를 이용하여 삼각형을 그립니다.

10 삼각형의 밑변의 길이를 □cm라 하면
$\square\times8\div2=48$이므로 $\square=48\times2\div8=12$입니다.

11 마름모의 다른 대각선의 길이를 □cm라 하면
$6\times\square\div2=60$이므로 $\square=60\times2\div6=20$입니다.

12 (집열판 한 개의 넓이)$=80\times60=4800$ (cm^2)
집열판은 10개씩 5줄로 $10\times5=50$(개)이므로
집열판의 전체 넓이는 $4800\times50=240000$ (cm^2)
➡ 24 m^2

13 직사각형과 사다리꼴의 높이는 같습니다.
(직사각형의 넓이)$=6\times$(높이)
(사다리꼴의 넓이)$=(3+7)\times$(높이)$\div2=5\times$(높이)
따라서 직사각형의 넓이가 더 넓습니다.

14 (사다리꼴 ㄱㄴㄷㄹ의 넓이)
$=$(삼각형 ㄱㄴㄷ의 넓이)
$+$(삼각형 ㄱㄷㄹ의 넓이)
$=(16\times12\div2)$
$+(20\times5\div2)$
$=96+50=146\ (\text{cm}^2)$

15 (가로)$+$(세로)$=50\div2=25$ (m)이므로
(세로)$=25-15=10$ (m)입니다.
➡ (밭의 넓이)$=15\times10=150\ (\text{m}^2)$

16 $(10+15)\times\square\div2=100$이므로
$\square=100\times2\div25=8$입니다.

17 (마름모의 넓이)$=10\times14\div2=70\ (\text{cm}^2)$
(사다리꼴의 넓이)$=(6+12)\times10\div2=90\ (\text{cm}^2)$
따라서 사다리꼴의 넓이가 $90-70=20\ (\text{cm}^2)$ 더 넓습니다.

18 밑변이 5 cm, 높이가 8 cm인 삼각형과 밑변이 3 cm, 높이가 8 cm인 삼각형의 넓이의 합을 구합니다.
따라서 색칠한 부분의 넓이는
$(5\times8\div2)+(3\times8\div2)=20+12=32\ (\text{cm}^2)$
입니다.

서술형
19 ⓔ 평행사변형의 넓이가 54 cm²이므로
$\square\times6=54$, $\square=54\div6=9$입니다.

평가 기준	배점(5점)
□를 구하는 식을 세웠나요?	3점
□ 안에 알맞은 수를 구했나요?	2점

서술형
20 ⓔ (색칠한 부분의 넓이)
$=$(사다리꼴의 넓이)$-$(삼각형의 넓이)
$=(6+10)\times7\div2-(6\times5\div2)$
$=56-15=41\ (\text{cm}^2)$

평가 기준	배점(5점)
색칠한 부분의 넓이를 구하는 식을 세웠나요?	3점
색칠한 부분의 넓이를 구했나요?	2점

다시 점검하는 기출 단원 평가 Level ❷ 59~61쪽

1 38 cm	**2** 1	**3** 7 cm
4 ⓒ	**5** 12 m²	**6** 8
7 11 cm	**8** ⓔ	
9 8 cm		
10 8 cm		
11 9 m	**12** 34 cm²	**13** 85 cm²
14 81 cm²	**15** 192 m²	**16** 6
17 100 cm²	**18** 351 cm²	

19 방법 1 ⓔ 마름모의 두 대각선의 길이는 각각 12 cm, 6 cm이므로 마름모의 넓이는
$12\times6\div2=36\ (\text{cm}^2)$입니다.
방법 2 ⓔ 마름모의 넓이는 작은 삼각형의 넓이의 4배이므로 $6\times3\div2\times4=36\ (\text{cm}^2)$입니다.

20 48 cm²

1 (평행사변형의 둘레)$=(13+6)\times2=38$ (cm)

2 도형 가는 10 cm², 도형 나는 9 cm²이므로 도형 가는 도형 나보다 1 cm² 더 넓습니다.

3 (가로)$+$(세로)$=20\div2=10$ (cm)
(가로)$=10-3=7$ (cm)

4 세 삼각형의 높이는 모두 같으므로 밑변의 길이가 같은 ㉠과 ㉡의 넓이는 같고, 밑변의 길이가 다른 ㉢의 넓이는 다릅니다.

5 300 cm$=$3 m이므로 $4\times3=12\ (\text{m}^2)$입니다.

6 $12\times\square=96$이므로 $\square=96\div12=8$입니다.

7 사다리꼴의 아랫변의 길이를 □cm라 하면
$(5+\square)\times8\div2=64$이므로
$5+\square=64\times2\div8=16$, $\square=16-5=11$입니다.

8 마름모의 넓이가 8 cm²가 되려면 두 대각선의 곱이 $8\times2=16$이 되어야 합니다.
곱이 16이 되는 두 수는 (1, 16), (2, 8), (4, 4)이므로 이를 이용하여 마름모를 그립니다.

9 (평행사변형의 넓이)$=10\times4=40$ (cm^2)
변 ㄱㄴ을 밑변으로 했을 때의 높이를 □cm라 하면
$5\times$□$=40$이므로 □$=40\div5=8$입니다.

10 (가의 넓이)=□×(높이)
(나의 넓이)$=(6+10)\times$(높이)$\div2$이므로
□×(높이)$=(6+10)\times$(높이)$\div2$
□$=(6+10)\div2=8$ (cm)입니다.

11 (직사각형의 둘레)$=(12+6)\times2=36$ (m)
(정사각형의 한 변)$=36\div4=9$ (m)

12 (평행사변형의 넓이)$=13\times7=91$ (cm^2)
(사다리꼴의 넓이)$=(8+11)\times6\div2=57$ (cm^2)
➡ $91-57=34$ (cm^2)

13 색칠한 부분의 넓이는 한 변이 10 cm인 정사각형의 넓이에서 가로가 5 cm, 세로가 3 cm인 직사각형의 넓이를 뺀 것과 같습니다.
(색칠한 부분의 넓이)$=10\times10-5\times3$
$=100-15=85$ (cm^2)

14 (색칠한 부분의 넓이)
=(큰 마름모의 넓이)−(작은 마름모의 넓이)
$=(18\times12\div2)-(9\times6\div2)$
$=108-27=81$ (cm^2)

15 텃밭 부분을 모아 붙이면 가로가 $7+9=16$ (m), 세로가 $6+6=12$ (m)인 직사각형 모양이 됩니다.
따라서 (텃밭의 넓이)$=16\times12=192$ (m^2)입니다.

16
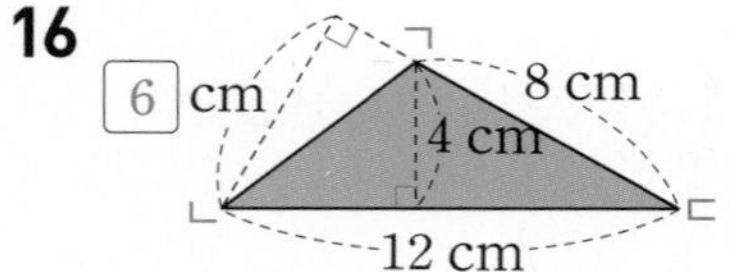

변 ㄴㄷ을 밑변으로 하면 높이는 4 cm이므로 삼각형의 넓이는 $12\times4\div2=24$ (cm^2)입니다.
변 ㄱㄷ을 밑변으로 하면 높이는 □cm이므로
$8\times$□$\div2=24$, □$=24\times2\div8=6$입니다.

17 삼각형 ㉮의 밑변을 15 cm, 높이를 □cm라 하면
$15\times$□$\div2=60$이므로 □$=60\times2\div15=8$입니다.
삼각형의 높이와 사다리꼴의 높이는 같으므로 사다리꼴의 넓이는 $(10+15)\times8\div2=100$ (cm^2)입니다.

18
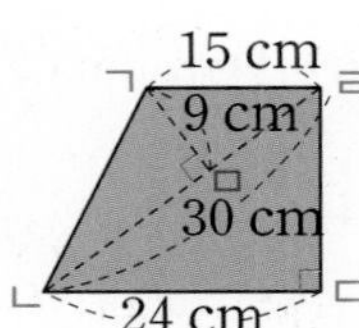

삼각형 ㄱㄴㄹ에서 변 ㄴㄹ을 밑변으로 하면 선분 ㄱㅁ이 높이이고, 변 ㄱㄹ을 밑변으로 하면 변 ㄷㄹ이 높이입니다.
$30\times9\div2=15\times$(변 ㄷㄹ)$\div2$이므로
(변 ㄷㄹ)$=270\div15=18$ (cm)입니다.
따라서 사다리꼴 ㄱㄴㄷㄹ의 넓이는
$(15+24)\times18\div2=351$ (cm^2)입니다.

서술형
19

평가 기준	배점(5점)
한 가지 방법으로 마름모의 넓이를 구했나요?	3점
다른 한 가지 방법으로 마름모의 넓이를 구했나요?	2점

서술형
20 예 (색칠한 부분의 넓이)
=(직사각형의 넓이)−(마름모의 넓이)
$=(12\times8)-(12\times8\div2)$
$=96-48=48$ (cm^2)

평가 기준	배점(5점)
색칠한 부분의 넓이를 구하는 식을 세웠나요?	3점
색칠한 부분의 넓이를 구했나요?	2점